数学シリーズ

数理統計学

(改訂版)

大阪大学名誉教授
工学博士

稲垣宣生 著

東京 裳華房 発行

Statistical Mathematics

revised edition

by

Nobuo Inagaki

SHOKABO

TOKYO

編　集　趣　旨

最近の科学技術の目覚ましい発展，とりわけ情報産業の急速な成長にともない，もともとは世間から縁遠い存在であった数学が見直され，現代社会の各方面でその成果へ熱いまなざしが注がれている．こうした社会の需要に応じてここ十数年来，全国各地の国公私立の大学において数学に関連した学科の設置拡充が計られている．こうしてたいへん多くの学生諸君に近代数学を学ぶ道が開かれたことはまことに喜ばしい次第である．このシリーズは，おもにこうした学生諸君を対象として企画され，その良き教科書，参考書を提供することを目的として刊行されるものである．

大学の数学専門教育は，ごく近年まではもっぱら数学の中等高等教育にたずさわる人びとの養成が目標であった．そこでは教育現場で必要な実用的知識を与えることよりも，近代数学の基本的な素材を教えて，数学の考え方を伝えることに主眼がおかれてきた．卒業生が教職のみならず，企業など広く実社会に進出するようになったいまも，この事情にはほとんど変りはない．数学を学んだ人たちに社会が求めているのは，その知識よりもその身につけた数学的精神ないし発想法だからである．しかし，数学の専門教育では相変らず講義の時間数は比較的に少なく，演習や参考書による自発的学習に期待する部分が多い．数学的精神を養うには各自の時間をかけた自習にまつところが大変に大きいのである．

このシリーズはこうした現状を十分に考慮して編集された．各地の大学の理学部，教育学部などの数学教育のカリキュラムを参考にして，そこで一般的に取り上げられている科目に対応して巻が編まれている．各巻ではそれぞれの主題について，基本的事項に重点をおいた，平明な解説がなされている．高校までに受けた懇切な個別学習に馴れた人びとは，ともすれば大学での密度の高い講義に戸惑い，また近代数学の新しい視点や技法の理解に苦しみがちである．このシリーズの各巻はこの溝を埋めるのに役立つであろう．また，シリーズを通して近代数学の一通りの基礎を得られた上でさらに大学院に進み現代数学の研究を目指すことも可能であろう．このシリーズが大学における数学専門教育に広く貢献することを願っている．

1986 年 9 月

編集委員会

佐 武 一 郎

村 上 信 吾

高 橋 礼 司

改訂版 まえがき

統計用語は，新聞・雑誌・テレビにデータ数字や図表として日常的に出現し，社会言語化している．流動化したユニセックスな社会では職業や学問に文系・理系という枠組みは効果をもたなくなり，人間的発想を数学で記述する学問として数理統計学が重要になっている．また，国際化・情報化により，確率論・統計学の素養をもち，データとコンピュータソフトを使いこなすことが社会的に要求されている．同時に，統計解析に必要なコンピュータと統計ソフトにおいても，非常に高度な機能を備えた機材が個人でも手が届く値段で普及して，通常の統計解析から多変量解析や時系列解析などの高度な統計解析までも取り扱うことが可能になってきている．

初版では大学1・2年生程度の線形代数学と微分積分学を使って統計学の概念や定義を数学的に明確にかくことを心がけたが，改訂版では確率論と統計学の社会普遍化に直面してこの初版の精神をより徹底し曖昧さや断続点という障壁を取り除き，バリアフリーの統計学に寄与するように工夫した．特に，初版では1次元確率変数から多次元確率ベクトルへ行く前に，多次元複雑性への対応を実感してもらうために2次元確率ベクトルという節を設けたが，改訂版では推定・検定から多重回帰分析に行く前に直線回帰という節を設け，統計的推測から統計解析への移行をスムーズにした．バリアフリー統計学の目的は地球科学や金融数理で活用されている高度な確率論・統計学を理解する基礎学力の修得であり，大学院での研究教育への橋渡しにも役に立つことを期待している．欧米では高度な研究教育への橋渡しが非常に重要視され，難しいと思われてきた題材を積極的に取り上げ興味深く詳細に記述した本が出版されており，そのような本で改訂版のために参考にしたものを「あとがき」に挙げておいた．

本書は第１章：確率変数と確率分布，第２章：統計的推測，第３章：統計解析の３章から構成されており，図らずも各章はほぼ100頁ずつの同分量である．第１章では大数の法則と中心極限定理，ポアソン過程とガウス過程に触れ，確率論や確率過程への一歩にもなるように心がけた．第２章では情報量と決定原理を取り上げ，統計的推測の数理を明確にした．第３章では回帰分析を全面的に書き直し，尤度解析の節を充実することにより，統計モデルによるデータと母数との間の情報のやりとりが実験できることを目標にした．

用語上の注意として，squareに対する術語は，２乗誤差や平均２乗誤差のように，数学用語となっているものには２乗を用い，最小自乗法やカイ自乗分布または残差平方和や誤差平方和のように統計用語となっているものには自乗や平方を用いている．

おわりに，本書の初版の執筆をお勧め下さった故 村上信吾先生にあらためて感謝申し上げますとともに先生のご冥福を心よりお祈り申し上げます．また，初版から改訂版まで大所高所からお世話いただきました裳華房の細木周治氏と改訂版の校正に心を砕いていただきました三上 剛氏に心から感謝申し上げます．

2003年　新 春

著　　者

はじめに

不確実性の時代の到来とともに，確率変動と統計推測を研究する学問として確率論・統計学は文系理系を問わず広い分野で注目されている．しかし，確率論・統計学は比較的新しい学問であるために，学校教育のなかで確かな地位を得ているとはいい難く，これまでは過剰に期待されたり，逆にあるときはほとんど無視されたりした．その結果，確率統計は現実的であるが俗っぽい，魅力的であるが捉えどころがない，取っつきはいいが理屈っぽい，というような印象を持たれている．その上，誤差・平均・分散・相関・推定・検定・回帰のようにその用語は，新聞雑誌に偏差値・物価変動・選挙予測など広い範囲の記事の中で日常的に現れていて興味深いけれども，いざ定義はどうかといわれると今まで余り教わったこともないし誰に聞けばよいかもはっきりしないという実状である．

幸いなことに現在では「大学の数理統計学」が受け持つべき確率統計の範囲は本書で取り上げた題材程度であることが認められてきている．すなわち，確率関係では第1章の確率変数と確率分布，統計関係では第2章の統計的推測と第3章の統計解析である．この範囲の数理統計学は確率統計の魅力的部分である確率変動・統計推測の基本的概念から構成されていて，概念や定義はすべて明確で曖昧さは存在しないし，数学的方法は大学教養程度の線形代数学と微分積分学で十分である．したがって，本書は確率統計の基本概念をベクトル・行列・微分積分程度の数学を使って明確に書くように心がけた．

第1章では確率ベクトルという用語を取り入れたのでそれが余り抵抗のないように§4において2次元確率ベクトルを§5において多次元確率ベクト

ルを取り扱ったが，重複を避けるために§4と§5はどちらか一方だけでもよい．

第2章では§7で父親と長男の身長についての数値例に対してデータの統計処理を行っているが，他の節とは独立しているので節の順番に関係なくいつ読んでもよい．§8で統計学における情報量について説明し，§9で統計的推測決定の図式を述べている．これらの節は数理統計に曖昧さは存在しないことを説明するためのものである．

第3章では14.7のカイ自乗適合度検定は，普通，§11の最後に入れられることが多い．§14のその他の部分は数理統計の上級コースに該当し統計的情報量や統計的推測と深く関連している．

付録のところで，確率分布の代表的なモデルとその代表値を表にして整理しているので利用されたい．なお，定義，定理，補題，系は節毎に通し番号を付けている．

おわりに，本書の執筆をお勧め下さった大阪大学村上信吾教授と出版に当たってお世話頂いた裳華房の細木周治氏と守谷京子さんに心から感謝申し上げます．

1990年　秋

稲 垣 宣 生

目　次

1　確率変数と確率分布

§1.　事象と確率 · 2
1.1　集合と事象 · · · · · · · · · · · · · · · · · · 2
1.2　確率と確率空間 · · · · · · · · · · · · · · · · 4
1.3　事象の独立性と従属性 · · · · · · · · · · · · 5
演習問題 1 · 7
§2.　確率変数と確率分布 · · · · · · · · · · · · · · · · · 10
2.1　母集団と標本 · · · · · · · · · · · · · · · · · 10
2.2　確率変数と確率分布 · · · · · · · · · · · · · 11
2.3　分布の特性値：平均値と分散 · · · · · · · · 15
2.4　分布関数の変換 · · · · · · · · · · · · · · · 20
演習問題 2 · 22
§3.　確率分布の代表的モデル · · · · · · · · · · · · · · · 26
3.1　離散分布モデル · · · · · · · · · · · · · · · 26
3.2　連続モデル · · · · · · · · · · · · · · · · · · 35
演習問題 3 · 46
§4.　2次元確率ベクトルの分布 · · · · · · · · · · · · · 49
4.1　2つの確率変数の同時分布 · · · · · · · · · 49
4.2　共分散と相関係数 · · · · · · · · · · · · · · 53
4.3　2次元確率分布の代表的モデル · · · · · · · · 57
4.4　独立な確率変数の和の分布 · · · · · · · · · 61
演習問題 4 · 63

§5. 多変量確率ベクトルの分布 · · · · · · · · · · · · · 66
5.1 n 次元確率ベクトルの同時分布 · · · · · · · · 66
5.2 n 次元確率ベクトルの1次関数の平均と分散 · 67
5.3 多変量分布の代表的モデル · · · · · · · · · · 70
5.4 順序統計量 · · · · · · · · · · · · · · · · · 76
5.5 確率過程 · · · · · · · · · · · · · · · · · · 78
演習問題5 · · · · · · · · · · · · · · · · · · · 82
§6. 標本分布 · · · · · · · · · · · · · · · · · · · 85
6.1 確率ベクトルの変数変換とその密度関数の変換 85
6.2 正規分布から誘導される分布 · · · · · · · · · 89
6.3 確率不等式と凸関数 · · · · · · · · · · · · · 97
6.4 大数の法則と中心極限定理 · · · · · · · · · 101
演習問題6 · · · · · · · · · · · · · · · · · · · 104

2 統計的推測

§7. 統計学における情報量 · · · · · · · · · · · · · 108
7.1 ハートレイの情報量 · · · · · · · · · · · · · 108
7.2 シャノンの情報量 · · · · · · · · · · · · · · 108
7.3 増加情報量 · · · · · · · · · · · · · · · · · 113
7.4 連続分布に対する情報量 · · · · · · · · · · 116
7.5 フィッシャー情報量 · · · · · · · · · · · · · 120
演習問題7 · · · · · · · · · · · · · · · · · · · 124
§8. 統計的推測決定 · · · · · · · · · · · · · · · · 126
8.1 統計的推測決定問題 · · · · · · · · · · · · · 126
8.2 統計的推定問題 · · · · · · · · · · · · · · · 128
8.3 仮説検定問題 · · · · · · · · · · · · · · · · 133
8.4 統計的回帰問題 · · · · · · · · · · · · · · · 142

8.5　決定原理 ・・・・・・・・・・・・・・・・・・ 145
演習問題 8 ・・・・・・・・・・・・・・・・・・・・・ 150
§9.　統計的推定 ・・・・・・・・・・・・・・・・・・・・ 155
9.1　正規分布の平均の区間推定 ・・・・・・・・・ 155
9.2　正規分布の分散の区間推定 ・・・・・・・・・ 158
9.3　比率の区間推定 ・・・・・・・・・・・・・・・ 159
9.4　2つの正規分布の平均差の区間推定 ・・・・ 161
9.5　2つの正規分布の分散比の区間推定 ・・・・ 163
9.6　2つの比率の差の区間推定 ・・・・・・・・・ 164
演習問題 9 ・・・・・・・・・・・・・・・・・・・・・ 164
§10.　統計的仮説検定 ・・・・・・・・・・・・・・・・・ 167
10.1　正規分布の平均の検定 ・・・・・・・・・・・ 167
10.2　正規分布の分散の検定 ・・・・・・・・・・・ 170
10.3　比率の検定 ・・・・・・・・・・・・・・・・・ 171
10.4　2つの正規分布の平均差の検定 ・・・・・・ 172
10.5　2つの正規分布の分散比の検定 ・・・・・・ 176
10.6　2つの比率の差の検定 ・・・・・・・・・・・ 176
10.7　カイ自乗適合度検定 ・・・・・・・・・・・・ 177
演習問題 10 ・・・・・・・・・・・・・・・・・・・・ 184

3　統計解析

§11.　直線回帰分析 ・・・・・・・・・・・・・・・・・・ 190
11.1　2次元データと散布図 ・・・・・・・・・・・ 190
11.2　直線回帰と最小自乗法 ・・・・・・・・・・・ 192
11.3　最小自乗推定量の分布性質 ・・・・・・・・ 196
演習問題 11 ・・・・・・・・・・・・・・・・・・・・ 202

§12. 多重線形回帰分析・・・・・・・・・・・・・・・・・ 206
12.1 多重線形回帰問題・・・・・・・・・・・・・・ 206
12.2 最小自乗法と最小自乗推定量・・・・・・・ 208
12.3 回帰係数と偏相関係数・・・・・・・・・・・ 211
12.4 最小自乗推定量の分布性質・・・・・・・・・ 215
12.5 制限最小自乗法とその幾何学的説明・・・・ 220
12.6 ダミー変数のある場合・・・・・・・・・・・ 226
12.7 多重共線性と一般逆行列およびリッジ回帰・ 227
12.8 母数の次元の決定： Cp 統計量・・・・・・ 231
演習問題 12 ・・・・・・・・・・・・・・・・・・ 236
§13. 分散分析・・・・・・・・・・・・・・・・・・・・・ 240
13.1 1元配置・・・・・・・・・・・・・・・・・・ 240
13.2 2元配置・・・・・・・・・・・・・・・・・・ 244
13.3 繰り返し観測のある場合の2元配置・・・・ 250
演習問題 13 ・・・・・・・・・・・・・・・・・・ 254
§14. 尤度解析法・・・・・・・・・・・・・・・・・・・・ 257
14.1 最尤推定量の漸近的性質・・・・・・・・・・ 257
14.2 モーメント推定法・・・・・・・・・・・・・ 268
14.3 尤度比検定・・・・・・・・・・・・・・・・ 272
14.4 凸関数と凸共役関数・・・・・・・・・・・・ 280
14.5 指数型分布族・・・・・・・・・・・・・・・ 285
演習問題 14 ・・・・・・・・・・・・・・・・・・ 294

付録 確率分布の代表的モデル／付表・・・・・・・・・・・・・ 297
演習問題略解・・・・・・・・・・・・・・・・・・・・・・・・・ 307
あとがき・・・・・・・・・・・・・・・・・・・・・・・・・・・ 319
索　引・・・・・・・・・・・・・・・・・・・・・・・・・・・・ 321

1

確率変数と確率分布

確率変動に揺れる様々な現象を詳細に観測し，変動を単純と複雑，既知と未知あるいは偶然と必然に振り分けていくとき，最後に残る変動を確率変数・確率分布としてとらえる．確率変数と確率分布の研究は変動の中に数理的法則を見いだそうという探究心を動機として発展してきた．変動を科学する第一歩は代表的な確率変数と確率分布の性質を習得することから始まる．

§1. 事象と確率

1.1 集合と事象

実験とか観測とか調査とかを総称して**試行** (trials) という. 試行を行ったとき起こり得る全ての結果の集まりを**全事象** (total event) という. 統計学では, 全事象のことを試行の対象となる集団とみなして**母集団** (population) という. ある性質を満たす結果の集まりを**事象** (event) という. 集合論では, 結果は点 (または, 要素とか元ともいう) であり, 全ての点の集まりを空間といい, 事象を集合という. 特に母集団を母集団空間とよぶこともある. 人口学では, 結果は人間であり, 母集団は例えば日本の人口であり, 事象は 男性・女性 とか 喫煙者・非喫煙者 とか 10代・20代… とか 昭和一桁・団塊の世代 とかである.

母集団空間を Ω で表し, 点 (または元) をアルファベットのはじめの小文字 $a, b, \cdots$ で, 集合を大文字 $A, B, \cdots$ で表す. 元 a は集合 A に属するということを $a \in A$ とかく. 集合 A は集合 B の部分集合である, すなわち, A の全ての元は B の元であるということを $A \subset B$ とかく. 元を1つも含まないものも集合と考えて空集合といい $\emptyset$ で表す. 集合 A, B のうち少なくとも一方に含まれている元の集合を $A \cup B$ で表し, A, B の**和集合**とい

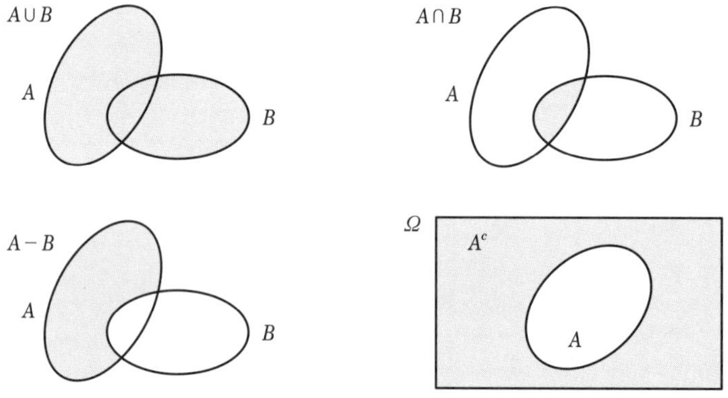

図 1.1 集合の演算

う．A, B に共通に含まれている元の集合を $A \cap B$ で表し，A, B の**積集合**または**共通集合**という．A には属するが B には属さない元の集合を $A-B$ で表し A, B の**差集合**という．A に属さない Ω の元の集合を A^c で表し，A の**補集合**という．$A \cap B = \emptyset$ のとき A, B は**互いに素**という．A, B が互いに素のとき，それらの和を特に**直和**といい，$A+B$ で表す．

集合の演算の間には次のような公式が成り立つ．

（1）　交換律：　$A \cup B = B \cup A, \quad A \cap B = B \cap A.$

（2）　結合律：　$A \cup (B \cup C) = (A \cup B) \cup C,$

$A \cap (B \cap C) = (A \cap B) \cap C.$

（3）　分配律：　$A \cap (B \cup C) = (A \cap B) \cup (A \cap C),$

$A \cup (B \cap C) = (A \cup B) \cap (A \cup C).$

（4）　双対律 (DeMorgan の法則)：

$$(A \cup B)^c = A^c \cap B^c, \quad (A \cap B)^c = A^c \cup B^c.$$

我々が関心をもつ事象(集合)だけを集めたものを集合族といい，$\mathscr{A}$ で表す．集合族 $\mathscr{A}$ 内では上で述べたような集合の演算が成立せねばならない．

例題 1.1　Ω を日本の成人とし，事象として

男性 S_1，女性 $S_2 (= S_1^c)$ ；喫煙者 T_1，非喫煙者 $T_2 (= T_1^c)$

を考える．集合族 $\mathscr{A}$ はそれらの単独事象の他に

積事象：　男性で喫煙者 $S_1 \cap T_1$，男性で非喫煙者 $S_1 \cap T_2$，
女性で喫煙者 $S_2 \cap T_1$，女性で非喫煙者 $S_2 \cap T_2$；

和事象：　男性か喫煙者 $S_1 \cup T_1$，男性か非喫煙者 $S_1 \cup T_2$，
女性か喫煙者 $S_2 \cup T_1$，女性か非喫煙者 $S_2 \cup T_2$；

積事象の和事象：　男性で喫煙者か女性で非喫煙者 $(S_1 \cap T_1) \cup (S_2 \cap T_2)$，
男性で非喫煙者か女性で喫煙者 $(S_1 \cap T_2) \cup (S_2 \cap T_1)$

を含む．すなわち

$$\mathscr{A} = \{\emptyset ; S_1, S_2, T_1, T_2 ; S_1 \cap T_1, S_1 \cap T_2, S_2 \cap T_1, S_2 \cap T_2 ; \\ S_1 \cup T_1, S_1 \cup T_2, S_2 \cup T_1, S_2 \cup T_2 ; \\ (S_1 \cap T_1) \cup (S_2 \cap T_2), (S_1 \cap T_2) \cup (S_2 \cap T_1) ; \Omega\}.$$

◇

このように集合の演算に関して閉じている集合族のことを可測集合族といい，それに属している集合は可測であるという．我々が普通に考える集合は可測であるから可測性を特に意識する必要はないが，ここでは定義だけを与える．今後，事象族といえば可測集合族を意味する．

定義 1.1　集合族 $\mathcal{A}$ が次の 3 つの条件を満たすとき**可測集合族**といい，それに属する集合のことを**可測集合**という：

(M1)　$\emptyset \in \mathcal{A}$,　$\Omega \in \mathcal{A}$.

(M2)　$A_n \in \mathcal{A},\ n = 1, 2, \cdots \implies \bigcup_{n=1}^{\infty} A_n \in \mathcal{A}$.

(M3)　$A \in \mathcal{A} \implies A^c \in \mathcal{A}$.

1.2　確率と確率空間

母集団空間を Ω とし，事象族を $\mathcal{A}$ としたが，ここではそれらの事象の起こり易さを示す数値である確率の定義を与えよう．

定義 1.2　事象族の上で定義された関数 P が次の 3 つの条件を満たすとき**確率測度** (probability measure) という：

(P1)　任意の事象 $A \in \mathcal{A}$ に対して，その確率 $P(A)$ は 0 と 1 の間の数値である： $0 \le P(A) \le 1$.

(P2)　空事象 $\emptyset$ と全事象 Ω に対して，$P(\emptyset) = 0$, $P(\Omega) = 1$.

(P3)　$A_n \in \mathcal{A},\ n = 1, 2, \cdots$ が互いに素 $(A_m \cap A_n = \emptyset\ (m \neq n))$ ならば

$$P\left(\bigcup_{n=1}^{\infty} A_n\right) = \sum_{n=1}^{\infty} P(A_n).$$

そのとき，組 $(\Omega, \mathcal{A}, P)$ を**確率空間** (probability space) とよび，1933 年にコルモゴロフによって確率の定義として数学的に基礎付けされた．確率測度に関する次の基本的性質は，公式 (P1)-(P3) から導かれる：

（1）　$P(A^c) = 1 - P(A)$.

（2）　$A \subset B \implies P(A) \le P(B)$.

(3) $P(A \cup B) = P(A) + P(B) - P(A \cap B)$.

(4) $A_n \in \mathscr{A}\ (n = 1, 2, \cdots)$, $A_1 \supset A_2 \supset \cdots$ (単調減少) であるとき，

$A = \bigcap_{n=1}^{\infty} A_n$ とすれば，

$$P(A) = \lim_{n \to \infty} P(A_n).$$

(5) $A_n \in \mathscr{A}\ (n = 1, 2, \cdots)$, $A_1 \subset A_2 \subset \cdots$ (単調増大) であるとき，

$A = \bigcup_{n=1}^{\infty} A_n$ とすれば，

$$P(A) = \lim_{n \to \infty} P(A_n).$$

1.3 事象の独立性と従属性

2つの事象 A, B が独立であるとか従属であるということの数学的定義は簡単であるが，統計学では非常に重要な概念としてたびたび議論される．

定義 1.3 2つの事象 A, B が確率的に**独立** (independent) であるとは，

$$P(A \cap B) = P(A)P(B)$$

が成り立つことをいう．独立でないとき**従属** (dependent) であるという．

定義 1.4 2つの事象 A, B があって $P(A) > 0$ のとき，

$$P(B|A) \equiv \frac{P(A \cap B)}{P(A)}$$

を A が与えられたときの B の**条件付き確率** (conditional probability) という．さらに，B を事象族 $\mathscr{A}$ の任意の集合と考えたとき，

$$P_A(B) \equiv P(B|A), \quad B \in \mathscr{A}$$

で定められる P_A が条件 (P1)-(P3) を満たすことから，これを A が与えられたときの**条件付き確率測度** (conditional probability measure) という (図1.2 参照)．

次の性質が成り立つ：

(1) 積の法則： $P(A \cap B) = P(A)P(B|A)$.

(2) A, B が独立のとき，$P(B|A) = P(B)$, $P(A|B) = P(A)$.

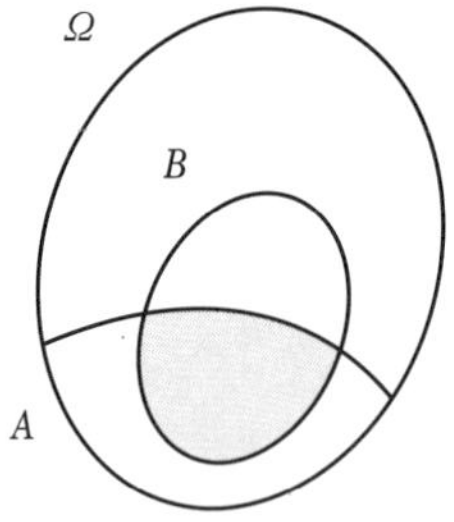

図 1.2

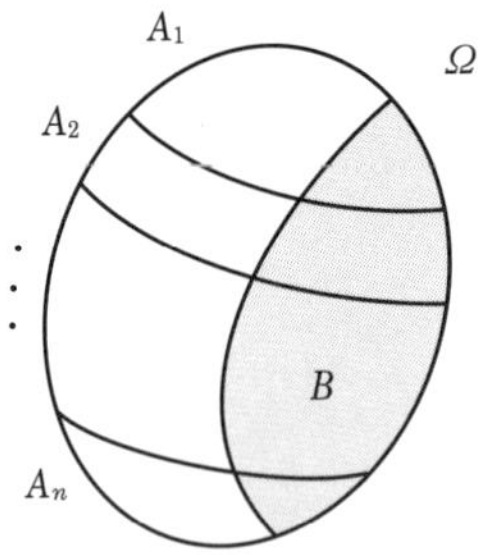

図 1.3

定理 1.1　母集団空間 Ω が互いに素な事象 $A_1, A_2, \cdots, A_n$ に直和分割されているとする：

$$\Omega = A_1 + A_2 + \cdots + A_n \qquad (\text{直和}).$$

そのとき，任意の事象 B の確率は条件付き確率を用いて次のように計算されることは容易に示される：

$$P(B) = \sum_{i=1}^{n} P(A_i)P(B|A_i).$$

これを**全確率の法則** (rule of total probability) という (図 1.3 参照).

注意　各事象 A_i が性別や年齢など類似の性質をもつ**層** (stratum, [*pl*] strata) をなしているとき，母集団は**層別** (stratification) されているという.

定理 1.2　前定理と同じ状況の下で，事象 B が起こる前と後のことを事前と事後とよぶとき，A_i に対して $P(A_i)$ は B が起こる前に与えられている確率であるから**事前確率** (prior probability) といい，$P(A_i|B)$ は B が起こった後で与えられる確率であるから**事後確率** (posterior probability) という.
事後確率は事前確率を用いて次のように求めることができる：

$$P(A_j|B) = \frac{P(A_j)P(B|A_j)}{\sum_{i=1}^{n} P(A_i)P(B|A_i)}.$$

これを**ベイズの法則** (Bayes' rule) という.

例題 1.2（病気の診断） 医者は患者の症状 (S) を診てみて，いくつかの考えられる病気 ($D_1, \cdots, D_n$) のうちのどれが最も確からしい原因であるか決定せねばならない．これまでの診療記録から，病気の事前確率 $P(D_i)$ と条件付き確率 $P(S|D_i)$, $i=1,\cdots,n$ は与えられているとする．そのとき，ベイズの法則により症状が与えられた下での病気の事後確率 $P(D_i|S)$, $i=1,\cdots,n$ を求めることができる．この症状に対して最も確からしい原因の病気とは

$$P(D_k|S) > P(D_i|S), \quad i=1,\cdots,n, \quad i \neq k$$

であるような病気 D_k のことである．いま $n=4$；

$$P(D_1)=0.3, \quad P(D_2)=0.4, \quad P(D_3)=0.1, \quad P(D_4)=0.2\,;$$

$$P(S|D_1)=0.8, \quad P(S|D_2)=0.4, \quad P(S|D_3)=0.7, \quad P(S|D_4)=0.9$$

であるとき，全確率の法則とベイズの法則によって次のように計算できる：

$$P(S)=0.3\times0.8+0.4\times0.4+0.1\times0.7+0.2\times0.9=0.65,$$

$$P(D_1|S)=\frac{0.3\times0.8}{0.65}=\frac{24}{65}, \quad P(D_2|S)=\frac{0.4\times0.4}{0.65}=\frac{16}{65},$$

$$P(D_3|S)=\frac{0.1\times0.7}{0.65}=\frac{7}{65}, \quad P(D_4|S)=\frac{0.2\times0.9}{0.65}=\frac{18}{65}.$$

症状を診る前（事前）では病気 D_2 の確率が最も高いけれども，症状を診た後（事後）では症状 S をもつ患者は病気 D_1 である確率が最も高いことがわかる．このようにベイズの法則は，条件付き確率の計算において，原因 (D) と結果 (S) の逆転を可能にする： すなわち $P(S), P(S|D)$ から $P(D|S)$ が算出される． ◇

演習問題 1

1.1 集合 A, B に対して $d(A, B)$ をその**対称差** $A\Delta B \equiv (A\cup B)-(A\cap B)$ の確率で定義する： $d(A,B)=P(A\Delta B)$. そのとき，

$$d(A,C) \le d(A,B)+d(B,C)$$

が成り立つことを示せ．

1.2 集合 A, B に対して，$P(A)>0$ のとき次の不等式が成り立つことを示せ：

$$P(B|A) \ge 1-\frac{P(B^c)}{P(A)}.$$

1.3　次の式が成立するための条件をそれぞれ調べよ．

（1）　$P(A|B) + P(A^c|B^c) = 1$.

（2）　$P(A|B) = P(A|B^c)$.

1.4　A, B が互いに独立であるとき，A^c, B^c も互いに独立であることを示せ．

1.5　ジョーカーを除いた一組のトランプから 4 枚のカードを抜き取ったとき，スペードとハートが 1 枚ずつ含まれている確率を求めよ．

1.6　2 つの壺 U_1, U_2 があって，U_1 には赤玉 5 個，白玉 3 個，黒玉 2 個；U_2 には赤玉 2 個，白玉 3 個，黒玉 5 個が入っている．いま，U_1 から 1 個の玉を取り出して U_2 に入れ，次に U_2 から 1 個の玉を取り出したところ黒玉であった．はじめに U_1 から取り出した玉が黒玉である確率を求めよ．

1.7（ポリアの壺）　ある壺の中に w 個の白玉と b 個の黒玉が入っている．壺の中から無作為に 1 個の玉を取り出しその色を確認する．その玉とそれと同色の玉 d 個を加えて壺に入れ戻す．2 回目以降もこの操作を繰り返すとき，これを**ポリアの壺**という．n 回目の抽出において白玉を取り出す確率を求めよ．

1.8　送信文字が $S = \{0, 1\}$ で受信文字が $R = \{0, 1\}$ であり，通信路が雑音の大きさ $0 < \varepsilon < 1$ によって

$$P(R = 0 \,|\, S = 0) = P(R = 1 \,|\, S = 1) = 1 - \varepsilon$$

$$P(R = 1 \,|\, S = 0) = P(R = 0 \,|\, S = 1) = \varepsilon$$

として完全に記述されるとき，このような通信路を**2 元対称通信路** (binary symmetric channel) という．

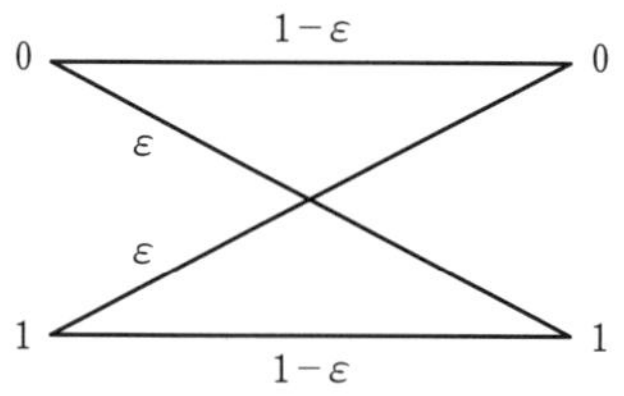

図 1.4　2元対称通信路

送信の事前確率が

$$p = P(S=0), \quad 1-p = P(S=1)$$

であるとする．そのとき次の問に答えよ．

（1）　受信の確率 $P(R=0)$, $P(R=1)$ を求めよ．

（2）　受信 $R=1$ を得たとき，送信が $S=1$ である事後確率を求めよ．

（3）　$p=0.4$, $\varepsilon=0.05$ であるとき，(1), (2) で求めた確率はいくらになるか．

§2. 確率変数と確率分布

2.1 母集団と標本

母集団の中には，従来から得られた測定値だけでなく，将来に測定し得る全ての考えられる測定値が含まれることが重要である．母集団の型として次のような場合が考えられる：

（1） 母集団が有限で現存する場合，例えば，ある時点での人口など．

（2） 母集団が無限の場合，例えば，ある河川の出水量は毎時何トンというように，ある幅の中にあるとしても，連続値であるから無限の点を考える必要があり，無限母集団であると考えられる．

（3） 母集団が仮想的な場合，例えば，サイコロを引続き投げた結果の集合は，実際にはサイコロを無限回投げ続けることはできないから，仮想的な母集団であると考えられる．

母集団から1つの要素（または元）を取り出すことを**標本抽出** (sampling) といい，取り出された要素を**標本** (sample) という．取り出された標本の個数を**標本の大きさ** (sample size) という．標本抽出の目的は，いくつかの標本から母集団の様子を推察することにある．例えば，ある河川の出水量を調査するときとか，製品が良品であるか不良品であるかを破壊テストによって調査するときは，全数調査が不可能な場合である．また，商品開発のためにモデル製品をモニターに実験使用してもらい市場調査をするときとか，選挙予測のような世論調査をするときは，全数調査が望めない場合である．抽出した既知の標本によって母集団の未知の性質を知ろうとすることは**統計的推測** (statistical inference) といわれ，標本という特殊なものから母集団という一般的なものを知ろうとする**帰納的推論** (induction) である．

いくつかの標本によってその母集団の性質について何かを語ろうとするとき，この問題を確率論で取り扱えるようにするためには，考えられる全ての要素が選択の等しい機会をもち，引き続く抽出が独立であるような標本化行程である**無作為標本抽出** (random sampling) が必要である．次のような場合は，厳密な意味では無作為標本抽出ではない．

（1） ある世論調査をテレビで呼びかけ，テレビ局にかかってきた電話によって標本調査した．[興味本位の調査には良いかも知れないが，特定の意見をもった人による偏りが生じる懸念がある．]

（2） 小学生の父母にアンケート用紙を配布し意見調査をした．[父母の年齢が限定され，また，子供をもつ親に限定される．]

（3） 稲の出来具合いを調べるのに輪を投げ，落ちた輪の内部の稲籾の平均を標本にした．[輪が出来の良い所に引っかかって落ちる傾向がある．]

2.2 確率変数と確率分布

母集団が人口である場合を考えよう．母集団の個々人は，例えば，性別，支持政党などのようにカテゴリカルな特性をもっているし，また，年齢，所得，身長，体重などのように数量的な特性をもっている．しかし，統計学では個々人の特性に関心をもつより，むしろ，これらを集積した母集団としての特性に関心をもち，例えば，母集団における性別，支持政党の割合（分布）はどのようであるか，年齢，所得，身長，体重などの分布はどのようであるかというようなことに関心をもつのである．いま，人口母集団を Ω とし，それに属している個人を $\omega\,(\in \Omega)$ として，人口母集団における年齢 X の分布を考える．この場合，個人の年齢 $X(\omega)$ そのものに関心をもつのではなく，むしろ，人口母集団の年齢の構成に関心があり，年齢 $X = x$ の人は何パーセントいるかということに関心がある．確かに，年齢 X というものは $X(\omega)$ のようにかくことができて個人 $\omega\,(\in \Omega)$ によって変わる変数ではあるが，しかし，年齢 $X = x$ の人は何パーセント存在するというようにこの変数は確率を伴っているのである．このように，母集団の特性を表すカテゴリーや数量を変数と考えるとき，この変数はとる値に依存する確率を伴っているので**確率変数** (random variable) という．すなわち，確率変数はその変数値の起こり易さの程度を表す確率を伴っている変数である：

"確率変数" = "変数" + "確率".

確率変数を考えることは，母集団から標本を取り出して，例えば年齢のような特性を観測することに対応するので，統計学では，確率変数のことを，略して単に，標本，または**観測** (observation) ということがあり，普通，アルファベットの終わりの大文字 $\cdots, X, Y, Z$ を使うことが多い．それに対し，実際に観測した，例えば特定の人 ω の年齢 $x = X(\omega)$ のことを，確率変数値，または**標本値** (sample value)，または**観測値** (observation value) といい，確率変数に対応する小文字 $\cdots, x, y, z$ を使うことが多い．したがって，確率変数のとる全ての値の集まりを**標本空間** (sample space) または**観測空間** (observation space) といい，$\mathcal{X}$ で表すことにする．

そこでもう一度，確率空間 $(\Omega, \mathcal{A}, P)$ の議論に戻ってみよう．人口母集団が Ω であり，人口の大きさが $N(\Omega) = n$ とする．ここで，集合 A に含まれる元の個数を記号 $\#A$ または $N(A)$ で表す．Ω の全ての集合の族を $\mathcal{A}$ とし，確率測度は Ω の各元に対して等確率を与えるとする：すなわち，

$$P(\omega) = \frac{1}{n} \quad (\omega \in \Omega), \qquad N(\Omega) = \#\Omega = n.$$

次に，標本空間 $\mathcal{X}$ を考えるが，標本が実数のときにはこれは実数空間 $\boldsymbol{R}^1$ である．$\mathcal{X}$ の自然な集合の全体を $\mathcal{B}$ とする．$\mathcal{X} = \boldsymbol{R}^1$ のときには，$\mathcal{B}$ は区間などを含むボレル集合族とよばれるもので，$\mathcal{B}^1$ と表す．$\mathcal{X}$ と $\mathcal{B}$ を組にした $(\mathcal{X}, \mathcal{B})$ を**可測空間** (measurable space) という．$(\boldsymbol{R}^1, \mathcal{B}^1)$ を**実可測空間**という．個人の年齢 $X(\omega)$, $\omega \in \Omega$ は実数値可測空間 $(\boldsymbol{R}^1, \mathcal{B}^1)$ に入ると考える．年齢 a 歳から b 歳までというのは区間 $[a, b]$ であり，$\mathcal{B}^1$ の集合と考える：すなわち，$[a, b] \in \mathcal{B}^1$．年齢 X による逆像

$$X^{-1}([a, b]) \equiv \{\omega \in \Omega : a \leq X(\omega) \leq b\} \in \mathcal{A}$$

は年齢が a 歳から b 歳までの人の集合で，もちろん，$\mathcal{A}$ に属している．年齢が a 歳から b 歳までの人数を m とする：$N(X^{-1}([a, b])) = m$.

年齢の集合 $[a, b]$ の確率を $P^X([a, b])$ とかくとき，これを年齢が a 歳から b 歳までの人の集合 $X^{-1}([a, b])$ に対する確率として，

$$P^X([a, b]) = P\{X^{-1}([a, b])\} = \frac{m}{n}$$

によって定義すれば，人口母集団 Ω の確率測度 P から，年齢の標本空間 $\mathcal{X}$ に確率測度 P^X が誘導される．このように，確率変数 X によって P から自然に誘導された P^X のことを年齢 X の**確率分布** (probability distribution)，または単に**分布** (distribution) という．さらに，X によって誘導された確率空間 $(\mathcal{X}, \mathcal{B}, P^X)$ を年齢標本空間という．

以上のことをもっと一般的に考えよう．確率空間 $(\Omega, \mathcal{A}, P)$ から確率変数 X の標本空間 $(\mathcal{X}, \mathcal{B}, P^X)$ に誘導された確率測度 P^X は X の**分布**とよばれ，集合 $B \in \mathcal{B}$ に対してその逆像を

$$\begin{aligned} X^{-1}(B) &\equiv \{X \in B\} \\ &= \{\omega \in \Omega : X(\omega) \in B\} \end{aligned}$$

とかくとき，その確率は

$$\begin{aligned} P^X(B) &= P\{X \in B\} \\ &= P\{X^{-1}(B)\} \end{aligned}$$

で定義される．

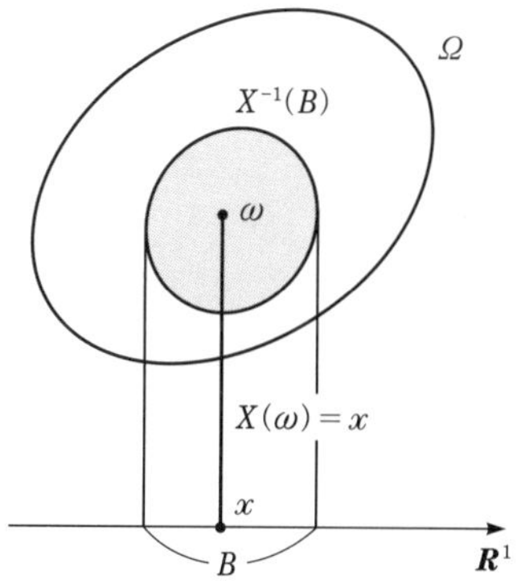

図 2.1　確率空間と確率変数

確率変数 X の**分布関数** (distribution function) を

$$F(x) = P(X \le x) = P(\{\omega \in \Omega : X(\omega) \le x\})$$

によって定義する．このとき，X の分布 P^X と分布関数 $F(x)$ は同等の役割を果たし，X の分布法則を決定する．例えば，

$$P^X((a, b]) = P(a < X \le b) = F(b) - F(a).$$

分布関数 $F(\cdot)$ が次の性質 (DF1)-(DF3) をもつことは容易に示される．逆に，これらの性質をもつものを分布関数と定義してもよい．

(DF1)　任意の $x \in \boldsymbol{R}^1$ に対して $0 \le F(x) \le 1$ であり，かつ

$$F(-\infty) \equiv \lim_{x \to -\infty} F(x) = 0, \qquad F(+\infty) \equiv \lim_{x \to +\infty} F(x) = 1.$$

(DF2)　$F(x)$ は単調非減少である： $x < y \Longrightarrow F(x) \le F(y)$.

(DF3)　$F(x)$ は右側連続である： $\displaystyle\lim_{y \to x+0} F(y) = F(x)$.

確率変数 X の分布関数が $F(x)$ である場合に,「確率変数 X は分布 $F(\cdot)$ に従う」といい,“$X \sim F$” とかくことがある.

確率変数 X が,例えば年齢,所得などのように,有限個または可算無限個の値である離散値 $x_1, x_2, \cdots, x_n, \cdots$ のみをとるとき,離散型確率変数といい,その分布を**離散分布** (discrete distribution) という.離散分布は各値 x_i に対する確率

$$f_i = f(x_i) \equiv P(X = x_i) = P(\{\omega : X(\omega) = x_i\}), \quad i = 1, 2, \cdots$$

によって決定される.$f(\cdot)$ を**確率関数** (probability function),または**重み関数** (weight function または mass function) という.まれに連続の場合と区別しないで,密度関数ということもある.確率関数 $f(\cdot)$ が次の性質 (PF1)-(PF3) を満たすことは容易に示される.逆に,これらの性質をもつものを確率関数と定義してもよい:

(PF1)　$f(x_i) \geq 0$.

(PF2)　$\sum_{i=1}^{\infty} f(x_i) = 1$.

(PF3)　分布関数は $F(x) = \sum_{\{i : x_i \leq x\}} f(x_i)$.

特に,整数値上だけで重みをもつ分布を**算術分布** (arithmetic distribution) という.例えば,非負整数値上の算術分布は,

$$f_x = f(x), \quad x = 0, 1, 2, \cdots$$

なる確率関数をもつ.

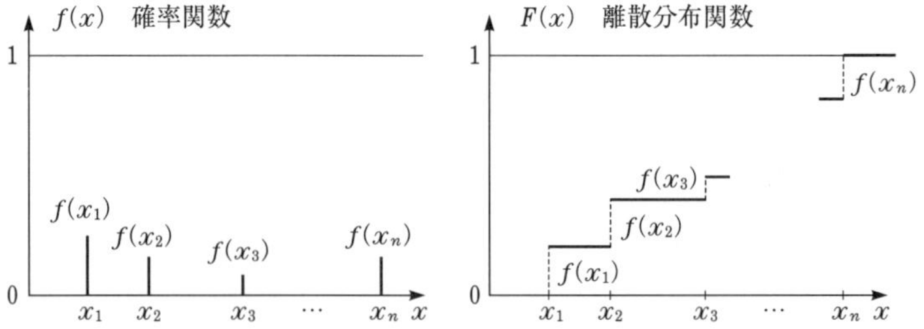

図 2.2

確率変数 X が出水量，身長，体重のように“連続的”な値をとるとき連続型確率変数といい，その分布を**連続分布** (continuous distribution) という．連続分布の分布関数 $F(x)$ は連続である．さらに，分布関数 $F(x)$ が微分可能であるとき，その導関数 $f(x)=\dfrac{dF(x)}{dx}$ を X の**密度関数** (density function) という．このとき，密度関数 $f(\cdot)$ は次の性質 (Dn1)-(Dn3) を満たす．逆に，これらの性質をもつものを密度関数と定義してもよい：

(Dn1)　$f(x) \geq 0$.

(Dn2)　$\int_{-\infty}^{\infty} f(x)\,dx = 1$.

(Dn3)　分布関数は $F(x)=\int_{-\infty}^{x} f(y)\,dy$.

連続型確率変数の 1 点における確率はゼロ，すなわち $P(X=x)=0$ であり，密度関数との関係は

$$P(X \in dx) = f(x)\,dx$$

のように記号的にかける．

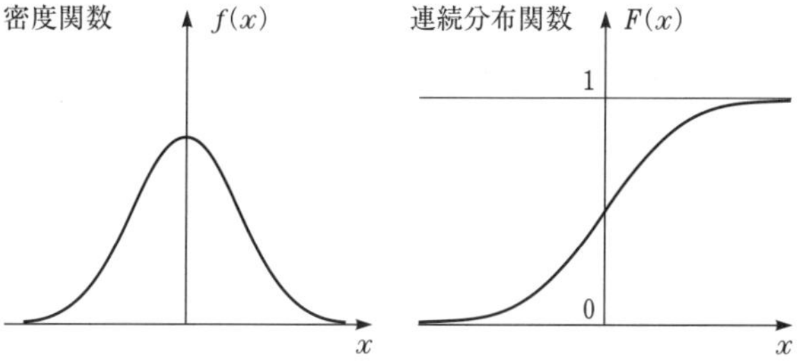

図 2.3

2.3　分布の特性値：平均値と分散

力学でいうと算術分布は非負実軸上の整数 $x=0,1,2,\cdots$ 上に等間隔に重み $f(x)$ がのっていると考えられる．そのときの 1 次モーメント μ は重心であり，重心まわりの 2 次モーメント σ^2 は慣性である：

$$\mu=\sum_{x=0}^{\infty}xf(x),\qquad \sigma^2=\sum_{x=0}^{\infty}(x-\mu)^2f(x)=\sum_{x=1}^{\infty}x^2f(x)-\mu^2.$$

本書の付録に，離散分布の代表的モデル [D1]-[D7] と連続分布の代表的モデル [C1]-[C8] が一覧として与えられているので参考にされたい．

例題 2.1　[D1]　離散一様分布 $DU(n)$ に対しては，重み関数は

$$f(x)=\frac{1}{n},\quad x=1,\cdots,n$$

であるので，その重心と慣性は

$$\mu=\frac{1}{n}(1+\cdots+n)=\frac{n+1}{2},$$

$$\sigma^2=\frac{1}{n}(1^2+\cdots+n^2)-\left(\frac{n+1}{2}\right)^2=\frac{n^2-1}{12}.$$

◇

確率変数が，非負の実数上にだけ重みをもち，連続的に与えられている場合も全く同じことである．その密度関数が $f(x)$, $0\le x<\infty$ のとき，1 次モーメント μ は重心であり，重心まわりの 2 次モーメント σ^2 は慣性である：

$$\mu=\int_0^{\infty}xf(x)\,dx,\quad \sigma^2=\int_0^{\infty}(x-\mu)^2f(x)\,dx=\int_0^{\infty}x^2f(x)\,dx-\mu^2.$$

例題 2.2　[C1]　一様分布 $U(0,1)$ に対しては，重み関数は

$$f(x)=1,\quad 0\le x\le 1$$

であるので，その重心と慣性は

$$\mu=\int_0^1 x\,dx=\frac{1}{2},\qquad \sigma^2=\int_0^1 x^2f(x)\,dx-\left(\frac{1}{2}\right)^2=\frac{1}{3}-\frac{1}{4}=\frac{1}{12}.$$

◇

統計学では，一般の分布に対しても 1 次モーメントや 2 次モーメントを考える．分布の 1 次モーメントを**平均値** (mean) または**期待値** (expectation) といい，普通，μ で表すことが多い．平均値まわりの 2 次モーメントを**分散** (variance) といい，普通，σ^2 で表すことが多い．確率変数 X の分布の平均

値のことを，単に確率変数 X の平均（または平均値または期待値）といい，$E(X)$ で表す．また，確率変数 X の分布の分散のことを，単に，確率変数 X の分散といい，$V(X)$ で表す．分散は平均 μ まわりの2次モーメントであるから，$(X-\mu)^2$ の平均と考えることができる．確率変数 X が分布関数 $F(x)$ をもつような一般の場合，平均と分散は次のように定義される：

$$E(X) = \int_{-\infty}^{\infty} x\,dF(x),$$

$$V(X) = E\{(X-\mu)^2\} = \int_{-\infty}^{\infty} (x-\mu)^2\,dF(x).$$

しかし，確率関数 $f(x)$, $x = x_1, x_2, \cdots$ をもつような離散型の場合には

$$E(X) = \sum_{i=1}^{\infty} x_i f(x_i), \qquad V(X) = \sum_{i=1}^{\infty} (x_i-\mu)^2 f(x_i),$$

また，密度関数 $f(x)$, $-\infty < x < \infty$ をもつような連続型の場合には

$$E(X) = \int_{-\infty}^{\infty} x f(x)\,dx, \qquad V(X) = \int_{-\infty}^{\infty} (x-\mu)^2 f(x)\,dx$$

として直接計算できる．確率変数からその平均を引いた $X-\mu$ を**偏差** (deviation) といい，分散の平方根 $\sigma = \sqrt{V(X)}$ を X の**標準偏差** (standard deviation) という．分散も標準偏差もどちらも分布の散らばりを示す特性値であるが，例えば，確率変数が身長 (cm) であるとき分散のディメンジョンは [(cm)^2] であるのに対し，標準偏差のディメンジョンは [cm] であり確率変数やその平均と同じディメンジョンをもつ．それゆえに分布の散らばりを示す尺度として，分散よりも標準偏差の方が便利なことがある．

確率変数 X の高次**積率**または**モーメント** (moment) は，整数 $k = 1, 2, \cdots$ に対し，原点まわりのモーメントは X のべき乗 X^k の平均で定義され，さらに，平均まわり（中心まわりともいう）のモーメントは $X-\mu$ のべき乗 $(X-\mu)^k$ の平均で定義される：

$$\mu'_k = E(X^k) \text{（原点まわり）}, \qquad \mu_k = E\{(X-\mu)^k\} \text{（平均まわり）}.$$

このとき，4次までのモーメントを使って表した分布の特性値である平均，分散，**歪度**（わいど）(skewness)，**尖度**（せんど）(kurtosis) は次のようになる：

平均　$\mu = \mu'_1 = E(X)$　は分布の中心を示す特性値，

分散 $\sigma^2 = \mu_2 = V(X)$ は分布の散らばりを示す特性値，

歪度 $\beta_1 \equiv \dfrac{\mu_3}{\sigma^3}$ は分布の歪（ゆが）みを示す特性値，

尖度 $\beta_2 \equiv \dfrac{\mu_4}{\sigma^4}$ は分布の尖（とが）りを示す特性値．

分布関数 $F(x)$ を 1 つの数値で特徴付けることはとてもできないので，4 つのこれらの数値を使って分布をできるだけ特徴付けようとするものであり，これらを分布のモーメント特性値とよぶ．

分散を実際に計算するときには，

$$
\begin{aligned}
V(X) &= E\{(X-\mu)^2\} = E(X^2 - 2\mu X + \mu^2) \\
&= E(X^2) - 2\mu E(X) + \mu^2 = E(X^2) - 2\mu^2 + \mu^2 \\
&= E(X^2) - \{E(X)\}^2
\end{aligned}
$$

すなわち，「分散は 2 乗平均から平均の 2 乗を引いたものである」：

$$V(X) = E(X^2) - \{E(X)\}^2.$$

これを**分散公式** (variance formula) とよぶ．

二項係数を含むような分布に対しては，**階乗モーメント** (factorial moment) を考える方が便利なことがある．一般に，n の k 次階乗は

$$n^{[k]} = n(n-1)\cdots(n-k+1), \qquad \text{特に } n^{[n]} = n(n-1)\cdots 2\cdot 1 = n!$$

であり，X の k 次階乗モーメントは

$$E\{X^{[k]}\} = E\{X(X-1)\cdots(X-k+1)\}$$

である．分散を 2 次の階乗モーメントを使ってかくと次のようになる：

$$V(X) = E\{X(X-1)\} + E(X) - \{E(X)\}^2.$$

確率変数の一般の関数 $h(X)$ の平均は

$$E\{h(X)\} = \int_{-\infty}^{\infty} h(x)\, dF(x)$$

で定義され，離散分布や密度をもつ分布の場合は次のように計算される：

$$E\{h(X)\} = \sum_{i=1}^{\infty} h(x_i) f(x_i) \qquad (\text{離散}),$$

$$E\{h(X)\} = \int_{-\infty}^{\infty} h(x) f(x)\, dx \qquad (\text{密度}).$$

平均の計算方法は次の覚え方に従って実行すればよい：

- E を「和の作用素」と考え，和の範囲は確率変数のとる値の範囲にする．$h(X)$ の X を小文字の x に変えて $h(x)$ とし，確率を掛けて和をとる．
- 離散型の場合は E を $\sum$ で置き換える．$h(X)$ の X を小文字の x に変えて $h(x)$ とし，確率関数 $f(x)$ を掛けて和をとる．
  例えば，離散一様分布 $DU(n)$ の場合は $E\{h(X)\} = \sum_{x=1}^{n} h(x)\,\dfrac{1}{n}$．
- 密度型の場合は E を $\int$ で置き換える．$h(X)$ の X を小文字の x に変えて $h(x)$ とし，密度関数 $f(x)$ と dx を掛けて積分する．
  例えば，一様分布 $U(0,1)$ の場合は $E\{h(X)\} = \int_0^1 h(x)\,dx$．

期待値 "E" は和の**作用素** (operator) であり，次の性質が成り立つ：

(E1)　定数 c に対して，$E(c) = c$．特に，$E(1) = 1$．

(E2)　確率変数の 2 つの関数 $h(X), k(X)$ と定数 a, b に対して，

$$E\{a\,h(X) + b\,k(X)\} = a\,E\{h(X)\} + b\,E\{k(X)\} \qquad \text{(線形性)}.$$

(E3)　$h(X) \geq 0 \implies E\{h(X)\} \geq 0$．

(E4)　絶対値と期待値の交換に対する不等式：$|E\{h(X)\}| \leq E\{|h(X)|\}$．

線形性 (E1), (E2) は，分散公式を導くときや分散と 2 次階乗モーメントとの関係式を導くときにも，既に用いていた．例えば，確率変数の 1 次変換 $Y = a + bX$ の平均と分散は，次のようにして計算できる：

$$E(Y) = E(a + bX) = a + bE(X),$$

$$\begin{aligned} V(Y) &= E\{(a + bX) - (a + bE(X))\}^2 = E\{b(X - E(X))\}^2 \\ &= E\{b^2(X - E(X))^2\} = b^2E\{(X - E(X))^2\} = b^2\,V(X). \end{aligned}$$

確率変数 X からその平均 μ を引き，標準偏差 σ で割るという変換：

$$Z = \frac{X - \mu}{\sigma}, \qquad \text{すなわち}, \qquad X = \mu + \sigma Z$$

を**標準変換** (standard transform) または ***z*-変換** (z-transform) という．このようにして得られた Z のことを，X の**規準化** (normalization) または**標準化** (standardization) という．Z は無単位の確率変数であり，その平均は $E(Z) = 0$ であり，分散は $V(Z) = 1$ であることに注意しよう．

2.4　分布関数の変換

確率変数の関数として，特に $h(X)=e^{-tX}$ とすれば，その平均は**ラプラス変換** $L(t)=E(e^{-tx})$ である．しかし統計学ではむしろ，$M(t)=L(-t)$ で定義される関数：

$$M(t)=E(e^{tx})=\int_{-\infty}^{\infty}e^{tx}\,dF(x)$$

を使うことが多い．これは一般ラプラス変換とよばれるが統計学では**積率母関数** (moment generating function) という．積率母関数が存在するならば，それは任意回微分可能であることが示される．そのことによって次のようにして任意次数の積率（モーメント）を求めることができる．ここから積率母関数という呼び名が由来している：

$$\frac{dM(t)}{dt}=\int_{-\infty}^{\infty}x\,e^{tx}\,dF(x)\qquad\therefore\quad\left.\frac{dM(t)}{dt}\right|_{t=0}=E(X),$$

$$\frac{d^2M(t)}{dt^2}=\int_{-\infty}^{\infty}x^2\,e^{tx}\,dF(x)\qquad\therefore\quad\left.\frac{d^2M(t)}{dt^2}\right|_{t=0}=E(X^2),$$

$$\vdots\qquad\qquad\qquad\qquad\vdots$$

$$\frac{d^kM(t)}{dt^k}=\int_{-\infty}^{\infty}x^k\,e^{tx}\,dF(x)\qquad\therefore\quad\left.\frac{d^kM(t)}{dt^k}\right|_{t=0}=E(X^k).$$

積率母関数の対数 $\psi(t)=\log M(t)$ を**キュミュラント母関数** (cumulant generating function) という．このとき次のことが成り立つ：

$$\psi'(t)=\frac{M'(t)}{M(t)},\qquad\therefore\ \cdot\ \psi'(0)=M'(0)=E(X)\qquad(\because\ M(0)=1)$$

$$\psi''(t)=\frac{M''(t)M(t)-M'(t)^2}{M(t)^2},$$

$$\therefore\quad\psi''(0)=M''(0)-M'(0)^2=E(X^2)-\{E(X)\}^2=V(X).$$

次に，$h(X)=e^{itX}$ とし，その平均からフーリエ変換が得られる：

$$\phi(t)=E(e^{itX})=\int_{-\infty}^{\infty}e^{itx}\,dF(x),\qquad i^2=-1.$$

これを**特性関数** (characteristic function) ともいう．特性関数は常に存在するけれども，積率母関数は必ずしも存在するとは限らない．しかし，積率母関数が存在するときは，特性関数は $\phi(t)=M(it)$ より求まる．

非負整数値をとる算術分布に対して，$h(X)=t^X$ としてその平均は

$$P(t)\equiv E\{t^X\}=\sum_{x=0}^{\infty}t^x f(x),\qquad |t|\le 1$$

となる．これを X の**確率母関数** (probability generating function) という．この関数をべき級数展開して係数を比較すると，

$$P(t)=\sum_{x=0}^{\infty}\frac{P^x(0)}{x!}t^x,\qquad \therefore\quad f(x)=\frac{P^x(0)}{x!}$$

となり，ここから確率母関数という呼び名が由来している．確率母関数から階乗モーメントを求めることができる．すなわち，k 階微分により

$$P^{(k)}(t)=\sum_{x=0}^{\infty}x(x-1)\cdots(x-k+1)t^{x-k}f(x)$$

であるから，

$$\begin{aligned}P^{(k)}(1)&=\sum_{x=0}^{\infty}x(x-1)\cdots(x-k+1)f(x)\\&=E\{X(X-1)\cdots(X-k+1)\}=E\{X^{[k]}\}\end{aligned}$$

が得られる．確率母関数から積率母関数や特性関数が求まる：

$$M(t)=P(e^t),\qquad \phi(t)=P(e^{it}).$$

特性関数が重要な概念であるという理由は，分布関数と特性関数は 1 対 1 であり，一方が求まれば他方が求まるという関係にあるので，分布関数の性質が特性関数の性質を調べることによって求められるからである．したがって，積率母関数（または確率母関数）が存在するならば，積率母関数と分布関数は 1 対 1 に対応することが導かれるので，積率母関数（または確率母関数）も重要な概念である．分布関数と特性関数の対応を述べた定理を証明なしに次に挙げる．

定理 2.1 （1）[**一致性**] F_1, F_2 を 2 つの分布関数とし，ϕ_1, ϕ_2 をそれぞれの特性関数とするとき，次の同値関係が成り立つ：

$$F_1=F_2\iff \phi_1=\phi_2.$$

（2）[**連続性**] $F, F_n,\ n=1,2,\cdots$ を分布関数の列とし，$\phi, \phi_n,\ n=1, 2,\cdots$ をそれぞれの特性関数の列とするとき，次の同値関係が成り立つ：

$$\lim_{n\to\infty} F_n(x) = F(x) \quad (F\text{ の連続点 } x\text{ に対して}) \iff \lim_{n\to\infty}\phi_n(t) = \phi(t) \quad (\text{任意の } t \text{ に対して}).$$

分布関数から特性関数を求めるフーリエ変換を $\mathscr{F}$，すなわち $\phi = \mathscr{F}(F)$ とし，特性関数から分布関数を求めるフーリエ逆変換を $\mathscr{F}^{-1}$，すなわち $F = \mathscr{F}^{-1}(\phi)$ とするとき，2つの変換 $\mathscr{F}, \mathscr{F}^{-1}$ は1対1かつ連続な写像であることを示している．分布関数の収束を**分布収束** (convergence in distribution) または**法則収束** (convergence in law) という．

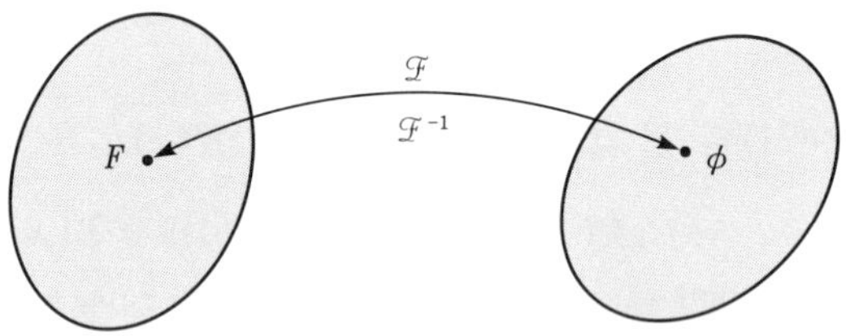

図 2.4　フーリエ変換，逆変換

演習問題 2

2.1　確率変数 X の密度関数 $f(x)$ が次のように与えられるとき，定数 c の値を定め，さらに $E(X), V(X)$ の値を求めよ．

（1）　$f(x) = cx^4(1-x)^3,\quad 0 < x < 1$

（2）　$f(x) = c\,e^{-2|x-3|},\quad -\infty < x < \infty$

2.2　次の値を確率変数 X の平均 μ，分散 σ^2 を用いて表せ．

（1）　$E\{X(X-1)\}$　　（2）　$E\{X(X+5)\}$

2.3　確率変数 X は分布関数 $F(x)$，密度関数 $f(x)$ をもち，その平均 $E(X)$ が存在するとする．$F(m) = \dfrac{1}{2}$ を満たす m を**中央値** (median) という．a まわりの絶対モーメント $M_1(a) = E\{|X-a|\}$ は $a = m$ で最小になることを示せ．

2.4 確率変数 X は平均 $E(X)=\mu$ と 分散 $V(X)=\sigma^2$ をもつとする．a まわりの 2 次モーメント $M_2(a)=E\{(X-a)^2\}$ は $a=\mu$ で最小になる，すなわち，最小の 2 次モーメントは分散であることを示せ．

2.5 $f_i(x)$ は平均 μ_i，分散 σ_i^2 をもつ密度関数とする $(i=1,\cdots,n)$．そのとき，$f(x)=\dfrac{1}{n}\sum_{i=1}^{n}f_i(x)$ も密度関数であることを示せ．この平均と分散を求めよ．

2.6 確率変数 X は分布関数 $F(x)$，密度関数 $f(x)$ をもつとする．$f(x)$ は連続で，$f(x)>0$，$-\infty<x<\infty$ とする．等式

$$f(x)=\lambda F(x)\{1-F(x)\},\qquad ここで\ \lambda\ は正定数$$

が成り立つとき，$F(x), f(x)$ を求めよ．

2.7 前問において，$f(x)$ が y 軸対称であるとき，

（1） $F(x), f(x)$ を求めよ．

（2） $x>0$ に対して，次の条件付き確率を求めよ：

$$G(x)=P(X>-x\,|\,X<x).$$

（3） $G(x)$ はある分布関数であることを示し，その平均と分散を求めよ．

2.8 非負整数値確率変数 X の確率関数 $f(x)$ の確率母関数を

$$A(\theta)=E(\theta^X)=\sum_{x=0}^{\infty}\theta^x f(x),\quad |\theta|<1$$

とする．θ で母数付けられた新たな確率関数を

$$g(y|\theta)=\frac{\theta^y f(y)}{A(\theta)},\quad y=0,1,2,\cdots$$

で定義し，それに従う確率変数を Y とする．そのとき，次の問に答えよ．

（1） Y の確率母関数 $P(t)$ を関数 $A(\cdot)$ を用いて表せ．

（2） Y の平均と分散 $E(Y)=\mu$，$V(Y)=\sigma^2$ を，関数 A とその 2 階までの導関数 A', A'' を用いて表せ．

（3） $\sigma^2=\theta\dfrac{d\mu}{d\theta}$ が成り立つことを示せ．

2.9　確率変数 X の密度関数を $f(x)$ とし，その積率母関数を

$$A(\theta) = E(e^{\theta X}) = \int_{-\infty}^{\infty} e^{\theta x} f(x)\,dx < \infty$$

とする．θ で母数付けられた新たな密度関数を

$$g(y|\theta) = \frac{e^{\theta y} f(y)}{A(\theta)}, \quad \theta \in \Theta = \{\theta : A(\theta) < \infty\}$$

で定義し，それに従う確率変数を Y とする．そのとき，次の問に答えよ．

（1）　Y の積率母関数 $M(t)$ を，関数 $A(\cdot)$ を用いて表せ．

（2）　Y の平均と分散 $E(Y) = \mu$, $V(Y) = \sigma^2$ を，関数 A とその 2 階までの導関数 A', A'' を用いて表せ．

（3）　$\sigma^2 = \dfrac{d\mu}{d\theta}$ が成り立つことを示せ．

2.10　X は正の整数値をとる確率変数であり，平均値が存在するとき，

$$E(X) = \sum_{x=1}^{\infty} P(X \geq x)$$

が成り立つことを示せ．

2.11　X は非負の確率変数で連続な分布関数 $F(x)$ をもつとする．平均値 $E(X)$ が存在するとき，

$$E(X) = \int_0^{\infty} \{1 - F(x)\}\,dx = \int_0^{\infty} P(X > x)\,dx$$

が成り立つことを示せ．

2.12　X は連続な分布関数 $F(x)$ をもつ確率変数で，平均 $E(X) = \mu$，分散 $V(X) = \sigma^2$ をもつとする．そのとき，

$$E(X^2) = \int_0^{\infty} 2x\{1 - F(x) + F(-x)\}\,dx = \int_0^{\infty} 2x\,P(|X| > x)\,dx$$

が成り立つことを示せ．

2.13　確率変数 X, Y は共通の平均値 μ をもち，それぞれの分散 σ_x^2, σ_y^2 が存在するとする．任意の正数 $t > 0$ に対して

$$P(|X - \mu| > t) \leq P(|Y - \mu| > t)$$

が成り立つならば，$\sigma_x^2 \leq \sigma_y^2$ が導かれることを示せ．

2.14 表の出る確率が $p\,(0 < p < 1)$，裏が出る確率が $1-p$ の銅貨を独立に n 回投げるとき，表の出る回数が偶数である確率を a_n とする．

（1） 漸化式 $a_{n+1} = p + a_n(1-2p)$ が成り立つことを示せ．

（2） $\{a_n\}$ を係数にもつ次の関数を計算せよ：

$$Q(t) = \sum_{n=1}^{\infty} a_n t^n \qquad (|t| < 1).$$

（3） a_n を求めよ．

§3. 確率分布の代表的モデル

この節で取り上げる確率分布の代表的モデルは離散分布の代表的モデル[D1]-[D7]と連続分布の代表的モデル[C1]-[C8]であり，本書の付録でそれらの要約が一覧として与えられているので参考にされたい．

3.1 離散分布モデル

ここでは，二項分布やポアソン分布のような典型的な離散分布の代表的モデルを取り上げ，分布の特性値を求める．

[D1] 離散一様分布 $DU(n)$

確率変数 X が値 $1,\cdots,n$ を等確率 $\frac{1}{n}$ でとるとき，その確率関数は

$$f(x) = P(X = x) = \frac{1}{n}, \quad x = 1, \cdots, n$$

である．このような分布を**離散一様分布** (discrete uniform distribution) といい，記号 $DU(n)$ で表す．平均と分散は例題 2.1 で計算した：

$$E(X) = \frac{n+1}{2}, \qquad V(X) = \frac{n^2-1}{12}.$$

[D2] 超幾何分布 $HG(N\,;n,p)$

N 個の製品からなる**仕切り** (lot) の中に M $(0 \leq M \leq N)$ 個の不良品があるとする．その不良率は $p = \frac{M}{N}$ である．いま，N 個の製品からなる仕切りの中から無作為(ランダム)に1個の製品を抽出し，さらに残りの $N-1$ 個の製品の中から無作為に1個の製品を抽出し，さらに残りの $N-2$ 個の製品の中から無作為に1個の製品を抽出し，以下同様なことを繰り返して n 個の製品を抽出する．これを N 個の

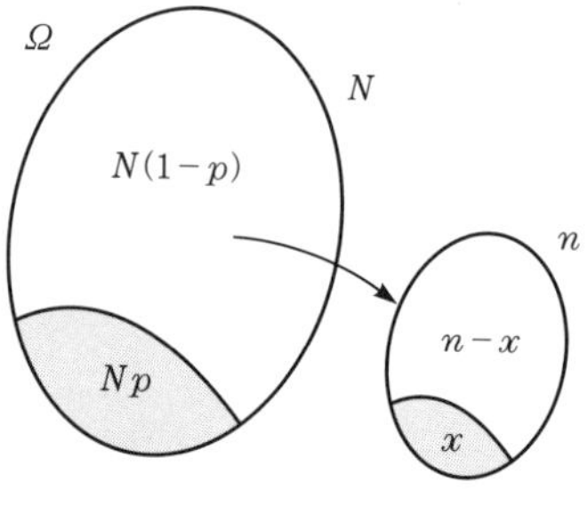

図 3.1

製品からなる仕切りの中から無作為に n 個の製品を**非復元抽出**（sampling without replacement）するという．その抽出された n 個の製品の中の不良品の個数を X とすれば，これは確率変数であって，その確率関数は

$$f(x|p)=\frac{\binom{Np}{x}\binom{N(1-p)}{n-x}}{\binom{N}{n}},\quad x=0,1,\cdots,n,$$

$$\Theta=\left\{p : p=0,\frac{1}{N},\frac{2}{N},\cdots,1\right\}$$

である．ここで，**二項係数**（binomial coefficient）は

$$\binom{n}{x}={}_nC_x=\frac{n!}{x!(n-x)!}\qquad(x=0,1,\cdots,n)$$

であり，その他の範囲の整数 x に対しては 0 とする：

$$\binom{n}{x}=0,\quad (x<0\ \text{または}\ x>n).$$

実際に重みをもつのは，x が $\max\{0,(n-N(1-p))\}$ から $\min(n,M)$ までの整数上である．この分布を**超幾何分布**(hypergeometric distribution)といい，記号 $HG(N;n,p)$ で表す．式からわかるように確率関数が母数 p に依存していることを表している．また，母数 p はいろいろな値をとり得るが，その範囲 Θ は定まっていることを表している．とり得る母数の全体 Θ を**母数空間**(parameter space)という．

（1）確率関数の性質(PF2)（14 ページ）を満たしていることを示すためには，恒等式

$$(a+b)^N=(a+b)^M(a+b)^{N-M}$$

の辺々の二項展開式を使う：

$$\sum_{n=0}^{N}\binom{N}{n}a^n b^{N-n}=\sum_{x=0}^{M}\binom{M}{x}a^x b^{M-x}\sum_{y=0}^{N-M}\binom{N-M}{y}a^y b^{N-M-y}.$$

上式の辺々の $a^n b^{N-n}$ 項の係数を比較すれば，$x+y=n$ として，

$$\binom{N}{n}=\sum_{x=0}^{n}\binom{M}{x}\binom{N-M}{n-x}$$

を得る．したがって，性質 (PF2) が成り立つ．

（2） (1) の二項係数に関する恒等式を使って，平均と分散を求めよう．

$$E(X)=\sum_{x=0}^{n}x\frac{\binom{M}{x}\binom{N-M}{n-x}}{\binom{N}{n}}=\frac{M}{\binom{N}{n}}\sum_{x=1}^{n}\binom{M-1}{x-1}\binom{N-M}{n-x}.$$

ここで $x-1=y$ として，$N-1,\ M-1,\ n-1$ に対して上の二項係数の恒等式を使えば，

$$\sum_{x=1}^{n}\binom{M-1}{x-1}\binom{N-M}{n-x}=\sum_{y=0}^{n-1}\binom{M-1}{y}\binom{(N-1)-(M-1)}{n-1-y}=\binom{N-1}{n-1}$$

であるから，ゆえに，

$$E(X)=M\frac{\binom{N-1}{n-1}}{\binom{N}{n}}=n\frac{M}{N}=np.$$

同様にして，2 次の階乗モーメントを求めると，$x-2=y$ として

$$\begin{aligned}
E\{X(X-1)\}&=\sum_{x=0}^{n}x(x-1)\frac{\binom{M}{x}\binom{N-M}{n-x}}{\binom{N}{n}}\\
&=\frac{M(M-1)}{\binom{N}{n}}\sum_{x=2}^{n}\binom{M-2}{x-2}\binom{N-M}{n-x}\\
&=\frac{M(M-1)}{\binom{N}{n}}\sum_{y=0}^{n-2}\binom{M-2}{y}\binom{(N-2)-(M-2)}{n-2-y}\\
&=M(M-1)\frac{\binom{N-2}{n-2}}{\binom{N}{n}}\\
&=\frac{n(n-1)M(M-1)}{N(N-1)}.
\end{aligned}$$

したがって，分散は

$$\begin{aligned} V(X) &= E\{X(X-1)\} + E(X) - \{E(X)\}^2 \\ &= n\frac{(n-1)M(M-1)}{N(N-1)} + n\frac{M}{N} - \left(n\frac{M}{N}\right)^2 \\ &= n\frac{(N-n)M(N-M)}{(N-1)N^2} = \frac{N-n}{N-1}\,np(1-p). \end{aligned}$$

[D3]　二項分布 $\boldsymbol{B_N(n, p)}$

成功の確率が $p\,(0 < p < 1)$，失敗の確率が $1-p$ の試行を**ベルヌーイ試行**(Bernoulli trial)という．その試行の成功を1とし失敗を0とするとき，最も簡単な確率変数である**2値**(bivariate)確率変数 ε が得られる：

$$\varepsilon = \begin{cases} 1 & (\text{確率 } p), \\ 0 & (\text{確率 } 1-p). \end{cases}$$

この分布を**ベルヌーイ分布**といい，記号 $Ber(p)$ で表す．その確率関数は

$$f(\varepsilon|p) = p^{\varepsilon}(1-p)^{1-\varepsilon}, \quad \varepsilon = 0, 1$$

となる．特に，成功の確率と失敗の確率の比 $\dfrac{p}{1-p}$ を**オッズ**(odds)という．

ベルヌーイ分布の平均と分散は，$\varepsilon^2 = \varepsilon$ より，

$$\begin{aligned} E(\varepsilon) &= 0 \times (1-p) + 1 \times p = p, \\ V(\varepsilon) &= E(\varepsilon^2) - \{E(\varepsilon)\}^2 = p - p^2 = p(1-p). \end{aligned}$$

次に，n 回の独立なベルヌーイ試行を $\varepsilon_1, \varepsilon_2, \cdots, \varepsilon_n$ とし，そのときの成功の回数を $X = \varepsilon_1 + \varepsilon_2 + \cdots + \varepsilon_n$ とおくと，X は離散値 $0, 1, \cdots, n$ をとる確率変数で，その確率関数は次のようになる：

$$f(x|p) = \binom{n}{x} p^x (1-p)^{n-x}, \quad x = 0, 1, \cdots, n.$$

（1）　確率関数の性質(PF2)を満たすことは，二項定理より示される：

$$\sum_{x=0}^{n} f(x|p) = \sum_{x=0}^{n} \binom{n}{x} p^x (1-p)^{n-x} = \{p + (1-p)\}^n = 1.$$

この分布を**二項分布**(binomial distribution)といい，記号 $B_N(n, p)$ で表す．ただし，$B_N(1, p) = Ber(p)$ である．

（2） 二項定理により平均と分散を求める．平均は $x-1=y$ として

$$E(X)=\sum_{x=0}^{n}x\binom{n}{x}p^x(1-p)^{n-x}=n\sum_{x=1}^{n}\binom{n-1}{x-1}p^x(1-p)^{n-x}$$

$$=np\sum_{y=0}^{n-1}\binom{n-1}{y}p^y(1-p)^{n-1-y}=np\{p+(1-p)\}^{n-1}=np.$$

同様に，2 次階乗モーメントは $x-2=y$ として

$$E\{X(X-1)\}=\sum_{x=0}^{n}x(x-1)\binom{n}{x}p^x(1-p)^{n-x}$$

$$=n(n-1)\sum_{x=2}^{n}\binom{n-2}{x-2}p^x(1-p)^{n-x}$$

$$=n(n-1)p^2\sum_{y=0}^{n-2}\binom{n-2}{y}p^y(1-p)^{n-2-y}$$

$$=n(n-1)p^2.$$

ゆえに，分散と 2 次階乗モーメントとの関係を使えば，

$$V(X)=n(n-1)p^2+np-(np)^2=np(1-p).$$

（3） 確率母関数も同様にして求まる：

$$P(t)=E(t^X)=\sum_{x=0}^{n}t^x\binom{n}{x}p^x(1-p)^{n-x}$$

$$=\sum_{x=0}^{n}\binom{n}{x}(tp)^x(1-p)^{n-x}=(pt+1-p)^n.$$

確率母関数の k 階微分係数 $P^{(k)}(1)$ より k 次階乗モーメントが計算できる：

$$P'(t)=np(pt+1-p)^{n-1},\qquad \therefore\quad E(X)=P'(1)=np.$$

$$P''(t)=n(n-1)p^2(pt+1-p)^{n-2},$$

$$\therefore\quad E\{X(X-1)\}=P''(1)=n(n-1)p^2.$$

$$P'''(t)=n(n-1)(n-2)p^3(pt+1-p)^{n-3},$$

$$\therefore\quad E\{X(X-1)(X-2)\}=P'''(1)=n(n-1)(n-2)p^3.$$

$$P^{(4)}(t)=n(n-1)(n-2)(n-3)p^4(pt+1-p)^{n-4},$$

$$\therefore\quad E\{X(X-1)(X-2)(X-3)\}=P^{(4)}(1)=n(n-1)(n-2)(n-3)p^4.$$

これから歪度と尖度を計算することができる：

$$\beta_1 = \frac{1-2p}{\sqrt{np(1-p)}}, \qquad \beta_2 = 3 + \frac{1-6p(1-p)}{np(1-p)}.$$

（4） 超幾何分布 $HG(N\,;\,n, p)$ は N が大きいとき二項分布 $B_N(n, p)$ で近似される．これは，N が大きいときには，n 個の標本を非復元抽出してもそれらが良品か不良品かによって不良率にそれほど影響を及ぼさず，不良率を p (一定) としてよいことからも予想できる．実際，$N\to\infty$，$p_N = \dfrac{M}{N} \to p$ のとき

$$f_N(x|p_N) = \frac{\dbinom{Np_N}{x}\dbinom{N(1-p_N)}{n-x}}{\dbinom{N}{n}}$$

$$= \binom{n}{x}\frac{1}{1\left(1-\frac{1}{N}\right)\cdots\left(1-\frac{n-1}{N}\right)}p_N\left(p_N-\frac{1}{N}\right)\cdots\left(p_N-\frac{x-1}{N}\right)$$

$$\times(1-p_N)\left(1-p_N-\frac{1}{N}\right)\cdots\left(1-p_N-\frac{n-x-1}{N}\right)$$

$$\to f(x|p) = \binom{n}{x}p^x(1-p)^{n-x}.$$

すなわち，超幾何分布 $HG(N\,;\,n, p_N)$ は，$N\to\infty$ のとき $p_N = \dfrac{M}{N} \to p$ ならば，二項分布 $B_N(n, p)$ で近似されることが示された．

[D4] ポアソン分布 $Po(\lambda)$

“まれな現象の大量観測”によって発生する事象の個数は**ポアソン分布** (Poisson distribution) に従う．例えば，1台の自動車が1日に交通事故を起こす確率は小さいけれども自動車の台数は多いので，1日の交通事故の件数はポアソン分布に従うことが知られている．また，冷蔵庫や自動車に使われる薄い鉄板のコイルを考えると，単位長さ当りにきずがある確率は小さいけれども，コイルひと巻は長いのでコイルひと巻中のきずの個数はポアソン分布に従うことが知られている．ポアソン分布は記号 $Po(\lambda)$ で表し，その確率関数は

$$f(x|\lambda) = \frac{\lambda^x}{x!} e^{-\lambda}, \quad x = 0, 1, 2, \cdots,$$

$$\Theta = \{\lambda : 0 < \lambda < \infty\}$$

で与えられる．母数 λ のことを**強度** (intensity) という．

（1） 確率関数の性質 (PF2) (14ページ) を満たしていることは，次の指数関数のべき級数展開式により容易に示される：

$$e^{\lambda} = \sum_{x=0}^{\infty} \frac{\lambda^x}{x!} \quad \text{により} \quad \sum_{x=0}^{\infty} f(x|\lambda) = e^{-\lambda} \sum_{x=0}^{\infty} \frac{\lambda^x}{x!} = e^{-\lambda} e^{\lambda} = 1.$$

（2） ポアソン分布の確率母関数は

$$P(t) = E(t^X) = e^{-\lambda} \sum_{x=0}^{\infty} \frac{t^x \lambda^x}{x!} = e^{-\lambda} e^{t\lambda} = e^{\lambda(t-1)}.$$

その微分より，平均と分散は

$$P'(t) = \lambda e^{\lambda(t-1)} \qquad \therefore \quad E(X) = P'(1) = \lambda$$

$$P''(t) = \lambda^2 e^{\lambda(t-1)} \qquad \therefore \quad E\{X(X-1)\} = P''(1) = \lambda^2 \qquad \therefore \quad V(X) = \lambda.$$

ポアソン分布の平均と分散は等しく強度 λ であることに注意しよう：

$$E(X) = V(X) = \lambda.$$

（3） 二項分布 $B_N(n, p_n)$ の確率関数において，“まれな現象の大量観測”を

$$n \to \infty \text{ のとき } np_n \to \lambda \quad \text{すなわち，} p_n = \frac{\lambda + o(1)}{n}$$

で表現することにすれば，

$$\begin{aligned} f_n(x|p_n) &= \binom{n}{x} p_n^x (1 - p_n)^{n-x} \\ &= \frac{n!}{x!(n-x)!} \left(\frac{\lambda + o(1)}{n}\right)^x \left(1 - \frac{\lambda + o(1)}{n}\right)^{n-x} \\ &= \frac{(\lambda + o(1))^x}{x!} \frac{n(n-1)\cdots(n-x+1)}{n^x} \left(1 - \frac{\lambda + o(1)}{n}\right)^{n-x} \\ &\to \frac{\lambda^x}{x!} e^{-\lambda} = f(x|\lambda) : \text{ポアソン分布} \end{aligned}$$

が成り立つ．したがって，成功の確率は小さいけれども試行の回数が大きいときの二項分布に対する近似分布として，ポアソン分布が導出される．

[D5]　幾何分布 $G(p)$

成功の確率が p である独立なベルヌーイ試行を続けるとき，最初の成功が達成されるまでに要した失敗の回数を X とする．X はいわゆる**待ち時間** (waiting time) とよばれる確率変数であって，$X=x$ のとき引き続く x 回の失敗の後に最初の成功がくるので，その確率関数は次のようになる：

$$f(x|p)=p(1-p)^x,\quad x=0,1,2,\cdots,$$
$$\Theta=\{p:0<p<1\}.$$

これは幾何級数の各項であるから**幾何分布** (geometric distribution) といい，記号 $G(p)$ で表す．

（1）　性質 (PF2) を満たすことを示すには，幾何級数の公式より

$$\sum_{x=0}^{\infty}f(x|p)=p\sum_{x=0}^{\infty}(1-p)^x=p\frac{1}{1-(1-p)}=1.$$

確率母関数は

$$P(t)=\sum_{x=0}^{\infty}t^x p(1-p)^x=p\sum_{x=0}^{\infty}\{t(1-p)\}^x=\frac{p}{1-t(1-p)}$$

であるから，それを微分して平均，分散を求めることができる：

$$P'(t)=\frac{p(1-p)}{\{1-t(1-p)\}^2}\qquad\therefore\quad E(X)=P'(1)=\frac{1-p}{p},$$

$$P''(t)=\frac{2p(1-p)^2}{\{1-t(1-p)\}^3}\qquad\therefore\quad E\{X(X-1)\}=P''(1)=\frac{2(1-p)^2}{p^2},$$

$$\therefore\quad V(X)=E\{X(X-1)\}+E(X)-\{E(X)\}^2=\frac{1-p}{p^2}.$$

（2）　“最初の成功が起こるのは t 時間以降である” という事象は $\{X\geq t\}$ とかくことができる．また，“s 時間より前までは成功していないという条件の下で，それよりさらに t 時間以降に最初の成功が起こる” という事象は条件付き事象として $\{X\geq s+t\,|\,X\geq s\}$ とかくことができる．それらの事象の確率を幾何分布で求めてみよう．

$$P(X\geq t)=\sum_{x=t}^{\infty}p(1-p)^x=(1-p)^t$$

であるから，条件付き確率の計算より，

$$P(X \geq s+t \mid X \geq s) = \frac{P(X \geq s+t,\, X \geq s)}{P(X \geq s)} = \frac{P(X \geq s+t)}{P(X \geq s)}$$
$$= \frac{(1-p)^{s+t}}{(1-p)^{s}} = (1-p)^{t} = P(X \geq t).$$

すなわち，この確率は s に関係せず，2つの事象の確率が等しい．ゆえに，幾何分布では，“ある時間より前まで成功していない”という条件は“その後の何時に成功が起こるか”ということに全く影響しない：

$$P(X \geq s+t \mid X \geq s) = P(X \geq t).$$

この性質を**無記憶性** (lack of memory) という．逆に，無記憶性をもつ離散分布は幾何分布であることが示される．その証明は後出の指数分布の場合のときと同様である．

[D6]　負の二項分布 $NB_N(n, p)$

成功の確率が p であるベルヌーイ試行を独立に行うとき，n 回の成功が達成されるまでに要した失敗の回数を X とする．X は待ち時間の確率変数であって，$X=x$ のとき試行回数 $n+x$ のうちの最後は成功であり，それを除いた $n+x-1$ の試行に $n-1$ 回の成功が入る組合せの数を考えると，その確率関数は次のようになる：

$$f(x|p) = \binom{n+x-1}{n-1} p^n (1-p)^x, \quad x = 0, 1, 2, \cdots;\ n = 1, 2, \cdots$$
$$\Theta = \{p : 0 < p < 1\}.$$

（1）　負の二項展開式：

$$\frac{1}{p^n} = \{1-(1-p)\}^{-n} = \sum_{x=0}^{\infty} \binom{-n}{x} \{-(1-p)\}^x = \sum_{x=0}^{\infty} \binom{n+x-1}{n-1} (1-p)^x$$

の両辺に p^n を掛けた式の各項が確率関数である．この分布を**負の二項分布** (negative binomial distribution) といい，記号 $NB_N(n, p)$ で表す．また，パスカル分布とかポリア分布ということもある．$n=1$ のときの負の二項分布は幾何分布である： $NB_N(1, p) = G(p)$．ここでの負の二項係数は

$$\binom{-n}{x} = \frac{1}{x!}(-n)(-n-1)\cdots(-n-x+1) = (-1)^x \binom{n+x-1}{n-1}.$$

（2） n 回の成功が達成されるまでに繰り返される失敗の数の平均と分散は，1回の成功が達成されるまでに繰り返される失敗の数の平均と分散の n 倍であることは容易にわかる：

$$E(X) = n\frac{1-p}{p}, \qquad V(X) = n\frac{1-p}{p^2}.$$

3.2 連続モデル

ここでは，正規分布や指数分布のような典型的な連続分布の代表的モデルを取り上げ，前節で論じたような分布の特性値，分布の変換などを求めたり，それぞれのモデルに固有の性質について論じる．

[C1] 一様分布 $\boldsymbol{U(\alpha, \beta)}$

確率変数 X が区間 (α, β) 上の値を等確率でとるとき，その密度関数は

$$f(x) = \begin{cases} \dfrac{1}{\beta-\alpha} & (\alpha < x < \beta \text{ のとき}), \\ 0 & (\text{その他のとき}), \end{cases}$$

$$\Theta = \{\boldsymbol{\theta} = (\alpha, \beta) : -\infty < \alpha < \beta < \infty\}$$

とかける．このような分布を**一様分布** (uniform distribution) といい，記号 $U(\alpha, \beta)$ で表す．簡単な積分計算によって，$f(x)$ が密度関数の性質 (Dn2) (15 ページ) を満たすことを示し，平均と分散を求めることができる：

$$E(X) = \frac{\alpha+\beta}{2},$$

$$V(X) = \frac{(\beta-\alpha)^2}{12}.$$

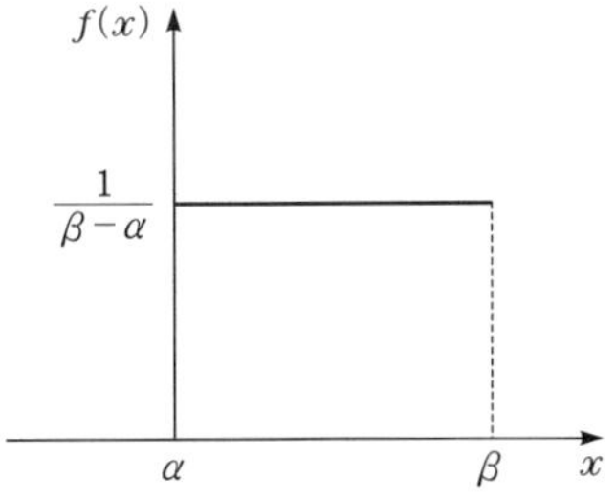

図 3.2　一様分布の密度関数

[C2] 正規分布 $N(\boldsymbol{\mu}, \boldsymbol{\sigma}^2)$

統計学で日常的に最も多く使用される分布は**正規分布** (normal distribution) または**ガウス分布** (Gaussian distribution) とよばれるもので，次の密度関数をもつ：

$$f(x|\boldsymbol{\theta}) = \frac{1}{\sigma\sqrt{2\pi}}\exp\left\{-\frac{(x-\mu)^2}{2\sigma^2}\right\}, \qquad -\infty < x < \infty,$$

$$\Theta = \{\boldsymbol{\theta} = (\mu, \sigma^2) : -\infty < \mu < \infty,\ 0 < \sigma^2 < \infty\}.$$

正規分布は母数 μ, σ^2 にのみ依存するので記号 $N(\mu, \sigma^2)$ で表す．正規分布に従う確率変数のことを正規確率変数という．これらの母数 μ, σ^2 はその平均と分散であることがすぐ後で示される．特に $\mu = 0,\ \sigma^2 = 1$ のときの正規分布 $N(0, 1)$ のことを**標準正規分布** (standard normal distribution) という．標準正規分布の密度関数は

$$\varphi(z) = \frac{1}{\sqrt{2\pi}}\exp\left(-\frac{z^2}{2}\right)$$

という記号を用いて表す．一般の正規分布 $N(\mu, \sigma^2)$ の密度関数は

$$f(x|\boldsymbol{\theta}) = \frac{1}{\sigma}\varphi\left(\frac{x-\mu}{\sigma}\right)$$

のように，$\varphi(z)$ の線形変換としてかける．ゆえに，$f(x|\boldsymbol{\theta})$ に関する積分は，変数の z-変換 $z = \dfrac{x-\mu}{\sigma}$ すなわち $x = \mu + \sigma z$ によって，$\varphi(z)$ の積分に変換することができる．同じことを確率変数でいうと，一般の正規確率変数 X の性質は標準化

$$Z = \frac{X-\mu}{\sigma} \quad \text{すなわち} \quad X = \mu + \sigma Z$$

によって標準正規確率変数 Z の性質に変換することができる．逆に，標準正規確率変数から一般の正規確率変数を構成することができる．このことは，正規確率変数 X の線形変換 $Y = a + bX$ (a, b は定数) は再び正規確率変数であることを示している．

（1） 任意の z に対して，$\varphi(z) > 0$ であり，その微分は

$$\varphi'(z) = -z\varphi(z), \qquad \varphi''(z) = (z^2-1)\varphi(z)$$

z	$\cdots$	-1	$\cdots$	0	$\cdots$	1	$\cdots$
$\varphi'(z)$		$+$		0		$-$	
$\varphi''(z)$	$+$	0		$-$		0	$+$
$\varphi(z)$	↗	変曲点	↗	最大点	↘	変曲点	↘

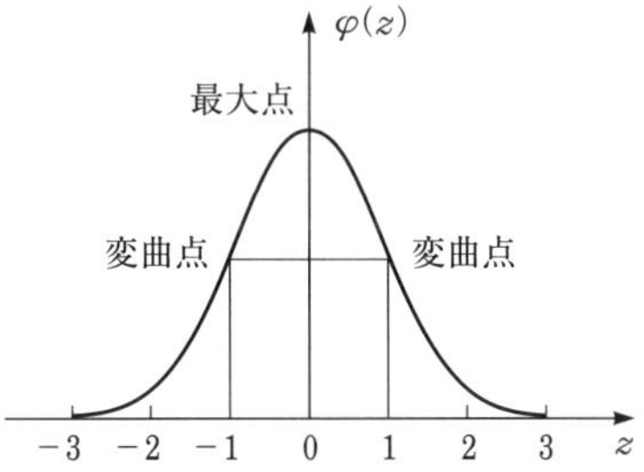

図 3.3 標準正規分布の密度関数

であるから，$\varphi(z)$ に対して $z=0$ は最大点を与え，$z=\pm 1$ は変曲点を与える．ゆえに，$y=\varphi(z)$ のグラフは上図のように y 軸に対称な釣鐘型になる．

z-変換式より，一般の正規密度関数の形状は $f(x|\boldsymbol{\theta})>0$ でありかつ $\varphi(z)$ と相似で $x=\mu$ の軸に対称な釣鐘型であり，$x=\mu$ は最大点を与え，$x=\mu\pm\sigma$ は変曲点を与えることが示される．

（2） 密度関数の性質 (Dn2) を満たすことを示そう．z-変換により，

$$I=\int_{-\infty}^{\infty} f(x|\boldsymbol{\theta})\,dx=\int_{-\infty}^{\infty}\varphi(z)\,dz$$

であり，さらに変数変換 $y=\dfrac{z}{\sqrt{2}}$ により

$$I=\frac{1}{\sqrt{\pi}}\int_{-\infty}^{\infty}\exp(-y^2)\,dy$$

であるから，$I=1$ を示すためには

$$J=\int_0^{\infty}\exp(-x^2)\,dx=\frac{\sqrt{\pi}}{2}$$

を示せばよい．技巧的であるが，J^2 を 2 重積分で表すと，

$$\begin{aligned}J^2&=\int_0^{\infty}\exp(-x^2)\,dx\int_0^{\infty}\exp(-y^2)\,dy\\&=\int_0^{\infty}\int_0^{\infty}\exp\{-(x^2+y^2)\}\,dxdy.\end{aligned}$$

$$\begin{cases} x = r\cos\theta \\ y = r\sin\theta \end{cases}$$

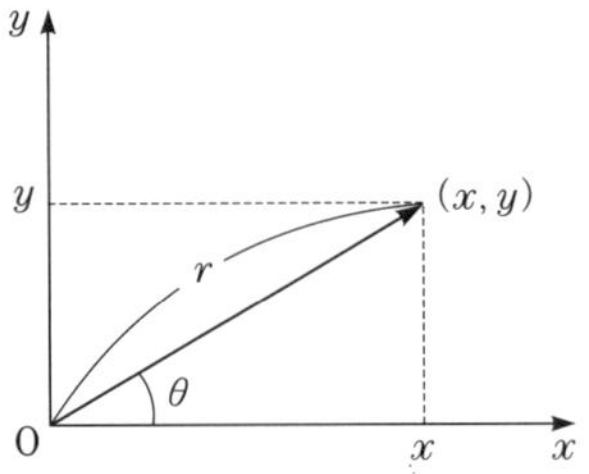

図 3.4

極形式 (polar form) による変数変換を考える： そのヤコビアンは

$$\frac{\partial(x, y)}{\partial(r, \theta)} = \begin{vmatrix} \cos\theta & -r\sin\theta \\ \sin\theta & r\cos\theta \end{vmatrix} = r.$$

ゆえに，積分の変数変換によって，

$$J^2 = \int_0^{\frac{\pi}{2}}\int_0^{\infty} \exp(-r^2)\, r\, drd\theta = \int_0^{\frac{\pi}{2}} d\theta \int_0^{\infty} \exp(-r^2)\, r\, dr$$
$$= \frac{\pi}{2}\left[-\frac{\exp(-r^2)}{2}\right]_{-\infty}^{\infty} = \frac{\pi}{4}.$$

したがって密度関数の性質 (Dn2) が成り立つことが示された．

（3） 一般の正規分布 $N(\mu, \sigma^2)$ のモーメントは，z-変換によって標準正規分布 $N(0, 1)$ のモーメントで表現できる．例えば，平均と分散は

$$E(X) = E(\mu + \sigma Z) = \mu + \sigma E(Z),$$
$$V(X) = V(\mu + \sigma Z) = \sigma^2 V(Z).$$

したがって，まず，標準正規分布 $N(0, 1)$ の k 次モーメントを計算しよう．何次のモーメントも $\varphi(z)$ が指数関数であるから存在し，さらに，$\varphi(z)$ は偶関数であるから奇数次のモーメントはゼロである： $E(Z^{2k-1}) = 0$．

偶数次のモーメントは，部分積分によって次のような漸化式から求まる：

$$J_k = E(Z^{2k}) = \int_{-\infty}^{\infty} z^{2k}\varphi(z)\, dz = -\int_{-\infty}^{\infty} z^{2k-1}\varphi'(z)\, dz$$
$$= \Big[-z^{2k-1}\varphi(z)\Big]_{-\infty}^{\infty} + \int_{-\infty}^{\infty} (2k-1) z^{2k-2}\varphi(z)\, dz$$
$$= (2k-1)E(Z^{2(k-1)}) = (2k-1)J_{k-1} = (2k-1)(2k-3)\cdots 3\cdot 1$$
$$\equiv (2k-1)!! \text{ (とかく)}, \qquad \text{ただし } J_0 = \int_{-\infty}^{\infty} \varphi(z)\, dz = 1.$$

例えば，$E(Z^2)=1$，$E(Z^4)=3$．ゆえに，正規分布 $N(\mu, \sigma^2)$ のモーメント特性値は次のようになる：

$$E(X)=\mu,\quad V(X)=\sigma^2,\quad \beta_1=0,\quad \beta_2=3.$$

これは，正規分布は平均 μ と分散 σ^2 によって決定されることを意味する．

（4）　標準正規分布 $N(0,1)$ の積率母関数は

$$M_z(t)=E(e^{tZ})=\int_{-\infty}^{\infty}e^{tz}\varphi(z)\,dz=e^{\frac{t^2}{2}}.$$

したがって，正規分布 $N(\mu, \sigma^2)$ の積率母関数は

$$M_x(t)=E(e^{tX})=E\{e^{t(\mu+\sigma Z)}\}=e^{\mu t}E\{e^{(t\sigma)Z}\}=e^{\mu t+\frac{\sigma^2t^2}{2}}.$$

（5）　標準正規分布の分布関数は，普通，記号 $\Phi(z)$ を使って表す：

$$P(Z\leq z)=\Phi(z)=\int_{-\infty}^{z}\varphi(x)\,dx.$$

その詳細な値は標準正規分布表として求められている（付表1を参照）．密度関数 $y=\varphi(z)$ は y 軸対称であるから，

$$\Phi(0)=\frac{1}{2},\quad \Phi(-z)=1-\Phi(z)\qquad (z>0)$$

が成り立つ．標準正規分布表には $I(z)=\Phi(z)-0.5=P(0\leq Z\leq z)$ $(z>0)$ の値が与えられている．

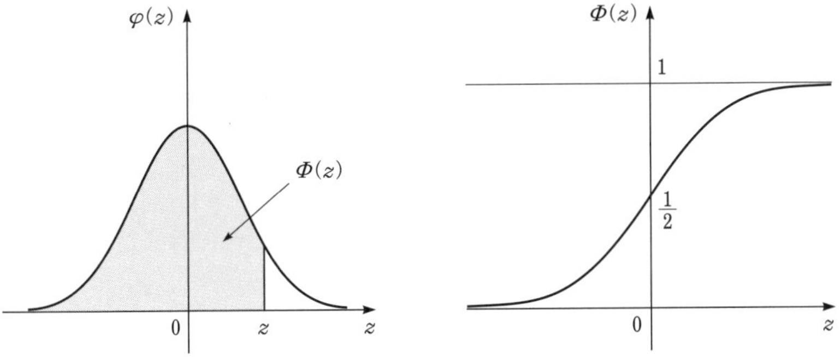

図 3.5　密度関数と分布関数

したがって，$\Phi(z)$ は既知として取り扱ってよく，z を与えれば $\Phi(z)$ が求まるし，逆に $\alpha\,(0 \le \alpha \le 1)$ を与えて $1-\alpha = \Phi(z)$ を満たす点 z を求めることもできる．この点を記号 z_α で表し，標準正規分布の**上側 α 点**(upper α point)という．よく使われる数値は次表のようなものである：

標準正規分布の確率と確率値

z	1.	2.	3.	1.282	1.645	1.96	2.275	z_α
$\Phi(z)$	.8413	.9773	.9987	.10	.05	.025	.005	α

標準正規分布は y 軸対称であるから，$z_\alpha^* = z_{\alpha/2}$ とおけば $\alpha = P(|Z| \ge z_\alpha^*)$ であるので，z_α^* を**両側 α 点** (two-sided α point) という．

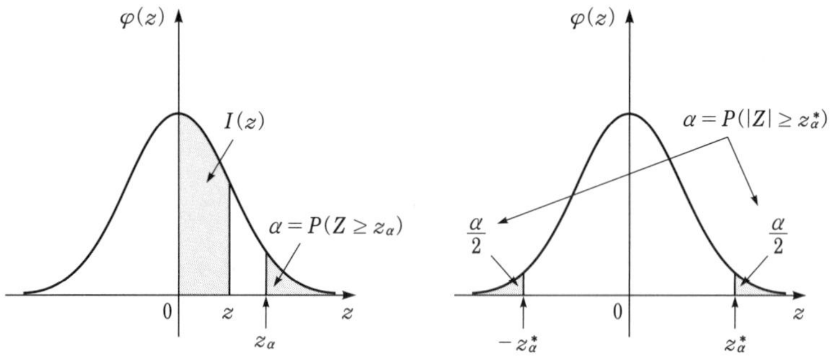

図 3.6　正規確率

正規分布 $N(\mu, \sigma^2)$ の確率は，z-変換により標準正規分布 $N(0, 1)$ の確率に帰着できる：

$$P(X \le x) = P\left\{\frac{X-\mu}{\sigma} \le \frac{x-\mu}{\sigma}\right\} = P\left\{Z \le \frac{x-\mu}{\sigma}\right\} = \Phi\left(\frac{x-\mu}{\sigma}\right).$$

例えば，X が正規分布 $N(3, 4)$ に従っているとき，

$$P(1 \le X \le 7) = P\left(-1 \le \frac{X-3}{2} \le 2\right) = \Phi(2) - \Phi(-1)$$

$$= \Phi(2) + \Phi(1) - 1 = 0.9773 + 0.8413 - 1 = 0.8186.$$

次に，受験社会の申し子である偏差値について述べよう．ある試験を行ったところ，平均点が μ であり標準偏差が σ であったとする．このとき，素点 x の**偏差値**(deviation score) y は次のように定義される：

$$y = 50 + 10 \times \frac{x-\mu}{\sigma}.$$

いま，X が正規分布 $N(\rho, \sigma^2)$ に従っているときは，その標準化 $Z = \dfrac{X-\mu}{\sigma}$ は標準正規分布に従うので，偏差値 $Y = 50 + 10Z$ は正規分布 $N(50, 10^2)$ に従うことになる．ゆえに，例えば偏差値が y 以上である確率は

$$P(Y \geq y) = P\left(\frac{Y-50}{10} \geq \frac{y-50}{10}\right) = 1 - \Phi\left(\frac{y-50}{10}\right)$$

より求まる．したがって，受験者が n 人のとき偏差値が y 以上である人は，上位 $\left[1-\Phi\left(\dfrac{y-50}{10}\right)\right]n$ 人以内にいることになる．実際の試験で素点がおよそ正規分布しているとき，上の議論が近似的に成り立つ．

[C3]　指数分布 $\boldsymbol{E_X(\lambda)}$

工学のある分野でよく使用される分布は，次の密度関数をもつもので**指数分布** (exponential distribution) とよばれ，記号 $E_X(\lambda)$ で表す：

$$f(x|\lambda) = \lambda e^{-\lambda x}, \quad 0 < x < \infty,$$
$$\Theta = \{\lambda : 0 < \lambda < \infty\}.$$

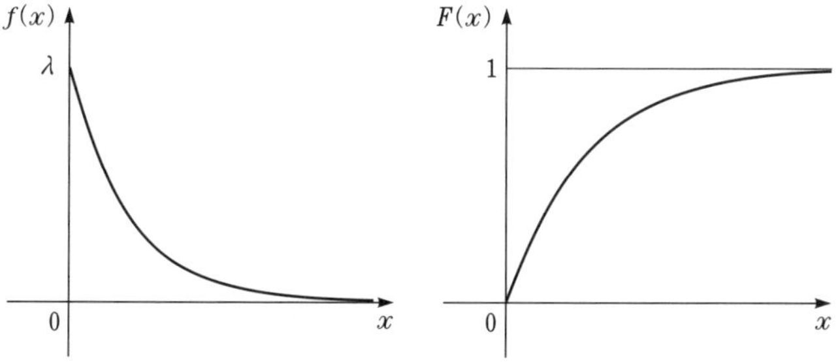

図 3.7　指数分布の密度関数と分布関数

密度関数の性質を満たすことは容易に示される．積率母関数は

$$M(t) = E(e^{tX}) = \int_0^\infty e^{tx} \lambda e^{-\lambda x}\, dx = \int_0^\infty \lambda e^{-(\lambda - t)x}\, dx = \frac{\lambda}{\lambda - t}.$$

積率母関数を微分して

$$M'(t) = \frac{\lambda}{(\lambda - t)^2} \qquad \therefore \quad E(X) = M'(0) = \frac{1}{\lambda}.$$

$$M''(t) = \frac{2\lambda}{(\lambda - t)^3} \qquad \therefore \quad E(X^2) = M''(0) = \frac{2}{\lambda^2}. \qquad \therefore \quad V(X) = \frac{1}{\lambda^2}.$$

（1）　$T\,(\geq 0)$ は寿命を表す確率変数とし，その寿命分布の分布関数を $F(t)$ とするとき，**生存関数**(survival function)を次のように定義する：

$$S(t) = 1 - F(t) = P(T > t).$$

指数分布 $E_X(\lambda)$ の生存関数は指数関数である：

$$S(t) = \int_t^\infty \lambda e^{-\lambda u}\, du = e^{-\lambda t}.$$

t 時間生存したという条件の下で，さらに u 時間を超えて生存する確率は

$$P(T > t + u \mid T > t) = \frac{P(T > t + u)}{P(T > t)} = \frac{S(t + u)}{S(t)}$$

$$= \frac{e^{-\lambda(t+u)}}{e^{-\lambda t}} = e^{-\lambda u} = S(u) = P(T > u)$$

となるので，t の値に依存しないではじめから u の時間を超えて生存する確率に等しい．すなわち，指数分布も幾何分布と同じように無記憶性をもつ．逆に，無記憶性は任意の $t, u \in \boldsymbol{R}^1$ に対して

$$S(t + u) = S(t)S(u)$$

という関数方程式が成り立つことと同値であるが，この関数方程式から，

$$S(t) = e^{-\lambda t} \quad \text{すなわち} \quad F(t) = 1 - e^{-\lambda t}$$

が示され，無記憶性をもつ連続分布は指数分布に限られる．

（2）　寿命分布の分布関数を $F(t)$，密度関数を $f(t)$ とする．関数

$$h(t) = \frac{f(t)}{S(t)} = -\frac{d}{dt}\log S(t)$$

を**ハザード関数** (hazard function) または**故障率関数** (failure rate function) という．故障率関数から生存関数が求められる：

$$S(t)=\exp\left\{-\int_0^t h(u)\,du\right\},\qquad ただし\quad \int_0^\infty h(u)\,du=\infty.$$

指数分布に対する故障率関数は定数であることに注意しよう： $h(t)=\lambda$. 一般には，故障率関数は，乳幼児の時期には初期故障として高く，しばらくして青壮年期には低く一定しているが，老年期になると摩耗故障としてまた高くなる，という傾向をたどり，その概形が洋式風呂に似ているので**バスタブ** (bath tube) **型**であるという.

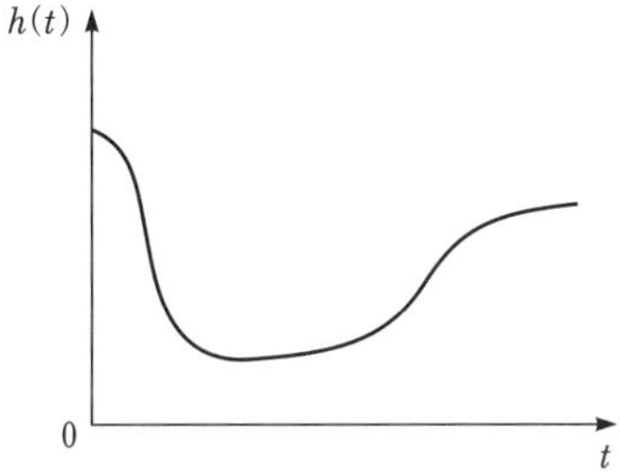

図 3.8 バスタブ型

[C4] ガンマ分布 $G_A(\boldsymbol{\alpha},\boldsymbol{\beta})$

正数上の分布で，次の密度関数をもつ分布を**ガンマ分布** (gamma distribution) といい，記号 $G_A(\alpha,\beta)$ で表す：

$$f(x|\boldsymbol{\theta})=\frac{1}{\Gamma(\alpha)\beta^\alpha}x^{\alpha-1}\exp\left(-\frac{x}{\beta}\right),\qquad 0<x<\infty,$$

$$\Theta=\{\boldsymbol{\theta}=(\alpha,\beta):0<\alpha,\beta<\infty\}.$$

ここで，$\Gamma(\alpha)$ は**ガンマ関数**(gamma function)である．ガンマ分布で $\alpha=1$, $\beta=\lambda^{-1}$ の場合は指数分布に等しい：$G_A(1,\lambda^{-1})=E_X(\lambda)$.

（1） ガンマ関数

$$\Gamma(s)=\int_0^\infty x^{s-1}e^{-x}\,dx,\qquad s>0$$

は次のような性質をもつ：

（i） $\Gamma(1)=1$, （ii） $\Gamma\left(\frac{1}{2}\right)=\sqrt{\pi}$,

(iii) $\Gamma(s)=(s-1)\Gamma(s-1)\quad(s>1)$,

(iv) $\Gamma(n)=(n-1)!\quad(n$：正整数$)$.

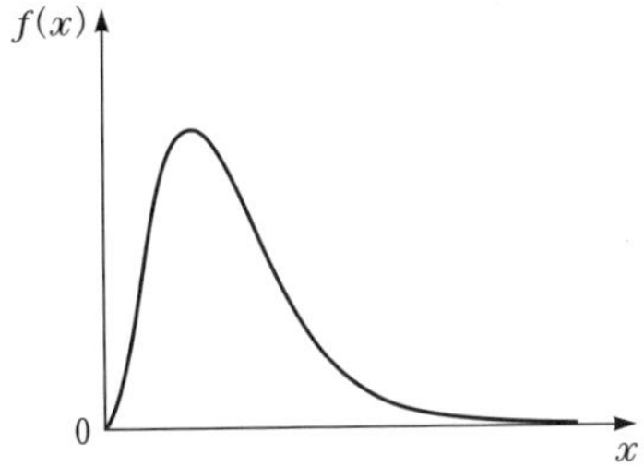

図 3.9 ガンマ分布の密度関数

(i) は明らかであり，(ii) は $y = x^{\frac{1}{2}},\ dy = \dfrac{1}{2}x^{-\frac{1}{2}}dx$ なる変数変換をして，[C2] 正規分布の (2) (37 ページ) で示したように $J = \dfrac{\sqrt{\pi}}{2}$ であるから，

$$\Gamma\left(\frac{1}{2}\right) = 2\int_0^\infty \exp(-y^2)\,dy = 2J = \sqrt{\pi}.$$

(iii) は部分積分によって

$$\Gamma(s) = \Big[-x^{s-1}e^{-x}\Big]_0^\infty + (s-1)\int_0^\infty x^{s-2}e^{-x}\,dx = (s-1)\Gamma(s-1).$$

(iv) は，正整数 n に対して，

$$\Gamma(n) = (n-1)\Gamma(n-1) = \cdots = (n-1)!\,\Gamma(1) = (n-1)!.$$

（2） 次の積分値は変数変換 $y = \dfrac{x}{\beta}$ によってガンマ関数に帰着する：

$$\int_0^\infty x^{\alpha-1}\exp\left(-\frac{x}{\beta}\right)dx = \beta^\alpha\int_0^\infty y^{\alpha-1}e^{-y}\,dy = \Gamma(\alpha)\beta^\alpha.$$

これより密度関数の性質が示される．さらに，その平均と分散は

$$E(X) = \frac{1}{\Gamma(\alpha)\beta^\alpha}\int_0^\infty x x^{\alpha-1}\exp\left(-\frac{x}{\beta}\right)dx = \frac{\Gamma(\alpha+1)\beta^{\alpha+1}}{\Gamma(\alpha)\beta^\alpha} = \alpha\beta,$$

$$E(X^2) = \frac{1}{\Gamma(\alpha)\beta^\alpha}\int_0^\infty x^2 x^{\alpha-1}\exp\left(-\frac{x}{\beta}\right)dx = \frac{\Gamma(\alpha+2)\beta^{\alpha+2}}{\Gamma(\alpha)\beta^\alpha}$$
$$= (\alpha+1)\alpha\beta^2,$$

$$\therefore\quad V(X) = E(X^2) - \{E(X)\}^2 = \alpha\beta^2.$$

[C5] ベータ分布 $\boldsymbol{B_E(\alpha, \beta)}$

区間 [0, 1] 上の分布であって，次の密度関数をもつ分布を**ベータ分布** (beta distribution) といい，記号 $B_E(\alpha, \beta)$ で表す：

$$f(x|\boldsymbol{\theta}) = B(\alpha, \beta)^{-1}x^{\alpha-1}(1-x)^{\beta-1}, \qquad 0 < x < 1.$$
$$\Theta = \{\,\boldsymbol{\theta} = (\alpha, \beta) : 0 < \alpha, \beta < \infty\}.$$

ここで，$B(\alpha, \beta)$ は $\alpha, \beta > 0$ の 2 変数関数

$$B(\alpha, \beta) = \int_0^1 x^{\alpha-1}(1-x)^{\beta-1}\,dx, \qquad \alpha, \beta > 0$$

であり，**ベータ関数** (beta function) とよばれる．ベータ分布で $\alpha = \beta = 1$

の場合は一様分布に等しい：

$$B_E(1,1)=U(0,1).$$

（1） ベータ関数はガンマ関数を使って次のように表すことができる：

$$B(\alpha,\beta)=\frac{\Gamma(\alpha)\Gamma(\beta)}{\Gamma(\alpha+\beta)}.$$

このことの証明は2変数関数の積分の変数変換によって示すことができる．

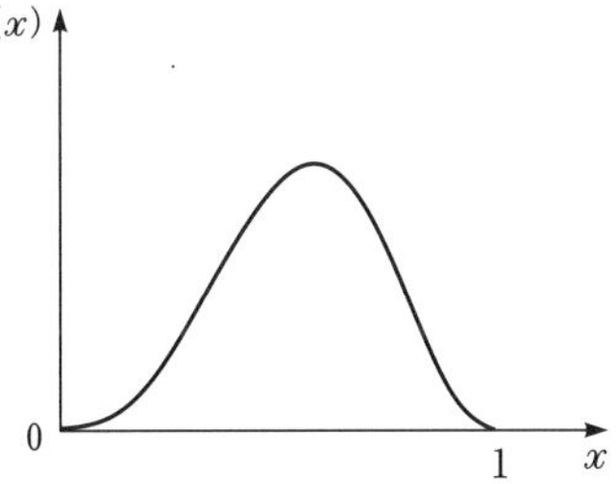

図 3.10 ベータ分布の密度関数

$$\Gamma(\alpha)\Gamma(\beta)=\int_0^\infty\int_0^\infty x^{\alpha-1}e^{-x}y^{\beta-1}e^{-y}\,dxdy.$$

変数変換

$$\begin{cases} u=x+y \\ v=\dfrac{x}{x+y} \end{cases} \qquad \therefore \quad \begin{cases} x=uv \\ y=u(1-v) \end{cases}$$

とおけば，そのヤコビアンは

$$\frac{\partial(x,y)}{\partial(u,v)}\equiv\begin{vmatrix} \partial x/\partial u & \partial x/\partial v \\ \partial y/\partial u & \partial y/\partial v \end{vmatrix}=\begin{vmatrix} v & u \\ 1-v & -u \end{vmatrix}=-u.$$

ゆえに，

$$\Gamma(\alpha)\Gamma(\beta)=\int_0^\infty u^{\alpha+\beta-1}e^{-u}\,du\int_0^1 v^{\alpha-1}(1-v)^{\beta-1}\,dv=\Gamma(\alpha+\beta)B(\alpha,\beta).$$

（2） これより密度関数の性質が示される．さらに，その平均と分散は

$$E(X)=\frac{1}{B(\alpha,\beta)}\int_0^1 xx^{\alpha-1}(1-x)^{\beta-1}\,dx$$

$$=\frac{B(\alpha+1,\beta)}{B(\alpha,\beta)}=\frac{\Gamma(\alpha+1)\Gamma(\alpha+\beta)}{\Gamma(\alpha)\Gamma(\alpha+\beta+1)}=\frac{\alpha}{\alpha+\beta},$$

$$E(X^2)=\frac{1}{B(\alpha,\beta)}\int_0^1 x^2x^{\alpha-1}(1-x)^{\beta-1}\,dx$$

$$=\frac{B(\alpha+2,\beta)}{B(\alpha,\beta)}=\frac{(\alpha+1)\alpha}{(\alpha+\beta+1)(\alpha+\beta)},$$

$$\therefore\quad V(X)=E(X^2)-\{E(X)\}^2=\frac{\alpha\beta}{(\alpha+\beta)^2(\alpha+\beta+1)}.$$

演習問題 3

3.1 2人の候補者 A, B を選挙したところ，A 候補者は a 票，B 候補者は b 票 $(a > b)$ を獲得し，A が選ばれた．しかし，選挙人 $N = a + b$ には選挙資格を持たないものが n 人含まれていたとして，この n 人を除くとき，B が逆転する確率を求めよ．$a = 16,\ b = 14,\ n = 4$ のとき，この確率はいくらか．

3.2 生涯打率3割の打者が5回打席に立つとして次の確率を求めよ．

（1） 少なくとも2本ヒットを打つ．　　（2） 全くヒットを打たない．

3.3 あるドライバーが1ケ月間に事故を起こす確率は0.02であるとする．100カ月間にそのドライバーが3回以上事故を起こす確率を求めよ．

3.4 1の目が出るまでサイコロを振るとき，次のことを求めよ．

（1） 第6投目に初めて1が出る確率．

（2） 初めて1が出る確率が少なくとも $\dfrac{1}{2}$ であるために必要な試行の回数．

3.5 [D7] **対数級数分布 $LS(\theta)$**

確率関数

$$f(x|\theta) = \frac{1}{A(\theta)}\frac{\theta^x}{x}, \qquad x = 1, 2, \cdots,$$

$$\Theta = \{\theta : 0 < \theta < 1\}, \qquad ここで，A(\theta) = \log\frac{1}{1-\theta}$$

をもつ分布を**対数級数分布**(logarithmic series distribution)という．この分布の平均，分散，確率母関数を求めよ．

3.6 確率変数 X が一様分布 $U(0, 2)$ に従うとき，次の確率を求めよ．

（1） $P(X > 0.5)$　　（2） $P(X < 1.2)$

（3） $P(X > 1.5 \mid X > 0.5)$

3.7 確率変数 X が正規分布 $N(\mu, \sigma^2)$ に従うとする．

（1） $\mu = 5,\ \sigma = 2$ のとき，$P(X \leq 7)$ を求めよ．

（2） $P(X \leq 6) = 0.9773,\ P(X \leq 4) = 0.8413$ であるとき，μ と σ の値を求めよ．

3.8　確率変数 X は平均 λ^{-1} の指数分布 $Ex(\lambda)$ に従っているとする．実数 x に対して，$[x]$ を x を越えない最大の整数と定義する．

（1）　整数値のみとる確率変数 $Y=[X]$ はどんな分布に従うか．

（2）　Y の平均 $E(Y)$，分散 $V(Y)$ を求めよ．

3.9　前問で，$d>0$ に対して確率変数 $Y_d = d\left[\dfrac{X}{d}\right]$ を考えるとき，前問と同様な問に答えよ．$d \to 0$ のとき，X と Y_d の平均，分散を比較せよ．

3.10　n は任意の正整数，k は $1 \leq k \leq n$ なる整数であり，p は $0<p<1$ なる実数であるとする．このとき，等式：

$$\sum_{r=k}^{n}\binom{n}{r}p^r(1-p)^{n-r} = \frac{1}{B(k,\,n-k+1)}\int_0^p x^{k-1}(1-x)^{n-k}\,dx$$

が成り立つことを証明せよ．

3.11　任意の正数 λ と正整数 k に対して，等式

$$\sum_{r=k}^{\infty} e^{-\lambda}\frac{\lambda^r}{r!} = \frac{1}{\Gamma(k)}\int_0^\lambda x^{k-1}e^{-x}\,dx$$

が成り立つことを証明せよ．

3.12　**[C6] 対数正規分布 $LN(\boldsymbol{\mu},\boldsymbol{\sigma}^2)$**

正の確率変数 X が次の密度関数をもつとき，**対数正規分布**(log-normal distribution)に従うという：

$$f(x|\boldsymbol{\theta}) = \frac{1}{\sqrt{2\pi}\,\sigma}x^{-1}\exp\left\{-\frac{(\log x-\mu)^2}{2\sigma^2}\right\},\quad x>0,$$

$$\Theta = \{\,\boldsymbol{\theta}=(\mu,\sigma^2):-\infty<\mu<\infty,\ 0<\sigma^2<\infty\}.$$

（1）　$Y=\log X$ が正規分布 $N(\mu,\sigma^2)$ に従うことを示せ．

（2）　X の平均，分散を求めよ．

（3）　正整数 r に対して，r 次のモーメント $E(X^r)$ を求めよ．

3.13　あるシステムの故障時刻を表す正の確率変数 T の故障率関数 $h(t)$ が与えられているとき，次のことを示せ．

（1）　$s,t>0$ に対して

$$P(T > s+t \mid T > s) = \exp\left\{-\int_s^{s+t} h(u)\,du\right\}.$$

（2） $h(t) = bt\ (b > 0)$ のとき，任意の s, t に対して，

$$P(T > s+t \mid T > s) \leq P(T > t)$$

が成り立つことを示せ．このような性質を満たす分布を**使用摩耗型**(new better than used)という．

3.14 ［C7］ワイブル分布 $W_B(\alpha, \beta)$

故障率関数：

$$h(t) = \frac{\alpha}{\beta}\left(\frac{t}{\beta}\right)^{\alpha-1}, \quad t > 0, \quad \alpha, \beta > 0$$

をもつ分布を**ワイブル分布**(Weibull distribution)という．その密度関数は

$$f(t) = \frac{\alpha}{\beta}\left(\frac{t}{\beta}\right)^{\alpha-1} \exp\left\{-\left(\frac{t}{\beta}\right)^{\alpha}\right\}, \quad t > 0$$

であることを示せ．その平均，分散を求めよ．

§4.　2次元確率ベクトルの分布

4.1　2つの確率変数の同時分布

母集団が人口である場合を再び考える．**§2** では，年齢，所得，身長，体重などをそれぞれ確率変数とし，それらの分布を“単独に”考えた．ここでは，例えば年齢と所得の関係，または身長と体重の関係のように，2つの確率変数を“同時に”考え，その分布を通してそれらの関係を調べよう．いま，人口母集団を Ω，それに属している個々人を $\omega\,(\in \Omega)$ とし，人口母集団における身長 X と体重 Y の分布を考える．この場合，個々人 ω の身長と体重 $(X(\omega), Y(\omega))$ そのものに関心をもつのではなく，むしろ人口母集団の身長と体重の構成に関心がある．例えば，身長が $a < X \leq b$ (cm) で体重が $c < Y \leq d$ (kg) の人は何パーセントいるかなど，点 (X, Y) の分布に関心があり，その分布を通して身長と体重の関係を把握することを考える．

2つの確率変数 $X, Y : (\Omega, \mathcal{A}, P) \to (\boldsymbol{R}^1, \mathcal{B}^1)$ に対し，これらを組にして考えた (X, Y) を **2次元確率ベクトル** (random vector) という．その分布は**同時分布** (joint distribution) とよばれ，任意の $B_1, B_2 \in \mathcal{B}^1$ に対して，

$$
\begin{aligned}
P^{(X,Y)}(B_1 \times B_2) &= P(\{\omega : X(\omega) \in B_1,\ Y(\omega) \in B_2\}) \\
&= P(X \in B_1,\ Y \in B_2) \qquad \text{(と略記する)}
\end{aligned}
$$

で定義される．すなわち，$P^{(X,Y)}$ は確率変数 (X, Y) によって P より誘導された平面上の確率測度である：

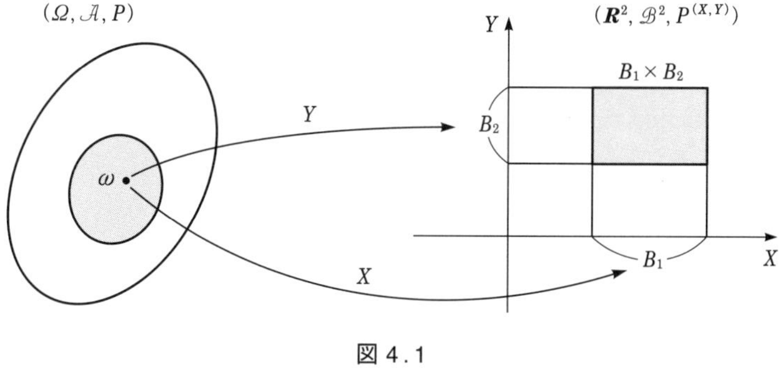

図 4.1

$$(X,\ Y):\ (\Omega,\ \mathscr{A},\ P) \to (\boldsymbol{R}^2,\ \mathscr{B}^2,\ P^{(X,Y)}).$$

各成分の確率変数の単独の分布 P^X, P^Y をそれぞれの**周辺分布** (marginal distribution) という．事象の独立性の概念を拡張して確率変数の独立性の定義をしよう．しかし，確率変数の独立性の概念は，二項分布をベルヌーイ試行の成功の回数の分布として説明するときに既に使用していた．

定義 4.1　2 つの確率変数 X, Y が独立であるとは，その同時分布 $P^{(X,Y)}$ が周辺分布 P^X, P^Y の積で表されることである： $P^{(X,Y)} = P^X \times P^Y$．すなわち，任意の集合 $B_1, B_2 \in \mathscr{B}^1$ に対して，

$$P(X \in B_1,\ Y \in B_2) = P(X \in B_1)P(Y \in B_2)$$

が成り立つことである．独立でないとき従属しているという．

2 次元確率ベクトル $(X,\ Y)$ の**同時分布関数**は，

$$F(x,\ y) = P(X \leq x,\ Y \leq y)$$

で定義される．各成分だけに注目した分布

$$F_1(x) = F(x, \infty) = P(X \leq x), \qquad F_2(y) = F(\infty, y) = P(Y \leq y)$$

をそれぞれ X, Y の**周辺分布関数**という．X, Y が独立であることと同時分布関数が周辺分布関数の積であることとは同値である：

$$X, Y : \text{独立} \iff F(x,\ y) = F_1(x)F_2(y).$$

[D]　同時分布が離散型の場合

X も Y も離散型確率変数であって，それぞれは値

$$x = x_1, x_2, \cdots, x_r, \qquad y = y_1, y_2, \cdots, y_c$$

をとるとし，その同時分布はそれらの値に対する同時確率関数

$$f_{jk} = f(x_j,\ y_k) = P(X = x_j,\ Y = y_k), \qquad j = 1, \cdots, r,\ k = 1, \cdots, c$$

で与えるとする．ここで，確率関数の満たすべき条件は

(PF1)　$f_{jk} = f(x_j,\ y_k) \geq 0$,

(PF2)　$\sum_{j=1}^{r} \sum_{k=1}^{c} f_{jk} = \sum_{j=1}^{r} \sum_{k=1}^{c} f(x_j,\ y_k) = 1$,

(PF3)　分布関数は $F(x,\ y) = \sum_{j\,:\,x_j \leq x} \sum_{k\,:\,y_k \leq y} f(x_j,\ y_k)$.

そのときの X, Y の周辺分布はそれぞれの周辺確率関数で与えられる：

$$f_{j\cdot} = f_1(x_j) = \sum_{k=1}^{c} f_{jk} = \sum_{k=1}^{c} f(x_j, y_k) = P(X = x_j),$$

$$f_{\cdot k} = f_2(y_k) = \sum_{j=1}^{r} f_{jk} = \sum_{j=1}^{r} f(x_j, y_k) = P(Y = y_k).$$

これらを表にしたものを**確率分布表** (contingency table) という．

確率分布表

	y_1	y_2	$\cdots$	y_c	
x_1	f_{11}	f_{12}	$\cdots$	f_{1c}	$f_{1\cdot}$
x_2	f_{21}	f_{22}	$\cdots$	f_{2c}	$f_{2\cdot}$
$\vdots$	$\vdots$	$\vdots$		$\vdots$	$\vdots$
x_r	f_{r1}	f_{r2}	$\cdots$	f_{rc}	$f_{r\cdot}$
	$f_{\cdot 1}$	$f_{\cdot 2}$	$\cdots$	$f_{\cdot c}$	1

$$\sum_{j=1}^{r} \sum_{k=1}^{c} f_{jk} = 1$$

$$\sum_{j=1}^{r} f_{j\cdot} = 1$$

$$\sum_{k=1}^{c} f_{\cdot k} = 1$$

(X, Y) の同時分布は中の行列，X の周辺分布は右列周辺，Y の周辺分布は下行周辺に配置されている．行 (row) の数を r，列 (column) の数を c で表し，右下隅の 1 は同時分布，周辺分布が確率分布であることを示している．

離散型のとき，確率変数 X, Y が独立であることは，同時分布の確率が周辺分布の確率の積で表されることと同値である：

$$X, Y：\text{独立} \iff f_{jk} = f_{j\cdot} f_{\cdot k}\,.$$

条件付き確率の概念を確率変数の条件付き分布に拡張しよう．$Y = y_k$ を与えたときの $X = x_j$ の条件付き確率を

$$f_1(x_j|y_k) = \frac{f(x_j, y_k)}{f_2(y_k)} = \frac{P(X = x_j,\ Y = y_k)}{P(Y = y_k)}$$

とおき，条件付き確率関数 $f_1(\cdot\,|y_k)$ による分布を $Y = y_k$ が与えられたときの X の**条件付き分布** (conditional distribution) という．同様に，$X = x_j$ が与えられたときの $Y = y_k$ の条件付き確率も

$$f_2(y_k|x_j) = \frac{f(x_j, y_k)}{f_1(x_j)} = \frac{P(X = x_j,\ Y = y_k)}{P(X = x_j)}$$

で定義される．

X, Y どちらの条件付き分布であるのかを混乱しなければ，これらを単に $f_{j|k}, f_{k|j}$ で表してもよい：

$$f_{j|k} = \frac{f_{jk}}{f_{\cdot k}}, \qquad f_{k|j} = \frac{f_{jk}}{f_{j\cdot}}.$$

$Y = y_k$ を与えたときの X の条件付き分布の平均を

$$E[X|y_k] = E[X|Y = y_k] = \sum_{j=1}^{r} x_j f_1(x_j|y_k)$$

で表し，$Y = y_k$ を与えたときの X の**条件付き平均** (conditional mean)，または**条件付き期待値** (conditional expectation) という．また，その分散を

$$V[X|y_k] = V[X|Y = y_k] = \sum_{j=1}^{r}(x_j - E[X|y_k])^2 f_1(x_j|y_k)$$

で表し，$Y = y_k$ を与えたときの X の**条件付き分散** (conditional variance) という．X を与えたときの Y に関する条件付き分布や条件付き平均，分散についても同様に定義される．

[C]　同時分布が密度型の場合

同時分布関数 $F(x, y)$ が微分可能であるとき，

$$f(x, y) = \frac{\partial^2}{\partial x \partial y} F(x, y)$$

を (X, Y) の**同時密度関数** (joint density function) という．このとき 1 次元の確率変数の密度関数と同じように次の性質が成り立つ：

(Dn1)　$f(x, y) \geq 0$.

(Dn2)　$\int_{-\infty}^{\infty}\int_{-\infty}^{\infty} f(x, y)\, dxdy = 1$.

(Dn3)　分布関数は　$F(x, y) = \int_{-\infty}^{x}\int_{-\infty}^{y} f(u, v)\, dudv$.

X, Y の**周辺密度関数**は，それぞれ

$$f_1(x) = \int_{-\infty}^{\infty} f(x, y)\, dy, \qquad f_2(y) = \int_{-\infty}^{\infty} f(x, y)\, dx$$

となる．

このように密度関数が存在するとき，確率変数 X, Y が独立であることと同時密度関数が周辺密度関数の積で表されることとは同値である：

$$X, Y：独立 \iff f(x, y) = f_1(x)f_2(y).$$

$Y = y$ を与えたときの X の**条件付き密度関数**は

$$f_1(x|y) = \frac{f(x, y)}{f_2(y)} = \frac{f(x, y)}{\int_{-\infty}^{\infty} f(x, y)\, dx}$$

で定義される．この条件付き密度関数による平均，分散が $Y = y$ を与えたときの X の条件付き平均，分散である：

$$E[X|y] = E[X|Y = y] = \int_{-\infty}^{\infty} x\, f_1(x|y)\, dx,$$

$$V[X|y] = V[X|Y = y] = \int_{-\infty}^{\infty} (x - E[X|y])^2 f_1(x|y)\, dx.$$

また，$X = x$ を与えたときの Y の条件付き密度関数，平均，分散も同様である．

4.2　共分散と相関係数

(X, Y) の関数 $h(X, Y)$ の平均は，確率変数の平均と同様に

$$E\{h(X, Y)\} = \int_{-\infty}^{\infty}\int_{-\infty}^{\infty} h(x, y)\, dF(x, y)$$

で定義され，離散分布と密度型分布に対しては次のように計算される：

$$E\{h(X, Y)\} = \sum_{j=1}^{r}\sum_{k=1}^{c} h(x_j, y_k) f(x_j, y_k) \qquad (離散)$$

$$E\{h(X, Y)\} = \int_{-\infty}^{\infty}\int_{-\infty}^{\infty} h(x, y) f(x, y)\, dxdy \qquad (密度).$$

前述の (E1) - (E4) (19 ページ) と同様な性質に加え，さらに，次の性質が成り立つ：

(E5)　関数が直積のときは，条件付き平均を使って，

$$E\{h_1(X)h_2(Y)\} = E\{E[h_1(X)|Y]h_2(Y)\}.$$

(E6)　X, Y が独立のとき，関数の積の平均は平均の積に等しい：

$$E\{h_1(X)h_2(Y)\} = E\{h_1(X)\}E\{h_2(Y)\}.$$

密度関数をもつときに性質 (E5), (E6) を証明しよう．同時密度 $f(x, y)$ は $Y = y$ を与えたときの X の条件付き密度 $f_1(x|y)$ と Y の周辺密度 $f_2(y)$ の積：$f(x, y) = f_1(x|y)f_2(y)$ で表されるから，関数が直積 $h(X, Y) = h_1(X)h_2(Y)$ ならば

$$E\{h_1(X)h_2(Y)\} = \int_{-\infty}^{\infty}\int_{-\infty}^{\infty} h_1(x)h_2(y)f_1(x|y)f_2(y)\,dxdy$$
$$= \int_{-\infty}^{\infty}\left\{\int_{-\infty}^{\infty} h_1(x)f_1(x|y)\,dx\right\}h_2(y)f_2(y)\,dy$$
$$= E\{E[h_1(X)|Y]h_2(Y)\}.$$

ここで，$E[h_1(X)|Y]$ は Y を与えたときの $h_1(X)$ の条件付き平均とよばれ，前に述べた $Y = y$ を与えたときの条件付き平均値 $E[h_1(X)|y]$ において，数値 y に確率変数 Y を代入したものである．

さらに X, Y が独立のとき，$f_1(x|y) = f_1(x)$ であり，したがって $E[h_1(X)|Y] = E\{h_1(X)\}$ (Y に無関係) となるから

$$E\{h_1(X)h_2(Y)\} = E\{h_1(X)\}E\{h_2(Y)\}.$$

$h(X, Y) = e^{sX+tY}$ とすれば，同時積率母関数が定義される：

$$M(s, t) = E\{e^{sX+tY}\} = \int_{-\infty}^{\infty}\int_{-\infty}^{\infty} e^{sx+ty}\,dF(x, y).$$

X, Y の周辺分布の積率母関数をそれぞれ $M_1(s), M_2(t)$ とするとき，分布と積率母関数の 1 対 1 対応関係から，X, Y が独立であることと同時積率母関数が周辺積率母関数の積で表されることとは同値である：

$$X, Y：独立 \iff M(s, t) = M_1(s)M_2(t).$$

(X, Y) の 2 次までのモーメントとしてそれぞれの平均と分散：

$$E(X) = \mu_1, \quad V(X) = \sigma_1^2 \quad ; \quad E(Y) = \mu_2, \quad V(Y) = \sigma_2^2$$

に加えて，平均まわりの**相互モーメント** (cross moment) を**共分散** (covariance) といい，$Cov(X, Y)$ で表し，記号 σ_{12} を用いる：

$$Cov(X, Y) = E\{(X - \mu_1)(Y - \mu_2)\} = \sigma_{12}.$$

このとき，**共分散公式**(積の平均から平均の積を引く)が成り立つ：

$$Cov(X, Y) = E(XY) - E(X)E(Y).$$

X, Y の標準化 $Z_1 = \dfrac{X-\mu_1}{\sigma_1}$, $Z_2 = \dfrac{Y-\mu_2}{\sigma_2}$ の積の平均を**相関係数** (correlation coefficient) といい，$Corr(X, Y)$ で表し，記号 ρ を用いる：

$$\rho = Corr(X, Y) = \frac{Cov(X, Y)}{\sqrt{V(X)V(Y)}}$$

$$= E\left\{\frac{X-\mu_1}{\sigma_1}\frac{Y-\mu_2}{\sigma_2}\right\} = \frac{\sigma_{12}}{\sigma_1\sigma_2}.$$

$\rho > 0$ のとき確率変数 X, Y には**正の相関**，$\rho < 0$ のときには**負の相関**があるといい，$\rho = 0$ のときには**無相関**であるという．

定理 4.1 （1） 相関係数の絶対値は 1 以下である：$|\rho| \leq 1$.

（2） $\rho = \pm 1$ のとき，2 つの確率変数間に線形関係が成り立つ：

$$Y = \mu_2 \pm \frac{\sigma_2}{\sigma_1}(X-\mu_1) \qquad \text{(複号同順)}.$$

（3） X, Y が独立のとき，共分散 $Cov(X, Y) = 0$ であり，したがって相関係数 $\rho = 0$ である．

証明 （1） 任意の定数 t に対して $W = Z_2 - tZ_1$ とすると，

$$0 \leq E\{W^2\} = E\{(Z_2)^2 - 2tZ_1Z_2 + t^2(Z_1)^2\} = 1 - 2\rho t + t^2.$$

2 次不等式が任意の t で成り立つから，判別式 D に対して

$$\frac{D}{4} = \rho^2 - 1 \leq 0$$

が成り立っていなければならない．すなわち，$|\rho| \leq 1$ である．

（2） 相関係数が $\rho = \pm 1$ になるのは，$D = 0$ のときである．ゆえに，$t = \pm 1$ に対して $E(W^2) = 0$ が成り立ち，$W = 0$ となる．したがって，$Z_2 = \pm Z_1$ が成り立つ(複号同順)．

（3） X, Y が独立ならば，期待値の性質 (E5) により

$$Cov(X, Y) = E\{(X-\mu_1)(Y-\mu_2)\} = E(X-\mu_1)E(Y-\mu_2) = 0.$$

□

例題 4.1　X, Y の共分散 $Cov(X, Y)=0$，すなわち，$\rho=0$ であっても，それらが独立でない例を考えよう．確率変数 U が一様分布 $U(0,1)$ に従うとき，

$$X=\cos 2\pi U, \qquad Y=\sin 2\pi U$$

とおくと，$X^2+Y^2=1$ であり，X の値によって Y の値は決まるから X, Y は独立ではない．一方，

$$E(X)=E(\cos 2\pi U)=\int_0^1 \cos 2\pi u\,du=\frac{1}{2\pi}\Big[\sin 2\pi u\Big]_0^1=0.$$

同様に，$E(Y)=0$ であり，

$$Cov(X, Y)=E\{(\cos 2\pi U)(\sin 2\pi U)\}=\int_0^1 \cos 2\pi u \sin 2\pi u\,du$$

$$=\int_0^1 \frac{1}{2}\sin 4\pi u\,du=\frac{1}{8\pi}\Big[-\cos 4\pi u\Big]_0^1=0.$$

ゆえに，$\rho=0$．これは，定理 4.1(3) の逆が成り立たない例である．

相関係数は，2 つの確率変数が線形関係に近いかどうかを示す指標であって，この例のように円周上にあるというような一般の**連関性** (association) をとらえる指標ではないことに注意しよう．◇

定理 4.2　a, b は定数として，2 つの確率変数 X, Y の 1 次関数 $aX+bY$ を新しい確率変数と考えれば，その平均と分散は次のようになる：

$$E(aX+bY)=aE(X)+bE(Y)=a\mu_1+b\mu_2,$$

$$V(aX+bY)=a^2V(X)+b^2V(Y)+2ab\,Cov(X, Y)$$

$$=a^2\sigma_1^2+b^2\sigma_2^2+2ab\,\sigma_{12}.$$

特に，X, Y が独立ならば，

$$V(aX+bY)=a^2V(X)+b^2V(Y)=a^2\sigma_1^2+b^2\sigma_2^2.$$

証明　線形性 (E2) から平均については明らかである．分散については

$$V(aX+bY)=E[\{(aX+bY)-(a\mu_1+b\mu_2)\}^2]$$

$$=E\{a^2(X-\mu_1)^2+b^2(Y-\mu_2)^2+2ab(X-\mu_1)(Y-\mu_2)\}$$

$$=a^2E\{(X-\mu_1)^2\}+b^2E\{(Y-\mu_2)^2\}+2abE\{(X-\mu_1)(Y-\mu_2)\}$$

$$=a^2V(X)+b^2V(Y)+2ab\,Cov(X, Y).$$

X, Y が独立のとき $Cov(X, Y)=0$ であるから，明らかである．□

4.3　2次元確率分布の代表的モデル

2次元確率分布の代表的モデルを紹介する．**5.3** で述べる多変量分布の代表的モデルである [MD1] 多項分布，[MC1] 多変量正規分布のそれぞれ2変量の場合であるので，[MD1′], [MC1′] というマークを付けることにする．

[MD1′]　三項分布 $T_N(n\,;\,p, q)$

母集団 Ω が3つの互いに素な事象 A, B, C に直和分割され，それぞれの確率は $P(A)=p,\ P(B)=q,\ P(C)=r=1-p-q$ とする：

$$\Omega = A+B+C \qquad (\text{直和}).$$

いま，母集団 Ω から n 個の標本を無作為復元抽出によって取り出すとき，事象 A, B, C に属する標本の個数を $X, Y, n-X-Y$ とする．そのとき，(X, Y) の同時分布の確率関数は次のようになる：

$$f(x, y|p, q) = \binom{n}{x\ y\ n-x-y} p^x q^y (1-p-q)^{n-x-y},$$

$$\Theta = \{(p, q) : p, q \geq 0,\ 0 \leq p+q \leq 1\},$$

$$\text{ここで，}\quad \binom{n}{x\ y\ n-x-y} = \frac{n!}{x!y!(n-x-y)!}.$$

これを**三項分布** (trinomial distribution) といい，記号 $T_N(n\,;\,p, q)$ で表す．変数 (x, y) の領域は

$$\Delta_n^* = \{{}^t(x, y) : \text{整数 } x, y \geq 0,\ 0 \leq x+y \leq n\}.$$

$n=4$ として (X, Y) の同時分布は下表のようになり，周辺分布が二項分布になっている様子がわかるであろう．

三項分布表 $n=4$

	0	1	2	3	4	
0	r^4	$4qr^3$	$6q^2r^2$	$4q^3r$	q^4	$(1-p)^4$
1	$4pr^3$	$12pqr^2$	$12pq^2r$	$4pq^3$	0	$4p(1-p)^3$
2	$6p^2r^2$	$12p^2qr$	$6p^2q^2$	0	0	$6p^2(1-p)^2$
3	$4p^3r$	$4p^3q$	0	0	0	$4p^3(1-p)$
4	p^4	0	0	0	0	p^4
	$(1-q)^4$	$4q(1-q)^3$	$6q^2(1-q)^2$	$4q^3(1-q)$	q^4	1

（1） 確率関数の条件を満たすことは，多項定理により示される．X の平均と分散を求めるためには，事象 A とその他の事象 A^c と思えば二項分布に帰着するので，次のことが示され，Y についても全く同様である：

$$E(X) = np,\ V(X) = np(1-p)\ ;\ E(Y) = nq,\ V(Y) = nq(1-q).$$

（2） 領域 Δ_n^* 上の和を $\sum_n^*$ とかくことにする．X, Y に対して，

$$E(XY) = \sum\nolimits_n^* xy\binom{n}{x\ y\ n-x-y}p^x q^y (1-p-q)^{n-x-y}$$

$$= n(n-1)pq\sum\nolimits_{n-2}^*\binom{n-2}{s\ t\ n-2-s-t}p^s q^t (1-p-q)^{n-2-s-t}$$

$$= n(n-1)pq, \qquad \text{ここで，} s = x-1,\ t = y-1.$$

ゆえに，共分散公式によって，

$$Cov(X, Y) = E(XY) - E(X)E(Y) = n(n-1)pq - npnq = -npq.$$

したがって，相関係数は事象 A, B のオッズの積の平方根の負になる：

$$Corr(X, Y) = -\sqrt{\frac{p}{1-p}\cdot\frac{q}{1-q}}.$$

n 個の標本を各事象に分配するために，事象 A に属する標本の個数 X が増えれば事象 B に属する標本の個数 Y は減る傾向にあるから，負の相関をもつことは直観的にも理解できるであろう．

（3） 2 次元確率ベクトルの積率母関数は，

$$M(s, t) \equiv E\{\exp(sX + tY)\}$$

で定義される．したがって，三項分布に対しては

$$M(s, t) = (e^s p + e^t q + 1 - p - q)^n.$$

[MC1′] 2 次元正規分布 $N_2(\boldsymbol{\mu}, \boldsymbol{\Sigma})$

2 次元確率ベクトル (X, Y) の同時密度関数が

$$f(x, y) = \frac{1}{2\pi\sigma_1\sigma_2\sqrt{1-\rho^2}}\exp\left[-\frac{1}{2(1-\rho^2)}\times\right.$$

$$\left.\left\{\left(\frac{x-\mu_1}{\sigma_1}\right)^2 - 2\rho\left(\frac{x-\mu_1}{\sigma_1}\right)\left(\frac{y-\mu_2}{\sigma_2}\right) + \left(\frac{y-\mu_2}{\sigma_2}\right)^2\right\}\right]$$

$$\Theta = \{(\boldsymbol{\mu}, \boldsymbol{\Sigma}) : -\infty < \mu_1, \mu_2 < \infty,\ 0 < \sigma_1, \sigma_2 < \infty,\ -1 \leq \rho \leq 1\}$$

であるとき，それを**2次元正規分布**といい，記号 $N_2(\boldsymbol{\mu}, \boldsymbol{\Sigma})$ で表す．ここで，$\sigma_{11} = \sigma_1^2$, $\sigma_{22} = \sigma_2^2$, $\sigma_{12} = \sigma_1\sigma_2\rho$ として，

$$\boldsymbol{\mu} = \begin{pmatrix} \mu_1 \\ \mu_2 \end{pmatrix}, \qquad \boldsymbol{\Sigma} = \begin{pmatrix} \sigma_{11} & \sigma_{12} \\ \sigma_{12} & \sigma_{22} \end{pmatrix} = \begin{pmatrix} \sigma_1^2 & \sigma_1\sigma_2\rho \\ \sigma_1\sigma_2\rho & \sigma_2^2 \end{pmatrix}.$$

（1） 密度関数を与える式の[ ]内を y について整理すると，

$$-\frac{1}{2(1-\rho^2)\sigma_2^2}\left(y - \mu_2 - \rho\sigma_2\frac{x-\mu_1}{\sigma_1}\right)^2 - \frac{1}{2}\left(\frac{x-\mu_1}{\sigma_1}\right)^2$$

であるから，同時密度関数 $f(x, y)$ は，2つの1次元正規分布

$$N(\mu_1, \sigma_1^2), \qquad N\left(\mu_2 + \rho\sigma_2\frac{(x-\mu_1)}{\sigma_1}, (1-\rho^2)\sigma_2^2\right)$$

の密度関数 $f_1(x), f_2(y|x)$ の積になっている：

$$f(x, y) = f_1(x)f_2(y|x),$$

$$f_1(x) = \frac{1}{\sqrt{2\pi}\,\sigma_1}\exp\left[\frac{1}{2}\left(\frac{x-\mu_1}{\sigma_1}\right)^2\right],$$

$$f_2(y|x) = \frac{1}{\sqrt{2\pi(1-\rho^2)}\,\sigma_2}\exp\left[-\frac{1}{2(1-\rho^2)\sigma_2^2}\left(y-\mu_2-\rho\sigma_2\frac{x-\mu_1}{\sigma_1}\right)^2\right].$$

このことからもわかるように，

$$f_1(x) = \int_{-\infty}^{\infty} f(x, y)\,dy, \qquad \int_{-\infty}^{\infty} f_1(x)\,dx = 1.$$

ゆえに，$f(x, y)$ は密度関数の性質 (Dn2) (15ページ) を満たすので，$f_1(x)$ は X の周辺密度関数であり，$f_2(y|x) = \dfrac{f(x, y)}{f_1(x)}$ は $X = x$ が与えられたときの Y の条件付き密度関数である．同様にして，Y の周辺密度関数は

$$f_2(y) = \frac{1}{\sqrt{2\pi}\,\sigma_2}\exp\left[\frac{1}{2}\left(\frac{y-\mu_2}{\sigma^2}\right)^2\right].$$

以上のことから，2次元確率ベクトル (X, Y) が正規分布 $N_2(\boldsymbol{\mu}, \boldsymbol{\Sigma})$ に従うとき，確率変数 X, Y の周辺分布はそれぞれ正規分布 $N(\mu_1, \sigma_1^2), N(\mu_2, \sigma_2^2)$ であり，X を与えたときの Y の条件付き分布は，その平均と分散が

$$E[Y|X] = \mu_2 + \rho\frac{\sigma_2}{\sigma_1}(X-\mu_1), \qquad V[Y|X] = (1-\rho^2)\sigma_2^2$$

の正規分布である．条件付き平均 $E[Y|X]$ のことを Y の X への一般回帰

というが，正規分布ではこれが X の線形関数になっているので線形回帰に一致することに注意しよう (**8.4** を参照)．すなわち，Y の X への回帰 $\hat{Y}$ とその残差 $Y-\hat{Y}$ は，$\sigma_{12}=\rho\sigma_1\sigma_2$ より，

$$\hat{Y}=\mu_2+\frac{\sigma_{12}}{\sigma_1^2}(X-\mu_1),$$

$$Y-\hat{Y}=Y-\mu_2-\frac{\sigma_{12}}{\sigma_1^2}(X-\mu_1)$$

であり，これらは独立であることが示される：

$$Cov(\hat{Y},\,Y-\hat{Y})=\frac{\sigma_{12}}{\sigma_1^2}Cov(X,\,Y)-\left(\frac{\sigma_{12}}{\sigma_1^2}\right)^2V(X)=0.$$

（2） 条件付き期待値の性質 (E5) によって

$$Cov(X,\,Y)=E\{(X-\mu_1)E[(Y-\mu_2)|X]\}=E\left\{(X-\mu_1)\left[\rho\frac{\sigma_2}{\sigma_1}(X-\mu_1)\right]\right\}$$

$$=\rho\frac{\sigma_2}{\sigma_1}E\{(X-\mu_1)^2\}=\rho\sigma_1\sigma_2. \qquad \therefore\quad Corr(X,\,Y)=\rho.$$

すなわち，2 次元正規密度関数の定義式における ρ は X,Y の相関係数になることがわかった．2 次元正規分布において相関係数が $\rho=0$ のとき，同時密度関数が周辺密度関数の積 $f(x,y)=f_1(x)f_2(y)$ になるから，確率変数 X,Y は独立になる．ゆえに，正規分布においては定理 4.1 (3) の逆が成り立つことを示している：すなわち，正規分布においては，

$$\text{相関係数 }\rho=0 \iff X,\,Y\text{ は独立}.$$

（3） 積率母関数は

$$M(s,\,t)=E\{\exp(sX+tY)\}=E\{\exp(sX)E[\exp(tY)|X]\}$$

$$=E\left\{\exp(sX)\exp\left[t\left(\mu_2+\rho\frac{\sigma_2}{\sigma_1}(X-\mu_1)\right)+\frac{1}{2}t^2(1-\rho^2)\sigma_2^2\right]\right\}$$

$$=\exp\left\{s\mu_1+t\mu_2+\frac{1}{2}t^2(1-\rho^2)\sigma_2^2\right\}E\left[\exp\left\{\left(s+t\rho\frac{\sigma_2}{\sigma_1}\right)(X-\mu_1)\right\}\right]$$

$$=\exp\left\{s\mu_1+t\mu_2+\frac{1}{2}t^2(1-\rho^2)\sigma_2^2\right\}\exp\left\{\frac{1}{2}\left(s+t\rho\frac{\sigma_2}{\sigma_1}\right)^2\sigma_1^2\right\}$$

$$=\exp\left\{s\mu_1+t\mu_2+\frac{1}{2}s^2\sigma_1^2+st\rho\sigma_1\sigma_2+\frac{1}{2}t^2\sigma_2^2\right\}.$$

4.4　独立な確率変数の和の分布

表板と裏板は独立に製造され，それぞれの製造工程は管理状態にある２枚の板を張り合わせてできる合板（ベニヤ板）の厚さを計りその分布を求めよう．すなわち，厚さ X の表板と厚さ Y の裏板を張り合わせてできる合板の厚さ $Z = X + Y$ の分布を考えよう．

定理 4.3　確率変数 X, Y は独立でそれぞれ分布関数 $F(x), G(y)$ をもつとき，和 $Z = X + Y$ の分布関数を $H(z)$ とすれば

$$H(z) = \int_{-\infty}^{\infty} F(z-y)\,dG(y) = \int_{-\infty}^{\infty} G(z-x)\,dF(x)$$

が成り立つ．これを $H = F * G$ とかき，F と G の**たたみこみ** (convolution) という．特に，分布関数 F, G が密度 f, g をもつとき，H も密度

$$h(z) = \int_{-\infty}^{\infty} f(z-y)g(y)\,dy = \int_{-\infty}^{\infty} g(z-x)f(x)\,dx$$

をもつ．これを $h = f * g$ とかき，f と g のたたみこみという．X, Y の特性関数を ϕ, ψ とするとき，和 $Z = X + Y$ の特性関数 $\eta(t)$ はそれぞれの特性関数の積になる：　$\eta(t) = \phi(t)\psi(t)$.

証明　実際，(X, Y) の同時分布関数は $F(x)G(y)$ であるから

$$\begin{aligned} H(z) &= P(X + Y \leq z) = \iint_{\{x+y \leq z\}} dF(x)dG(y) \\ &= \int_{-\infty}^{\infty} \left\{ \int_{-\infty}^{z-y} dF(x) \right\} dG(y) = \int_{-\infty}^{\infty} F(z-y)\,dG(y). \end{aligned}$$

同様に y について先に積分をすれば，$H(z) = \int_{-\infty}^{\infty} G(z-x)\,dF(x)$ が得られる．さらに，X, Y の特性関数を ϕ, ψ とするとき和 Z の特性関数 $\eta(t)$ は，独立な関数の直積の期待値がそれぞれの期待値の積になることから，

$$\begin{aligned} \eta(t) &= E\{e^{it(X+Y)}\} = E\{\exp(itX)\exp(itY)\} \\ &= E\{\exp(itX)\}E\{\exp(itY)\} = \phi(t)\psi(t) \qquad (i^2 = -1). \end{aligned}$$

積率母関数や確率母関数についても全く同様なことが成り立つ．　□

分布の集合を**分布族** (family of distributions) という．普通，二項分布族

とか正規分布族というように，確率関数や密度関数の関数型は共通で，母数によって特徴付けられた分布の集合を分布族として考える：

$$\mathcal{F} = \{f(x|\theta) : \theta \in \Theta\}.$$

X, Y が独立でそれらの分布 F, G が $\mathcal{F}$ に属するとき，和 $Z = X + Y$ の分布 H もまた $\mathcal{F}$ に属するならば，$\mathcal{F}$ は**再生性**をもつという：

$$F, G \in \mathcal{F} \implies H = F * G \in \mathcal{F}.$$

再生性をもつ分布族では，確率変数の和の分布を求めるためには，分布型がわかっているから母数さえ求めればよいので非常に楽である．次の定理は，二項分布，ポアソン分布，正規分布，ガンマ分布が再生性をもつことを，一見してわかるように，分布の記号を用いて表したものである．

定理 4.4　次の分布族は再生性をもつ．

（1）　二項分布： $B_N(m, p) + B_N(n, p) = B_N(m + n, p)$.

（2）　ポアソン分布： $Po(\lambda_1) + Po(\lambda_2) = Po(\lambda_1 + \lambda_2)$.

（3）　正規分布： $N(\mu_1, \sigma_1^2) + N(\mu_2, \sigma_2^2) = N(\mu_1 + \mu_2, \sigma_1^2 + \sigma_2^2)$.

（4）　ガンマ分布： $G_A(\alpha_1, \beta) + G_A(\alpha_2, \beta) = G_A(\alpha_1 + \alpha_2, \beta)$.

証明　**2.4** で述べた分布関数と積率母関数の 1 対 1 対応を使う．

（1）　命題は既に述べたように，独立な確率変数 X, Y とその和 $Z = X + Y$ についての分布を考えるとき，

$$X \sim B_N(m, p),\ Y \sim B_N(n, p) \implies Z \sim B_N(m + n, p)$$

を意味する．X, Y の積率母関数は，[D3] の二項分布で述べたように

$$M_X(t) = (e^t p + 1 - p)^m, \qquad M_Y(t) = (e^t p + 1 - p)^n$$

であるから，Z の積率母関数は上で述べたように

$$M_Z(t) = M_X(t) M_Y(t) = (e^t p + 1 - p)^{m+n}$$

となる．これは二項分布 $B_N(m + n, p)$ の積率母関数であるから，分布関数と積率母関数の 1 対 1 対応によって，Z が二項分布 $B_N(m + n, p)$ に従うことを意味する．ポアソン分布，正規分布，ガンマ分布についての再生性も，全く同様に積率母関数を用いて証明できる．　□

演習問題 4

4.1 2つの確率変数 X, Y はそれぞれ密度関数 $f(x), g(x)$ をもつ分布に従い，平均 $E(X)=\mu,\ E(Y)=\nu$，分散 $V(X)=\sigma^2,\ V(Y)=\tau^2$ をもつとする．さらに，ε はベルヌーイ分布 $Ber(p)$ に従う確率変数であり，X, Y と独立であるとする．そのとき，確率変数 $Z=\varepsilon X+(1-\varepsilon)Y$ はどのような分布に従うか．その密度関数を求めよ．また，平均と分散を求めよ．

4.2 確率変数 X, Y は独立でポアソン分布 $Po(\lambda), Po(\mu)$ に従うとする．

（1） 和 $X+Y$ はどのような分布に従うか．

（2） 正整数 n に対して，$X+Y=n$ が与えられた条件の下で $X=r$ $(r=0,1,\cdots,n)$ である確率 $P(X=r\,|\,X+Y=n)$ を求めよ．

（3） $X+Y=n$ が与えられた条件の下での X の条件付き分布はどのような分布か．そのときの条件付き平均，条件付き分散を求めよ．

4.3 (X, Y) が三項分布 $T_N(n\,;\,p,q)$ に従うとき，

$$\mathcal{X}^2=\frac{(X-np)^2}{np}+\frac{(Y-nq)^2}{nq}+\frac{(Z-nr)^2}{nr}$$

なる統計量をカイ自乗統計量 (178ページ参照) という．その平均，分散を求めよ．ただし，$Z=n-X-Y,\ r=1-p-q$ である．

4.4 確率変数 X, Y は独立で，一様分布 $U(0,1)$ に従うとき，次の確率を求めよ．

（1） $P(|X-Y|\le 0.5)$　　（2） $P\left(\left|\dfrac{X}{Y}-1\right|\le 0.5\right)$

（3） $P(Y\ge X\,|\,Y\ge 0.5)$

4.5 確率変数 X, Y の同時密度関数が

$$f(x,y)=cx^3\exp\{-x(1+y)\},\qquad 0<x,y<\infty$$

であるとき，次の問に答えよ．

（1） 定数 c の値を求めよ．

（2） X, Y の周辺密度関数 $f_1(x), f_2(y)$ を求めよ．

（3） X, Y の平均，分散はいくらか．X と Y の相関係数はいくらか．

4.6　確率変数 X, Y の同時密度関数は

$$f(x, y) = \frac{1}{\alpha\beta}\exp\left\{-\frac{x}{\alpha} - \frac{y-x}{\beta}\right\}, \qquad 0 < x \leq y < \infty$$

であるとする．ここで α, β は，$\alpha, \beta > 0$，$\alpha \neq \beta$ なる定数である．

（1）　X, Y の周辺密度関数 $f_1(x), f_2(y)$ を求めよ．

（2）　$X = x$ を与えたときの Y の条件付き密度関数 $f_2(y|x)$ を求めよ．

（3）　X, Y の平均，分散はいくらか．X と Y の相関係数はいくらか．

4.7　X と Y は独立な確率変数であって，それぞれ母数が p, q $(0 < p, q < 1)$ の幾何分布 $G(p), G(q)$ に従うとする．このとき，$Z = \min(X, Y)$ はどんな分布に従うか．また，平均 $E(Z)$ と分散 $V(Z)$ を求めよ．

4.8　区間 $[0, 1]$ からランダムに 1 点をとりその点の座標を X とする．次に，区間 $[X, 1]$ からランダムに 1 点をとりその点の座標を Y とする．このとき，(X, Y) の同時分布を求めよ．それぞれの平均と分散，また，X, Y の相関係数を求めよ．

4.9　区間 $[0, 1]$ からランダムに 1 点 P をとりその点の座標を X とする．次に，区間 $[0, X]$ と区間 $[X, 1]$ からそれぞれにランダムに 1 点ずつ Q, R をとりそれらの点の座標をそれぞれ Y, Z とする．そのとき，線分 QR の長さ $L = Z - Y$ の平均，分散を求めよ．

4.10　確率変数 X, Y が独立であるとき，次の確率を求めよ．

（1）　X, Y が同じ幾何分布に従うとき，$P(Y > X)$．

（2）　X, Y が同じ指数分布に従うとき，$P(Y > X)$．

4.11　確率変数 X, Y は同じ平均をもち，それらの分散と相関係数は

$$V(X) = \sigma_1^2, \qquad V(Y) = \sigma_2^2, \qquad Corr(X, Y) = \rho$$

とする．比率 $w, 1 - w$ $(0 \leq w \leq 1)$ で X, Y を案分して得られる確率変数 $Z = wX + (1 - w)Y$ の分散と，分散を最小にする比率 w を求めよ．

4.12　3 個の確率変数 X, Y, Z は互いに独立で，それぞれ正規分布 $N(0, \sigma^2)$ に従っているとする．確率変数 T, U を次式で定義する：

$$T = aX + bZ, \qquad U = cY + dZ.$$

ここで，a, b, c, d は定数である．そのとき，

（1） T, U の平均，分散，共分散を求めよ．

（2） (T, U) の同時分布を求めよ．

4.13 正規分布が再生性をもつことを，密度関数のたたみこみによって証明せよ．

4.14 ある合板は量産され，5層の板から成っている．それぞれの板層は外側の2層の厚さが平均 0.5 cm，標準偏差 0.05 cm の正規分布に従い，内側の3層の厚さが 0.3 cm，標準偏差 0.04 cm の正規分布に従うとする．このとき，各層の板をランダムにとって作った合板の厚さの分布を求めよ．

4.15 確率変数 X, Y が独立で正規分布 $N(\mu, \sigma^2)$ に従うとき，$T = \dfrac{X+Y}{2}$，$U = \dfrac{X-Y}{2}$ の分布を求めよ．T, U は独立であることを示せ．

4.16 確率変数 ϑ の分布はベータ分布 $B_E(\alpha, \beta)$ に従い，その密度関数を $\pi(\theta)$ とする．$\vartheta = \theta$ を与えたときの X の条件付き分布は二項分布 $B_N(n, \theta)$ に従い，その確率関数を $f(x|\theta)$ とする．このとき，(X, ϑ) の同時密度は

$$f(x, \theta) = f(x|\theta)\pi(\theta) = \binom{n}{x}\theta^x(1-\theta)^{n-x}\frac{1}{B(\alpha, \beta)}\theta^{\alpha-1}(1-\theta)^{\beta-1}$$

で与えられる．次の問に答えよ．

（1） X の周辺分布を**ベータ二項分布**という．その確率関数 $f_1(x)$ を求めよ．

（2） $X = x$ を与えたときの ϑ の条件付き密度 $\pi(\theta|x)$ を求めよ．

§ 5.　多変量確率ベクトルの分布

5.1　n 次元確率ベクトルの同時分布

日本の測候所の毎日の雨量を考えると 365 日の観測に対する雨量の 365 個の確率変数があり，百貨店の毎月の売上高を考えると 12 個の確率変数があるので，2 次元以上の多変量確率ベクトルを考える必要がある．しかし，2 次元確率ベクトルに対して述べたことは，一般の n 次元確率ベクトルに対してもそのまま拡張して述べることができる．

n 個の確率変数 $X_1, \cdots, X_n$ を組にして考えた n 次元の確率ベクトル $\boldsymbol{X} = (X_1, \cdots, X_n)$ の**同時分布**は，任意の $B_1, \cdots, B_n \in \mathcal{B}^1$ に対して

$$\begin{aligned} P^X(B_1 \times \cdots \times B_n) &= P(\{\omega : X_1(\omega) \in B_1, \cdots, X_n(\omega) \in B_n\}) \\ &= P(X_1 \in B_1, \cdots, X_n \in B_n) \qquad (\text{と略記する}) \end{aligned}$$

で定義され，n 次元ユークリッド空間に誘導された測度である：

$$\boldsymbol{X} = (X_1, \cdots, X_n) : (\Omega, \mathcal{A}, P) \to (\boldsymbol{R}^n, \mathcal{B}^n, P^X).$$

各成分 X_i の分布 P^{X_i} を周辺分布という．$\boldsymbol{X}$ の**同時分布関数**は

$$F(x_1, \cdots, x_n) = P(X_1 \leq x_1, \cdots, X_n \leq x_n)$$

で定義され，さらに，それが微分可能であるとき，

$$f(x_1, \cdots, x_n) = \frac{\partial^n}{\partial x_1 \cdots \partial x_n} F(x_1, \cdots, x_n)$$

を $\boldsymbol{X}$ の**同時密度関数**という．同時密度関数は次のような性質をもつ：

(Dn1)　$f(x_1, \cdots, x_n) \geq 0$.

(Dn2)　$\displaystyle\int_{-\infty}^{\infty} \cdots \int_{-\infty}^{\infty} f(x_1, \cdots, x_n)\, dx_1 \cdots dx_n = 1$.

(Dn3)　$\displaystyle F(x_1, \cdots, x_n) = \int_{-\infty}^{x_1} \cdots \int_{-\infty}^{x_n} f(y_1, \cdots, y_n)\, dy_1 \cdots dy_n$.

各成分だけに注目した分布関数

$$F_i(x_i) = F(\infty, \cdots, \infty, x_i, \infty, \cdots, \infty) = P(X_i \leq x_i)$$

を X_i の**周辺分布関数**という．その密度関数

$$f_i(x_i) = \frac{\partial F_i(x_i)}{\partial x_i} = \int_{-\infty}^{\infty} \cdots \int_{-\infty}^{\infty} f(x_1, \cdots, x_n)\, dx_1 \cdots dx_{i-1} dx_{i+1} \cdots dx_n$$

を**周辺密度関数**という．独立性や条件付き密度関数，条件付き期待値についても 2 次元確率変数の場合と同様である．

5.2　n 次元確率ベクトルの 1 次関数の平均と分散

次のような定数ベクトルで，n, m 次元横ベクトルを $\boldsymbol{a}, \boldsymbol{b}$ とする：

$$\boldsymbol{a} = (a_1, \cdots, a_n), \qquad \boldsymbol{b} = (b_1, \cdots, b_m).$$

また，次のような確率ベクトルで n, m 次元の縦ベクトル $\boldsymbol{X}, \boldsymbol{Y}$ を考える：

$$\boldsymbol{X} = \begin{pmatrix} X_1 \\ \vdots \\ X_n \end{pmatrix}, \quad \boldsymbol{Y} = \begin{pmatrix} Y_1 \\ \vdots \\ Y_m \end{pmatrix}.$$

$\boldsymbol{X}$ の**平均ベクトル** (mean vector) を

$$E(\boldsymbol{X}) = \begin{pmatrix} E(X_1) \\ \vdots \\ E(X_n) \end{pmatrix} = \begin{pmatrix} \mu_1 \\ \vdots \\ \mu_n \end{pmatrix} = \boldsymbol{\mu},$$

$\boldsymbol{X}$ の**共分散行列** (covariance matrix) を

$$V(\boldsymbol{X}) = \begin{pmatrix} Cov(X_1, X_1) & \cdots & Cov(X_1, X_n) \\ \vdots & \ddots & \vdots \\ Cov(X_n, X_1) & \cdots & Cov(X_n, X_n) \end{pmatrix} = \begin{pmatrix} \sigma_{11} & \cdots & \sigma_{1n} \\ \vdots & \ddots & \vdots \\ \sigma_{n1} & \cdots & \sigma_{nn} \end{pmatrix} = \boldsymbol{\Sigma}$$

で定義する．$\boldsymbol{\Sigma}$ は n 次対称行列である：

$$\sigma_{ij} = Cov(X_i, X_j) = Cov(X_j, X_i) = \sigma_{ji}.$$

$\boldsymbol{X}, \boldsymbol{Y}$ の**相互共分散行列** (cross-covariance matrix) を

$$Cov(\boldsymbol{X}, \boldsymbol{Y}) = \begin{pmatrix} Cov(X_1, Y_1) & \cdots & Cov(X_1, Y_m) \\ \vdots & & \vdots \\ Cov(X_n, Y_1) & \cdots & Cov(X_n, Y_m) \end{pmatrix} = \boldsymbol{\Sigma}_{xy} \quad (n \times m \text{ 行列})$$

で定義する．$\boldsymbol{X}$ の共分散行列は $V(\boldsymbol{X}) = Cov(\boldsymbol{X}, \boldsymbol{X})$ として表現することができるから，特に $\boldsymbol{X}$ の**自己共分散行列** (auto-covariance matrix) ということもある．

定理 5.1　$\boldsymbol{X}$ と $\boldsymbol{Y}$ との 1 次結合：

$$\boldsymbol{aX} = a_1 X_1 + \cdots + a_n X_n, \qquad \boldsymbol{bY} = b_1 Y_1 + \cdots + b_m Y_m$$

($\boldsymbol{aX}$ などはベクトルの内積を表す) を新しい 2 つの確率変数と考えれば，§4 で 2 次元確率ベクトルに対して述べたと全く同様な性質が成り立つ：

$$E(\boldsymbol{aX}) = \boldsymbol{a}\,E(\boldsymbol{X}) = \boldsymbol{a\mu},$$

$$V(\boldsymbol{aX}) = \boldsymbol{a}\,V(\boldsymbol{X})\,{}^t\boldsymbol{a} = \boldsymbol{a}\,\boldsymbol{\Sigma}\,{}^t\boldsymbol{a},$$

$$Cov(\boldsymbol{aX},\,\boldsymbol{bY}) = \boldsymbol{a}\,Cov(\boldsymbol{X},\,\boldsymbol{Y})\,{}^t\boldsymbol{b} = \boldsymbol{a}\,\boldsymbol{\Sigma}_{xy}\,{}^t\boldsymbol{b}.$$

ただし，“^{t}” はベクトル・行列の転置を表す．

この証明は 2 次元確率変数の場合と全く同様であるので省略する．特に，$X_1, \cdots, X_n$ が独立のとき，$Cov(X_i, X_j) = 0,\ i \neq j$ であるから，

$$V(\boldsymbol{aX}) = a_1^2\,V(X_1) + a_2^2\,V(X_2) + \cdots + a_n^2\,V(X_n).$$

定理 5.2　$p \times n$ 定数行列 $\boldsymbol{A}$ と $q \times m$ 定数行列 $\boldsymbol{B}$：

$$\boldsymbol{A} = \begin{pmatrix} a_{11} & \cdots & a_{1n} \\ \vdots & & \vdots \\ a_{p1} & \cdots & a_{pn} \end{pmatrix}, \qquad \boldsymbol{B} = \begin{pmatrix} b_{11} & \cdots & b_{1m} \\ \vdots & & \vdots \\ b_{q1} & \cdots & b_{qm} \end{pmatrix}$$

による確率ベクトル $\boldsymbol{X}, \boldsymbol{Y}$ の 1 次変換から得られる p 次元確率ベクトルと q 次元確率ベクトル $\boldsymbol{AX}, \boldsymbol{BY}$ に対して，次のことが成り立つ：

$$E(\boldsymbol{AX}) = \boldsymbol{A}\,E(\boldsymbol{X}) = \boldsymbol{A\mu},$$

$$V(\boldsymbol{AX}) = \boldsymbol{A}\,V(\boldsymbol{X})\,{}^t\boldsymbol{A} = \boldsymbol{A}\,\boldsymbol{\Sigma}\,{}^t\boldsymbol{A},$$

$$Cov(\boldsymbol{AX}, \boldsymbol{BY}) = \boldsymbol{A}\,Cov(\boldsymbol{X},\,\boldsymbol{Y})\,{}^t\boldsymbol{B} = \boldsymbol{A}\,\boldsymbol{\Sigma}_{xy}\,{}^t\boldsymbol{B}.$$

証明　1 次変換を行ベクトルによる線形結合のベクトルとみなす：

$$\boldsymbol{AX} = \begin{pmatrix} \boldsymbol{a}_1\boldsymbol{X} \\ \vdots \\ \boldsymbol{a}_p\boldsymbol{X} \end{pmatrix}, \qquad \boldsymbol{BY} = \begin{pmatrix} \boldsymbol{b}_1\boldsymbol{Y} \\ \vdots \\ \boldsymbol{b}_q\boldsymbol{Y} \end{pmatrix}.$$

そのとき，それぞれの i, j 成分 $\boldsymbol{a}_i\boldsymbol{X}, \boldsymbol{b}_j\boldsymbol{Y}$ についての平均，分散，共分散を考えると，定理 5.1 により，この定理の結論が得られる．　□

定理 5.3　n 次定数行列 $\boldsymbol{C}$ と $n\times m$ 定数行列 $\boldsymbol{D}$：

$$\boldsymbol{C}=\begin{pmatrix} c_{11} & \cdots & c_{1n} \\ \vdots & \ddots & \vdots \\ c_{n1} & \cdots & c_{nn} \end{pmatrix}, \qquad \boldsymbol{D}=\begin{pmatrix} d_{11} & \cdots & d_{1m} \\ \vdots & & \vdots \\ d_{n1} & \cdots & d_{nm} \end{pmatrix}$$

に対して，2 次形式

$${}^t\boldsymbol{XCX}=\sum_{i=1}^{n}\sum_{j=1}^{n}c_{ij}X_iX_j, \qquad {}^t\boldsymbol{XDY}=\sum_{i=1}^{n}\sum_{j=1}^{m}d_{ij}X_iY_j$$

を新しい確率変数と考えれば，それらの平均は次のようになる：

$$\begin{aligned} E\{{}^t\boldsymbol{XCX}\} &= {}^tE(\boldsymbol{X})\,\boldsymbol{C}\,E(\boldsymbol{X})+\mathrm{trace}[\boldsymbol{C}\;V(\boldsymbol{X})] \\ &= {}^t\boldsymbol{\mu C\mu}+\mathrm{trace}[\boldsymbol{C\Sigma}], \\ E\{{}^t\boldsymbol{XDY}\} &= {}^tE(\boldsymbol{X})\,\boldsymbol{D}\,E(\boldsymbol{Y})+\mathrm{trace}[\boldsymbol{D}\;Cov(\boldsymbol{X},\boldsymbol{Y})] \\ &= {}^t\boldsymbol{\mu D\nu}+\mathrm{trace}[\boldsymbol{D\Sigma}_{xy}]. \end{aligned}$$

ここで，$\boldsymbol{\nu}=E(\boldsymbol{Y})$ である．

証明　共分散公式より

$$\begin{aligned} E\{{}^t\boldsymbol{XCX}\} &= \sum_{i=1}^{n}\sum_{j=1}^{n}c_{ij}E(X_iX_j) \\ &= \sum_{i=1}^{n}\sum_{j=1}^{n}c_{ij}\{Cov(X_i,X_j)+E(X_i)E(X_j)\} \\ &= \sum_{i=1}^{n}\sum_{j=1}^{n}c_{ij}\mu_i\mu_j+\sum_{i=1}^{n}\sum_{j=1}^{n}c_{ij}\sigma_{ij} \\ &= {}^t\boldsymbol{\mu C\mu}+\mathrm{trace}[\boldsymbol{C\Sigma}]. \end{aligned}$$

$E\{{}^t\boldsymbol{XDY}\}$ についても同様である．　□

独立な同一分布に従う確率変数 $X_1,\cdots,X_n$ のことを**無作為標本** (random sample) という．その**標本平均**と**標本分散**は

$$\bar{X}=\frac{1}{n}\sum_{i=1}^{n}X_i, \qquad S^2=\frac{1}{n}\sum_{i=1}^{n}(X_i-\bar{X})^2$$

で定義される．標本平均に対して，これまでの分布関数による平均のことを，特に，**母平均**または**数学的平均**とよぶことがある．$\bar{X}, S^2$ のような標本の関数 $h(X_1,\cdots,X_n)$ のことを，一般に**統計量** (statistic) という．

定理 5.4　平均 μ，分散 σ^2 をもつ分布からの無作為標本 $X_1, \cdots, X_n$ の標本平均 $\bar{X}$ の数学的平均・分散と，標本分散の数学的平均は次のようになる：

$$E(\bar{X}) = \mu, \quad V(\bar{X}) = \frac{\sigma^2}{n}, \quad E(S^2) = \frac{n-1}{n}\sigma^2.$$

証明　標本平均について $E(\bar{X}) = \mu$ は明らか．その分散は

$$V(\bar{X}) = \frac{1}{n^2}\sum_{i=1}^{n} V(X_i) = \frac{1}{n^2} n\sigma^2 = \frac{\sigma^2}{n}.$$

標本分散の平均は，

$$\frac{1}{n}\sum_{i=1}^{n}(X_i - \mu)^2 = \frac{1}{n}\sum_{i=1}^{n}(X_i - \bar{X})^2 + (\bar{X} - \mu)^2 = S^2 + (\bar{X} - \mu)^2$$

の辺々の平均をとれば，

$$\sigma^2 = E\left\{\frac{1}{n}\sum_{i=1}^{n}(X_i - \mu)^2\right\} = E(S^2) + V(\bar{X}) = E(S^2) + \frac{\sigma^2}{n}.$$

$$\therefore \quad E(S^2) = \sigma^2 - \frac{\sigma^2}{n} = \frac{n-1}{n}\sigma^2.$$

□

例題 5.1　[D3] 二項分布 (29 ページ) において，成功の確率が p，失敗の確率が $1-p$ であるベルヌーイ試行を独立に n 回行う $(\varepsilon_1, \cdots, \varepsilon_n)$ とき，成功の回数 $X = \varepsilon_1 + \cdots + \varepsilon_n$ は二項分布 $B_N(n, p)$ に従うことを示した．ベルヌーイ試行の平均と分散は $E(\varepsilon) = p$, $V(\varepsilon) = p(1-p)$ であるから，X の平均と分散は $E(X) = np$, $V(X) = np(1-p)$ であることが直ちにわかる．◇

5.3　多変量分布の代表的モデル

2 次元以上の確率ベクトルの同時分布を**多変量分布** (multivariate distribution) ということがある．

[MD1]　多項分布 $\boldsymbol{M}_N(\boldsymbol{n}\,;\boldsymbol{p}_1, \cdots, \boldsymbol{p}_k)$

母集団 Ω が k 個の互いに素な事象 $A_1, \cdots, A_k$ に直和分割され，各事象の確率は $P(A_i) = p_i$ とする．いま，母集団 Ω から n 個の標本を無作為復元抽出によって取り出すとき，事象 A_i に属する標本の個数が N_i とする：

$$\Omega = A_1 + \cdots + A_k, \quad 1 = p_1 + \cdots + p_k, \quad n = N_1 + \cdots + N_k.$$

そのとき，$\boldsymbol{N} = (N_1, \cdots, N_k)$ の同時分布の確率関数は

$$f(\boldsymbol{n}|\boldsymbol{p}) = \binom{n}{n_1 \cdots n_k} p_1^{n_1} \cdots p_k^{n_k}, \quad \text{ただし} \binom{n}{n_1 \cdots n_k} = \frac{n!}{n_1! \cdots n_k!},$$

$$\Delta = \{\boldsymbol{n} = (n_1, \cdots, n_k) : \text{整数 } n_i \geq 0, \ \sum_{i=1}^{k} n_i = n\} \quad \text{定義域},$$

$$\Theta = \{\boldsymbol{p} = (p_1, \cdots, p_k) : p_i \geq 0, \ \sum_{i=1}^{k} p_i = 1\} \quad \text{母数空間}$$

であり，このような分布を k 次の**多項分布** (multinomial distribution) または単に **k 項分布**といい，記号 $M_N(n\,; p_1, \cdots, p_k)$ で表す．これが確率関数の条件を満たすことは，多項定理：

$$\sum{}^* f(\boldsymbol{n}|\boldsymbol{p}) = \sum{}^* \binom{n}{n_1 \cdots n_k} p_1^{n_1} \cdots p_k^{n_k} = (p_1 + \cdots + p_k)^n = 1$$

を使えば容易に示される．ここで和 $\sum^*$ は領域 Δ 上での和を表す．各成分 N_i の平均と分散は，事象 A_i とその他の事象と思えば二項分布に帰着する：

$$E(N_i) = np_i, \qquad V(N_i) = np_i(1 - p_i).$$

$N_i, N_j \ (i \neq j)$ にだけ着目するときは，事象 $A_i, A_j, \Omega - A_i - A_j$ に属する標本の個数がそれぞれ $N_i, N_j, n - N_i - N_j$ である三項分布 $T_N(n\,; p_i, p_j)$ と考えれば，それらの共分散と相関係数は

$$Cov(N_i, N_j) = -n\,p_i p_j, \qquad Corr(N_i, N_j) = -\sqrt{\frac{p_i}{1 - p_i} \cdot \frac{p_j}{1 - p_j}}$$

で与えられる．

[MC1]　多変量正規分布 $N_n(\boldsymbol{\mu}, \boldsymbol{\Sigma})$

確率ベクトル $\boldsymbol{X} = {}^t(X_1, \cdots, X_n)$ が同時密度関数

$$f(\boldsymbol{x}) = \frac{1}{(2\pi)^{\frac{n}{2}} |\boldsymbol{\Sigma}|^{\frac{1}{2}}} \exp\left\{-\frac{1}{2}\,{}^t(\boldsymbol{x} - \boldsymbol{\mu})\,\boldsymbol{\Sigma}^{-1}(\boldsymbol{x} - \boldsymbol{\mu})\right\}$$

をもつとき，**n 次元正規分布**または **n 次元ガウス分布**に従うといい，その分布を記号 $N_n(\boldsymbol{\mu}, \boldsymbol{\Sigma})$ で表す．ここで，母数 $\boldsymbol{\mu}, \boldsymbol{\Sigma}$ は後で示すように $\boldsymbol{X}$ の平均ベクトルと共分散行列である．また，$|\boldsymbol{\Sigma}|$ は行列 $\boldsymbol{\Sigma}$ の行列式を表す．多

次元正規分布のことを**多変量正規分布** (multivariate normal distribution) ということもある．特に，$n=1$ のとき，§**3** [C2] で述べた 1 次元正規分布であり，$n=2$ のとき，§**4** [MC1′] で述べた 2 次元正規分布である．

（1） 確率ベクトル $\boldsymbol{Z}={}^t(Z_1,\cdots,Z_n)$ は n 次元正規分布 $N_n(\boldsymbol{0},\boldsymbol{I})$ に従うとする．ここで，$\boldsymbol{0}$ は n 次ゼロベクトル，$\boldsymbol{I}$ は n 次単位行列である：

$$\boldsymbol{0}=\begin{pmatrix}0\\ \vdots\\ 0\end{pmatrix},\qquad \boldsymbol{I}=\begin{pmatrix}1 & & 0\\ & \ddots & \\ 0 & & 1\end{pmatrix}.$$

そのとき，同時密度関数は，$\boldsymbol{z}={}^t(z_1,\cdots,z_n)$ として，

$$\varphi_n(\boldsymbol{z})=\frac{1}{(2\pi)^{\frac{n}{2}}}\exp\left(-\frac{1}{2}{}^t\boldsymbol{z}\boldsymbol{z}\right)=\prod_{i=1}^{n}\frac{1}{\sqrt{2\pi}}\exp\left(-\frac{z_i^2}{2}\right)=\prod_{i=1}^{n}\varphi(z_i)$$

となり，標準正規分布の密度関数の積で表される．ゆえに，$\boldsymbol{Z}={}^t(Z_1,\cdots,Z_n)$ は独立な n 個の標準正規確率変数を成分にもつ確率ベクトルであることがわかる．この分布を ***n* 次標準正規分布**といい，その平均ベクトルと共分散行列は $E(\boldsymbol{Z})=\boldsymbol{0}$, $V(\boldsymbol{Z})=\boldsymbol{I}$ である．

正定値対称行列 $\boldsymbol{\Sigma}$ に対して直交行列 $\boldsymbol{\Gamma}$ が存在して対角化可能である：

$${}^t\boldsymbol{\Gamma}\boldsymbol{\Gamma}=\boldsymbol{\Gamma}{}^t\boldsymbol{\Gamma}=\boldsymbol{I},\qquad {}^t\boldsymbol{\Gamma}\boldsymbol{\Sigma}\boldsymbol{\Gamma}=\boldsymbol{\Lambda}=\mathrm{diag}\{\lambda_1,\cdots,\lambda_n\}.$$

z-変換を多次元の場合にも拡張するために，

$$\boldsymbol{\Lambda}^{\frac{1}{2}}=\mathrm{diag}\{\lambda_1^{\frac{1}{2}},\cdots,\lambda_n^{\frac{1}{2}}\},\quad \boldsymbol{\Lambda}^{-\frac{1}{2}}=(\boldsymbol{\Lambda}^{\frac{1}{2}})^{-1},\quad \boldsymbol{\Sigma}^{\frac{1}{2}}=\boldsymbol{\Gamma}\boldsymbol{\Lambda}^{\frac{1}{2}},\quad \boldsymbol{\Sigma}^{-\frac{1}{2}}=\boldsymbol{\Lambda}^{-\frac{1}{2}}{}^t\boldsymbol{\Gamma}$$

とおき，多変量の $\boldsymbol{z}$-変換を

$$\boldsymbol{z}=\boldsymbol{\Sigma}^{-\frac{1}{2}}(\boldsymbol{x}-\boldsymbol{\mu})\quad すなわち，\ \boldsymbol{x}=\boldsymbol{\mu}+\boldsymbol{\Sigma}^{\frac{1}{2}}\boldsymbol{z}$$

で定義する．そのとき，ヤコビアンは $\dfrac{\partial\boldsymbol{x}}{\partial\boldsymbol{z}}=|\boldsymbol{\Sigma}|^{\frac{1}{2}}$ であるから，変数変換後の密度関数は n 次元標準正規分布 $N_n(\boldsymbol{0},\boldsymbol{I})$ の密度関数 $\varphi_n(\boldsymbol{z})$ に等しくなる．これより，$f(\boldsymbol{x})$ は同時密度関数の性質を満たすこともわかる．

（2） 確率ベクトル $\boldsymbol{X}$ の $\boldsymbol{z}$-変換：

$$\boldsymbol{Z}=\boldsymbol{\Sigma}^{-\frac{1}{2}}(\boldsymbol{X}-\boldsymbol{\mu})\quad すなわち，\ \boldsymbol{X}=\boldsymbol{\mu}+\boldsymbol{\Sigma}^{\frac{1}{2}}\boldsymbol{Z}$$

によって，その平均ベクトルと共分散行列は

$$E(\boldsymbol{X}) = E(\boldsymbol{\mu} + \boldsymbol{\Sigma}^{\frac{1}{2}}\boldsymbol{Z}) = \boldsymbol{\mu} + \boldsymbol{\Sigma}^{\frac{1}{2}} E(\boldsymbol{Z}) = \boldsymbol{\mu},$$

$$V(\boldsymbol{X}) = V(\boldsymbol{\Sigma}^{\frac{1}{2}}\boldsymbol{Z}) = \boldsymbol{\Sigma}^{\frac{1}{2}} V(\boldsymbol{Z})\,{}^t(\boldsymbol{\Sigma}^{\frac{1}{2}}) = \boldsymbol{\Sigma}^{\frac{1}{2}}\,{}^t(\boldsymbol{\Sigma}^{\frac{1}{2}}) = \boldsymbol{\Sigma}$$

となり，多変量正規分布は平均ベクトル $\boldsymbol{\mu}$ と共分散行列 $\boldsymbol{\Sigma}$ によって決定される．さらに，確率ベクトル $\boldsymbol{X}$ の積率母関数は $\boldsymbol{t} = (t_1, \cdots, t_n)$ に対して

$$M_n(\boldsymbol{t}) = E\{\exp(\boldsymbol{t}\boldsymbol{X})\} = E\{\exp(t_1 X_1 + \cdots + t_n X_n)\}$$

で定義される．

n 次元正規分布の積率母関数 $M_n(\boldsymbol{t})$ は $\boldsymbol{z}$-変換を行えば，

$$M_n(\boldsymbol{t}) = E\{\exp(\boldsymbol{t}\boldsymbol{\mu} + \boldsymbol{t}\,\boldsymbol{\Sigma}^{\frac{1}{2}}\boldsymbol{Z})\} = \exp(\boldsymbol{t}\boldsymbol{\mu})\,E\{\exp(\boldsymbol{t}\,\boldsymbol{\Sigma}^{\frac{1}{2}}\boldsymbol{Z})\}.$$

ここで，$\boldsymbol{u} = (u_1, \cdots, u_n) = \boldsymbol{t}\,\boldsymbol{\Sigma}^{\frac{1}{2}}$ とおけば，$\boldsymbol{Z}$ は n 次元標準正規確率ベクトルであるから，

$$\begin{aligned}
E\{\exp(\boldsymbol{t}\,\boldsymbol{\Sigma}^{\frac{1}{2}}\boldsymbol{Z})\} &= E\{\exp(u_1 Z_1 + \cdots + u_n Z_n)\} \\
&= E\{\exp(u_1 Z_1)\} \cdots E\{\exp(u_n Z_n)\} = \exp\left(\frac{1}{2}u_1^2\right) \cdots \exp\left(\frac{1}{2}u_n^2\right) \\
&= \exp\left\{\frac{1}{2}(u_1^2 + \cdots + u_n^2)\right\} = \exp\left(\frac{1}{2}\boldsymbol{u}\,{}^t\boldsymbol{u}\right) = \exp\left(\frac{1}{2}\boldsymbol{t}\,\boldsymbol{\Sigma}\,{}^t\boldsymbol{t}\right).
\end{aligned}$$

ゆえに，多変量正規分布 $N_n(\boldsymbol{\mu}, \boldsymbol{\Sigma})$ の積率母関数は

$$M_n(\boldsymbol{t}) = \exp\left(\boldsymbol{t}\boldsymbol{\mu} + \frac{\boldsymbol{t}\,\boldsymbol{\Sigma}\,{}^t\boldsymbol{t}}{2}\right).$$

特に，$n = 2$ のとき，§**4** [MC1′] で求めた 2 次元正規分布の積率母関数に等しいことを確かめることができる．この積率母関数の性質から正規分布に関する非常に重要な性質が導かれる．

定理 5.5 確率ベクトル $\boldsymbol{X}$ が多変量正規分布 $N_n(\boldsymbol{\mu}, \boldsymbol{\Sigma})$ に従うということと，任意の定数ベクトル $\boldsymbol{t}$ に対して 1 次結合 $\boldsymbol{t}\boldsymbol{X}$ が正規分布 $N(\boldsymbol{t}\boldsymbol{\mu}, \boldsymbol{t}\,\boldsymbol{\Sigma}\,{}^t\boldsymbol{t})$ に従うということは同値である：

$$\boldsymbol{X} \sim N_n(\boldsymbol{\mu}, \boldsymbol{\Sigma}) \iff \boldsymbol{t}\boldsymbol{X} \sim N(\boldsymbol{t}\boldsymbol{\mu}, \boldsymbol{t}\,\boldsymbol{\Sigma}\,{}^t\boldsymbol{t}) \quad \text{for } \forall\,\boldsymbol{t}.$$

証明 どちらの場合も，任意の定数 $s \in \boldsymbol{R}^1$ に対して次の式が成り立つ：

$$E\{\exp(s\,\boldsymbol{tX})\} = \exp\left(s\,\boldsymbol{t\mu} + \frac{s^2\,\boldsymbol{t}\,\boldsymbol{\Sigma}\,{}^t\boldsymbol{t}}{2}\right).$$

これは $\boldsymbol{tX}$ の積率母関数が $N(\boldsymbol{t\mu},\,\boldsymbol{t}\,\boldsymbol{\Sigma}\,{}^t\boldsymbol{t})$ の積率母関数であることを意味しているので，分布関数と積率母関数の1対1対応から ⇒ が示される．

また，$s=1$ とすれば，これは $\boldsymbol{X}$ の積率母関数が $N_n(\boldsymbol{\mu},\,\boldsymbol{\Sigma})$ の積率母関数であることを意味しているので，⇐ が示される． □

定理 5.6 X が n 次元正規分布 $N_n(\boldsymbol{\mu},\,\boldsymbol{\Sigma})$ に従うとき，1次変換 $\boldsymbol{AX}$ は p 次元正規分布 $N_p(\boldsymbol{A\mu},\,\boldsymbol{A}\,\boldsymbol{\Sigma}\,{}^t\boldsymbol{A})$ に従う．

証明 任意の定数ベクトル $\boldsymbol{s}=(s_1,\cdots,s_p)$ による1次結合は，

$$\boldsymbol{sAX} = \boldsymbol{uX}, \qquad \text{ただし，}\ \boldsymbol{u} = \boldsymbol{sA}$$

によって，$\boldsymbol{u}$ による n 次元正規確率ベクトル $\boldsymbol{X}$ の1次結合となっているから，定理5.1により平均と分散が

$$E(\boldsymbol{sAX}) = E\{(\boldsymbol{sA})\boldsymbol{X}\} = (\boldsymbol{sA})\boldsymbol{\mu} = \boldsymbol{s}(\boldsymbol{A\mu}),$$
$$V(\boldsymbol{sAX}) = V\{(\boldsymbol{sA})\boldsymbol{X}\} = (\boldsymbol{sA})\boldsymbol{\Sigma}\,{}^t(\boldsymbol{sA}) = \boldsymbol{s}(\boldsymbol{A}\,\boldsymbol{\Sigma}\,{}^t\boldsymbol{A})^t\boldsymbol{s}$$

の正規分布に従う．ゆえに，定理5.5により，p 次元確率ベクトル $\boldsymbol{AX}$ は p 次元正規分布 $N_p(\boldsymbol{A\mu},\,\boldsymbol{A}\,\boldsymbol{\Sigma}\,{}^t\boldsymbol{A})$ に従うことがわかる． □

(3) n 次元正規確率ベクトル $\boldsymbol{X}$ を p,q 次元の2つの部分確率ベクトル $\boldsymbol{X}_p,\boldsymbol{X}_q$ に分割して考えてみよう：

$$\boldsymbol{X} = \begin{pmatrix} \boldsymbol{X}_p \\ \boldsymbol{X}_q \end{pmatrix}, \quad \boldsymbol{X}_p = \begin{pmatrix} X_1 \\ \vdots \\ X_p \end{pmatrix}, \quad \boldsymbol{X}_q = \begin{pmatrix} X_{p+1} \\ \vdots \\ X_{p+q} \end{pmatrix}, \quad p+q=n.$$

平均ベクトルと共分散行列の対応する分割は次のようになる：

$$\boldsymbol{\mu} = \begin{pmatrix} \boldsymbol{\mu}_p \\ \boldsymbol{\mu}_q \end{pmatrix} = \begin{pmatrix} E(\boldsymbol{X}_p) \\ E(\boldsymbol{X}_q) \end{pmatrix},$$
$$\boldsymbol{\Sigma} = \begin{pmatrix} \boldsymbol{\Sigma}_{pp} & \boldsymbol{\Sigma}_{pq} \\ \boldsymbol{\Sigma}_{qp} & \boldsymbol{\Sigma}_{qq} \end{pmatrix} = \begin{pmatrix} V(\boldsymbol{X}_p) & Cov(\boldsymbol{X}_p,\boldsymbol{X}_q) \\ Cov(\boldsymbol{X}_q,\boldsymbol{X}_p) & V(\boldsymbol{X}_q) \end{pmatrix}.$$

$\boldsymbol{X}_q$ の $\boldsymbol{X}_p$ への回帰 $\hat{\boldsymbol{X}}_q$ と残差 $\boldsymbol{X}_q - \hat{\boldsymbol{X}}_q$ は

$$\hat{\boldsymbol{X}}_q = \boldsymbol{\mu}_q + \boldsymbol{\Sigma}_{qp}\boldsymbol{\Sigma}_{pp}^{-1}(\boldsymbol{X}_p - \boldsymbol{\mu}_p),$$

$$\boldsymbol{X}_q - \hat{\boldsymbol{X}}_q = \boldsymbol{X}_q - \boldsymbol{\mu}_q - \boldsymbol{\Sigma}_{qp}\boldsymbol{\Sigma}_{pp}^{-1}(\boldsymbol{X}_p - \boldsymbol{\mu}_p)$$

であり，これらは独立であることが示される．ただし，$\boldsymbol{\Sigma}_{pp}^{-1}$ は $\boldsymbol{\Sigma}_{pp}$ の逆行列を表す．

同様に，$\boldsymbol{X}_p$ の $\boldsymbol{X}_q$ への回帰 $\hat{\boldsymbol{X}}_p$ と残差 $\boldsymbol{X}_p - \hat{\boldsymbol{X}}_p$ も考えることができる．

次に，$Cov(\boldsymbol{X}_p, \boldsymbol{X}_q) = \boldsymbol{\Sigma}_{pq} = {}^t\boldsymbol{\Sigma}_{qp} = \boldsymbol{O}$（ゼロ行列）ならば

$$|\boldsymbol{\Sigma}| = |\boldsymbol{\Sigma}_{pp}|\cdot|\boldsymbol{\Sigma}_{qq}|, \qquad \boldsymbol{\Sigma}^{-1} = \begin{pmatrix} \boldsymbol{\Sigma}_{pp}^{-1} & \boldsymbol{O} \\ \boldsymbol{O} & \boldsymbol{\Sigma}_{qq}^{-1} \end{pmatrix}$$

であるから，$(\boldsymbol{X}_p, \boldsymbol{X}_q)$ の同時密度関数は次のようになる：

$$f(\boldsymbol{x}) = \frac{1}{(2\pi)^{\frac{p}{2}}|\boldsymbol{\Sigma}_{pp}|^{\frac{1}{2}}}\exp\left\{-\frac{1}{2}\,{}^t(\boldsymbol{x}_p - \boldsymbol{\mu}_p)\boldsymbol{\Sigma}_{pp}^{-1}(\boldsymbol{x}_p - \boldsymbol{\mu}_p)\right\}$$

$$\times \frac{1}{(2\pi)^{\frac{q}{2}}|\boldsymbol{\Sigma}_{qq}|^{\frac{1}{2}}}\exp\left\{-\frac{1}{2}\,{}^t(\boldsymbol{x}_q - \boldsymbol{\mu}_q)\boldsymbol{\Sigma}_{qq}^{-1}(\boldsymbol{x}_q - \boldsymbol{\mu}_q)\right\}.$$

ゆえに，$\boldsymbol{X}_p, \boldsymbol{X}_q$ は独立でそれぞれ多変量正規分布 $N_p(\boldsymbol{\mu}_p, \boldsymbol{\Sigma}_{pp})$, $N_q(\boldsymbol{\mu}_q, \boldsymbol{\Sigma}_{qq})$ に従うことがわかる．逆はもちろん成り立つ．

多変量正規分布の同時密度関数には共分散行列の逆行列が含まれるので，共分散行列は正則である必要があるが，積率母関数には共分散行列が含まれるだけでその逆行列は含まれないので正則である必要はない．ゆえに，多変量正規分布の定義として積率母関数を意識して，次のより広い定義を採用する．

定義 5.1　任意の定数ベクトル $\boldsymbol{t} = (t_1, \cdots, t_n)$ に対して，1 次結合

$$\boldsymbol{tX} = t_1 X_1 + \cdots + t_n X_n$$

が正規分布 $N(\boldsymbol{t\mu}, \boldsymbol{t}\,\boldsymbol{\Sigma}\,{}^t\boldsymbol{t})$ に従うとき，確率ベクトル $\boldsymbol{X}$ は n 次元正規分布 $N_n(\boldsymbol{\mu}, \boldsymbol{\Sigma})$ に従うという．ここで，$\boldsymbol{\Sigma}$ は正則である必要はない．

定理 5.7　$(\boldsymbol{X}_p, \boldsymbol{X}_q)$ が多変量正規分布に従うとき，次のことが成り立つ：

$$\boldsymbol{X}_p, \boldsymbol{X}_q \text{ は独立} \iff Cov(\boldsymbol{X}_p, \boldsymbol{X}_q) = \boldsymbol{O} \text{（ゼロ行列）}.$$

5.4 順序統計量

分布関数 $F(x)$ と密度関数 $f(x)$ をもつ分布からの無作為標本 $X_1, X_2, \cdots, X_n$ を大きさの順に並べたものを

$$X_{n:1} \le X_{n:2} \le \cdots \le X_{n:n}$$

とかき，**順序統計量** (order statistics) という．特に，1番目の統計量 $X_{n:1}$ を**最小値統計量** (minimum statistic)，n 番目の統計量を**最大値統計量** (maximum statistic) といい，これらを合わせて**極値統計量** (extreme value statistics) という．観測値が存在している領域の幅 $R_n = X_{n:n} - X_{n:1}$ を**範囲** (range) という．観測値の中央

$$M_n = \begin{cases} \dfrac{X_{n:m} + X_{n:m+1}}{2} & \text{if } n = 2m \quad \text{(even)}, \\ X_{n:m} & \text{if } n = 2m-1 \quad \text{(odd)} \end{cases}$$

を**中央値** (median) という．

r 番目の順序統計量 $X_{n:r}$ の分布関数 $F_r(x)$ を求めよう．$X_{n:n+1} = \infty$ とおく．次のような事象の同値性に着目する：

$$\{X_{n:i} \le x < X_{n:i+1}\} \iff i = \#\{X_h \le x\},\ n - i = \#\{X_h > x\}.$$

そこで，x 以下のときを成功とみなし x を越えるときを失敗とみなせば，成功の確率が $p = P(X \le x) = F(x)$ の二項確率となるので，

$$P(X_{n:i} \le x < X_{n:i+1}) = \binom{n}{i} F(x)^i \{1 - F(x)\}^{n-i}$$

である．ゆえに，分布関数は

$$\begin{aligned} F_r(x) = P(X_{n:r} \le x) &= \sum_{i=r}^{n} P(X_{n:i} \le x < X_{n:i+1}) \\ &= \sum_{i=r}^{n} \binom{n}{i} F(x)^i \{1 - F(x)\}^{n-i}. \end{aligned}$$

したがって，$F_r(x)$ の密度関数 $f_r(x)$ は

$$f_r(x) = \frac{dF_r(x)}{dx} = r\binom{n}{r} F(x)^{r-1} \{1 - F(x)\}^{n-r} f(x).$$

直観的には，この密度関数は三項分布を使ってもっと簡単に求めることが

できる．次の図 5.1 のように，n 個の無作為標本を 3 つの事象

$$\{X_i \leq x\}, \quad \{x < X_i \leq x + dx\}, \quad \{x + dx < X_i\}$$

に分ける．3 事象の確率は $F(x)$, $f(x)dx$, $1 - F(x + dx)$ であり，連続分布ということから $1 - F(x + dx) = 1 - F(x) - f(x)dx$ としてよいので，三項分布 $T_N(n\,;F(x), f(x)dx)$ として，順序統計量 $X_{n:r}$ の密度関数

$$f_r(x)dx = \binom{n}{r-1\;1\;n-r} F(x)^{r-1}\{f(x)dx\}\{1 - F(x)\}^{n-r}$$

が求まる．(ここで $(dx)^2 = 0$ とみなす．)

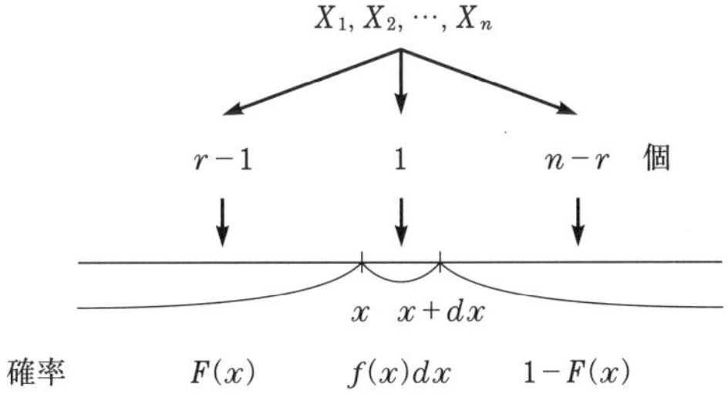

図 5.1

さらに，5 項分布を使えば r, s $(1 \leq r < s \leq n)$ に対して，r 番目の順序統計量 $X_{n:r}$ と s 番目の順序統計量 $X_{n:s}$ の同時分布の密度関数 $f_{rs}(x, y)$ を求めることができる： $x < y$ として，

$$f_{rs}(x, y)dx\,dy = \binom{n}{r-1\;1\;s-r-1\;1\;n-s}$$
$$\times F(x)^{r-1}\{f(x)dx\}\{F(y) - F(x)\}^{s-r-1}\{f(y)dy\}\{1 - F(y)\}^{n-s}.$$

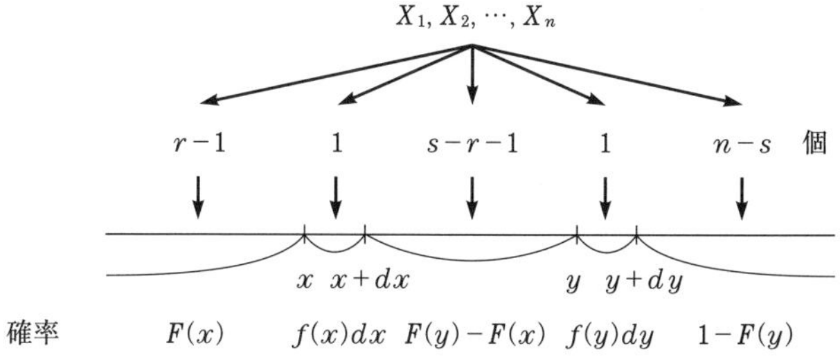

図 5.2

[MC2]　ディリクレ分布 $\boldsymbol{Diri}(\boldsymbol{\nu}_1, \cdots, \boldsymbol{\nu}_k\,;\,\boldsymbol{\nu}_{k+1})$

次の密度関数をもつ分布を ***k* 次元ディリクレ分布** (Dirichlet distribution) といい，$Diri(\nu_1, \cdots, \nu_k\,;\,\nu_{k+1})$ で表す．

$$f(\boldsymbol{x}) = \frac{\Gamma(\nu_1 + \cdots + \nu_{k+1})}{\Gamma(\nu_1)\cdots\Gamma(\nu_{k+1})} x_1^{\nu_1 - 1} \cdots x_k^{\nu_k - 1}(1 - x_1 - \cdots - x_k)^{\nu_{k+1}-1},$$

$$D = \{\boldsymbol{x} = (x_1, \cdots, x_k) : x_i \geq 0,\ i = 1, \cdots, k,\ \textstyle\sum_{i=1}^k x_i \leq 1\} \qquad \text{定義域}$$

$$\nu_i > 0,\ i = 1, \cdots, k+1.$$

1 次元ディリクレ分布はベータ分布である： $Diri(\nu_1 : \nu_2) = B_E(\nu_1, \nu_2)$.

例題 5.2　$U_1, \cdots, U_n$ は一様分布 $U(0,1)$ に従う無作為標本とする．このとき，分布関数と密度関数は $F(x) = x,\ f(x) = 1,\ x \in (0,1)$ であるから，r 番目の順序統計量 $U_{n:r}$ の密度関数は $X = U_{n:r}$ として

$$f_r(x) = r\binom{n}{r} x^{r-1}(1-x)^{n-r} = \frac{1}{B(r, n-r+1)} x^{r-1}(1-x)^{(n-r+1)-1}$$

となり，ベータ分布 $B_E(r, n-r+1)$ に従う．さらに，s 番目の順序統計量 $U_{n:s}$ $(r < s)$ に対して，$Y = U_{n:s} - U_{n:r}$ として X, Y の同時密度関数は

$$f_{rs}(x, y) = \frac{\Gamma(n+1)}{\Gamma(r)\Gamma(s-r)\Gamma(n-s+1)} x^{r-1} y^{s-r-1} (1-x-y)^{(n-s+1)-1}$$

となり，2 次元ディリクレ分布 $Diri(r, s-r\,;\,n-s+1)$ に従う．　◇

5.5　確率過程

確率空間 $(\Omega, \mathcal{A}, P)$ のほかに時間 t という空間 $\mathcal{T}$ を考え，時間で添え字付けられた確率変数 X_t を**確率過程** (stochastic process) または**時系列** (time series) という．無限個の確率変数の集合として

$$\boldsymbol{X} = \{X_t : t \in \mathcal{T}\} = \{X_t(\omega) : t \in \mathcal{T},\ \omega \in \Omega\}$$

と表したり，t の関数であることを強調して

$$\boldsymbol{X} = \{X(t) : t \in \mathcal{T}\} = \{X(t, \omega) : t \in \mathcal{T},\ \omega \in \Omega\}$$

と表し，**見本関数** (sample function) という．特に，有限集合 $\mathcal{T} = \{1, \cdots, n\}$ のときは $\boldsymbol{X} = (X_1, \cdots, X_n)$ で n 次元確率ベクトルとなり，離散時間 $\mathcal{T} = \{1, 2, \cdots\}$ (自然数) のときは $\boldsymbol{X} = \{X_1, X_2, \cdots\}$ で確率変数列となる．

時間についての任意の有限集合 $\{t_1, \cdots, t_n\} \subset \mathcal{T}$ に対する $(X_{t_1}, \cdots, X_{t_n})$ の同時分布関数：

$$F_{t_1 \cdots t_n}(x_1, \cdots, x_n) = P(X_{t_1} \le x_1, \cdots, X_{t_n} \le x_n)$$
$$= P(\{\omega \in \Omega : X(t_1, \omega) \le x_1, \cdots, X(t_n, \omega) \le x_n\})$$

を**有限次元分布** (finite dimensional distribution) といい，確率過程 $\boldsymbol{X}$ の分布を決定する．2 次までのモーメントとして次のものが定義される：

平均値関数 (mean function)：　$\mu_t = E(X_t)$,

分散関数 (variance function)：　$\sigma_t^2 = V(X_t)$,

共分散関数 (covariance function)：　$R_{st} = Cov(X_s, X_t)$.

別の確率過程 $\boldsymbol{Y}$ を考えるとき，$R_{XY}(s, t) = Cov(X_s, Y_t)$ を**相互共分散関数** (cross-covariance function) といい，それに対して，$R_{st} = Cov(X_s, X_t)$ を**自己共分散関数** (auto-covariance function) という．

ポアソン過程

放射粒子の放射とか地震や交通事故などのように，連続時間軸上に離散的に発生する点事象の系列は**点過程** (point process) とよばれる．時間間隔 $[s, t)$ に発生した点の数を $N([s, t))$ とし，時刻 t までに起こった点の総数を $N(t) = N([0, t))$ で表す．ただし，$N(0)$ は点事象の時刻 0 における初期個数を表す．次の条件を満たす点過程を**ポアソン過程** (Poisson process) という．ここでは時間空間 $\mathcal{T}$ は非負の実数空間とする： $\mathcal{T} = \boldsymbol{R}^+ = [0, \infty)$.

(Po1)　**始点固定**： $P\{N(0) = 0\} = 1$.

(Po2)　**強度関数** (intensity function) $\lambda(t)$：

$$P\{N([t, t+d)) = 1\} = \lambda(t)d + o(d), \quad (d \to 0+ \text{ のとき}).$$

(Po3)　**秩序性** (orderliness)：

$$P\{N([t, t+d)) \ge 2\} = o(d), \quad (d \to 0+ \text{ のとき}).$$

(Po4)　**独立増分性** (independent increments)： 任意の時間分割 $t_1 < t_2 < t_3 < \cdots < t_{n-1} < t_n$ に対して，互いに素な時間の事象の増分 $N([t_1, t_2)), N([t_2, t_3)), \cdots, N([t_{n-1}, t_n))$ は独立である．

ここで，$o(d)$ は $d\cdot o(1)$ の意味である．

（1） 独立増分性によって**チャップマン=コルモゴロフの式**が成り立つ：

$$P\{N(t+s)=x\} = \sum_{k=0}^{x} P\{N(t)=x-k\}P\{N([t,t+s))=k\}.$$

そこで $s=d$ とするとき，(Po2), (Po3) から，次の式が成り立つ：

$$P\{N([t,t+d))=0\} = 1-\lambda(t)d+o(d).$$

$f(x|t)=P\{N(t)=x\}$ とおけば，$x\geq 1$ のとき

$$f(x\,|\,t+d) = f(x|t)\{1-\lambda(t)d\}+f(x-1\,|\,t)\{\lambda(t)d\}+o(d).$$

また，$x=0$ のとき

$$f(0\,|\,t+d) = f(0|t)\{1-\lambda(t)d\}+o(d).$$

2 つの式より，次の**前向きの方程式**が成り立つ：

$$(*)\quad \begin{cases} \dfrac{\partial}{\partial t}f(x|t) = \lambda(t)\{f(x-1\,|\,t)-f(x|t)\}, \\[2ex] \dfrac{\partial}{\partial t}f(0|t) = -\lambda(t)f(0|t), \quad f(0|0)=1 \quad ((\mathrm{Po1})\text{より}). \end{cases}$$

下段の方程式から

$$f(0|t)=\exp(-\Lambda(t)). \quad \text{ただし } \Lambda(t)=\int_0^t \lambda(s)ds.$$

いま，点事象が起こる直前までの時間を表す確率変数を T とすれば，

$$P(T>t) = P\{N(t)=0\} = f(0|t) = \exp(-\Lambda(t)).$$

（2） $\{f(x|t)\}_{x=0}^{\infty}$ を求めるために，その確率母関数を $P(u|t)$ とする：

$$P(u|t)=\sum_{x=0}^{\infty} f(x|t)u^x.$$

（＊）の 2 つの微分方程式より，

$$\frac{\partial}{\partial t}P(u|t) = \lambda(t)(u-1)P(u|t), \quad P(u|0)=1.$$

この微分方程式を解いて，

$$P(u|t)=\exp\{\Lambda(t)(u-1)\}.$$

これはポアソン分布 $Po(\Lambda(t))$ の確率母関数であるから，

$$f(x|t)=\exp(-\Lambda(t))\,\frac{\Lambda(t)^x}{x!}, \quad x=0,1,2,\cdots.$$

すなわち，時刻 t の直前までに起こる点の個数 $N(t)$ の分布は強度母数が $\Lambda(t)$ のポアソン分布 $Po(\Lambda(t))$ に従うことがわかる．このような $N(t)$ に関する性質を**計数的性質** (counting property) という．

(3) λ が定数のとき $\Lambda(t)=\lambda t$ であるから，(1) で示したように

$$P(T>t)=e^{-\Lambda(t)}=e^{-\lambda t}$$

より，確率変数 T は指数分布 $Ex(\lambda)$ に従うことが示される．$x+1$ 個の点事象を観測する直前までに要する時間を W_x とおく．$W_0=T$ であり，k 番目の点が起こった時点から $k+1$ 番目の点が起こる直前までの時間の区間を T_k とすれば，(Po2) は定常性を意味するので独立増分性 (Po4) より，T_0, $T_1, T_2, \cdots, T_x$ は独立で同じ指数分布 $Ex(\lambda)$ に従う．$W_x=T_0+T_1+T_2+\cdots+T_x$ より，W_x の分布はガンマ分布 $G_A(x+1,(\lambda t)^{-1})$ に従うことがわかる．このような W_x に関する性質を**区間的性質** (interval property) という．区間的性質と計数的性質によって，

「ポアソン過程は指数時間間隔のポアソン個数発生である．」

と記述される．

ガウス過程

河川の出水量や気温などのように連続時間上で連続的に変動する確率過程 $\boldsymbol{X}=\{X_t : t\in\mathcal{T}\}$ を考える．任意の有限次元分布が正規分布であるとき，あるいは，同値な条件であるが，任意の1次結合 $\sum_{j=1}^{n}a_jX(t_j)$ の分布が正規分布であるとき，$\boldsymbol{X}$ を**ガウス過程** (Gaussian process) または**正規過程** (normal process) という．正規過程の代表的なものとしてウィナー過程を考える．時間空間は非負の実数空間とする ($\mathcal{T}=\boldsymbol{R}^+$)．次の性質を満たす確率過程 $\boldsymbol{W}=\{W(t) : t\in\boldsymbol{R}^+\}$ を**ウィナー過程** (Wiener process) または**ブラウン運動** (Brownian motion) という：

(W1) 始点固定： $W(0)=0$.

(W2) 正規性： $W(t)-W(s)$ $(s\leq t)$ は正規分布 $N(0,t-s)$ に従う．

(W3) 独立増分性： 任意の分割 $t_1<t_2<t_3<\cdots<t_n$ に対して，変動

の増分 $W(t_2)-W(t_1), W(t_3)-W(t_2), \cdots, W(t_n)-W(t_{n-1})$ は独立である．

平均値関数と分散関数は，(W1) より $W(t)=W(t)-W(0)$ であることから，(W2) より

$$\mu(t)=E\{W(t)\}=E\{N(0,t)\}=0, \qquad V\{W(t)\}=V\{N(0,t)\}=t.$$

共分散関数は，$s<t$ に対して $W(s)$ と $W(t)-W(s)$ が独立であるから，

$$\begin{aligned} R_{st} &= E\{W(s)W(t)\} \\ &= E\{W(s)(W(t)-W(s))\}+E\{W(s)^2\} \\ &= V\{W(s)\}=s=s\wedge t, \qquad \text{ここで } s\wedge t=\min(s,t). \end{aligned}$$

演習問題 5

5.1　n 個の分布関数 $F_i(x)$ $(i=1,\cdots,n)$ はそれぞれ平均 μ_i，分散 σ_i^2 をもつとする．n 個の非負定数 c_i $(i=1,\cdots,n)$ が $\sum_{i=1}^{n} c_i=1$ を満たすとき，1次結合 $F(x)=\sum_{i=1}^{n} c_i F_i(x)$ もまた分布関数であることを示せ．さらに，この分布の平均と分散を求めよ．

5.2　確率変数 $X_1, X_2, \cdots, X_n$ が独立で一様分布 $U(0,1)$ に従うとき，それらの最小値と最大値を $X_{n:1}, X_{n:n}$ とおく．次の問に答えよ．

（1）　$(X_{n:1}, X_{n:n})$ の同時密度関数を求めよ．

（2）　それぞれの平均，分散，相関係数を求めよ．

5.3　確率変数 $X_1, X_2, \cdots$ は独立で指数分布 $Ex(\mu)$ に従い，確率変数 N はそれらの確率変数と独立であって，ポアソン分布 $Po(\lambda)$ に従っているとする．そのとき，確率変数 $X_1, X_2, \cdots$ の N 個のランダム和 $Y=X_0+X_1+\cdots+X_N$ の積率母関数を求めよ．次に，Y の平均と分散を求めよ．ただし $X_0=0$ とする．

5.4　ある選挙で A と B が立候補した．有権者の 55 % が A を支持しているとするとき，次の問に答えよ．

（1）　100 人の無作為標本中，半数以上が A を支持する確率を求めよ．

（2） n 人の無作為標本中，半数以上が A を支持する確率が 95 % 以上になるようにするために必要な最小の n を求めよ．

5.5 ウィナー過程 $\boldsymbol{W} = \{W(t) : 0 \leq t \leq 1\}$ に対して，

$$\boldsymbol{B} = \{\, B(t) = W(t) - t\,W(1) : 0 \leq t \leq 1\}$$

で定義される確率過程を**ブラウン橋** (Brownian bridge) という．このとき，平均値関数，分散関数，共分散関数を求めよ．

5.6 Z_1, Z_2 は独立で正規分布 $N(0, \sigma^2)$ に従う確率変数であり，λ は実定数とする．確率変数

$$X(t) = Z_1 \cos \lambda t + Z_2 \sin \lambda t, \qquad -\infty < t < \infty$$

に対して，$X(t+s), X(t)$ の共分散を求め，それが t によらないことを示せ．

5.7 ある点事象を観測したところ，観測開始時点から最初の点が発生するまでの時間間隔が T_0，最初の点が発生してから 2 番目の点が発生するまでの時間間隔が T_1 であり，以下同様にして，$r-1$ 番目の点が発生してから r 番目の点が発生するまでの時間間隔が T_{r-1} であったとする．いま，これらの時間間隔 $T_0, T_1, \cdots, T_n, \cdots$ が独立で，平均値が λ^{-1} である指数分布 $E_X(\lambda)$ に従うとき，観測開始時点から t 時間までに n 個の点が発生する確率を求めよ．また，そのときの平均発生個数を求めよ．

5.8 1 個の個体が生む子供の個数 X は確率変数であり，平均 $E(X) = \mu\ (\mu > 1)$，分散 $V(X) = \sigma^2$ をもつ子孫分布に従っているとする．いま，最初 1 個の個体から出発するとし，これを第 0 世代の個体数として $Y_0 = 1$ とする．この 1 個の個体の生む子供の数を X_{11} とし，これを第 1 世代の個体数として $Y_1 = X_{11}$ とする．第 1 世代の Y_1 個の個体がそれぞれ $X_{21}, \cdots, X_{2Y_1}$ 個の子供を生み，その子供の総数を第 2 世代の個体数として $Y_2 = X_{21} + \cdots + X_{2Y_1}$ とする．同様に，第 $n-1$ 世代の Y_{n-1} 個の個体がそれぞれ $X_{n1}, \cdots, X_{nY_{n-1}}$ 個の子供を生み，子供の総数を第 n 世代の個体数として $Y_n = X_{n1} + \cdots + X_{nY_{n-1}}$ とする．はじめに述べたように，第 $i-1$ 世代の第 j 番目の個体の子供の数 X_{ij} はそれぞれ独立で，同一の子孫分布に従っている．このようにして，第 0 世代から第 n 世代までの個体数

$$Y_0,\ Y_1,\ Y_2, \cdots,\ Y_n$$

を得る．そのとき，第 n 世代の個体数 Y_n の平均と分散を求めよ．

5.9　確率変数列 $\{X_n\}$ と定数 a が存在して，任意の $\delta > 0$ に対し

$$\lim_{n\to\infty} P(|X_n - a| > \delta) = 0$$

が成り立つとき，関数 $f(x)$ が $x = a$ で連続ならば，任意の $\varepsilon > 0$ に対して

$$\lim_{n\to\infty} P(|f(X_n) - f(a)| > \varepsilon) = 0$$

が成り立つことを示せ．

5.10　$\boldsymbol{N} = (n_1, n_2, \cdots, n_k)$ は k 項分布 $M_N(n\ ;\ p_1, p_2, \cdots, p_k)$ $(n = n_1 + \cdots + n_k)$ に従うとき，次のカイ自乗統計量：

$$\mathcal{X}^2 = \sum_{i=1}^{k} \frac{(n_i - np_i)^2}{np_i}$$

の平均と分散を求めよ．

5.11　分布関数 $F(x)$ に従う無作為標本 $X_1, \cdots, X_n$ に対して，

$$F_n(x) = \frac{\#\{X_i \leq x\}}{n}$$

を**経験分布関数** (empirical distribution function) という．次の問に答えよ．

（1）$F_n(x)$ の平均と分散を求めよ．

（2）$nF_n(x)$ はどのような分布に従うか．

5.12　一様分布 $U(0, 1)$ からの無作為標本 $X_1, X_2, \cdots, X_n$ の小さい方から k 番目の順序統計量 $X_{n,k}$ はどのような分布に従うか．

5.13　分布関数 $F(x)$ が次の条件を満たしているとする．すなわち，$a > 0$ が存在して任意の $x > 0$ に対し，

$$\lim_{t\to\infty} t\{1 - F(t\,x)\} = x^{-a}$$

が成り立つとする．そのとき，分布関数 $F(X)$ に従う n 個の独立な確率変数 $X_1, X_2, \cdots, X_n$ の最大値を Y_n とおき，$\dfrac{Y_n}{n}$ の分布関数を $G_n(y)$ とする．$n \to \infty$ のとき，$G_n(y)$ の極限を求めよ．

§6. 標本分布

標本の関数の分布を**標本分布** (sample distribution) という．特に，正規分布からの無作為標本 $X_1, \cdots, X_n$ の標本和，標本平均，標本分散の分布などについて論じる．

6.1 確率ベクトルの変数変換とその密度関数の変換

確率ベクトルの変数変換による密度関数の変換は，数学的には積分の変数変換であるので，ここでは詳しい議論は行わず説明に終始することにする．

1次元確率変数の場合

1変数の関数 $y = h(x)$ は微分可能で，狭義単調関数であるとする：

$$h'(x) > 0 \quad \text{または} \quad h'(x) < 0.$$

そのとき，逆関数 $x = k(y) = h^{-1}(y)$ が存在して，その微分係数は $h'(x)$ の逆数である：

$$k'(y) = \frac{dk(y)}{dy} = \frac{1}{h'(x)}\bigg|_{x=k(y)}.$$

定理 6.1 確率変数 X が密度関数 $f(x)$ をもつとき，$Y = h(X)$ の密度関数 $g(y)$ は，

$$g(y) = f(k(y)) \text{ abs}\,[k'(y)]$$

として求まる．ここで，abs$\,[x]$ は x の絶対値を表すとする．

証明 X の密度関数の範囲を $[a, b]$，Y の密度関数の範囲を $[c, d]$ とし，Y の分布関数を $G(y)$ とする．いま，$h(x)$ は単調増加関数とすれば，

$$G(y) = P(Y \leq y) = P\{h(X) \leq y\} = P\{X \leq k(y)\} = \int_a^{k(y)} f(t)\,dt.$$

ここで，$t = k(u)$ なる変数変換を行えば，

$$dt = k'(u)du, \quad \begin{cases} t = a \\ t = k(y) \end{cases} \Longrightarrow \begin{cases} u = c \\ u = y \end{cases}$$

であるから，

$$G(y) = \int_c^y f(k(u))k'(u)\,du. \qquad \therefore \quad g(y) = f(k(y))k'(y).$$

$h(x)$ が単調減少関数のときも同様にして示される. □

例題 6.1 確率変数 X は分布関数 $F(x)$ と密度関数 $f(x)$ をもつとする. そのとき, $Y = F(X)$ は一様分布 $U(0,1)$ に従う. なぜなら, Y は $[0,1]$ に分布し, その密度関数は定理 6.1 より

$$g(y) = f(F^{-1}(y))\{f(F^{-1}(y))\}^{-1} = 1$$

であるから, 一様分布 $U(0,1)$ に従うことが示された. ◇

例題 6.2 確率変数 X が標準正規分布 $N(0,1)$ に従うとき, $Y = X^2$ はガンマ分布 $G_A\left(\frac{1}{2}, 2\right)$ に従う. なぜなら, Y の分布関数 $G(y)$ は

$$G(y) = P(Y \leq y) = P(X^2 \leq y) = P(-\sqrt{y} \leq X \leq \sqrt{y}), \qquad y \geq 0$$

であるが, 標準正規分布は y 軸に関して対称であるから,

$$G(y) = 2P(0 \leq X \leq \sqrt{y}) = 2\int_0^{\sqrt{y}} (2\pi)^{-\frac{1}{2}} \exp\left(-\frac{x^2}{2}\right) dx.$$

ここで, $u = x^2$ なる変数変換を行えば

$$du = 2x\,dx, \qquad \begin{cases} x = \sqrt{y} \\ x = 0 \end{cases} \Longrightarrow \begin{cases} u = y \\ u = 0 \end{cases}$$

$$\therefore \quad dx = \frac{1}{2}u^{-\frac{1}{2}}\,du,$$

であるから,

$$G(y) = \int_0^y (2\pi)^{-\frac{1}{2}} u^{-\frac{1}{2}} \exp\left(-\frac{u}{2}\right) du.$$

ところが, $\Gamma\left(\frac{1}{2}\right) = \pi^{\frac{1}{2}}$ であるから, Y の密度関数 $g(y)$ は

$$g(y) = \frac{1}{\Gamma\left(\frac{1}{2}\right)2^{\frac{1}{2}}}\, u^{\frac{1}{2}-1} \exp\left(-\frac{u}{2}\right)$$

となり, これはガンマ分布 $G_A\left(\frac{1}{2}, 2\right)$ の密度関数である. ◇

多次元確率ベクトルの場合

n 次元ベクトル $\boldsymbol{x}$ から n 次元ベクトル $\boldsymbol{y}$ への 1 対 1 変換である $\boldsymbol{x}$ のベクトル値関数 $\boldsymbol{y} = \boldsymbol{h}(\boldsymbol{x})$ とその逆関数 $\boldsymbol{x} = \boldsymbol{k}(\boldsymbol{y})$ を考える：

$$\boldsymbol{y} = \begin{pmatrix} y_1 \\ \vdots \\ y_n \end{pmatrix} = \begin{pmatrix} h_1(\boldsymbol{x}) \\ \vdots \\ h_n(\boldsymbol{x}) \end{pmatrix} = \boldsymbol{h}(\boldsymbol{x})$$

$$\iff \quad \boldsymbol{x} = \begin{pmatrix} x_1 \\ \vdots \\ x_n \end{pmatrix} = \begin{pmatrix} k_1(\boldsymbol{y}) \\ \vdots \\ k_n(\boldsymbol{y}) \end{pmatrix} = \boldsymbol{k}(\boldsymbol{y}).$$

陰関数定理により，ベクトル値関数 $\boldsymbol{h}$ のヤコビアン行列 $J(\boldsymbol{h})$：

$$J(\boldsymbol{h}) \equiv \frac{\partial \boldsymbol{h}(\boldsymbol{x})}{\partial \boldsymbol{x}} = \begin{pmatrix} \dfrac{\partial h_1(x_1, \cdots, x_n)}{\partial x_1} & \cdots & \dfrac{\partial h_1(x_1, \cdots, x_n)}{\partial x_n} \\ \vdots & & \vdots \\ \dfrac{\partial h_n(x_1, \cdots, x_n)}{\partial x_1} & \cdots & \dfrac{\partial h_n(x_1, \cdots, x_n)}{\partial x_n} \end{pmatrix}$$

の行列式が 0 でないとき，このような 1 対 1 変換の存在が保証されている．そのとき，$\boldsymbol{k}$ のヤコビアン行列 $J(\boldsymbol{k})$ は $J(\boldsymbol{h})$ の逆行列である：

$$J(\boldsymbol{k}) \equiv \frac{\partial \boldsymbol{k}(\boldsymbol{y})}{\partial \boldsymbol{y}} = \begin{pmatrix} \dfrac{\partial k_1(y_1, \cdots, y_n)}{\partial y_1} & \cdots & \dfrac{\partial k_1(y_1, \cdots, y_n)}{\partial y_n} \\ \vdots & & \vdots \\ \dfrac{\partial k_n(y_1, \cdots, y_n)}{\partial y_1} & \cdots & \dfrac{\partial k_n(y_1, \cdots, y_n)}{\partial y_n} \end{pmatrix}$$

$$= J(\boldsymbol{h})^{-1}\Big|_{\boldsymbol{x}=\boldsymbol{k}(\boldsymbol{x})}.$$

定理 6. 2 確率ベクトル $\boldsymbol{X}$ が同時密度関数 $f(\boldsymbol{x})$ をもつとき，変数変換された確率ベクトル $\boldsymbol{Y} = \boldsymbol{h}(\boldsymbol{X})$ の密度関数 $g(\boldsymbol{y})$ は

$$g(\boldsymbol{y}) = f(\boldsymbol{k}(\boldsymbol{y}))\ \mathrm{abs}\,[|J(\boldsymbol{k})|]$$

として求めることができる．ここで，$|J(\boldsymbol{k})|$ は $J(\boldsymbol{k})$ の行列式である．

証明 $\boldsymbol{x}$ のある領域 D_x が $\boldsymbol{y}$ の領域 D_y と 1 対 1 に対応する：

$$D_x \ni \boldsymbol{x} = \boldsymbol{k}(\boldsymbol{y}) \quad \iff \quad \boldsymbol{y} = \boldsymbol{h}(\boldsymbol{x}) \in D_y\,.$$

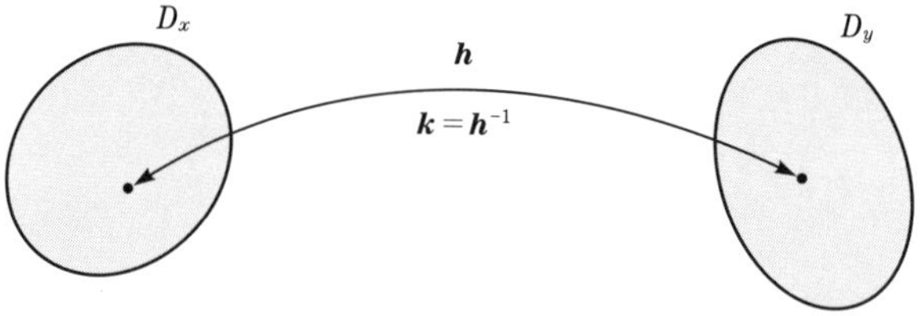

図 6.1　変数変換

確率ベクトル $\boldsymbol{X}$ が同時密度関数 $f(\boldsymbol{x})$ をもつとき，変数変換された確率ベクトル $\boldsymbol{Y}=\boldsymbol{h}(\boldsymbol{X})$ の密度関数 $g(\boldsymbol{y})$ は，重積分の変数変換公式により，

$$P^Y(D_y)=\int_{D_y} g(\boldsymbol{y})\,d\boldsymbol{y}=P^X(D_x)$$

$$=\int_{D_x} f(\boldsymbol{x})\,d\boldsymbol{x}=\int_{D_y} f(\boldsymbol{k}(\boldsymbol{y}))\,\mathrm{abs}\,[\,|J(\boldsymbol{k})|\,]\,d\boldsymbol{y}$$

が成り立つので，定理の結果が得られる．□

例題 6.3　2 つの確率変数 X_1, X_2 が独立でそれぞれ一様分布 $U(0,1)$ に従うとき，次の変数変換は**ボックス=ミュラー変換** (Box-Muller's transform) とよばれる：

$$\begin{cases} Y_1=(-2\log X_1)^{\frac{1}{2}}\cos(2\pi X_2), \\ Y_2=(-2\log X_1)^{\frac{1}{2}}\sin(2\pi X_2), \end{cases} \quad \therefore \quad \begin{cases} X_1=\exp\left(-\dfrac{Y_1^2+Y_2^2}{2}\right), \\ X_2=(2\pi)^{-1}\tan^{-1}\dfrac{Y_2}{Y_1}. \end{cases}$$

そのヤコビアンは

$$J=\begin{vmatrix} -y_1\exp\left(-\dfrac{y_1^2+y_2^2}{2}\right) & -y_2\exp\left(-\dfrac{y_1^2+y_2^2}{2}\right) \\ (2\pi)^{-1}(y_1^2+y_2^2)^{-1}(-y_2) & (2\pi)^{-1}(y_1^2+y_2^2)^{-1}y_1 \end{vmatrix}$$

$$=-(2\pi)^{-1}\exp\left(-\frac{y_1^2+y_2^2}{2}\right)\neq 0$$

である．ゆえに，(Y_1, Y_2) の密度関数 $g(y_1, y_2)$ は

$$g(y_1, y_2)=(2\pi)^{-1}\exp\left(-\frac{y_1^2+y_2^2}{2}\right)=\varphi(y_1)\varphi(y_2),$$

ここで，$\varphi(z)=\dfrac{1}{\sqrt{2\pi}}e^{-\frac{z^2}{2}}$ は標準正規分布の密度関数である．すなわち，Y_1, Y_2 は独立で標準正規分布 $N(0,1)$ に従うことが示される．◇

一般に，密度関数の**等高度** (contour) を確率変数として表すことを**垂直密度表現** (vertical density representation) という．上の結果は正規分布の垂直密度表現

$$U = \frac{1}{2\pi} X_1 = g(Y_1, Y_2)$$

が一様分布 $U\left(0, \frac{1}{2\pi}\right)$ に従うことを示している．

6.2 正規分布から誘導される分布

統計学では正規確率変数を取り扱うことが多いので，正規無作為標本から導かれる標本分布をこの節でまとめておくことにする．

[S1] カイ自乗分布 (chi-square distribution)： χ_n^2

$Z_1, Z_2, \cdots, Z_n$ は標準正規分布 $N(0,1)$ に従う独立な確率変数であるとき，それらの自乗和 $Y = Z_1^2 + \cdots + Z_n^2$ が従う分布のことを自由度 n のカイ自乗分布といい，記号 χ_n^2 で表す：

$$Y = Z_1^2 + \cdots + Z_n^2 \sim \chi_n^2.$$

(1) 例題 6.2 で求めたように，$Z_1^2, Z_2^2, \cdots, Z_n^2$ は互いに独立でそれぞれガンマ分布 $G_A\left(\frac{1}{2}, 2\right)$ に従っていて，さらに，定理 4.4 よりガンマ分布は再生性をもっているので，それらの和 Y はガンマ分布 $G_A\left(\frac{n}{2}, 2\right)$ に従うことがわかる．すなわち，$\chi_n^2 = G_A\left(\frac{n}{2}, 2\right)$ であり，その密度関数は

$$f(x) = \frac{1}{\Gamma\left(\frac{n}{2}\right)2^{\frac{n}{2}}} x^{\frac{n}{2}-1} \exp\left(-\frac{x}{2}\right),$$

$$0 < x < \infty.$$

次のような表記法によって，覚えておくとよい：

$$\chi_n^2 = \underbrace{N(0,1)^2 + \cdots + N(0,1)^2}_{n}.$$

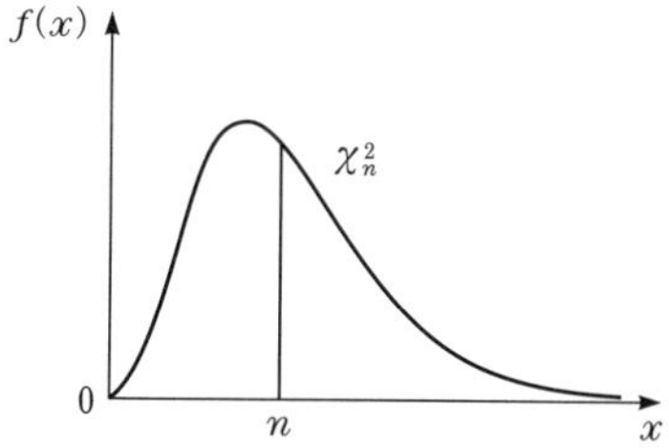

図 6.2 カイ自乗分布の密度関数

（2）　自由度 2 のカイ自乗分布は指数分布に等しい：$\chi^2_2 = E_X\left(\frac{1}{2}\right)$．このことから，指数分布 $E_X(\lambda)$ からの無作為標本 $X_1, \cdots, X_n$ に対して，その標本和の分布はカイ自乗分布で表されることがわかる：

$$2\lambda(X_1 + \cdots + X_n) \sim \chi^2_{2n}，\text{すなわち，} X_1 + \cdots + X_n \sim \frac{1}{2\lambda}\chi^2_{2n}.$$

（3）　$\chi^2_n = G_A\left(\frac{n}{2}, 2\right)$ であることと [C4] ガンマ分布の (2) (43 ページ) によって，カイ自乗分布の平均，分散，積率母関数は，

$$E(Y) = \frac{n}{2}\cdot 2 = n, \qquad V(Y) = \left(\frac{n}{2}\right)2^2 = 2n, \qquad M_n(t) = (1-2t)^{-\frac{n}{2}}.$$

（4）　自由度 n のカイ自乗分布 χ^2_n の上側 α 点を $\chi^2_{n,\alpha}$ とかく．いろいろな n, α の組合せに対して，$\chi^2_{n,\alpha}$ の数表が与えられている [付表 3]．

（5）　一般に，n 個の独立な正規確率変数

$$X_i \sim N(\mu_i, 1), \qquad i = 1, \cdots, n, \qquad \delta^2 = \sum_{i=1}^{n} \mu_i^2$$

の自乗和 $\sum_{i=1}^{n} X_i^2$ が従う分布のことを自由度 n，非心母数 δ^2 の**非心カイ自乗分布** (noncentral chi-square distribution) といい，$\chi^2_n(\delta^2)$ で表す．$\delta^2 = 0$ のとき，通常のカイ自乗分布である．非心カイ自乗分布は自由度が同じカイ自乗分布よりも非心母数だけ大きい値のところに大きい確率で分布する．次のような表記法によって，覚えておくとよい：

$$\chi^2_n(\delta^2) = N(\mu_1, 1)^2 + \cdots + N(\mu_n, 1)^2, \qquad \delta^2 = \sum_{i=1}^{n} \mu_i^2.$$

[S2]　ティー分布 (t-distribution)：$\boldsymbol{t_n}$

確率変数 X, Y は独立な確率変数で，X は標準正規分布 $N(0,1)$ に従い，Y は自由度 n のカイ自乗分布 χ^2_n に従うとき，$T = \frac{X}{\sqrt{Y/n}}$ なる確率変数が従う分布のことを自由度 n の**ティー分布**（または，**スチューデント分布**）といい，記号 t_n で表す．

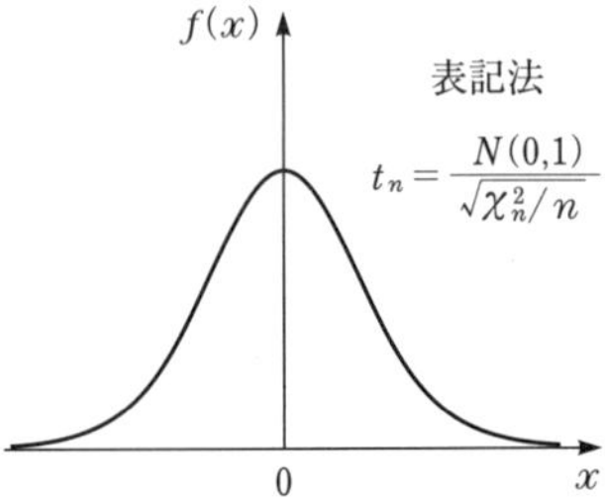

図 6.3　ティー分布の密度関数

（1） (X, Y) の同時密度関数は

$$f(x, y) = (2\pi)^{-\frac{1}{2}} \exp\left(-\frac{x^2}{2}\right)\left\{\Gamma\left(\frac{n}{2}\right)2^{\frac{n}{2}}\right\}^{-1} y^{\frac{n}{2}-1} \exp\left(-\frac{y}{2}\right)$$

である．変数変換

$$\begin{cases} t = \dfrac{x}{\sqrt{y/n}} & (-\infty < t < \infty), \\ u = y & (0 < u < \infty) \end{cases} \qquad \therefore \begin{cases} x = t\sqrt{\dfrac{u}{n}} & (-\infty < x < \infty), \\ y = u & (0 < y < \infty) \end{cases}$$

を行うとき，そのヤコビアンは

$$J = \begin{vmatrix} \sqrt{\dfrac{u}{n}} & t\left\{2n\sqrt{\dfrac{u}{n}}\right\}^{-1} \\ 0 & 1 \end{vmatrix} = \sqrt{\frac{u}{n}} \neq 0$$

であるから，(T, U) の同時密度関数は

$$g(t, u) = (2\pi)^{-\frac{1}{2}} \exp\left(-\frac{t^2 u}{2n}\right)\left\{\Gamma\left(\frac{n}{2}\right)2^{\frac{n}{2}}\right\}^{-1} u^{\frac{n}{2}-1} \exp\left(-\frac{u}{2}\right)\sqrt{\frac{u}{n}}.$$

ゆえに，T の密度関数はこの同時密度関数の周辺密度関数として求まる：

$$g_1(t) = \frac{1}{(2\pi n)^{\frac{1}{2}}\Gamma\left(\frac{n}{2}\right)2^{\frac{n}{2}}} \int_0^\infty u^{\frac{n+1}{2}-1} \exp\left\{-\frac{u\left(\frac{t^2}{n}+1\right)}{2}\right\} du$$

$$= \frac{1}{(2\pi n)^{\frac{1}{2}}\Gamma\left(\frac{n}{2}\right)2^{\frac{n}{2}}} \Gamma\left(\frac{n+1}{2}\right)\left\{\frac{2}{\frac{t^2}{n}+1}\right\}^{\frac{n+1}{2}}.$$

これを整理することにより，自由度 n のティー分布の密度関数は

$$g_1(t) = \frac{\Gamma\left(\frac{n+1}{2}\right)}{\sqrt{\pi n}\,\Gamma\left(\frac{n}{2}\right)}\left(\frac{t^2}{n}+1\right)^{-\frac{n+1}{2}}.$$

（2） 自由度1のティー分布はコーシィ分布に等しい： $t_1 = C_Y(0, 1)$.
このときは平均も分散も存在しない（演習問題 **6.4** 参照）.

（3） ティー分布の平均と分散を求めよう．X, Y が独立であるから，

$$E(T) = n^{\frac{1}{2}} E(X) E(Y^{-\frac{1}{2}}) = 0 \cdot E(Y^{-\frac{1}{2}}),$$
$$E(T^2) = n\,E(X^2) E(Y^{-1}) = n \cdot E(Y^{-1}).$$

ところが，$E(Y^{-\frac{1}{2}})$ は $n \geq 2$ のとき

$$E(Y^{-\frac{1}{2}}) = \int_0^{\infty} y^{-\frac{1}{2}} \left\{ \Gamma\left(\frac{n}{2}\right) 2^{\frac{n}{2}} \right\}^{-1} y^{\frac{n}{2}-1} \exp\left(-\frac{y}{2}\right) dy$$

$$= \left\{ \Gamma\left(\frac{n}{2}\right) 2^{\frac{n}{2}} \right\}^{-1} \Gamma\left(\frac{n-1}{2}\right) 2^{\frac{n-1}{2}}$$

であり存在するから，このとき $E(T) = 0$.

また，$E(Y^{-1})$ は $n \geq 3$ のとき

$$E(Y^{-1}) = \int_0^{\infty} y^{-1} \left\{ \Gamma\left(\frac{n}{2}\right) 2^{\frac{n}{2}} \right\}^{-1} y^{\frac{n}{2}-1} \exp\left(-\frac{y}{2}\right) dy$$

$$= \left\{ \Gamma\left(\frac{n}{2}\right) 2^{\frac{n}{2}} \right\}^{-1} \Gamma\left(\frac{n-2}{2}\right) 2^{\frac{n-2}{2}}$$

$$= \frac{1}{n-2}$$

であるから，このとき

$$V(T) = E(T^2) = \frac{n}{n-2}.$$

（4）　自由度 n のティー分布の上側 α 点を $t_{n,\alpha}$，両側 α 点を $t^*_{n,\alpha}$ とかくことにすれば，標準正規分布の場合と同様に，ティー分布が y 軸に関して対称であることから，$t^*_{n,\alpha} = t_{n,\frac{\alpha}{2}}$ である．与えられた n と α に対するこれらの値は［付表 2］で与えられている．

[S3]　エフ分布 (F-distribution)：$\boldsymbol{F_n^m}$

確率変数 X, Y は独立な確率変数で，X は自由度 m のカイ自乗分布 χ_m^2 に従い，Y は自由度 n のカイ自乗分布 χ_n^2 に従うとき，比 $F = \dfrac{X/m}{Y/n}$ が従う分布のことを自由度 (m, n) の**エフ分布**（または，**フィッシャー分布**）といい，記号 F_n^m で表す．

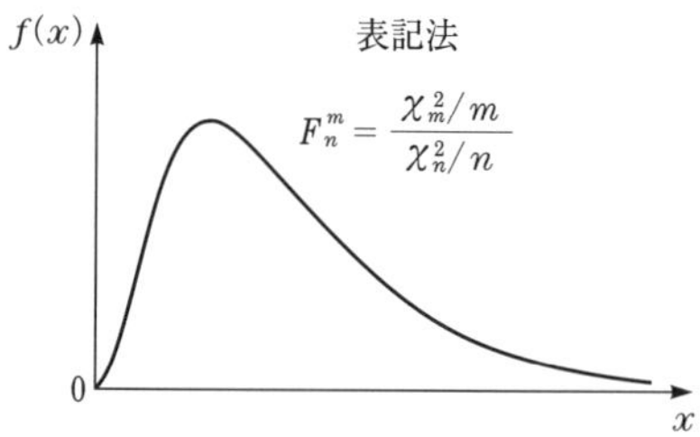

図 6.4　エフ分布の密度関数

（1）　(X, Y) の同時密度関数は

$$f(x, y) = \left\{\Gamma\left(\frac{m}{2}\right)2^{\frac{m}{2}}\right\}^{-1} x^{\frac{m}{2}-1}\exp\left(-\frac{x}{2}\right)$$
$$\times \left\{\Gamma\left(\frac{n}{2}\right)2^{\frac{n}{2}}\right\}^{-1} y^{\frac{n}{2}-1}\exp\left(-\frac{y}{2}\right)$$

である．変数変換

$$\begin{cases} z = \dfrac{x/m}{y/n} & (0 < z < \infty), \\ w = y & (0 < w < \infty) \end{cases} \quad \therefore \begin{cases} x = \dfrac{m}{n}zw & (0 < x < \infty), \\ y = w & (0 < y < \infty) \end{cases}$$

を行うとき，そのヤコビアンは

$$J = \begin{vmatrix} \dfrac{m}{n}w & \dfrac{m}{n}z \\ 0 & 1 \end{vmatrix} = \frac{m}{n}w \neq 0$$

であるから，(Z, W) の同時密度関数は

$$g(z, w) = \left\{\Gamma\left(\frac{m}{2}\right)2^{\frac{m}{2}}\right\}^{-1}\left(\frac{m}{n}zw\right)^{\frac{m}{2}-1}\exp\left(-\frac{m}{n}\frac{zw}{2}\right)$$
$$\times \left\{\Gamma\left(\frac{n}{2}\right)2^{\frac{n}{2}}\right\}^{-1} w^{\frac{n}{2}-1}\exp\left(-\frac{w}{2}\right)\frac{m}{n}w.$$

ゆえに，Z の密度関数はこの同時密度関数の周辺密度関数として求まる：

$$g_1(z) = \frac{\left(\dfrac{m}{n}\right)^{\frac{m}{2}} z^{\frac{m}{2}-1}}{\Gamma\left(\dfrac{m}{2}\right)\Gamma\left(\dfrac{n}{2}\right)2^{\frac{m}{2}+\frac{n}{2}}}\int_0^\infty w^{\frac{m+n}{2}-1}\exp\left\{-\frac{w}{2}\left(\frac{m}{n}z+1\right)\right\}dw$$

$$= \frac{\left(\dfrac{m}{n}\right)^{\frac{m}{2}} z^{\frac{m}{2}-1}}{\Gamma\left(\dfrac{m}{2}\right)\Gamma\left(\dfrac{n}{2}\right)2^{\frac{m}{2}+\frac{n}{2}}}\Gamma\left(\frac{m+n}{2}\right)\left\{\frac{2}{\dfrac{m}{n}z+1}\right\}^{\frac{m+n}{2}}.$$

これを整理することにより，自由度 (m, n) のエフ分布の密度関数は

$$g_1(z) = \frac{\Gamma\left(\dfrac{m+n}{2}\right)}{\Gamma\left(\dfrac{m}{2}\right)\Gamma\left(\dfrac{n}{2}\right)}\left(\frac{m}{n}\right)^{\frac{m}{2}} z^{\frac{m}{2}-1}\left(\frac{m}{n}z+1\right)^{-\frac{m+n}{2}}.$$

（2）　特に，$(t_n)^2 = F_n^1$.

（3） エフ分布の平均と分散は，X, Y が独立であるから，

$$E(Z)=\frac{n}{m}E(X)E(Y^{-1})=n\cdot E(Y^{-1}),$$

$$E(Z^2)=\left(\frac{n}{m}\right)^2E(X^2)E(Y^{-2})=\left(\frac{n}{m}\right)^2m(m+2)\cdot E(Y^{-2}).$$

ところが，$n\geq 3$ のとき $E(Y^{-1})=\dfrac{1}{n-2}$ であるから，$E(Z)=\dfrac{n}{n-2}$.

また，$n\geq 5$ のとき

$$E(Y^{-2})=\int_0^\infty y^{-2}\left\{\Gamma\left(\frac{n}{2}\right)2^{\frac{n}{2}}\right\}^{-1}y^{\frac{n}{2}-1}\exp\left(-\frac{y}{2}\right)dy$$

$$=\left\{\Gamma\left(\frac{n}{2}\right)2^{\frac{n}{2}}\right\}^{-1}\Gamma\left(\frac{n-4}{2}\right)2^{\frac{n-4}{2}}=\frac{1}{(n-2)(n-4)},$$

$$\therefore\quad E(Z^2)=\frac{n^2(m+2)}{m(n-2)(n-4)}$$

であるから，このとき

$$V(Z)=E(Z^2)-\{E(Z)\}^2=\frac{2n^2(m+n-2)}{m(n-2)^2(n-4)}.$$

（4） 自由度 (m, n) のエフ分布の上側 α 点を $F^m_{n,\alpha}$ とかく．$\alpha=0.05$ に対して数表が与えられている［付表 4］．

（5） 2 つの確率変数 X, Y がそれぞれ $\chi^2_m(\delta^2)$, χ^2_n に従うとき，比 $F=\dfrac{X/m}{Y/n}$ が従う分布のことを自由度 (m, n) 非心母数 δ^2 の非心エフ分布といい，$F^m_n(\delta^2)$ で表す．次のような表記法によって，覚えておくとよい：

$$F^m_n(\delta^2)=\frac{\chi^2_m(\delta^2)/m}{\chi^2_n/n}.$$

標本平均と標本分散の分布

次に，正規分布からの無作為標本 $X_1, \cdots, X_n$ の標本平均と標本分散：

$$\bar{X}=\frac{1}{n}\sum_{i=1}^n X_i,\qquad S^2=\frac{1}{n}\sum_{i=1}^n(X_i-\bar{X}_n)^2$$

はどのような分布に従うかを考える．$X_1, \cdots, X_n$ が独立で同一分布 $N(\mu, \sigma^2)$ に従うとき，それらの z-変換を $Y_i=\dfrac{X_i-\mu}{\sigma}$, $i=1, \cdots, n$ とすれば，$Y_1, \cdots, Y_n$ は独立で同一分布 $N(0, 1)$ に従うので，その同時密度関数は

$$f(\boldsymbol{y}) = \prod_{i=1}^{n} (2\pi)^{-\frac{1}{2}} \exp\left(-\frac{y_i^2}{2}\right) = (2\pi)^{-\frac{n}{2}} \exp\left(-\frac{1}{2}{}^t\boldsymbol{y}\boldsymbol{y}\right).$$

いま，行列 $\boldsymbol{\Gamma}$：

$$\begin{pmatrix} \frac{1}{\sqrt{n}} & \frac{1}{\sqrt{n}} & \cdots & \cdots & \cdots & \frac{1}{\sqrt{n}} \\ \frac{1}{\sqrt{2}} & -\frac{1}{\sqrt{2}} & 0 & \cdots & \cdots & 0 \\ \frac{1}{\sqrt{2\cdot3}} & \frac{1}{\sqrt{2\cdot3}} & -\frac{2}{\sqrt{2\cdot3}} & 0 & \cdots & 0 \\ \cdots & \cdots & \cdots & \cdots & \cdots & \cdots \\ \frac{1}{\sqrt{(n-1)\cdot n}} & \cdots & \cdots & \cdots & \frac{1}{\sqrt{(n-1)\cdot n}} & -\frac{n-1}{\sqrt{(n-1)\cdot n}} \end{pmatrix}$$

は直交行列であり，$\boldsymbol{\Gamma}\,{}^t\boldsymbol{\Gamma} = {}^t\boldsymbol{\Gamma}\boldsymbol{\Gamma} = \boldsymbol{I}$ が成り立つ．この行列による直交変換

$$\boldsymbol{Y} = \begin{pmatrix} Y_1 \\ \vdots \\ Y_n \end{pmatrix} \longrightarrow \boldsymbol{Z} = \begin{pmatrix} Z_1 \\ \vdots \\ Z_n \end{pmatrix} = \boldsymbol{\Gamma}\boldsymbol{Y}$$

を行うとき，そのヤコビアンが $J = |{}^t\boldsymbol{\Gamma}| = \pm 1$ であるから，$\boldsymbol{Z}$ の同時密度関数 $g(\boldsymbol{z})$ は

$$g(\boldsymbol{z}) = f({}^t\boldsymbol{\Gamma}\boldsymbol{z}) = (2\pi)^{-\frac{n}{2}} \exp\left\{-\frac{1}{2}{}^t({}^t\boldsymbol{\Gamma}\boldsymbol{z})({}^t\boldsymbol{\Gamma}\boldsymbol{z})\right\}$$

$$= (2\pi)^{-\frac{\pi}{2}} \exp\left(-\frac{1}{2}{}^t\boldsymbol{z}\boldsymbol{z}\right) = \prod_{i=1}^{n} \frac{1}{\sqrt{2\pi}} e^{-z_i^2/2} = \prod_{i=1}^{n} \varphi(z_i)$$

となる．ゆえに，$Z_1, \cdots, Z_n$ は互いに独立で，それぞれ標準正規分布 $N(0,1)$ に従う．ところが，直交行列の第 1 行から

$$Z_1 = \frac{1}{\sqrt{n}} \sum_{i=1}^{n} Y_i = \frac{\sqrt{n}(\bar{X}-\mu)}{\sigma} \sim N(0,1)$$

であることがわかる (2 行目以降は直交であればよい)．また，

$$Z_1^2 + Z_2^2 + \cdots + Z_n^2 = Y_1^2 + Y_2^2 + \cdots + Y_n^2$$

$$= \sum_{i=1}^{n} \frac{(X_i-\mu)^2}{\sigma^2} = \frac{n(\bar{X}-\mu)^2}{\sigma^2} + \sum_{i=1}^{n} \frac{(X_i-\bar{X})^2}{\sigma^2} = Z_1^2 + \frac{nS^2}{\sigma^2}$$

が成り立つことから，

$$\frac{nS^2}{\sigma^2} = Z_2^2 + \cdots + Z_n^2 \sim \chi^2_{n-1}$$

が示される．したがって，標本平均は Z_1 にのみ関係し，標本分散は $Z_2, \cdots, Z_n$ にのみ関係するので，これらは独立であることが示された．さらに，$nS^2 = \sum_{i=1}^{n}(X_i - \bar{X})^2 = Z_2^2 + \cdots + Z_n^2$ は n で割るよりも $n-1$ で割るほうが理に適っているといえる．そこで，

$$\hat{\sigma}^2 = \frac{1}{n-1}\sum_{i=1}^{n}(X_i - \bar{X})^2$$

とおき，**不偏標本分散** (unbiased sample variance) という．実際，

$$E(\hat{\sigma}_n^2) = \sigma^2 \text{ (unbiased)}, \qquad E(S^2) = \frac{n-1}{n}\sigma^2 \text{ (biased)}.$$

普通，標本分散といえばこの不偏なものを意味するが，本書では標本分散 S^2，(不偏) 標本分散 $\hat{\sigma}^2$ というように，記号を伴って区別して表現することにする．

以上のことを定理としてまとめると次のようになる．

定理 6.3　正規分布 $N(\mu, \sigma^2)$ に従う無作為標本 $X_1, \cdots, X_n$ の標本平均 $\bar{X}$ と標本分散 S^2 は独立であり，次のことが成り立つ．

（1）　標本平均 $\bar{X}$ の z-変換は標準正規分布に従う：

$$Z = \frac{\sqrt{n}(\bar{X} - \mu)}{\sigma} \sim N(0, 1).$$

（2）　偏差の自乗和 nS^2 は自由度 $n-1$ のカイ自乗分布に従う：

$$\frac{nS^2}{\sigma^2} = \frac{1}{\sigma^2}\sum_{i=1}^{n}(X_i - \bar{X})^2 \sim \chi^2_{n-1}.$$

（3）　標本平均 $\bar{X}$ の z-変換において，σ をその推定量 $\hat{\sigma}$ で置き換えたものを ***t*-変換** (t-transform) という．標本平均 $\bar{X}$ の t-変換は自由度 $n-1$ のティー分布に従う：

$$T = \frac{\sqrt{n}(\bar{X} - \mu)}{\hat{\sigma}} \sim t_{n-1}.$$

6.3　確率不等式と凸関数

確率やモーメントに関する不等式である**確率不等式**について考えよう．

定理 6.4　確率変数 X の非負値関数 $h(X) \geq 0$ が有限の平均値 $E\{h(X)\} < \infty$ をもつとき，任意の正数 $a > 0$ に対して，

$$P\{h(X) \geq a\} \leq \frac{1}{a} E\{h(X)\}$$

が成り立つ．これを**マルコフの不等式** (Markov's inequality) という．

証明　確率変数 X の分布関数を $F(x)$ とすれば，$h(x) \geq 0$ であるから，

$$\begin{aligned} E\{h(X)\} &= \int_{-\infty}^{\infty} h(x)\, dF(x) \\ &\geq \int_{\{h(x)\geq a\}} h(x)\, dF(x) \geq a \int_{\{h(x)\geq a\}} dF(x) = a\, P\{h(X) \geq a\} \end{aligned}$$

を得る．これより定理の不等式が導かれる．　□

定理 6.5　確率変数 X が平均 μ，分散 σ^2 をもつとき，任意の正数 $\varepsilon > 0$ に対して，次の不等式が成り立つ：

$$P(|X - \mu| \geq \varepsilon) \leq \frac{\sigma^2}{\varepsilon^2}.$$

これを**チェビシェフの不等式** (Chebishev's inequality) という．

証明　これはマルコフの不等式において $h(x) = |x - \mu|^2$, $a = \varepsilon^2$ としたものであるが，もう一度証明をたどってみる．

$$\begin{aligned} \sigma^2 = E\{|X - \mu|^2\} &= \int_{-\infty}^{\infty} |x - \mu|^2\, dF(x) \geq \int_{\{|x-\mu|\geq\varepsilon\}} |x - \mu|^2\, dF(x) \\ &\geq \varepsilon^2 \int_{\{|x-\mu|\geq\varepsilon\}} dF(x) = \varepsilon^2 P\{|X - \mu| \geq \varepsilon\} \end{aligned}$$

を得る．これより定理の不等式が導かれる．　□

確率不等式の問題には凸関数の性質がよく使われるので，ここで凸関数の性質をまとめる．区間 $I = (a, b)$ 上の実数値関数 $h(x)$ が**凸** (convex) であるとは，任意の $\lambda \in (0, 1)$ と任意の $x_1, x_2 \in I$ に対して，

$$h(\lambda x_1 + (1-\lambda)x_2) \leq \lambda h(x_1) + (1-\lambda)h(x_2)$$

が成り立つことである．もし，$x_1 \neq x_2$ に対して "≤" の代わりに "<" が常に成り立つならば **狭義の凸** (strictly convex) であるという．不等式の向きが逆のとき，それぞれ**凹** (concave)，**狭義の凹** (strictly concave) という．覚え方は「convex はその綴りに含まれる文字 "v" のように下に緩んでいるし，concave は洞窟 (cave) のように上に膨らんでいる．」

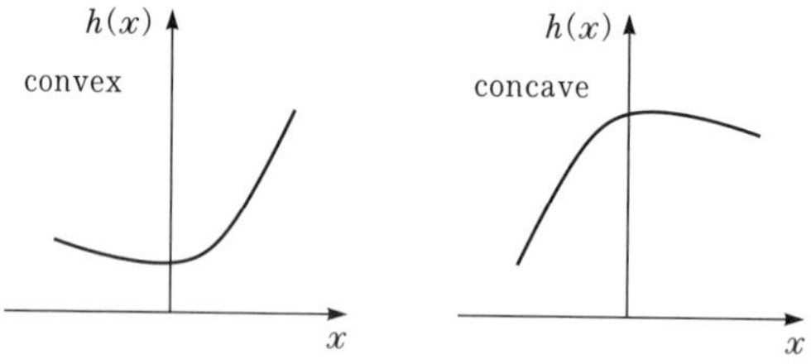

図 6.5

定理 6.6　$h(x)$ が区間 I 上で凸のとき，次の性質が成り立つ：

（1）　任意の $a < x_1 < x_2 < x_3 < b$ に対して，h の平均変化率は

$$\frac{h(x_2)-h(x_1)}{x_2-x_1} \leq \frac{h(x_3)-h(x_1)}{x_3-x_1} \leq \frac{h(x_3)-h(x_2)}{x_3-x_2}$$

であることが成り立つ．もし狭義の凸ならば，上式は "≤" の代わりに "<" で置き換えて成り立つ．

（2）　$h(x)$ は左右それぞれから片側微分可能である．それらの片側微分係数を次のようにおく：

$$D_-h(x) = \lim_{\Delta x \to 0-} \frac{h(x+\Delta x)-h(x)}{\Delta x} \qquad (\text{左側微分}),$$

$$D_+h(x) = \lim_{\Delta x \to 0+} \frac{h(x+\Delta x)-h(x)}{\Delta x} \qquad (\text{右側微分}).$$

そのときそれらは単調増加である．また，$D_-h(x) \leq D_+h(x)$ が成り立つ．

（3）　r を $D_-h(x_0) \leq r \leq D_+h(x_0)$ なる数とし，平均変化率の関数を

$$R(x) = \begin{cases} \dfrac{h(x) - h(x_0)}{x - x_0} & (x \neq x_0 \text{ のとき}), \\ r & (x = x_0 \text{ のとき}) \end{cases}$$

とすれば，$R(x)$ は単調増加関数である．

（4）　任意の点 $x_0 \in I$ に対し，実数 r が存在して，

$$h(x) \geq h(x_0) + r(x - x_0) \qquad (\text{任意の } x \in I \text{ に対して})$$

が成り立つ．特に，$h(x)$ が狭義の凸ならば，上式は $x\,(\neq x_0)$ に対して“$\geq$”の代わりに“$>$”で置き換えて成り立つ．

（5）　$h(x)$ が I 上で 2 階微分可能であるとき，次の命題が成り立つ：

$$h''(x) \geq 0 \iff h(x) \text{ は凸である．}$$

これらの命題の証明は番号順に示していくことができるので省略する．

定理 6.7　確率変数 X が平均値をもつとき，凸関数 $h(x)$ による確率変数 $h(X)$ に対して，

$$E\{h(X)\} \geq h(E\{X\})$$

が成り立つ．もし，$h(x)$ が狭義の凸関数ならば，等号が成り立つのは 1 点分布に限られる．これを**イェンセンの不等式** (Jensen's inequality) という．

証明　凸関数の性質 (定理 6.6 (4)) において $x = X$ (確率変数)，$x_0 = \mu = E(X)$ とすれば，

$$h(X) \geq h(\mu) + r(X - \mu)$$

が成り立つので，辺々の平均をとれば，$E\{h(X)\} \geq h(\mu)$ を得る．もし，$h(x)$ が狭義の凸関数ならば，X が 1 点分布 $X \equiv \mu$ でないとき，不等号“$>$”が成り立つ．これより定理の結論が導かれる．　□

定理 6.8　確率変数 X の積率母関数 $M(t)$ が原点の近傍で存在するならば，無限回微分可能であり，任意 n 次のモーメントが存在する．さらに，

$$\frac{d^n M(t)}{dt^n} = E\{X^n \exp(tX)\}, \qquad \therefore \quad E(X^n) = \left.\frac{d^n M(t)}{dt^n}\right|_{t=0}$$

が成り立つ．

証明 原点を含む区間 $I=(-a,a)$, $a>0$ 上で $M(t)$ が存在するとする．定理 6.6 (1) より，任意の $t\in I$, $d>0$ に対して，$-a<t_1<t$, $t+d<t_2<a$ とすれば，凸関数の性質から増分 d に対する $h(t)=e^{tX}$ の平均変化率は d に無関係な平均変化率で上下からおさえられる：

$$\frac{e^{tX}-e^{t_1X}}{t-t_1}\le\frac{e^{(t+d)X}-e^{tX}}{d}\le\frac{e^{t_2X}-e^{tX}}{t_2-t}.$$

さらに，上下界の関数の平均は存在するので，ルベーグの支配収束定理によって，$d\to 0$ に関する極限と平均作用素"E"との交換が可能である：

$$\frac{dM(t)}{dt}=\lim_{d\to 0}\frac{E(e^{(t+d)X})-E(e^{tX})}{d}=E\left[e^{tX}\lim_{d\to 0}\frac{e^{dX}-1}{d}\right]=E(Xe^{tX}).$$

ゆえに，任意の $t\in I$ に対して $E(|X|e^{tX})$ が存在するので，$h(t)=e^{tX}$ の凸関数の性質から，

$$|X|\frac{e^{tX}-e^{t_1X}}{t-t_1}\le|X|\frac{e^{(t+d)X}-e^{tX}}{d}\le|X|\frac{e^{t_2X}-e^{tX}}{t_2-t}.$$

したがって，全く同様にして，

$$\begin{aligned}\frac{d^2M(t)}{dt^2}&=\lim_{d\to 0}\frac{E(Xe^{(t+d)X})-E(Xe^{tX})}{d}\\&=E\left[Xe^{tX}\lim_{d\to 0}\frac{e^{dX}-1}{d}\right]=E(X^2e^{tX}).\end{aligned}$$

以下同様なことを繰り返すことによって，定理の結果が導かれる． □

特性関数に対しても同様なことが成り立つ (証明略)．

定理 6.9 分布関数 $F(x)$ が n 次絶対モーメントをもつ，すなわち，

$$E(|X|^n)=\int_{-\infty}^{\infty}|x|^n\,dF(x)<\infty$$

ならば，特性関数 $\phi(t)$ は n 回連続微分可能であり，その k 階の微分係数は

$$\phi^{(k)}(t)=i^k\int_{-\infty}^{\infty}x^k e^{itx}\,dF(x),\qquad k\le n$$

$$\therefore\quad \phi^{(k)}(0)=i^k\int_{-\infty}^{\infty}x^k\,dF(x)=i^kE(X^k).$$

6.4　大数の法則と中心極限定理

銅貨を何度も振るとき表の出る比率が $\frac{1}{2}$ に近づくとか，サイコロを何度も振るとき1の目の出る比率が $\frac{1}{6}$ に近づくという現象は**大数の法則** (law of large numbers) とよばれている．一般的にいうと，独立で同一分布に従う観測 $X_1, \cdots, X_n$ の標本平均 $\bar{X}_n = \frac{1}{n}(X_1 + \cdots + X_n)$ は，標本数 n を大きくするとき，母平均 $E(X) = \mu$ に収束することが示される．例えば，ある物の長さを何度も観測してそれらの観測値平均をとれば真の長さに近づくことを意味する．観測を重ねることを時間的経過とみるならば，標本平均 $\bar{X}_n$ は時間的平均であり，一方，数学的平均は空間的平均とみなせるので，大数の法則は「時間平均が空間平均に収束する」ことを意味し，いわゆる**エルゴード定理** (ergodic theorem) の最も基本的なものである．

定理 6.10 (**大数の弱法則**)　$X_1, \cdots, X_n$ は独立で同一分布に従い，その平均 μ と分散 σ^2 が存在するとき，任意の正数 $\varepsilon > 0$ に対して，

$$\lim_{n\to\infty} P\{|\bar{X}_n - \mu| \geq \varepsilon\} = 0$$

が成り立つ．これを標本平均 $\bar{X}_n$ は母平均 μ に**確率収束する** (converge in probability) といい，$\bar{X}_n \to \mu$ in P とかく．

証明　チェビシェフの不等式によって，

$$P\{|\bar{X}_n - \mu| \geq \varepsilon\} \leq \frac{\sigma^2}{n\varepsilon^2}$$

であるから，定理の結果が導かれる．　□

しかし，この定理の結果よりももっと強い結論がもっと弱い条件で得られるけれども，その証明のためにはもう少し準備が必要であるので，ここでは証明は割愛して定理のみを挙げることにする．

定理 6.11 (**大数の強法則**)　$X_1, \cdots, X_n$ は独立で同一分布に従い，その平均 μ が存在するとき，

$$P\{\lim_{n\to\infty} \bar{X}_n = \mu\} = 1$$

が成り立つ．これを $\bar{X}_n$ は μ に**概収束する** (converge almost surely (a. s.)) といい，$\bar{X}_n \to \mu$ a. s. とかく．または，確率1で収束するといい，$\bar{X}_n \to \mu$ with probability 1 とかく．

次に，母平均 μ，母分散 σ^2 をもつ分布からの無作為標本 $X_1, \cdots, X_n$ の標本平均 $\bar{X}_n = \frac{1}{n}(X_1 + \cdots + X_n)$ の数学的な平均は $E(\bar{X}_n) = \mu$，分散は $V(\bar{X}_n) = \frac{\sigma^2}{n}$ であるから，その標準化 Z_n の平均は $E(Z_n) = 0$，分散は $V(Z_n) = 1$ である：

$$Z_n = \frac{\bar{X}_n - \mu}{\sigma/\sqrt{n}} = \frac{\sqrt{n}(\bar{X}_n - \mu)}{\sigma}, \qquad E(Z_n) = 0, \qquad V(Z_n) = 1.$$

標準化により2次までのモーメントは決まった．もちろんその分布はいろいろであるけれども，標本数 n が大きくなるとき正規分布に収束してくる．それは**中心極限定理** (central limit theorem) とよばれる．大数の法則は古くから“法則”として認識されていたのに対して，中心極限定理はラプラスによって定理として最初に証明された．

補題 6.1　任意の $t \in \boldsymbol{R}^1$ に対して，次の不等式が成り立つ：

$$\left| e^{it} - 1 - \frac{it}{1!} - \frac{(it)^2}{2!} - \cdots - \frac{(it)^{n-1}}{(n-1)!} \right| \leq \frac{|t|^n}{n!} \qquad (i^2 = -1).$$

証明　次のような関数列 $\{\xi_n(t)\}$ を考える：

$$\xi_1(t) = i\int_0^t e^{ix}\,dx = e^{it} - 1,$$

$$\xi_2(t) = i\int_0^t \xi_1(x)\,dx = e^{it} - 1 - it,$$

$$\vdots$$

$$\xi_n(t) = i\int_0^t \xi_{n-1}(x)\,dx = e^{it} - 1 - it - \frac{(it)^2}{2!} - \cdots - \frac{(it)^{n-1}}{(n-1)!}.$$

そのとき，

$$|\xi_1(t)| \leq \int_0^{|t|} |\exp(ix)|\,dx = |t|,$$

$$\therefore \quad |\xi_2(t)| \leq \int_0^{|t|} |\xi_1(x)|\,dx \leq \int_0^{|t|} x\,dx \leq \frac{|t|^2}{2!}$$

が成り立つ．厳密には数学的帰納法を使えば，以下同様にして，

$$|\xi_n(t)| \leq \frac{|t|^n}{n!}$$

が示される．　□

定理 6.12（**中心極限定理**）　平均 μ，分散 σ^2 をもつ分布からの無作為標本の標本平均 $\bar{X}_n$ の標準化 Z_n の分布は標準正規分布に分布収束する：

$$\lim_{n\to\infty} P(Z_n \leq z) = \Phi(z) = \int_{-\infty}^{z} \frac{1}{\sqrt{2\pi}} e^{-\frac{x^2}{2}} dx.$$

証明　確率変数 X_k の標準化 $Y_k = \dfrac{X_k - \mu}{\sigma}$ の平均と分散は $E(Y_k) = 0$, $E(Y_k^2) = 1$ である．定理の証明を簡単にするために，Y_k の 3 次の絶対モーメントの存在を仮定する $(E\{|Y_k|^3\} = \gamma < \infty)$．この仮定なしで証明するにはもう少し準備が必要であるが，本質的に余り変わらない．

Y_k の特性関数を $\phi(\tau)$ とするとき $E(Y_k) = 0$, $E(Y_k^2) = 1$ であり，また，上の補題 6.1 を適用すれば

$$\begin{aligned}\left|\phi(\tau) - 1 + \frac{\tau^2}{2}\right| &= \left|E\left\{e^{i\tau Y_k} - 1 - (i\tau Y_k) - \frac{(i\tau Y_k)^2}{2}\right\}\right| \\ &\leq E\left\{\left|e^{i\tau Y_k} - 1 - (i\tau Y_k) - \frac{(i\tau Y_k)^2}{2}\right|\right\} \\ &\leq E\left\{\frac{|\tau Y_k|^3}{3!}\right\} = \gamma\frac{|\tau|^3}{3!}.\end{aligned}$$

ゆえに，$\tau = \dfrac{t}{\sqrt{n}}$ として，

$$\phi\left(\frac{t}{\sqrt{n}}\right) = 1 - \frac{t^2}{2n}\{1 + o(1)\} \qquad (n \to \infty \text{ のとき}).$$

$Z_n = (Y_1 + \cdots + Y_n)/\sqrt{n}$ であるから，Z_n の特性関数を $\phi_n(t)$ とすれば，

$$\begin{aligned}\phi_n(t) &= E\left[\exp\left\{i\frac{t}{\sqrt{n}}(Y_1 + \cdots + Y_n)\right\}\right] = \left\{\phi\left(\frac{t}{\sqrt{n}}\right)\right\}^n \\ &= \left[1 - \frac{t^2}{2n}\{1 + o(1)\}\right]^n \to e^{-\frac{t^2}{2}} \qquad (n \to \infty \text{ のとき}).\end{aligned}$$

ここで，$o(1)$ は $n \to \infty$ のとき 0 に収束する項である．ところが，$e^{-\frac{t^2}{2}}$ は

標準正規分布 $N(0,1)$ の特性関数である．すなわち，Z_n の特性関数 $\phi_n(t)$ は標準正規分布 $N(0,1)$ の特性関数 $e^{-\frac{t^2}{2}}$ に収束することが示された．ゆえに，定理 2.1 (2)［連続性］によって，確率変数 Z_n は標準正規分布 $N(0,1)$ に分布収束することが示される． □

例題 6.4 (二項分布の正規近似)　成功の確率が p $(0 < p < 1)$ の独立な n 回のベルヌーイ試行を $\varepsilon_1, \cdots, \varepsilon_n$ (ε_i は 0 または 1) とすれば，成功の回数 $X_n = \varepsilon_1 + \cdots + \varepsilon_n$ は二項分布 $B_N(n,p)$ に従う．したがって，その標準化は中心極限定理によって標準正規分布に分布収束する：

$$Z_n = \frac{X_n - np}{\sqrt{np(1-p)}} \to Z = N(0,1).$$

すなわち，二項分布は n が大きいとき正規分布で近似される．例えば，$n = 20$, $p = 0.4$ のとき，次の二項確率は実際に計算してみると

$$P\{X_n \leq 10\} = \sum_{x=0}^{10} \binom{20}{x} (0.4)^x (0.6)^{20-x} = 0.8725$$

である．一方，正規確率近似では

$$P\{X_n \leq 10\} = P\left\{X_n \leq 10 + \frac{1}{2}\right\} \qquad (\text{これを半整数補正という})$$

$$= P\{Z_n \leq 1.141\} \fallingdotseq P\{Z \leq 1.141\} = \Phi(1.141) = 0.8729$$

であって，非常に近似は良いことがわかる． ◇

演習問題 6

6.1　確率変数 X が一様分布 $U(0,1)$ に従うとき，$Y = -2\log X$ は指数分布 $E_X\left(\frac{1}{2}\right)$，すなわち，自由度 2 のカイ自乗分布 χ_2^2 に従うことを示せ．

6.2　X が自由度 n のカイ自乗分布 χ_n^2 に従うとき，$Y = \sqrt{X}$ は自由度 n のカイ分布 χ_n に従うという．この分布の密度関数，平均，分散を求めよ．(特に，物理学では χ_2 を**レイリー分布** (Rayleigh distribution)，χ_3 を**マックスウェル分布** (Maxwell distribution) という．)

6.3　R, ϑ は独立な確率変数であり，R はレイリー分布に従い，ϑ は一様分布 $U(-\pi, \pi)$ に従うとする．このとき，

$$X = R\cos\vartheta, \qquad Y = R\sin\vartheta$$

は独立な確率変数でそれぞれ標準正規分布 $N(0, 1)$ に従うことを示せ．

6.4　[C8] **コーシィ分布** (Cauchy distribution)　$C_Y(\mu, \sigma)$

次のような密度関数をもつ分布をコーシィ分布という：

$$f(x|\boldsymbol{\theta}) = \frac{1}{\pi\sigma}\frac{1}{1+\left(\dfrac{x-\mu}{\sigma}\right)^2}, \qquad -\infty < x < \infty,$$

$$\Theta = \{\,\boldsymbol{\theta} = (\mu, \sigma) : -\infty < \mu < \infty,\ 0 < \sigma < \infty\}.$$

（1）　$f(x|\boldsymbol{\theta})$ は密度関数の条件を満たすことを示せ．

（2）　平均値は存在しないことを示せ．

6.5　確率変数 X, Y は独立で標準正規分布 $N(0, 1)$ に従うとき，$Z = \dfrac{X}{Y}$ はコーシィ分布 $C_Y(0, 1)$ に従うことを示せ．

6.6　確率変数 ϑ が一様分布 $U\left(-\dfrac{\pi}{2}, \dfrac{\pi}{2}\right)$ に従うとき，$X = \tan\vartheta$ はコーシィ分布 $C_Y(0, 1)$ に従うことを示せ．

6.7　(X, Y) が次のような密度関数をもつ 2 次元正規分布に従うとする：

$$f(x, y) = \frac{1}{2\pi\sigma_1\sigma_2\sqrt{1-\rho^2}}$$
$$\times \exp\left[-\frac{1}{2(1-\rho^2)}\left\{\left(\frac{x}{\sigma_1}\right)^2 - 2\rho\left(\frac{x}{\sigma_1}\right)\left(\frac{y}{\sigma_2}\right) + \left(\frac{y}{\sigma_2}\right)^2\right\}\right].$$

（1）　$Z = \dfrac{X}{Y}$ はコーシィ分布 $C_Y\left(\dfrac{\sigma_1}{\sigma_2}\rho, \dfrac{\sigma_1}{\sigma_2}\sqrt{1-\rho^2}\right)$ に従うことを示せ．

（2）　このコーシィ分布の分布関数を用いて

$$P(XY < 0) = \frac{1}{\pi}\arccos\rho, \qquad 0 < \arccos\rho < \pi$$

が成り立つことを示せ．

6.8　確率変数 X, Y は独立で，それぞれガンマ分布 $G_A(\alpha, \sigma), G_A(\beta, \sigma)$ に従うとき，次の問に答えよ．

（1）$Z=\dfrac{X}{X+Y}$ の密度関数を求めよ．それは何分布に従うか．

（2）$T=\dfrac{Y}{X}$, $U=X+Y$ は独立であることを示せ．

6.9 確率変数 X, Y は独立で，それぞれ自由度 m, n のカイ自乗分布 χ^2_m, χ^2_n に従うとき，$Z=\dfrac{X}{X+Y}$ の密度関数を求めよ．それはどのような分布に従うか．

6.10 確率変数 X, Y は独立で，それぞれ指数分布 $E_X(\lambda)$ に従うとき，$Z=\dfrac{X}{X+Y}$ の密度関数を求めよ．それはどのような分布に従うか．

6.11 k, m を正の整数とし，確率変数 X がベータ分布 $B_E(k, m)$ に従うとき，$Y=\dfrac{X/(2k)}{(1-X)/(2m)}$ は自由度 $(2k, 2m)$ のエフ分布に従うことを示せ．

6.12 X が二項分布 $B_N(n, p)$ に従うとき，等式：

$$P(X\geq k)=P\left\{Y\leq\frac{p/(2k)}{(1-p)/\{2(n-k+1)\}}\right\}$$

が成り立つことを示せ．ただし，Y は自由度 $(2k, 2(n-k+1))$ のエフ分布に従う確率変数である．［ヒント： 演習問題 **3.10**，**6.11** を参照せよ.］

6.13 $X_1, X_2, \cdots, X_n$ は正規分布 $N(\mu, \sigma^2)$ に従う無作為標本とする．そのとき，標本平均と標本分散：

$$\bar{X}_n=\frac{1}{n}\sum_{i=1}^n X_i, \qquad S_n^2=\frac{1}{n}\sum_{i=1}^n(X_i-\bar{X}_n)^2$$

の平均，分散，共分散を求めよ．

6.14 （1） Y が自由度 (m, n) のエフ分布 F_n^m に従うとき，その上側 α 点を $F_{n,\alpha}^m$ とすれば，下側 α 点は $F_{n,1-\alpha}^m$ とかける．このとき，

$$F_{n,1-\alpha}^m=\frac{1}{F_{m,\alpha}^n}$$

が成り立つことを示せ．

（2） Y が自由度 $(5, 7)$ のエフ分布 F_7^5 に従うとき，エフ分布［付表 4］を使って $P(Y<c)=0.05$ を満たす定数 c の値を求めよ．

2

統計的推測

統計的情報量は平均・分散とは全く異なった発想の概念であり，また，統計的推測決定は統計学の目標を統一的に記述する概念である．両者とも統計専門書には重要な項目として含まれているにもかかわらず，これまで教科書ではあまり触れられてこなかったが，本書では数理統計学の基本概念として取り上げた．これによって数理統計学に曖昧さは存在しないことが理解されると思う．

§7. 統計学における情報量

7.1 ハートレイの情報量

N 個の元からなる集合を $A[N]=\{a_1, a_2, \cdots, a_N\}$ で表すことにする．異なる n 種類のものから繰り返しとることを許して r 個を取り出してできる**重複順列** (repeated permutation) の総数を ${}_n\Pi_r$ で表すとき，${}_n\Pi_r = n^r$ であることが示される．特に，$n=2$ のとき**ビット** (bit = binary unit) とよばれる 2 つの元からなる集合 $\{0,1\}$ を r 個並べてできる重複順列の総数は $N={}_2\Pi_r=2^r$ になる．例えば，$r=3$ のとき，$N={}_2\Pi_3=2^3=8$ であり，実際にそれらの列をかいてみると次のようになる：

$$000,\ 001,\ 010,\ 011,\ 100,\ 101,\ 110,\ 111.$$

逆に，$N=2^r$ 個の元からなる集合 $A[N]$ の各元をビットの重複順列で表すときに必要な順列の長さは $r=\log_2 N$ である．これは集合 $A[N]$ がもつ情報を示す量と考えることができる．一般の正整数 N に対して，$\log_2 N$ は整数でないが，同様に集合 $A[N]$ がもつ情報を示す量と考え，**ハートレイの情報量** (Hartley's information) といい，

$$\Lambda(A[N])=\log_2 N \qquad (\text{単位は bit})$$

で表す．ハートレイの情報量は次の性質を満たす：

(H1) $\Lambda(A[NM])=\Lambda(A[N])+\Lambda(A[M])$.

(H2) $\Lambda(A[N])\leq \Lambda(A[N+1])$.

(H3) $\Lambda(A[2])=1$.

逆に，性質 (H1)-(H3) を満たす関数は $\Lambda(A[N])=\log_2 N$ だけであることが示され，ハートレイの情報量の定義式と考えることができる．なお，(H3) は単位集合が bit であることを示している．

7.2 シャノンの情報量

空間 Ω は互いに素な有限部分集合 $A_1, \cdots, A_n$ である層に直和分割されているとする．一般に有限集合 A の元の個数を $\#A$ で表す．

$$\Omega = A_1 + \cdots + A_n,\quad \#\Omega = N,\quad \#A_k = N_k,\quad p_k = \frac{N_k}{N}$$
$$N = N_1 + \cdots + N_n,\quad 1 = p_1 + \cdots + p_n$$

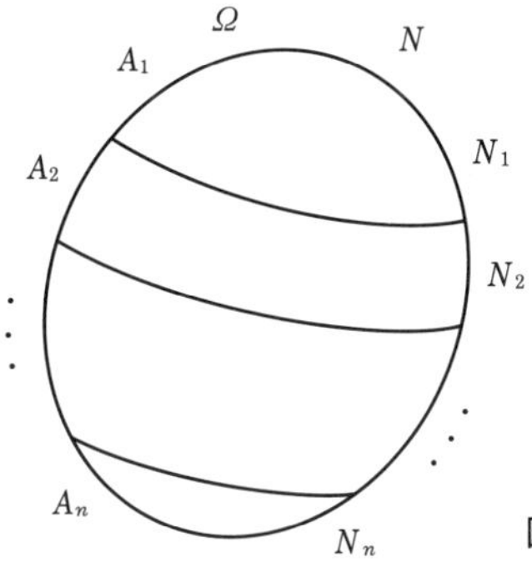

図 7.1

有限空間 Ω の元を決めるために必要なハートレイ情報量は $\Lambda(\Omega) = \log_2 N$ である．次に，空間 Ω の元を 2 段階に分けて決めることを考える．

1°　最初に，問題にしている元を含んでいる層を決定したい．層 A_k を決定するために必要な情報量を $H(A_k)$ とし，空間 Ω の層別 $A_1, \cdots, A_n$ に対する平均情報量を H とする：

$$H = \sum_{k=1}^{n} p_k H(A_k).$$

2°　次に，問題にしている Ω の元が層 A_k に入っていることがわかっているとき，層 A_k の元を決めるために必要なハートレイ情報量は $\Lambda(A_k) = \log_2 N_k$ である．ゆえに，空間 Ω の元を決めるとき，層別 $A_1, \cdots, A_n$ を行ってから，その元を決めるために必要なハートレイ情報量の平均値は

$$\bar{\Lambda} = \sum_{k=1}^{n} \frac{N_k}{N} \log_2 N_k = \sum_{k=1}^{n} p_k \log_2 N p_k.$$

ゆえに，$\Lambda(\Omega) = H + \bar{\Lambda}$ であることから，層を決定するために必要な平均情報量 H は

$$H = \sum_{k=1}^{n} p_k \log_2 \frac{1}{p_k} = -\sum_{k=1}^{n} p_k \log_2 p_k.$$

また．各層 A_k を決定するために必要な情報量は

$$H(A_k) = \log_2 \frac{1}{p_k}.$$

これらの情報量は層別の確率分布 $\boldsymbol{P} = (p_1, \cdots, p_n)$ でのみ表現され，空間が有限集合であることには依存しない．

定義 7.1　一般に，空間 Ω が部分集合 $A_1, \cdots, A_n$ に直和分割されていて，それぞれの確率が $P(A_k) = p_k$, $k = 1, \cdots, n$，すなわち

$$\Omega = A_1 + \cdots + A_n, \quad 1 = p_1 + \cdots + p_n$$

であるとき，$\boldsymbol{P} = (p_1, \cdots, p_n)$ として

$$H(\boldsymbol{P}) = \sum_{k=1}^{n} p_k \log_2 \frac{1}{p_k} = -\sum_{k=1}^{n} p_k \log_2 p_k$$

を**シャノンの情報量** (Shannon's information) という．

シャノンの情報量は次の性質を満たす：

(S1)　確率分布 $\boldsymbol{P} = (p_1, \cdots, p_n)$ に対し，情報量 $H(\boldsymbol{P}) = H(p_1, \cdots, p_n)$ は，変数 $p_1, \cdots, p_n$ の対称関数である．

(S2)　$H(p, 1-p)$ は p $(0 \leq p \leq 1)$ の連続関数である．

(S3)　$H\left(\frac{1}{2}, \frac{1}{2}\right) = 1$.

(S4)　$H(p_1, \cdots, p_n)$

$$= H(p_1 + p_2, p_3, \cdots, p_n) + (p_1 + p_2) H\left(\frac{p_1}{p_1 + p_2}, \frac{p_2}{p_1 + p_2}\right).$$

逆に，全ての有限確率分布 $\boldsymbol{P} = (p_1, \cdots, p_n)$ に対し実数値関数 $H(\boldsymbol{P}) = H(p_1, \cdots, p_n)$ が定義され，性質 (S1)-(S4) を満たすならば，$H(\boldsymbol{P})$ はシャノンの情報量であることが導かれる．ただし，$0 \log_2 0 = 0$ とする．

性質 (S4) は情報の加法性と同時に，異なる情報の確率加重付けを要求している．すなわち，事象の合併 $A_0 = A_1 + A_2$ を考えると，A_0 が起こったという条件の下での分布 $\left(\frac{p_1}{p_1 + p_2}, \frac{p_2}{p_1 + p_2}\right)$ の情報量 $H\left(\frac{p_1}{p_1 + p_2}, \frac{p_2}{p_1 + p_2}\right)$ が確率加重で加算される．

n 個の事象 $A_1, \cdots, A_n$ を確率分布 $\boldsymbol{P} = (p_1, \cdots, p_n)$ でとる確率変数 X を実験と考える．すなわち，$P(X \in A_k) = p_k$, $k = 1, \cdots, n$ のとき，1回の

実験 X で得られる情報量はシャノンの情報量 $H(\boldsymbol{P})$ であり，これを $H(X)$ とかくこともある．逆にいえば，これは実験 X の結果がどの事象 A_k であるかを決定するために必要な情報量であり，実験 X の不確実性を表す量と考えることができる．また，$H(\boldsymbol{P})$ は熱力学の分野では**ボルツマン** (Boltzmann) の**エントロピー** (entropy) とよばれている．

例題 7.1 (事象の合併はエントロピーを減少させる)

有限分割 $\{A_1, \cdots, A_n\}$ とその確率 $p_1 = P(A_1), \cdots, p_n = P(A_n)$ に対して，事象の合併 $A_i \cup A_j$ を行う．このとき，$P(A_i \cup A_j) = p_i + p_j$ であり，

$$p_i, p_j \leq p_i + p_j, \quad \text{すなわち，} \log_2 \frac{1}{p_i}, \log_2 \frac{1}{p_j} \geq \log_2 \frac{1}{p_i + p_j}.$$

ゆえに，次の不等式を得る：

$$p_i \log_2 \frac{1}{p_i} + p_j \log_2 \frac{1}{p_j} \geq (p_i + p_j) \log_2 \frac{1}{p_i + p_j}.$$

これは，事象の合併によりエントロピーが減少すること，逆に，事象の分割によりエントロピーが増大することを意味する． ◇

例題 7.2 (最大エントロピー)　n 個の点 $x_1, \cdots, x_n$ 上の分布 $\boldsymbol{P} = (p_1, \cdots, p_n)$ に対してエントロピー $H(\boldsymbol{P})$ を考える．定義より，$H(\boldsymbol{P}) \geq 0$ であり，等号が成り立つのは1点分布だけであることがわかる．例えば，$p_1 = 1$, $p_2 = \cdots = p_n = 0$. すなわち，エントロピーを最小にするものは1点分布である．

次に，点 $x_1, \cdots, x_n$ 上の離散一様分布 $U_n = \left(\frac{1}{n}, \cdots, \frac{1}{n}\right)$ に対して，シャノンの情報量は

$$H(U_n) = \sum_{k=1}^{n} \frac{1}{n} \log_2 n = \log_2 n.$$

ところで，関数 $\phi(x) = -\log_2 x = \log_2 \frac{1}{x}$ を考えるとその2階微分は $\phi''(x) > 0$ であるから $\phi(x)$ は凸関数である．ゆえに，イエンセンの不等式によって

$$-H(\boldsymbol{P}) = \sum_{k=1}^{n} p_k \left\{-\log_2 \frac{1}{p_k}\right\} \geq -\log_2\left(\sum_{k=1}^{n} p_k \frac{1}{p_k}\right) = -\log_2 n,$$

$$\therefore \quad H(\boldsymbol{P}) \leq H(U_n)$$

であり，等号が成り立つのは離散一様分布のときに限られることが示される．すなわち，エントロピーを最大にするものは離散一様分布である． ◇

例題 7.3 (与えられた平均の下での最大エントロピー)

点 $\{x_1, \cdots, x_n\}$ 上の分布 $\boldsymbol{P}=(p_1, \cdots, p_n)$ の平均 $E(X)=\sum_{k=1}^{n} x_k p_k=\mu$ の下で，エントロピー $H(\boldsymbol{P})$ を最大にする分布を求めよう．ラグランジュ乗数法により，$c=\log_e 2$ として，

$$\begin{aligned}\Psi(\boldsymbol{P}) &= \sum_{k=1}^{n} p_k \log_2 \frac{1}{p_k} - a\left(\sum_{k=1}^{n} p_k - 1\right) - b\left(\sum_{k=1}^{n} x_k p_k - \mu\right) \\ &= c^{-1} \sum_{k=1}^{n} p_k \log_e \frac{1}{p_k} - a\left(\sum_{k=1}^{n} p_k - 1\right) - b\left(\sum_{k=1}^{n} x_k p_k - \mu\right)\end{aligned}$$

を p_k について微分して

$$\frac{\partial \Psi}{\partial p_k} = c^{-1}\left(\log_e \frac{1}{p_k} - 1\right) - a - b x_k = 0, \qquad k=1, \cdots, n$$

を得る．すなわち，有限の指数型分布

$$p_k = e^{-1-ca-cbx_k} = \frac{e^{\alpha x_k}}{M(\alpha)}, \qquad k=1, \cdots, n$$

を得る．ただし，母数 α と $M(\alpha)$ は確率分布とその平均についての条件から，

$$\sum_{k=1}^{n} e^{\alpha x_k} = M(\alpha), \qquad \sum_{k=1}^{n} x_k e^{\alpha x_k} = \mu M(\alpha)$$

を満たす．このような分布を**ギブス分布** (Gibbs' distribution) という． ◇

例題 7.4 ジャイニズの例 (Jaynes' example)

前例題において，特に $n=6$, $x_k=k$, $k=1, \cdots, 6$, $\mu=\frac{9}{2}$ のとき，ジャイニズの例とよばれる．

条件式から，$x=e^{\alpha}$ とおいて，

$$\sum_{k=1}^{6} k x^k = \frac{9}{2} \sum_{k=1}^{6} x^k.$$

すなわち，x についての方程式：

$$3x^5 + x^4 - x^3 - 3x^2 - 5x - 7 = 0$$

がでる．これを解くと $x=1.449254$, $M(\alpha)=26.6637$，さらに

$$\begin{aligned}&p_1 = 0.05435, \quad p_2 = 0.07877, \quad p_3 = 0.11416, \\ &p_4 = 0.16545, \quad p_5 = 0.23977, \quad p_6 = 0.34749\end{aligned}$$

を求めることができる． ◇

注意 「情報量とは何か？」ということについて，情報量は

●「意味」(meaning) を指すのか，

●「驚き」(surprising) を指すのか，

どちらを伝えたいのかを考えよう．このことを対比する例文として，

(a)「私は朝食にご飯とみそ汁を食べます」，

(b)「与野党の党首が一緒に神社に参拝した」，

を挙げるとき，どちらの文章の情報量が大きいかを考えよう．

シャノンの情報量は空間の層別に対する情報量である．特に等確率 U_n の場合は $H(U_n) = \log_2 n$ となって，各層 $A_1, \cdots, A_n$ を Ω の n 個の“元”とみなしたときのハートレイの情報量に帰着する．しかし，各層 A_k に対する情報量 $H(A_k) = \log_2 \dfrac{1}{p_k}$ は p_k が小さいほど大きくなる．したがって，(b) の文章の方がめったに起こらないことを記述しているので，情報量は大きくなり，すなわち，「驚き」を数量化して伝えるものである．

例えば，最初の有限空間の場合には，各層の情報量は $H(A_k) = \log_2 N - \log_2 N_k$ であるが，ハートレイの情報量は $\Lambda(A_k) = \log_2 N_k$ であり，両者は全く異なる．したがって，ハートレイの情報量は，空間を考える必要はなく集合そのものを対象にし，集合の大きさ，すなわち，集合の「意味すること」を数量化して伝えるものである．一方，シャノンの情報量は，まず空間があり，空間の中で各部分集合がどんな割合を占めるのか，すなわち，部分集合の「驚き」を数量化してその平均を伝えるものである．

7.3 増加情報量

空間 Ω が図 7.1 と同様に $A_1, \cdots, A_n$ に層別されているとき，さらに部分空間 Ω' を考え，各層に対応する集合とその元の個数を次のようにする：

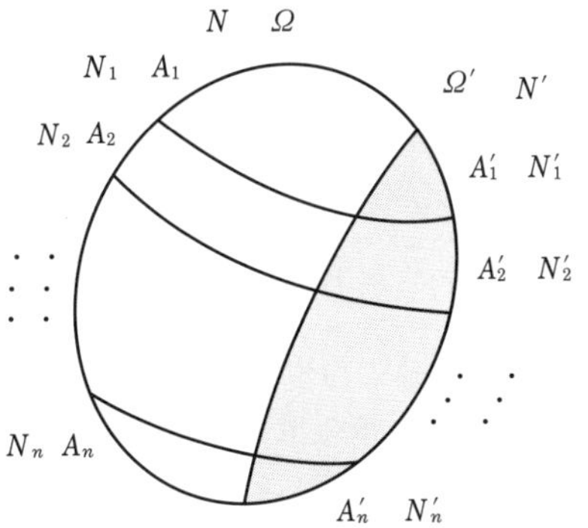

図 7.2

$$A'_1 = A_1 \cap \Omega',\ A'_2 = A_2 \cap \Omega',\ \cdots,\ A'_n = A_n \cap \Omega'$$

$$\#\Omega' = N',\ \#A'_k = N'_k, \quad q_k = \frac{N'_k}{N'}.$$

いま，Ω からランダムに選ばれた元が部分空間 Ω' に属しているということを知ったとき，これによってどれだけの情報が供給されるかを考えよう．

まず，Ω の元を等確率で選ぶ確率変数を X とし，部分集合 A_k を確率 p_k で選ぶ確率変数を Y とする： $P(Y=k)=p_k$．このときそれらの情報量は

$$H(X) = \log_2 N, \qquad H(Y) = \sum_{k=1}^{n} p_k \log_2 \frac{1}{p_k}.$$

層別を行った後で，層 A_k の元を等確率で選ぶ確率変数 $[X|Y=k]$ の情報量は $H[X|Y=k] = \Lambda(A_k) = \log_2 N_k$ であるから，その平均は

$$H[X|Y] \equiv \sum_{k=1}^{n} p_k H[X|Y=k] = \sum_{k=1}^{n} p_k \log_2 N_k$$

であり，次の等式が成り立つ：

$$H(X) = H(Y) + H[X|Y].$$

次に，元が Ω' に属することを知ったことにより，どれだけの情報量が得られるかを考えよう．まず，これにより X に対して供給される情報量は

$$I = H(X) - H(X|\Omega') = \Lambda(\Omega) - \Lambda(\Omega') = \log_2 \frac{N}{N'}$$

である．これは次の 2 つの部分 I_1, I_2 からなる： $I = I_1 + I_2$．

1°　元が Ω' に属することを知ったことにより得られる Y についての情報量 I_1 は，Ω の直和分割の分布 $\boldsymbol{P}$ が Ω' の対応する直和分割の分布 $\boldsymbol{Q}$ に置き換えられることに関係するので，$I_1 = I(\boldsymbol{Q}\|\boldsymbol{P})$ とかくことにする．

2°　$Y=k$ が与えられたとき，A_k を A'_k に置き換えることで得られる X についての情報量は

$$H[X|Y=k] - H[X|Y=k, \Omega'] = \Lambda(A_k) - \Lambda(A'_k) = \log_2 \frac{N_k}{N'_k}$$

であるから，Y が与えられたとき，元が Ω' に属しているということを知ったことにより X について得られた情報量はその平均値となる：

$$I_2 = \sum_{k=1}^{n} q_k \{H[X|Y=k] - H[X|Y=k, \Omega']\} = \sum_{k=1}^{n} q_k \log_2 \frac{N_k}{N'_k}.$$

したがって，等式 $I = I_1 + I_2$ から，

$$I(\boldsymbol{Q}\|\boldsymbol{P}) = \sum_{k=1}^{n} q_k \log_2 \frac{q_k}{p_k}$$

を得る．結果として，この値は Ω の直和分割の確率分布 $\boldsymbol{P}$ と Ω' の対応する直和分割の確率分布 $\boldsymbol{Q}$ にのみ依存し，Ω を有限集合に限る必要はないし，Ω' を Ω の真の部分集合とする必要もない．したがって，一般の $I(\boldsymbol{Q}\|\boldsymbol{P})$ を，Y の事前分布 $\boldsymbol{P}$ を事後分布 $\boldsymbol{Q}$ で置き換えることから生じる情報量の増加と考えて**増加情報量** (gain of information)，または，統計学では**カルバックの情報量** (Kullback's information) という．これは情報理論で最も重要な概念の 1 つであり，次の定理が成り立つ．

定理 7.1 (**情報量不等式**)　事前分布 $\boldsymbol{P} = (p_1, \cdots, p_n)$ を事後分布 $\boldsymbol{Q} = (q_1, \cdots, q_n)$ で置き換えたときの増加情報量は非負である：

$$I(\boldsymbol{Q}\|\boldsymbol{P}) = \sum_{k=1}^{n} q_k \log_2 \frac{q_k}{p_k} \geq 0.$$

ここで，等号が成り立つのは $\boldsymbol{P} = \boldsymbol{Q}$ のときに限られる．この不等式を**情報量不等式** (information inequality)，または，**ギブスの不等式** (Gibbs' inequality) という．

証明　値 $\dfrac{p_k}{q_k}$ を確率 $q_k\,(k = 1, \cdots, n)$ でとる確率変数 Z を考えるとき，

$$E(Z) = \sum_{k=1}^{n} \frac{p_k}{q_k} q_k = 1.$$

次に，自然対数の底 $e = 2.71828\cdots$ を用いて，$z > 0$ の関数

$$\phi(z) = -\log_2 z = \log_2 \frac{1}{z} = c^{-1} \log_e \frac{1}{z}, \qquad c = \log_e 2 > 0$$

を考えるとき，$\phi(Z)$ の平均は増加情報量である：

$$E\{\phi(Z)\} = \sum_{k=1}^{n} \left\{\log_2 \frac{q_k}{p_k}\right\} q_k = I(\boldsymbol{Q}\|\boldsymbol{P}).$$

また，$\phi(z)$ の 2 階までの微分は

$$\phi'(z) = -c^{-1} \frac{1}{z}, \qquad \phi''(z) = c^{-1} \frac{1}{z^2} > 0$$

であるから，狭義の凸関数であって

$$\psi(z) \geq -c^{-1}(z-1),\quad z>0,\qquad \text{等号は } z=1 \text{ のときだけである}$$

が成り立つ．したがって，$\psi(Z) \geq -c^{-1}(Z-1)$ の両辺の平均をとれば

$$E\{\psi(Z)\} \geq -c^{-1}\{E(Z)-1\} = 0.$$

ゆえに，増加情報量は $I(\boldsymbol{Q}\|\boldsymbol{P}) \geq 0$ であり，等号が成り立つのは $Z \equiv 1$，すなわち，$\boldsymbol{P}=\boldsymbol{Q}$ のときに限られる．□

7.4 連続分布に対する情報量

これまでは離散分布に対して情報量を論じてきたが，一般の分布へも拡張しよう．ここでは，増加情報量について一般分布への拡張を論じるが，他の情報量の定義も同様に拡張される．今後は微積分を使う関係から，情報単位として bit：$\{0,1\}$ でなく，自然対数の底 $e=2.71828\cdots$ を用いる．そのときの増加情報量は 2 を底とする情報量の定数 $c=\log_e 2>0$ 倍である：

$$I_e(Q\|P) \equiv \sum_{k=1}^{n} q_k \log_e \frac{q_k}{p_k} = c\sum_{k=1}^{n} q_k \log_2 \frac{q_k}{p_k} = c\,I_2(Q\|P).$$

今後は，対数の底“e”で自然対数を考えるが，“e”はかかない．

実数空間 $(\boldsymbol{R}^1, \mathscr{B}^1)$ 上の確率分布 P, Q が密度関数 $p(x), q(x)$ をもつ場合について考える．ここで，任意の $A \in \mathscr{B}^1$ に対し，

$$P(A)=\int_A p(x)\,dx,\qquad Q(A)=\int_A q(x)\,dx.$$

$\boldsymbol{R}^1$ の有限分割 $\alpha=\{A_1,\cdots,A_{n_\alpha}\}$ とは，集合 $A_k \in \mathscr{B}^1$, $k=1,\cdots,n_\alpha$ による $\boldsymbol{R}^1$ の直和分割である：

$$\boldsymbol{R}^1 = A_1+\cdots+A_{n_\alpha},\qquad A_j \cap A_k = \emptyset\ (j \neq k).$$

このような有限分割の全体を $\mathscr{A}_0$ とする．

任意の $\alpha \in \mathscr{A}_0$ に対して，離散分布を $\boldsymbol{P}_\alpha=(P(A_1),\cdots,P(A_{n_\alpha}))$, $\boldsymbol{Q}_\alpha=(Q(A_1),\cdots,Q(A_{n_\alpha}))$ で表すとき，事前分布 $\boldsymbol{P}_\alpha$ を事後分布 $\boldsymbol{Q}_\alpha$ で置き換えたときの増加情報量は

$$I(\boldsymbol{Q}_\alpha\|\boldsymbol{P}_\alpha) \equiv \sum_{k=1}^{n_\alpha} Q(A_k)\log\frac{Q(A_k)}{P(A_k)}.$$

一般に，事前分布 P を事後分布 Q で置き換えたときの増加情報量を

$$I(Q\|P) \equiv \sup\{I(\boldsymbol{Q}_\alpha\|\boldsymbol{P}_\alpha) : \alpha \in \mathscr{A}_0\}$$

で定義する．明らかに，$0 \leq I(Q\|P) \leq \infty$ が成り立つ．

定理 7.2 増加情報量 $I(Q\|P)$ は次の性質を満たす：

（1） $I(Q\|P) = 0 \iff P = Q$.

（2） $I(Q\|P) < \infty$ のとき，Q は P に関して絶対連続 $Q \ll P$ である．すなわち，$P(A) = 0 \implies Q(A) = 0$ が成り立つ．

（3） $\int_{-\infty}^{\infty} \log \frac{q(x)}{p(x)} q(x)\, dx < \infty$ のとき，次の積分表現ができる：

$$I(Q\|P) = \int_{-\infty}^{\infty} \log \frac{q(x)}{p(x)} q(x)\, dx.$$

証明 （1） $I(Q\|P) = 0$ ならば，任意の $\alpha \in \mathscr{A}_0$ に対して $I(Q_\alpha\|P_\alpha) = 0$ であるから，情報量不等式により $P(A_k) = Q(A_k),\ k = 1, \cdots, n_\alpha$. ゆえに，$P = Q$. 逆は明らかである．

（2） いま，$Q \ll P$ でないと仮定すれば，ある $A \in \mathscr{A}$ が存在して，$P(A) = 0$ であるけれども $Q(A) > 0$ ということが成り立つ．このとき，

$$I(Q\|P) \geq Q(A) \log \frac{Q(A)}{P(A)} + Q(A^c) \log \frac{Q(A^c)}{P(A^c)} = \infty.$$

ゆえに，対偶をとれば (2) の結果が成り立つ．

（3） 右辺の積分を I とおく．2 段階に分けて，

$$1^\circ\ I(Q\|P) \leq I, \qquad 2^\circ\ I(Q\|P) \geq I$$

を証明しよう．X の分布は Q とする．

1° 狭義の凸関数 $-\log y$ と $Y = \frac{p(X)}{q(X)}$ に対して，集合 $A \in \mathscr{B}^1$, $Q(A) > 0$ 上の平均にイエンセンの不等式を適用して，

$$E_Q[-\log Y \mid A] \equiv \frac{1}{Q(A)} \int_A \left(-\log \frac{p(x)}{q(x)}\right) q(x) dx$$

$$\geq -\log(E_Q[Y|A]) = -\log\left(\frac{1}{Q(A)} \int_A \frac{p(x)}{q(x)} q(x)\, dx\right) = -\log \frac{P(A)}{Q(A)}$$

すなわち，

$$(*)\qquad E_Q\left[\log\frac{q(X)}{p(X)}\middle|A\right]\geq\log\frac{Q(A)}{P(A)}$$

が成り立つ．ゆえに，次の不等式が成り立つ（$Q(A)=0$ でもよい）：

$$\int_A\log\frac{q(x)}{p(x)}q(x)\,dx\geq Q(A)\log\frac{Q(A)}{P(A)}.$$

したがって，任意の $\alpha\in\mathcal{A}_0$ に対して，

$$I=\sum_{k=1}^{n_\alpha}\int_{A_k}\log\frac{q(x)}{p(x)}q(x)\,dx\geq\sum_{k=1}^{n_\alpha}Q(A_k)\log\frac{Q(A_k)}{P(A_k)}=I(Q_\alpha\|P_\alpha).$$

結局，一般の分布の増加情報量の定義から，$I(Q\|P)\leq I$ が示される．

2° $g(x)\equiv\log\dfrac{q(x)}{p(x)}$ が Q-可積分であることから，基本列 $\{g_m(x)\}_{m=1}^{\infty}$：

$$g_m(x)=\sum_{k=1}^{n(m)}a_k\chi_{A_k}(x),\qquad A_k=\{x : a_k\leq g(x)<a_{k+1}\}$$

が存在して，

$$\lim_{m\to\infty}g_m(x)=g(x),\qquad\lim_{m\to\infty}\int_{-\infty}^{\infty}g_m(x)q(x)\,dx=\int_{-\infty}^{\infty}g(x)q(x)\,dx$$

を満たす．ここで，$\chi_A(x)$ は集合 A の定義関数である：

$$\chi_A(x)=\begin{cases}1 & \text{if } x\in A,\\ 0 & \text{if } x\notin A.\end{cases}$$

ところが，1° で得られた不等式（$*$）は P, Q を交換しても成り立つので，

$$E_P\left[\log\frac{p(X)}{q(X)}\middle|A\right]\geq\log\frac{P(A)}{Q(A)}.$$

ここで，両辺の符号を入れ替えると

$$E_P\left[\log\frac{q(X)}{p(X)}\middle|A\right]\leq\log\frac{Q(A)}{P(A)}.$$

いま，A として $A_k=\{x : a_k\leq g(x)<a_{k+1}\}$ をとれば，

$$a_k\leq E_P[g(X)|A_k]=E_P\left[\log\frac{q(X)}{p(X)}\middle|A_k\right]\leq\log\frac{Q(A_k)}{P(A_k)}$$

が示される．したがって，$\alpha=\{A_1,\cdots,A_{n(m)}\}$ として，

$$\int_{-\infty}^{\infty} g_m(x)q(x)\,dx = \sum_{k=1}^{n(m)} a_k Q(A_k)$$
$$\leq \sum_{k=1}^{n(m)} Q(A_k)\log\frac{Q(A_k)}{P(A_k)} = I(Q_\alpha\|P_\alpha) \leq I(Q\|P).$$

ゆえに，m について極限 $m\to\infty$ をとれば，

$$\int_{-\infty}^{\infty} \log\frac{q(x)}{p(x)}\,q(x)\,dx \leq I(Q\|P).$$

結局，1°, 2° から (3) の結果を得る． □

例題 7.5 非負整数値上の確率分布 $P=\{p_k\}_{k=0}^{\infty}$ で，その平均 $\mu>0$ が与えられているとき，エントロピー

$$H(P) = \sum_{k=0}^{\infty} p_k \log_2\frac{1}{p_k}$$

を最大にする確率分布を求めよう．エントロピーが平均だけでかける確率関数

$$\log q_k = -a - bk, \quad \text{すなわち,}\ q_k = \frac{\alpha^k}{A(\alpha)}$$

を考えると，モーメント条件より

$$\sum_{k=1}^{\infty} \alpha^k = A(\alpha), \qquad \sum_{k=1}^{\infty} k\,\alpha^k = \mu A(\alpha)$$

なる分布であるから，それは幾何分布 $Q=G(p),\ \dfrac{1-p}{p}=\mu$ である：

$$q_k = p(1-p)^k, \quad k=0,1,2,\cdots.$$

ゆえに，平均条件より，

$$\sum_{k=1}^{\infty} p_k \log_2 q_k = \sum_{k=1}^{\infty} q_k \log_2 q_k = \log_2 p + \mu\log_2(1-p) = -H(Q).$$

ところが，情報量不等式(定理 7.1)より，

$$0 \leq I(P\|Q) = -H(P) - \sum_{k=1}^{\infty} p_k \log_2 q_k = H(Q) - H(P).$$

ゆえに，Q がシャノンのエントロピーを最大にする． ◇

例題 7.6 $P=\{p(x)\}$ は実数軸上の密度関数 $p(x)$ をもつ確率分布であり，その平均値 μ と分散 σ^2 は与えられているとする：

$$\int_{-\infty}^{\infty} p(x)\,dx = 1, \qquad \int_{-\infty}^{\infty} x\,p(x)\,dx = \mu, \qquad \int_{-\infty}^{\infty} (x-\mu)^2 p(x)\,dx = \sigma^2.$$

この条件の下でエントロピー

$$H(P) = -\int_{-\infty}^{\infty} p(x)\log p(x)\,dx$$

を最大にする確率分布を求めよう．いま，エントロピーがモーメント条件のみでかけるような密度関数 $q(x)$ を考えると，

$$\log q(x) = -a - bx - cx^2,\ \text{すなわち},\ q(x) = e^{-a-bx-cx^2}$$

なる分布であるから，それは正規分布 $Q = N(\mu, \sigma^2)$ の密度関数である：

$$q(x) = (2\pi\sigma^2)^{-\frac{1}{2}}\exp\left\{-\frac{(x-\mu^2)}{2\sigma^2}\right\}.$$

したがって，モーメント条件より，

$$\int_{-\infty}^{\infty} p(x)\log\frac{1}{q(x)}\,dx = \int_{-\infty}^{\infty} q(x)\log\frac{1}{q(x)}\,dx = \frac{1}{2}\log(2\pi\sigma^2) + \frac{1}{2} = H(Q).$$

ところが，情報量不等式より，

$$0 \le I(P\|Q) = \int_{-\infty}^{\infty} p(x)\log\frac{1}{q(x)}\,dx - H(P) = H(Q) - H(P).$$

ゆえに，正規分布 Q がエントロピーを最大にする． ◇

7.5 フィッシャー情報量

統計的推測決定問題では，分布族が確率関数または密度関数によって与えられている：

$$\mathcal{F} = \{f(x|\theta) : \theta \in \Theta\}.$$

同じ分布族に属する分布間の増加情報量，すなわち，カルバック情報量は母数間のカルバック情報量として次のような記号で表す：

$$I(\theta_0\|\theta_1) = I_f(\theta_0\|\theta_1) \equiv I(f(\cdot|\theta_0)\|f(\cdot|\theta_1)).$$

ここでは，母数の近傍におけるカルバック情報量の局所的な挙動，すなわち，h が小さいときの $I(\theta\|\theta+h)$ の挙動について調べよう．

分布族の元である確率関数または密度関数を母数 θ の関数とみなすとき，**尤度関数**(ゆうど) (likelihood function) という．その対数尤度関数を

$$l(\theta) = l(\theta|x) = \log f(x|\theta)$$

とおき，尤度関数と対数尤度関数の θ に関する3階までの微分をそれぞれ $\dot{f}, \ddot{f}, \dddot{f}$; $\dot{l}, \ddot{l}, \dddot{l}$ で表すとする．そのとき，次の関係式が成り立つ：

$$\dot{l}(\theta) = \frac{\dot{f}(x|\theta)}{f(x|\theta)}, \qquad \ddot{l}(\theta) = \frac{\ddot{f}(x|\theta)}{f(x|\theta)} - \left(\frac{\dot{f}(x|\theta)}{f(x|\theta)}\right)^2.$$

定義 7.2 分布族 $\mathscr{F} = \{f(x|\theta) : \theta \in \Theta\}$ に対して,

$$I(\theta) \equiv E\{\dot{l}(\theta)^2\} = \begin{cases} \displaystyle\sum_{i=1}^{\infty} \frac{\dot{f}(x_i|\theta)^2}{f(x_i|\theta)} & (\text{離散のとき}), \\ \displaystyle\int_{-\infty}^{\infty} \frac{\dot{f}(x|\theta)^2}{f(x|\theta)}\, dx & (\text{密度のとき}) \end{cases}$$

を θ における**フィッシャー情報量** (Fisher's information) という.

次のような**正則条件** (regularity conditions) を仮定する：

(RC1) 母数空間 Θ は実数空間 $\boldsymbol{R}^1$ の区間であり, 密度関数の台 $\{x : f(x|\theta) > 0\}$ は母数 θ によらない.

(RC2) Θ の内点 θ において, フィッシャー情報量 $I(\theta) > 0$ が存在する.

(RC3) 尤度関数は θ に関して 3 回連続微分可能である.

(RC31) $E\{\dot{l}(\theta)\} = 0$.

(RC32) $E\{\ddot{l}(\theta)\} = -I(\theta)$.

(RC33) Θ の内点 θ に対し, 近傍 $U(\theta)$ と関数 $u(x|\theta) \geq 0$ が存在し, 次の条件を満たす：

$$|\dddot{l}(\tau)| \leq u(x|\theta), \quad \text{for } \tau \in U(\theta), \qquad E\{u(X|\theta)\} < \infty.$$

注意 密度関数 $f(x|\theta)$ について, 微積分の交換可能を仮定すれば (RC31), (RC32) が成り立つことを示すことができる. 実際,

$$E\{\dot{l}(\theta)\} = \int_{-\infty}^{\infty} \dot{f}(x|\theta)\, dx = \left(\int_{-\infty}^{\infty} f(x|\theta)\, dx\right)' = (1)' = 0.$$

$$E\{\ddot{l}(\theta)\} = E\left\{\frac{\ddot{f}(x|\theta)}{f(x|\theta)} - \left(\frac{\dot{f}(x|\theta)}{f(x|\theta)}\right)^2\right\}$$

$$= \int_{-\infty}^{\infty} \ddot{f}(x|\theta)\, dx - E\{\dot{l}(\theta)^2\} = -E\{\dot{l}(\theta)^2\} = -I(\theta).$$

定理 7.3 カルバック情報量とフィッシャー情報量の間には次のような関係が成り立つ：

$$\lim_{h \to 0} \frac{1}{h^2} I(\theta \| \theta + h) = \frac{1}{2} I(\theta).$$

証明 対数尤度関数をテイラー展開すると

$$l(\theta+h)-l(\theta)=\dot{l}(\theta)h+\frac{1}{2}\ddot{l}(\theta)h^2+\frac{1}{6}\dddot{l}(\tilde{\theta})h^3.$$

ここで，$0\leq|\tilde{\theta}-\theta|\leq|h|$ であり，h を十分小さくとれば $\tilde{\theta}\in U(\theta)$ となる．ゆえに，

$$\left|E\left\{\frac{1}{h^2}\log\frac{f(X|\theta)}{f(X|\theta+h)}+\frac{1}{h}\dot{l}(\theta)+\frac{1}{2}\ddot{l}(\theta)\right\}\right|\leq E\{|\dddot{l}(\tilde{\theta})|\}\frac{|h|}{6}.$$

したがって，正則条件 (RC31), (RC32) により，

$$\left|\frac{1}{h^2}I(\theta\|\theta+h)-\frac{1}{2}I(\theta)\right|\leq E\{u(X|\theta)\}\frac{|h|}{6}.$$

これは定理の結果を導く． □

この定理は，θ の近傍でのカルバック情報量 $I(\theta\|\theta+h)$ がフィッシャー情報量 $I(\theta)$ に比例することを示しているので，フィッシャー情報量は分布族の局所情報量を表していることがわかる．

例題 7.7 二項分布 $B_N(n,p)$ について，定理 7.3 が成り立つことを確かめてみよう．このときの確率関数は

$$f(x|p)=\binom{n}{x}p^x(1-p)^{n-x},\quad x=0,1,\cdots,n$$

であるから，対数尤度関数とその p に関する微分によって

$$l(p)=\log\binom{n}{X}+X\log p+(n-X)\log(1-p),$$

$$\dot{l}(p)=\frac{X}{p}-\frac{n-X}{1-p}=\frac{X-np}{p(1-p)},$$

$$\ddot{l}(p)=-\frac{X}{p^2}-\frac{n-X}{(1-p)^2}..$$

ゆえに，シャノン情報量，カルバック情報量とフィッシャー情報量は

$$-H(p)=E\{l(p)\}=C+n\{p\log p+(1-p)\log(1-p)\}$$

$$\text{ここで，}\ C=E\left\{\log\binom{n}{X}\right\},$$

$$I(p\|p+h) = E\left\{X\log\frac{p}{p+h} + (n-X)\log\frac{1-p}{1-(p+h)}\right\}$$

$$= n\left\{p\log\frac{p}{p+h} + (1-p)\log\frac{1-p}{1-(p+h)}\right\},$$

$$I(p) = \frac{V(X)}{\{p(1-p)\}^2} = \frac{n}{p(1-p)}.$$

次に，テイラー展開：

$$\log(1+y) = y - \frac{y^2}{2} + o(y^2), \qquad \log(1-y) = -y - \frac{y^2}{2} + o(y^2)$$

により，

$$I(p\|p+h) = n\left[-p\log\left(1+\frac{h}{p}\right) - (1-p)\log\left(1-\frac{h}{1-p}\right)\right]$$

$$= n\left[-p\left\{\frac{h}{p} + \frac{1}{2}\left(\frac{h}{p}\right)^2 + o(h^2)\right\}\right.$$

$$\left. + (1-p)\left\{\frac{h}{1-p} + \frac{1}{2}\left(\frac{h}{1-p}\right)^2 + o(h^2)\right\}\right]$$

$$= h^2\left\{\frac{1}{2}I(p) + o(1)\right\}.$$

ゆえに，

$$\lim_{h\to 0}\frac{1}{h^2}I(p\|p+h) = \frac{1}{2}I(p).$$

すなわち，二項分布に対して確かに定理 7.3 が成り立つ．　◇

例題 7.8　正規分布 $N(\mu, \sigma^2)$ について，定理 7.3 が成り立つことを確かめてみよう．ただし，平均 μ を未知母数とし，分散 σ^2 は既知とする．そのとき尤度関数は

$$f(x|\mu) = (2\pi\sigma^2)^{-\frac{1}{2}}\exp\left\{-\frac{(x-\mu)^2}{2\sigma^2}\right\}, \qquad -\infty < x < \infty$$

であるから，対数密度関数とその μ に関する微分により

$$l(\mu) = -\frac{1}{2}\log(2\pi\sigma^2) - \frac{(x-\mu)^2}{2\sigma^2},$$

$$\dot{l}(\mu) = \frac{x-\mu}{\sigma^2},$$

$$\ddot{l}(\mu) = -\frac{1}{\sigma^2}.$$

したがって，シャノン情報量，カルバック情報量とフィッシャー情報量は

$$H(\mu) = \frac{1}{2}\log(2\pi\sigma^2) + \frac{1}{2},$$

$$I(\mu\|\mu+h) = \frac{1}{2\sigma^2}E\{(x-(\mu+h))^2-(x-\mu)^2\} = \frac{h^2}{2\sigma^2},$$

$$I(\mu) = \frac{V(X)}{(\sigma^2)^2} = \frac{1}{\sigma^2}.$$

これらの情報量は母数 μ によらない．さらに，正確に

$$\frac{1}{h^2}I(\mu\|\mu+h) = \frac{1}{2}I(\mu)$$

となり，定理 7.3 が成り立つ．　◇

演習問題 7

7.1　X は値 $\{1, 2, 3\}$ を確率 $\{p_1, p_2, p_3\}$ でとる確率変数とする：

$$p_1, p_2, p_3 \geq 0, \quad p_1+p_2+p_3 = 1,$$
$$P(X=1) = p_1, \quad P(X=2) = p_2, \quad P(X=3) = p_3.$$

いま，その平均は

$$E(X) = 1\times p_1 + 2\times p_2 + 3\times p_3 = \frac{8}{3}$$

であるという条件の下で，分布 $\boldsymbol{P} = \{p_1, p_2, p_3\}$ を動かして考えるとき，そのエントロピー

$$H(P) = p_1\log_2\frac{1}{p_1} + p_2\log_2\frac{1}{p_2} + p_3\log_2\frac{1}{p_3}$$

を最大にする分布を求めよ．また，そのときのエントロピーの最大値を求めよ．

7.2　X は正値確率変数で，密度関数 $p(x)$ をもち，その平均値は

$$E(X) = \int_0^\infty x\,p(x)\,dx = \lambda^{-1} > 0$$

とする．このとき，エントロピーを最大にする分布を求めよ．さらに，そのときのエントロピーを求めよ．

7.3　X は区間 $[a, b]$ 上に分布し密度関数 $p(x)$ をもつ確率変数とする．このとき，エントロピーを最大にする分布は一様分布 $U(a, b)$ であることを示せ．

7.4　次の分布のエントロピーを求めよ．

（1）　幾何分布 $G(p)$．

（2）　正規分布 $N(\mu, \sigma^2)$．

7.5　コーシィ分布 $C_Y(\mu, \sigma)$ のエントロピーを求めよ．

7.6　対数級数分布 $LS(\theta)$ に対して，カルバック情報量，フィッシャー情報量を求めよ．

7.7　次の分布に対して，カルバック情報量，フィッシャー情報量を求め，それらが定理 7.3 の関係式を満たすことを示せ．

（1）　ポアソン分布 $Po(\lambda)$．

（2）　ガンマ分布 $G_A(\alpha, \beta)$．ただし，α は既知で，β は未知母数とする．

7.8　密度関数 $f(x|\theta)$ が正則条件を満たすとき，

$$\lim_{h\to 0}\frac{1}{h^2}\int_{-\infty}^{\infty}\{f(x\,|\,\theta+h)^{1/2}-f(x|\theta)^{1/2}\}^2\,dx=\frac{1}{4}I(\theta)$$

が成り立つことを示せ．

7.9　X は非負確率変数で，密度関数

$$f(x|\theta)=c\exp\left\{-\frac{\theta^2x^2}{\pi}\right\},\qquad 0\le x\le\infty$$

をもつ分布に従っているとする．ここで，π は円周率であり，θ はある与えられた正の母数である．そのとき，次の問に答えよ．

（1）　$f(x|\theta)$ が密度関数であることを使って，定数 c を定めよ．

（2）　X の平均 $E(X)$ と分散 $V(X)$ を求めよ．

（3）　θ のフィッシャー情報量 $I(\theta)$ を求めよ．

§8. 統計的推測決定

8.1 統計的推測決定問題

1920年代から30年代にかけて発展したゲームの理論を統計学に引き継いで，ワールド（A. Wald）は40年代に**統計的決定理論**（statistical decision theory）を確立した．ゲームの理論では対戦者が出す手に対して自分がどのような手を出せば危険が少なくてすむかを問題にするが，一方，統計的決定理論では得られた観測に対してどのような決定を行えば危険が少なくてすむかを問題にする．したがって，統計的決定理論は自然を対戦者としたゲームの問題と考えることができ，観測は自然が出す手とみなされる．観測を見てから**行動**（action）をとればよいのであるから事は簡単と思われるかも知れないけれども，自然が出す手である観測は確率変数であるために，**ランダム**という難しさがある．ここでランダムというのは全くの出鱈目（でたらめ）というのではなくて，きちんとした分布法則に従うランダム性である．我々のとり得る行動の全体を**行動空間**（action space）といい，記号 $\mathcal{A}$ で表す．

$X_1, \cdots, X_n$ は独立な同一分布 $f(x|\theta)$ に従う確率変数とする．ここでは，$f(x|\theta)$ は密度関数を表すとして話を進めるけれども，確率変数が離散型のときは確率関数を表しているものとする．観測を $\boldsymbol{X}=(X_1, \cdots, X_n) \in \mathcal{X}$ とおくとき，その同時密度関数は

$$f_n(\boldsymbol{x}|\theta)=\prod_{i=1}^{n} f(x_i|\theta), \qquad \boldsymbol{x}=(x_1, \cdots, x_n).$$

確率分布論では，母数 θ が与えられることにより観測 $\boldsymbol{X}$ の分布 $f_n(\boldsymbol{x}|\theta)$ が決定され，そのとき統計量 $T_n(\boldsymbol{X})$ の分布やモーメントを求めることが問題となった．**統計的推測決定**（statistical inference and decision）では，全く逆で，観測値 $\boldsymbol{x}=(x_1, \cdots, x_n)$ とその分布型 $f_n(\boldsymbol{x}|\theta)$ は与えられるが，母数 θ は未知であるため，母数に関する情報をもった統計量 $T_n(\boldsymbol{X})$ によって未知母数の推測決定を行うことが問題となる．すなわち，統計量の性質を調べることは共通しているけれども，“確率分布論では母数が既知で観測が未知である”のに対し，“統計的推測決定では観測が既知で母数が未知である”

というように問題設定が全く逆転していることに注意しよう．我々が論じる統計的推測決定問題は，次の 3 つである：

- **統計的推定問題** (statistical estimation problem).
- **統計的仮説検定問題** (statistical test problem of hypotheses).
- **統計的回帰問題** (statistical regression problem).

観測空間から行動空間への写像を**決定関数** (decision function) という：

$$\delta : \mathscr{X} \to \mathscr{A}, \qquad \text{すなわち}, \quad \boldsymbol{x} \in \mathscr{X} \to \delta(\boldsymbol{x}) \in \mathscr{A}.$$

これは観測値 $\boldsymbol{x}$ をみたら行動 $\delta(\boldsymbol{x})$ をとるような行動決定の関数である．決定関数の全体を $\mathscr{D}$ とかいて**決定空間** (decision space) という．

母数 θ に対して行動 a をとるときの**損失** (loss) を数値で表す関数

$$w : \Theta \times \mathscr{A} \to \boldsymbol{R}^1, \quad \text{すなわち}, \quad (\theta, a) \in \Theta \times \mathscr{A} \to w(\theta, a) \in \boldsymbol{R}^1$$

を**損失関数** (loss function) という．(問題によっては損失よりも**利得** (gain) を考えた方が便利なこともある.)　決定関数 δ に対する損失関数の期待値を**危険関数** (risk function) という：

$$\begin{aligned} r(\theta, \delta) &= E_\theta\{w(\theta, \delta(\boldsymbol{X}))\} = \int_{\mathscr{X}} w(\theta, \delta(\boldsymbol{x})) f_n(\boldsymbol{x}|\theta)\, d\boldsymbol{x} \\ &= \int_{-\infty}^{\infty} \cdots \int_{-\infty}^{\infty} w(\theta, \delta(x_1, \cdots, x_n)) f_n(x_1, \cdots, x_n|\theta)\, dx_1 \cdots dx_n. \end{aligned}$$

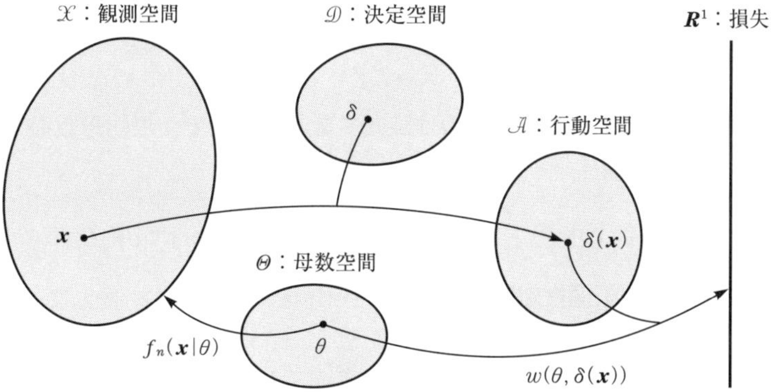

図 8.1

これまで使ってきた記号を整理してかくと,

$$
\begin{aligned}
&\text{母数空間}\quad \Theta=\{\theta：\text{考えうる全ての母数}\},\\
&\text{分布族}\quad \mathcal{F}=\{f_n(\boldsymbol{x}|\theta)：\theta\in\Theta\},\\
&\text{観測空間}\quad \mathcal{X}=\{\boldsymbol{x}：\text{観測 }\boldsymbol{X}\text{ のとりうる全ての値}\},\\
&\text{行動空間}\quad \mathcal{A}=\{a：\text{とりうる全ての行動}\},\\
&\text{決定空間}\quad \mathcal{D}=\{\delta：\text{考える全ての決定関数}\}
\end{aligned}
$$

であり，それらの間の関係を図で表したものが図 8.1 である.

8.2 統計的推定問題

この場合の行動は母数を**推定** (estimate) することであるから

$$\text{行動空間 } \mathcal{A} \;=\; \text{母数空間 } \Theta$$

であり，決定関数 $T_n：\mathcal{X}\to\Theta$ は**推定量** (estimator) とよばれる．すなわち，観測 $\boldsymbol{X}$ の従う分布の未知母数 θ は $T_n(\boldsymbol{X})$ であると推定することになる．このときの損失関数は普通，**2 乗誤差** (square error)：

$$w(\theta,\,T_n)=|\,T_n-\theta|^2$$

で定義するが，まれに**絶対誤差** (absolute error) $|\,T_n-\theta|$ を使うこともある．さらにこのとき，推定量 T_n の危険関数は

$$r(\theta,\,T_n)=E_\theta\{|\,T_n(\boldsymbol{X})-\theta|^2\}=\int_{\mathcal{X}}|\,T_n(\boldsymbol{x})-\theta|^2 f_n(\boldsymbol{x}|\theta)\,d\boldsymbol{x}$$

であり，**平均 2 乗誤差** (mean square error，略して MSE) という.

しかし，例えば推定量が定数 $T_{n0}(\boldsymbol{X})\equiv\theta_0$ (ある与えられた Θ の点) であるようなものを推定量とよぶのは疑問である．そこで，未知母数のまわりにバランスよく分布している推定量，すなわち,

$$E_\theta\{\,T_n(\boldsymbol{X})\}=\int_{\mathcal{X}}T_n(\boldsymbol{x})f_n(\boldsymbol{x}|\theta)\,d\boldsymbol{x}=\theta,\quad \text{for }\ \forall\,\theta\in\Theta$$

を満たす推定量を**不偏推定量** (unbiased estimator) という．推定量 T_n が不偏でないとき,

$$b(\theta)=E_\theta\{\,T_n(\boldsymbol{X})\}-\theta$$

を**偏り** (bias) という．不偏推定量に対する平均 2 乗誤差は分散に等しい：

$$r(\theta, T_n) = E_\theta\{|T_n(\boldsymbol{X}) - \theta|^2\} = V_\theta(T_n).$$

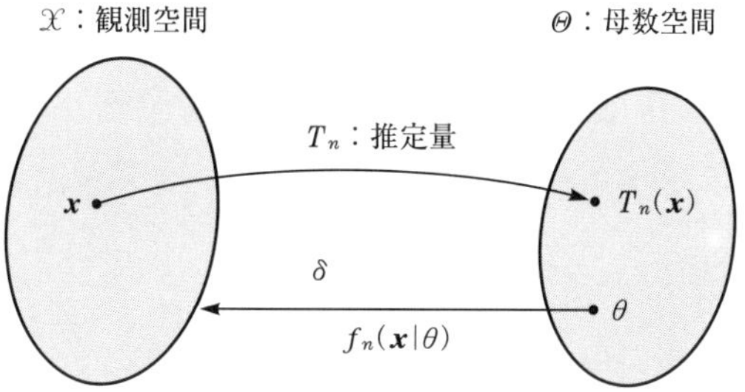

図 8.2

不偏推定量に対する推定問題の数学的定式化は,

$$\left[\begin{array}{l} E_\theta\{T_n(\boldsymbol{X})\} = \theta \quad \text{(不偏性)} \quad \text{の条件の下で,} \\ \text{分散 } V_\theta(T_n) \text{ を最小にする推定値 } T_n \text{ を求める} \end{array}\right]$$

ということになる．答を先に述べると，このような不偏推定量を一般の場合に求めることはできない．しかし，後で述べる**クラメル=ラオの定理** (Cramér-Rao's Theorem) は，適当な条件の下で，不偏推定量の分散の下限をフィッシャー情報量 $I(\theta)$ によって求めることができることを示している．

対数尤度関数とその θ に関する導関数は

$$l_n(\theta) = \log f_n(\boldsymbol{X}|\theta) = \sum_{i=1}^n l(\theta|X_i),$$

$$S_n \equiv \dot{l}_n(\theta) = \frac{\dot{f}_n(\boldsymbol{X}|\theta)}{f_n(\boldsymbol{X}|\theta)} = \sum_{i=1}^n \dot{l}(\theta|X_i)$$

となる．適当な条件とは **7.5** で述べた正則条件(121 ページ)に若干の条件を付け加えたもので次のことが成り立つと仮定する：

(CRT1) $E(S_n) = E\{\dot{l}_n(\theta)\} = \int_{\mathcal{X}} \dot{f}_n(\boldsymbol{x}|\theta)\,d\boldsymbol{x} = 0.$

(CRT2) $E(S_n T_n) = E\{T_n \dot{l}_n(\theta)\} = \int_{\mathcal{X}} T_n(\boldsymbol{x})\dot{f}_n(\boldsymbol{x}|\theta)\,d\boldsymbol{x} = 1.$

追加正則条件 (CRT1), (CRT2) は微積分の交換可能性から導かれる．密度

関数ということから，$1=\int_{\mathcal{X}} f_n(\boldsymbol{x}|\theta)\,d\boldsymbol{x}$. 両辺を θ に関して微分し，微積分を交換すれば (CRT1) を得る：

$$0=\left\{\int_{\mathcal{X}} f_n(\boldsymbol{x}|\theta)\,d\boldsymbol{x}\right\}'=\int_{\mathcal{X}} \dot{f}_n(\boldsymbol{x}|\theta)\,d\boldsymbol{x}.$$

不偏性から，$\theta=\int_{\mathcal{X}} T_n(\boldsymbol{x})f_n(\boldsymbol{x}|\theta)\,d\boldsymbol{x}$. この両辺を θ に関して微分し，微積分を交換すれば (CRT2) を得る：

$$1=\left\{\int_{\mathcal{X}} T_n(\boldsymbol{x})f_n(\boldsymbol{x}|\theta)\,d\boldsymbol{x}\right\}'=\int_{\mathcal{X}} T_n(\boldsymbol{x})\dot{f}_n(\boldsymbol{x}|\theta)\,d\boldsymbol{x}.$$

同時密度関数 $f_n(\boldsymbol{x}|\theta)$ のフィッシャー情報量は

$$I_n(\theta)\equiv E\{\dot{l}_n(\theta)^2\}=V(S_n)=\sum_{i=1}^{n} V[\dot{l}(\theta|X_i)]=nI(\theta).$$

定理 8.1 (Cramér-Rao)　不偏推定量 T_n の分散は，上の条件の下で，次のような下限をもつ：

$$V(T_n)\geq\{I_n(\theta)\}^{-1}=\{nI(\theta)\}^{-1}.$$

ここで等号が成り立つのは，θ に関する微分方程式

$$\dot{l}_n(\theta)=I_n(\theta)(T_n-\theta)$$

が成り立つときである．この式を**有効式** (efficient equation) とよぶ.

証明　条件 (CRT1) より $E(S_n)=0$ であるから，条件 (CRT2) より

$$Cov(S_n,\,T_n)=E(S_nT_n)-\theta\,E(S_n)=E(S_nT_n)=1.$$

ゆえに，定理 4.1 (1) より

$$1=[Cov(S_n,T_n)]^2\leq V(S_n)\,V(T_n)=I_n(\theta)\,V(T_n).$$

したがって，クラメル=ラオの不等式が成り立つ．ここで等号が成り立つのは，S_n と T_n の間に線形関係 $S_n=a+bT_n$ (a, b は定数) が成り立つときである．両辺の平均をとることにより

$$0=a+b\theta. \qquad \therefore\ a=-b\theta. \qquad \therefore\ S_n=b(T_n-\theta).$$

さらに，$Cov(S_n,T_n)=1$ であり，クラメル=ラオの不等式で等号が成り立っているから，

$$1 = Cov(S_n, T_n) = bV(T_n) = b\{I_n(\theta)\}^{-1}. \qquad \therefore \quad b = I_n(\theta).$$

□

定義 8.1 上の定理の不等式の右辺 $\{I_n(\theta)\}^{-1}$ を**クラメル=ラオの下限** (Cramer-Rao's lower bound) といい，推定量の分散とその下限の比率

$$Eff(T_n) \equiv \{I_n(\theta)V(T_n)\}^{-1} \times 100 \quad (\%)$$

を不偏推定量 T_n の**効率** (efficiency) という．

定義 8.2 T_n が 100 % 効率をもつとき，すなわち，定理 8.1 の微分方程式が成り立つとき，**有効である** (efficient) という．有効推定量が存在するときこの微分方程式を解けば，同時密度関数は

$$f_n(\boldsymbol{x}|\theta) = \exp\{a(\theta)T_n(\boldsymbol{x}) + b(\theta) + c(\boldsymbol{x})\}$$

となる．ここで，

$$a(\theta) = \int I_n(\theta)\,d\theta, \qquad b(\theta) = -\int \theta\, I_n(\theta)\,d\theta$$

であり，$c(\boldsymbol{x})$ は θ によらず $\int_{-\infty}^{\infty} f_n(\boldsymbol{x}|\theta)\,d\boldsymbol{x} = 1$ を満たすものである．このような密度関数は**指数型** (exponential type) であるという．

例題 8.1 $X_1, \cdots, X_n$ は独立な同一分布に従う観測で，その平均は $E(X_i) = \mu$，分散は $V(X_i) = \sigma^2$ であるとする．観測の線形関数を考える：

$$T_{\boldsymbol{c}} = c_1X_1 + \cdots + c_nX_n, \qquad \boldsymbol{c} = (c_1, \cdots, c_n) \in \boldsymbol{R}^n.$$

$T_{\boldsymbol{c}}$ が μ の不偏推定量であるためには，任意の μ に対して

$$E(T_{\boldsymbol{c}}) = (c_1 + \cdots + c_n)\mu = \mu, \qquad \text{ゆえに} \quad c_1 + \cdots + c_n = 1$$

が成り立つことが必要十分条件である．

次に，$T_{\boldsymbol{c}}$ の分散は

$$V(T_{\boldsymbol{c}}) = (c_1^2 + \cdots + c_n^2)\sigma^2$$

であるから，線形不偏推定量の全体

$$\mathcal{L} = \{\, T_{\boldsymbol{c}} = c_1X_1 + \cdots + c_nX_n : c_1 + \cdots + c_n = 1\}$$

の中で，分散を最小にするものを求めるという問題は，

$$\left[\begin{array}{c} c_1 + \cdots + c_n = 1 \text{ の条件の下で} \\ c_1^2 + \cdots + c_n^2 \text{ を最小にする} \end{array}\right]$$

という問題になる．シュワルツの不等式により，

$$1 = (c_1 + \cdots + c_n)^2 \leq (c_1^2 + \cdots + c_n^2)(1^2 + \cdots + 1^2)$$

であり，等号が成り立つのは

$$\frac{c_1}{1} = \cdots = \frac{c_n}{1} \quad \text{すなわち} \quad c_1 = \cdots = c_n = \frac{1}{n}$$

のときである．すなわち，標本平均 $\bar{X}_n$ が線形不偏推定量の中で最も分散が小さい推定量であることが示された． ◇

例題 8.2 昨年収穫した ある種（たね）の発芽率 p を推定する問題を考える．n 個の種を蒔いたところ発芽の状態は $\varepsilon_1, \cdots, \varepsilon_n$ であり，種が発芽したとき 1，発芽しなかったとき 0 とすれば，

$$\varepsilon_i = \begin{cases} 1 & (\text{確率 } p \ (0 < p < 1) \text{ で}), \\ 0 & (\text{確率 } 1 - p \text{ で}), \end{cases} \qquad i = 1, 2, \cdots, n$$

なる確率変数とみなし，n 回の独立なベルヌーイ試行であるとモデル化できる．それぞれの分布は確率関数

$$f(\varepsilon_i | p) = p^{\varepsilon_i}(1-p)^{1-\varepsilon_i}, \qquad \varepsilon_i = 0, 1$$

であり，$\boldsymbol{\varepsilon} = (\varepsilon_1, \cdots, \varepsilon_n)$ の同時分布の確率関数は

$$f_n(\boldsymbol{\varepsilon} | p) = \prod_{i=1}^{n} p^{\varepsilon_i}(1-p)^{1-\varepsilon_i} = p^x(1-p)^{n-x}, \qquad x = \varepsilon_1 + \cdots + \varepsilon_n.$$

例題 7.7 でみたように，$f(\varepsilon_i | p)$ のフィッシャー情報量は

$$I(p) = \{p(1-p)\}^{-1}.$$

対数尤度関数の p に関する微分は，標本比率を $\bar{X}_n = \dfrac{1}{n}(\varepsilon_1 + \cdots + \varepsilon_n)$ として，

$$S_n = \dot{l}_n(\theta) = \frac{X}{p} - \frac{n - X}{1 - p} = \{n\, I(p)\}(\bar{X}_n - p).$$

クラメル=ラオの定理で等号すなわち，有効式が成り立つときであるから，$\bar{X}_n$ は母比率 p の有効推定量である．実際，

$$E(\bar{X}_n) = E(\varepsilon_i) = p \qquad\qquad (\text{不偏性}),$$

$$V(\bar{X}_n) = \frac{V(\varepsilon_i)}{n} = \frac{p(1-p)}{n} = \{n\, I(p)\}^{-1} \qquad (\text{有効性})$$

が成り立っていることが確かめられる． ◇

例題 8.3　$X_1, X_2, \cdots, X_n$ は正規分布 $N(\mu, \sigma^2)$ からの無作為標本とする．いま，母平均 μ は未知母数で母分散 σ^2 は既知とする．X_i の密度関数は

$$f(x|\mu) = (2\pi\sigma^2)^{-\frac{1}{2}}\exp\left\{-\frac{(x-\mu)^2}{2\sigma^2}\right\}, \quad -\infty < x < \infty$$

であり，例題 7.8 でみたように，そのフィッシャー情報量は

$$I(\mu) = \frac{1}{\sigma^2} \qquad (\mu \text{ に無関係})$$

である．また，$(X_1, X_2, \cdots, X_n)$ の同時密度関数は

$$f_n(\boldsymbol{x}|\mu) = (2\pi\sigma^2)^{-\frac{n}{2}}\exp\left\{-\sum_{i=1}^{n}\frac{(x_i-\mu)^2}{2\sigma^2}\right\}.$$

ゆえに，対数同時密度関数の μ に関する微分より，

$$S_n = \dot{l}_n(\mu) = \sum_{i=1}^{n}\frac{x_i-\mu}{\sigma^2} = \{n\,I(\mu)\}(\bar{X}_n - \mu),$$

ここで $\bar{X}_n = \frac{1}{n}(X_1 + \cdots + X_n)$：標本平均である．ゆえに，有効式が成り立つときであるから，$\bar{X}_n$ は母平均 μ の有効推定量である．実際，

$$E(\bar{X}_n) = E(X_i) = \mu \qquad (\text{不偏性}),$$

$$V(\bar{X}_n) = \frac{V(X_i)}{n} = \frac{\sigma^2}{n} = \{n\,I(\mu)\}^{-1} \qquad (\text{有効性})$$

が成り立っていることが確かめられる．　◇

8.3　仮説検定問題

$X_1, X_2, \cdots, X_n$ が独立な同一分布 $f(x|\theta)$ に従う確率変数であるとき，観測 $\boldsymbol{X} = (X_1, X_2, \cdots, X_n)$ の同時分布は

$$f_n(\boldsymbol{x}|\theta) = \prod_{i=1}^{n} f(x_i|\theta), \qquad \boldsymbol{x} = (x_1, \cdots, x_n)$$

をもつ．母数 θ に関する 2 つの仮説を考え，中心となる常識的な仮説を**帰無仮説** (null hypothesis) といい H_0 で表し，それに相対する仮説を**対立仮説** (alternative hypothesis) といい H_1 で表す．いま，与えられた 2 つの異なる値 θ_0, θ_1 に対して，

$$\begin{cases} H_0: \quad \theta = \theta_0 & (\text{帰無仮説}), \\ H_1: \quad \theta = \theta_1 & (\text{対立仮説}) \end{cases}$$

を考える．このように1点のみからなる仮説を**単純仮説** (simple hypothesis) といい，2点以上からなる仮説を**複合仮説** (composit hypothesis) という．観測 $\boldsymbol{X}$ によってどちらの仮説が成り立っているかを検定する．検定の行動は次の2つである $\mathscr{A}=\{a_0, a_1\}$：

$$\begin{cases} a_0 = \text{帰無仮説 } H_0 \text{ を\textbf{採択する} (accept) 行動}, \\ a_1 = \text{対立仮説 } H_1 \text{ を採択する行動}. \end{cases}$$

ここでは検定の行動を仮説を採択する能動的な行動として説明したけれども，普通は帰無仮説を中心にして次のような行動として考える：

$$\begin{cases} a_0 = \text{帰無仮説 } H_0 \text{ を棄却しない行動}, \\ a_1 = \text{帰無仮説 } H_0 \text{ を\textbf{棄却する} (reject) 行動}. \end{cases}$$

帰無仮説 H_0 を棄却する観測値の領域を**棄却域** (rejection region) といい W で表し，そうでない領域を W^c で表して**採択域** (acceptance region) という．決定関数 δ には棄却域と採択域が対応する：

$$W = \{\boldsymbol{x} : \delta(\boldsymbol{x}) = a_1\} \quad \text{棄却域},$$
$$W^c = \{\boldsymbol{x} : \delta(\boldsymbol{x}) = a_0\} \quad \text{採択域}.$$

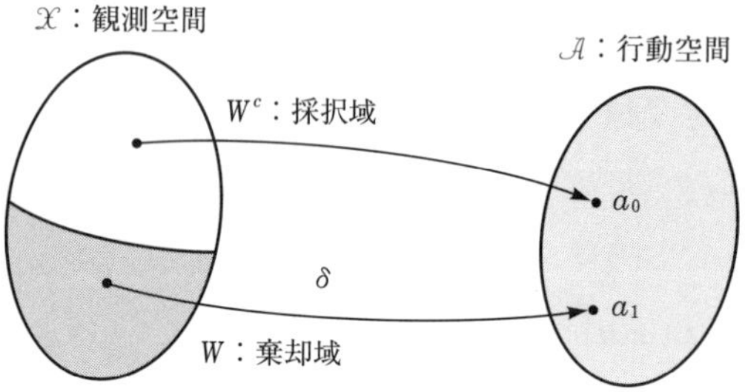

図8.3

検定には，帰無仮説が“正しいのに棄てる誤り”と“間違っているのに採る誤り”という2種類の誤りが避けられない．前者を**第一種の誤り** (Type I error)，後者を**第二種の誤り** (Type II error) という．通常は，第一種の誤りよりも第二種の誤りの方が重大であり，間違っているのに採る誤りは許されるべきではない，と考えるであろう．例えば，ある製品の**仕切り** (lot) が合格か不合格かということを仕切りから抜き取られた標本を検査して判定するという「抜取り検査」について考える．そのとき，帰無仮説は仕切りが合格，対立仮説は仕切りが不合格ということであり，第一種の誤りは合格である仕切りを (抜取り検査で) 不合格と判定する誤り，第二種の誤りは不合格である仕切りを合格と判定する誤りとなる．この場合には，前者より後者の方が重大な誤りと思われ，前者に対する損失を 1 とすれば後者に対する損失を 2 とか 3 とすべきかもしれない．しかし，ここでは下の損失表のように，検定行動が正しいときの損失は 0，誤りのあるときは第一種の誤りも第二種の誤りも同じ損失 1 とする．

検定行動の結果

		$\mathcal{A}$	
		a_0	a_1
θ	θ_0	正	誤 I
	θ_1	誤 II	正

損失関数 $w(\theta, a)$

		$\mathcal{A}$	
		a_0	a_1
θ	θ_0	0	1
	θ_1	1	0

危険関数 $r(\theta, \delta)$ は，2 つの母数 θ_0, θ_1 に対応して，第一種の誤りの大きさ α と第二種の誤りの大きさ β により

$$r(\theta, \delta) = (r(\theta_0, \delta),\ r(\theta_1, \delta)) = (\alpha, \beta)$$

のように点として表すことができる．ここで，

$$\alpha = r(\theta_0, \delta) = \int_{\mathcal{X}} w(\theta_0, \delta(\boldsymbol{x}))f_n(\boldsymbol{x}|\theta_0)\,d\boldsymbol{x} = \int_W f_n(\boldsymbol{x}|\theta_0)\,d\boldsymbol{x} = P\{W|\theta_0\},$$

$$\beta = r(\theta_1, \delta) = \int_{\mathcal{X}} w(\theta_1, \delta(\boldsymbol{x}))f_n(\boldsymbol{x}|\theta_1)\,d\boldsymbol{x} = \int_{W^c} f_n(\boldsymbol{x}|\theta_1)\,d\boldsymbol{x} = P\{W^c|\theta_1\}$$

である．このように，観測空間 $\mathcal{X}$ を棄却域 W と採択域 W^c に分割し，

$$\boldsymbol{x} \in W \implies \delta(\boldsymbol{x}) = a_1 \qquad (\text{棄却する})$$

$$\boldsymbol{x} \in W^c \implies \delta(\boldsymbol{x}) = a_0 \qquad (\text{採択する})$$

という検定方式を**非確率化検定** (nonrandomized test) という．それに対し，

$$\boldsymbol{x} \Longrightarrow \begin{cases} \delta(\boldsymbol{x}) = a_1 & (\text{棄却する；確率 } \phi(\boldsymbol{x}) \text{ で}), \\ \delta(\boldsymbol{x}) = a_0 & (\text{採択する；確率 } 1 - \phi(\boldsymbol{x}) \text{ で}), \end{cases}$$

というように棄却と採択の決定を $\boldsymbol{x}$ に依存する確率で行う検定方式を**確率化検定** (randomized test) という．“雨の確率何パーセント” という天気予報は確率化検定である．この $\phi(\boldsymbol{x})$ $(0 \leq \phi(\boldsymbol{x}) \leq 1)$ のことを**検定関数** (critical function) という．すなわち，決定関数には検定関数が対応している．

検定関数を棄却域 W の定義関数：

$$\phi(\boldsymbol{x}) = \chi_W(\boldsymbol{x}) = \begin{cases} 1 & (\boldsymbol{x} \in W \text{ のとき}), \\ 0 & (\boldsymbol{x} \in W^c \text{ のとき}), \end{cases}$$

とすれば，さきに述べた非確率化検定が得られる．このとき，第一種の誤りの大きさ α と第二種の誤りの大きさ β は

$$\alpha = r(\theta_0, \delta) = \int_{\mathcal{X}} \phi(\boldsymbol{x}) f_n(\boldsymbol{x}|\theta_0)\, d\boldsymbol{x},$$

$$\beta = r(\theta_1, \delta) = \int_{\mathcal{X}} \{1 - \phi(\boldsymbol{x})\} f_n(\boldsymbol{x}|\theta_1)\, d\boldsymbol{x}.$$

α を**検定の大きさ** (size of test) といい，$\gamma = 1 - \beta$ を**検出力** (power of test) という．

検定問題の数学的定式化は，**有意水準** (significance level) とよばれる α_0 を 0.01, 0.05, 0.10 などとして与え，検定の大きさに対して

$$\alpha(\phi) = \int_{\mathcal{X}} \phi(\boldsymbol{x}) f_n(\boldsymbol{x}|\theta_0)\, d\boldsymbol{x} \leq \alpha_0$$

なる条件の下で，検出力

$$\gamma(\phi) = \int_{\mathcal{X}} \phi(\boldsymbol{x}) f_n(\boldsymbol{x}|\theta_1)\, d\boldsymbol{x}$$

を最大にする検定関数 $\phi(\boldsymbol{x})$ $(0 \leq \phi(\boldsymbol{x}) \leq 1)$ を求めることである．2つの誤差の大きさ α, β の両方を同時に小さくすることではないことに注意しよう．

最大の検出力をもつ検定を**最強力検定** (most powerful test) という．これは次の**ネイマン=ピアソンの定理** (Neyman–Pearson's Theorem) によって求めることができる．

定理 8.2 (**Neyman-Pearson**)　帰無仮説と対立仮説の尤度関数の比；

$$\Lambda_n \equiv \frac{f_n(\boldsymbol{x}|\theta_1)}{f_n(\boldsymbol{x}|\theta_0)}$$

を**尤度比** (likelihood ratio) という．最強力検定の検定関数は

$$\phi^*(\boldsymbol{x}) = \begin{cases} 1 & (\Lambda_n > k \text{ のとき}), \\ 0 & (\Lambda_n < k \text{ のとき}), \\ p & (\Lambda_n = k \text{ のとき}) \end{cases}$$

で与えられる．ここで，定数 k と確率 p $(0 \leq p \leq 1)$ は有意水準

$$\int_{-\infty}^{\infty}\cdots\int_{-\infty}^{\infty}\phi^*(\boldsymbol{x})f_n(\boldsymbol{x}|\theta_0)\,d\boldsymbol{x} = P(\Lambda_n > k) + p\cdot P(\Lambda_n = k) = \alpha_0$$

を満たすことで決定される．すなわち，最強力検定は尤度比検定である．

証明　発見的な方法として，**ラグランジュの乗数法** (Lagrange's multiplier method) を微分でなくて差分で表現したものを適用する：すなわち，

$$\begin{aligned}
&[\gamma(\phi^*) - \gamma(\phi)] - k\left[\alpha_0 - \int_{-\infty}^{\infty}\cdots\int_{-\infty}^{\infty}\phi(\boldsymbol{x})f_n(\boldsymbol{x}|\theta_0)\,d\boldsymbol{x}\right] \\
&= \int_{-\infty}^{\infty}\cdots\int_{-\infty}^{\infty}\{\phi^*(\boldsymbol{x}) - \phi(\boldsymbol{x})\}f_n(\boldsymbol{x}|\theta_1)\,d\boldsymbol{x} \\
&\qquad\qquad - k\int_{-\infty}^{\infty}\cdots\int_{-\infty}^{\infty}\{\phi^*(\boldsymbol{x}) - \phi(\boldsymbol{x})\}f_n(\boldsymbol{x}|\theta_0)\,d\boldsymbol{x} \\
&= \int_{-\infty}^{\infty}\cdots\int_{-\infty}^{\infty}\{\phi^*(\boldsymbol{x}) - \phi(\boldsymbol{x})\}\{f_n(\boldsymbol{x}|\theta_1) - k\,f_n(\boldsymbol{x}|\theta_0)\}\,d\boldsymbol{x}.
\end{aligned}$$

$\phi^*(\boldsymbol{x})$ の定義と $0 \leq \phi(\boldsymbol{x}) \leq 1$ から

$$\begin{aligned}
&\{f_n(\boldsymbol{x}|\theta_1) - k\,f_n(\boldsymbol{x}|\theta_0)\} >, < 0 \\
&\qquad \Longrightarrow \{\phi^*(\boldsymbol{x}) - \phi(\boldsymbol{x})\} \geq, \leq 0 \qquad \text{(複号同順)}
\end{aligned}$$

であるから，被積分関数は

$$\{\phi^*(\boldsymbol{x}) - \phi(\boldsymbol{x})\}\{f_n(\boldsymbol{x}|\theta_1) - k\,f_n(\boldsymbol{x}|\theta_0)\} \geq 0.$$

ゆえに，k を正定数として制約条件より，

$$[\gamma(\phi^*) - \gamma(\phi)] \geq k\left[\alpha_0 - \int_{-\infty}^{\infty}\cdots\int_{-\infty}^{\infty}\phi(\boldsymbol{x})f_n(\boldsymbol{x}|\theta_0)\,d\boldsymbol{x}\right] \geq 0.$$

すなわち，ϕ^* は最強力検定である．

なお，帰無仮説の下での Λ_n の分布関数を $G(y)$ とすれば，その生存関数

$$S(y) = 1 - G(y) = P\{\Lambda_n > y \mid \theta_0\}$$

は単調減少関数であり，図 8.4 のようになる．

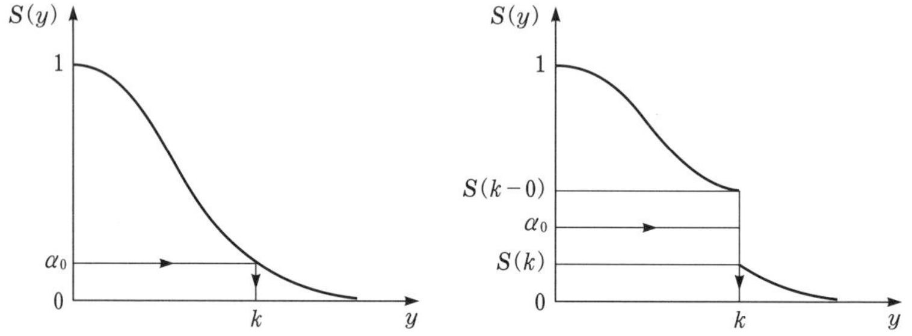

図 8.4

左図のように有意水準 α_0 の点で連続の場合は，$S(k) = \alpha_0$ を満たす k を求めることができて，このとき $p = 0$ としてよい．

右図のようにその点で不連続の場合は，$S(k-0) > \alpha_0$, $S(k) < \alpha_0$ を満たす k を求め，次に

$$p = \frac{\alpha_0 - S(k)}{S(k-0) - S(k)}$$

とすればよい．そのとき，

$$\alpha_0 = P\{\Lambda_n > k \mid \theta_0\} + p\,P\{\Lambda_n = k \mid \theta_0\}$$

が成り立つ．　□

今後，ほとんどの検定では $\alpha = \alpha_0$ となるようにするので，双方を余り区別しないで有意水準とか検定の水準といい，このときの検定を**水準 α 検定** (level α test) という．また，$1-\alpha$ を**信頼水準** (confidence level) という．

決定結果の確率

		$\mathcal{A}$	
		a_0	a_1
θ	θ_0	$1-\alpha$ 信頼水準	α 有意水準
	θ_1	β	$1-\beta$ 検出力

例題 8.4　$X_1, X_2, \cdots, X_n$ は正規分布 $N(\mu, \sigma^2)$ からの無作為標本とする．ここで，母平均 μ は未知で，母分散 σ^2 は既知とする．観測 $\boldsymbol{X}=(X_1, \cdots, X_n)$ の同時密度関数は，標本平均値を $\bar{x}=\dfrac{1}{n}(x_1+\cdots+x_n)$ $(\boldsymbol{x}=(x_1, \cdots, x_n))$ として，

$$f_n(\boldsymbol{x}|\mu)=(2\pi\sigma^2)^{-\frac{n}{2}}\exp\left\{-\sum_{i=1}^{n}\frac{(x_i-\mu)^2}{2\sigma^2}\right\}$$

$$=(2\pi\sigma^2)^{-\frac{n}{2}}\exp\left\{-\frac{1}{2\sigma^2}\left(\sum_{i=1}^{n}x_i^2-2n\bar{x}\mu+n\mu^2\right)\right\}$$

とかける．観測 $\boldsymbol{X}$ によって，母平均 μ についての 2 つの仮説

$$\begin{cases} H_0: \ \mu=\mu_0 & \text{(帰無仮説)}, \\ H_1: \ \mu=\mu_1\ (>\mu_0 \text{ とする}) & \text{(対立仮説)} \end{cases}$$

のどちらが成り立っているかを検定する．**対数尤度比**は

$$\log\Lambda_n=\log\frac{f_n(\boldsymbol{x}|\mu_1)}{f_n(\boldsymbol{x}|\mu_0)}=n\frac{(\mu_1-\mu_0)}{\sigma^2}\left(\bar{x}-\frac{\mu_1+\mu_0}{2}\right)$$

であり，また，$d=(\mu_1-\mu_0)>0$ より

$$\Lambda_n>k \iff \log\Lambda_n>\log k \iff \bar{x}>k'.$$

すなわち，正規分布の平均値に関する対数尤度比は標本平均 $\bar{X}$ にのみ依存する．$\bar{X}$ の分布関数は連続であるから，最強力検定は非確率化検定として得られ，棄却域は $W=\bar{X}>k'$ である．このときの**棄却限界** (critical limit) k' は有意水準

$$\alpha=P\{\bar{X}>k'\,|\,\mu_0\}$$

によって決めればよい．標本平均 $\bar{X}$ の z-変換は標準正規分布に従うので

$$Z=\frac{\sqrt{n}(\bar{X}-\mu_0)}{\sigma}\sim N(0,1) \qquad \text{(帰無仮説の下で)}.$$

ゆえに，$\Phi(z)$ を標準正規分布関数とすれば，

$$\alpha=P\{\bar{X}>k'\,|\,\mu_0\}=P\left\{Z>\frac{\sqrt{n}(k'-\mu_0)}{\sigma}\,\middle|\,\mu_0\right\}=1-\Phi\left(\frac{\sqrt{n}(k'-\mu_0)}{\sigma}\right).$$

標準正規分布の上側 α 点を z_α とすれば，

$$\frac{\sqrt{n}(k'-\mu_0)}{\sigma}=z_\alpha \qquad \therefore\ \ k'=\mu_0+z_\alpha\frac{\sigma}{\sqrt{n}}.$$

すなわち，最強力検定の棄却域は

$$W=\left\{\bar{x}>\mu_0+z_\alpha\frac{\sigma}{\sqrt{n}}\right\}.$$

このとき第二種の誤りの大きさは，対立仮説の下で，

$$\beta = P\left\{\bar{X} < \mu_0 + z_\alpha \frac{\sigma}{\sqrt{n}} \,\middle|\, \mu_1\right\}$$
$$= P\left\{\frac{\sqrt{n}(\bar{X} - \mu_1)}{\sigma} < z_\alpha - \frac{\sqrt{n}(\mu_1 - \mu_0)}{\sigma} \,\middle|\, \mu_1\right\} = \Phi\left(z_\alpha - \frac{d\sqrt{n}}{\sigma}\right)$$

となり，仮説の間の母平均の差 $d = (\mu_1 - \mu_0)$ が大きいほど β は小さい．すなわち，検定し易い．また，棄却域は対立仮説の向き $d > 0$ には依存するが d の大きさには依存しないことに注意しよう．このような場合は，あまり対立仮説は意識されず，したがって仮説といえば帰無仮説を意味する．◇

例題 8.5〈数値例〉 ある型の電球の寿命は平均 1500 時間，標準偏差 200 時間の正規分布に従うとする．あるメーカーは，自社の新製品の電球の寿命が標準偏差はこれまでと同じであるが，平均は 10 % アップして 1650 時間であると主張しているので，n 個の標本 $\boldsymbol{X} = (X_1, X_2, \cdots, X_n)$ によってその主張を検定したい．有意水準は $\alpha = 0.05$ とする．このとき，2 つの仮説は次のようになる：

$$\begin{cases} H_0 : \mu = 1500 & \text{(帰無仮説)}, \\ H_1 : \mu = 1650 & \text{(対立仮説)}. \end{cases}$$

正規分布の母平均の検定統計量としては標本平均 $\bar{X} = \frac{1}{n}(X_1 + \cdots + X_n)$ を使う．観測空間は $\mathcal{X} = \{\boldsymbol{x} = (x_1, \cdots, x_n)\} = \boldsymbol{R}^n$: n 次元空間 であり，棄却域は

$$W = \{\, \boldsymbol{x} = (x_1, \cdots, x_n) : \bar{x} \geq k\}$$

で与えられる．$\bar{X}$ の標準化

$$Z = \frac{\sqrt{n}(\bar{X} - \mu)}{\sigma}$$

は標準正規分布に従うことを使って，棄却限界 k は有意水準によって求めることができる．すなわち，

$$0.05 = P\{W \mid \mu = 1500\} = P\{\bar{X} \geq k \mid \mu = 1500\} = P\left\{Z \geq \frac{\sqrt{n}(k - 1500)}{200}\right\}.$$

標準正規分布の上側 5 % 点は $z_{0.05} = 1.645$ であるから，

$$\frac{\sqrt{n}(k - 1500)}{200} = 1.645, \quad \text{ゆえに} \quad k = 1500 + \frac{329}{\sqrt{n}}.$$

いま，標本数が $n = 10$ とすれば，

$$k = 1604, \quad \text{ゆえに} \quad W = \{\bar{x} \geq 1604\}.$$

第二種の誤りの大きさは

$$\beta = P\{\bar{X} \le 1604 \mid \mu = 1650\} = P\left\{Z \ge \frac{\sqrt{10}(1604-1650)}{200}\right\} = P\{Z \le -0.7273\}$$
$$= \Phi(-0.7273) = 1 - \Phi(0.7273) = 0.2336.$$

◇

例題 8.6　$X_1, X_2, \cdots, X_n$ はポアソン分布 $Po(\lambda)$ に従う無作為標本とする．

$$\begin{cases} H_0: \ \lambda = \lambda_0 & \text{(帰無仮説)}, \\ H_1: \ \lambda = \lambda_1 \ (<\lambda_0 \text{ とする}) & \text{(対立仮説)} \end{cases}$$

なる仮説を検定しよう．$Po(\lambda)$ の確率関数は

$$f(x|\lambda) = \exp(-\lambda)\frac{\lambda^x}{x!}$$

であるから，観測 $\boldsymbol{X} = (X_1, \cdots, X_n)$ の同時確率関数の対数は

$$\log f_n(\boldsymbol{x}|\lambda) = -n\lambda + \sum_{i=1}^{n} x_i \log\lambda - \sum_{i=1}^{n} \log x_i!\,, \qquad \boldsymbol{x} = (x_1, \cdots, x_n)$$

であり，したがって，2 つの仮説の下での確率関数の比の対数は

$$\log \Lambda_n = -n(\lambda_1 - \lambda_0) + S_n \log\frac{\lambda_1}{\lambda_0}, \qquad S_n = x_1 + \cdots + x_n.$$

また，$r = \dfrac{\lambda_1}{\lambda_0} < 1$ より

$$\Lambda_n > k \iff \log\Lambda_n > \log k \iff S_n < k'$$

であり，標本和 S_n にのみ依存する．S_n の分布はポアソン分布の再生性より再びポアソン分布 $Po(\lambda)$ に従い，これは離散分布である．

いま，$\alpha_0 = 0.10$, $n\lambda_0 = 3$, $n\lambda_1 = 2$ とする．帰無仮説の下で，

$$P\{S_n = 0 \mid n\lambda_0 = 3\} = e^{-3} \fallingdotseq 0.05, \qquad P\{S_n = 1 \mid n\lambda_0 = 3\} = 3e^{-3} \fallingdotseq 0.15$$

であるから，棄却域を $\{S_n = 0\}$ とすれば $\alpha = 0.05$，棄却域を $\{S_n = 0, 1\}$ とすれば $\alpha = 0.20$ となって，非確率化検定では α をちょうど有意水準 $\alpha_0 = 0.10$ にすることはできない．したがって，確率化検定 $\phi^*(S_n)$ として

$$\phi^*(0) = 1, \quad \phi^*(1) = \frac{1}{3}, \quad \phi^*(S_n) = 0 \quad (S_n \ge 2 \text{ のとき})$$

をとれば，

$$\alpha^* = 0.05 + \frac{1}{3} \times 0.15 = 0.10 = \alpha_0$$

となるので，これが最強力検定である．このとき検出力 γ は対立仮説の下で

$$\gamma = P\{S_n = 0 \mid n\lambda_1 = 2\} + \frac{1}{3}P\{S_n = 1 \mid n\lambda_1 = 2\} = e^{-2} + \frac{1}{3}2e^{-2} \fallingdotseq 0.80$$

ゆえに，第二種の誤りの大きさは $\beta \fallingdotseq 0.20$ である．検定関数は対立仮説の $r < 1$, $r > 1$ には依存するが，r の大きさには依存しないことに注意しよう．　◇

8.4　統計的回帰問題

2 つの確率変数 X, Y を考え，それらの観測空間を $\mathcal{X}, \mathcal{Y}$ とする．(X, Y) の同時分布関数を $F(x, y)$ とする．Y の値を X の関数 $\hat{Y} = \nu(X)$ によって推定することを Y を X に回帰させるといい，その推定関数 $\hat{Y} = \nu(X)$ を**回帰関数** (regression function) という．この場合には，

$$\text{行動空間}\ \mathcal{A} = \text{観測空間}\ \mathcal{Y}$$

であり，回帰関数 $\nu(X)$ が決定関数である．特に，X が現在および過去に関係する確率変数であり，Y が未来に関係する確率変数であるときの回帰問題を**予測問題** (prediction problem) といい，そのときの回帰関数を**予測量** (predictor) という．普通，損失関数は 2 乗誤差 $w(y, a) = (y - a)^2$ を用いる．このとき危険関数は

$$r(\nu) = E\{(Y - \nu(X))^2\} = \int_{-\infty}^{\infty}\int_{-\infty}^{\infty}(y - \nu(x))^2 f(x, y)\,dx\,dy$$

であり，**予測誤差** (prediction error) とよばれる．予測誤差を最小にする予測量を**最良予測量** (best predictor) という．

定理 8.3　最良予測量は X を与えたときの Y の条件付き平均である：

$$Y^* = \nu^*(X) = E[Y|X].$$

証明　(X, Y) が同時密度関数 $f(x, y)$ をもつとして証明を進めるが，離散の場合は同時確率関数である．X の周辺密度関数を $f_1(x)$，$X = x$ を与えたときの Y の条件付き密度関数を $f_2(y|x)$ とする：

$$f_1(x) = \int_{-\infty}^{\infty} f(x, y)\,dy, \qquad f_2(y|x) = \frac{f(x, y)}{f_1(x)}.$$

このとき，$X = x$ を与えたときの Y の条件付き平均，条件付き分散は

$$E[\,Y|x] = E[\,Y\,|\,X = x] = \int_{-\infty}^{\infty} y\, f_2(y|x)\, dy,$$

$$V[\,Y|x] = \int_{-\infty}^{\infty} (y - E[\,Y|x])^2 f_2(y|x)\, dy.$$

ところが，予測量 $\hat{Y} = \nu(X)$ の予測誤差は

$$E\{(\,Y - \nu(X))^2\} = E\{E[(\,Y - \nu(X))^2|X]\}$$
$$= \int_{-\infty}^{\infty}\left\{\int_{-\infty}^{\infty}(y - \nu(x))^2 f_2(y|x)\, dy\right\} f_1(x)\, dx,$$

$$E[(\,Y - \nu(x))^2\,|\,X = x] = \int_{-\infty}^{\infty}(y - \nu(x))^2 f_2(y|x)\, dy$$

$$= \int_{-\infty}^{\infty}(y - E[\,Y\,|\,X = x])^2 f_2(y|x)\, dy + \{E[\,Y\,|\,X = x] - \nu(x)\}^2$$

$$\geq \int_{-\infty}^{\infty}(y - E[\,Y\,|\,X = x])^2 f_2(y|x)\, dy = V[\,Y|X = x]$$

より，条件付き分散の平均より大きい：

$$E\{(\,Y - \nu(X))^2\} \geq E\{(\,Y - E[\,Y|X])^2\} = E\{\,V[\,Y|X]\}.$$

ゆえに，$Y^* = \nu^*(X) = E[\,Y|X]$ のとき予測誤差は最小になる． □

このように，X の一般の関数 $\hat{Y} = \nu(X)$ によって Y を推定することを**一般回帰** (general regression) という．しかし，多くの場合に条件付き平均は複雑な関数であり求めることが難しい．そこで思い切って X の線形関数 $\hat{Y}_L = a + bX$ によって Y を推定することにしよう．これを**線形回帰** (linear regression) という．そのとき，推定誤差を最小にする線形関数 $Y_L^* = a^* + b^* X$ を**最良線形回帰** (best linear regression) という．

定理 8.4 (X, Y) の 2 次までのモーメントを

$E(X) = \mu_1$, $E(Y) = \mu_2$, $V(X) = \sigma_1^2$, $V(Y) = \sigma_2^2$, $Corr(X, Y) = \rho$

とする．そのとき，最良線形回帰の係数は

$$a^* = \mu_2 - \rho\frac{\sigma_2}{\sigma_1}\mu_1, \qquad b^* = \rho\frac{\sigma_2}{\sigma_1}$$

で表され，そのとき最良線形回帰は次のように与えられる：

$$Y_L^* = \mu_2 - \rho\frac{\sigma_2}{\sigma_1}\mu_1 + \rho\frac{\sigma_2}{\sigma_1}X, \text{ すなわち, } \frac{Y_L^* - \mu_2}{\sigma_2} = \rho\frac{X - \mu_1}{\sigma_1}.$$

証明　平均２乗誤差は

$$E\{(Y-a-bX)^2\} = E[\{(Y-\mu_2)-b(X-\mu_1)+(\mu_2-a-b\mu_1)\}^2]$$
$$= \sigma_2^2 - 2b\,\rho\,\sigma_1\sigma_2 + b^2\sigma_1^2 + (\mu_2-a-b\mu_1)^2$$

であるから，

$$b = \rho\frac{\sigma_2}{\sigma_1},\ \text{ゆえに}\quad a = \mu_2 - b\mu_1 = \mu_2 - \rho\frac{\sigma_2}{\sigma_1}\mu_1$$

のとき最小になる．　□

例題 8.7　確率変数 (X, Y) の同時密度関数が

$$f(x, y) = \frac{2}{3}(x+2y) \qquad (0 \le x,\, y \le 1)$$

で与えられているとき，X の周辺密度関数は

$$f_1(x) = \int_0^1 f(x, y)\,dy = \frac{2}{3}(x+1).$$

したがって，$X = x$ を与えたときの Y の条件付き密度関数は

$$f_2(y|x) = \frac{f(x, y)}{f_1(x)} = \frac{x+2y}{x+1}.$$

ゆえに，Y の最良予測量は $X = x$ を与えたときの Y の条件付き平均値として

$$Y^* = \int_0^1 y\,f_2(y|x)dy = \frac{3x+4}{6x+6} = \frac{1}{2}\left\{1+\frac{1}{3}\frac{1}{x+1}\right\}.$$

一方，X, Y の平均，分散，共分散，相関係数は

$$\mu_1 = \frac{5}{9}, \quad \mu_2 = \frac{11}{18}, \quad \sigma_1^2 = \frac{13}{162}, \quad \sigma_2^2 = \frac{23}{324},$$

$$Cov(X, Y) = -\frac{1}{162}, \quad \rho = -\sqrt{\frac{2}{299}}.$$

したがって，最良線形回帰の係数は

$$b^* = \frac{Cov(X, Y)}{\sigma_1^2} = -\frac{1}{13}, \qquad a^* = \frac{17}{26}.$$

ゆえに，Y の最良線形予測量は

$$Y_L^* = \frac{17-2x}{26}.$$

最良予測量 Y^* と最良線形予測量 Y_L^* を図示すれば図 8.5 のようになる．　◇

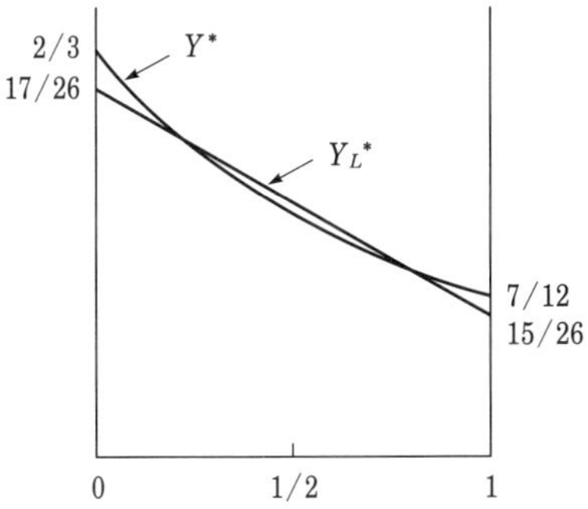

図 8.5　予測値

8.5　決定原理

ある決定関数 δ の良さを危険関数 $r(\theta, \delta)$ によって比較する場合に，図 8.6 の左図のように θ に関して一様に良い δ' が存在するとき：すなわち，

$$r(\theta, \delta) \geq r(\theta, \delta') \qquad (\text{任意の } \theta \in \Theta \text{ に対して}),$$

$$r(\theta_0, \delta) > r(\theta_0, \delta') \qquad (\text{ある } \theta_0 \in \Theta \text{ に対して})$$

が成り立つとき，δ は**非許容的** (inadmissible) であるという．しかし，一般にはこのようなことはまれで，右図のように任意の δ' に対して

$$r(\theta_0, \delta') > r(\theta_0, \delta) \qquad (\text{ある } \theta_0 \in \Theta \text{ に対して})$$

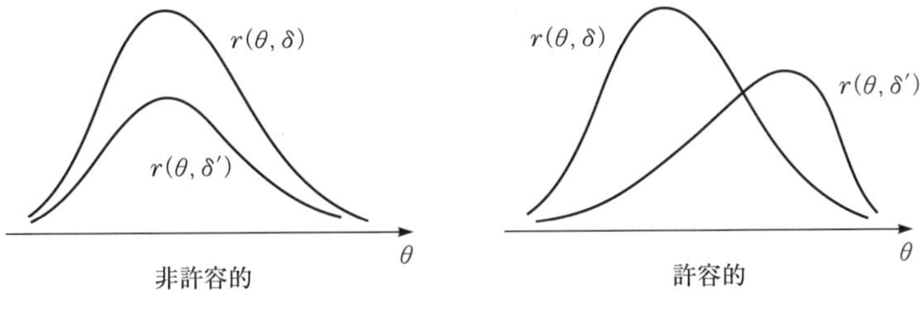

図 8.6

となって，どんな δ' に対しても δ が良くなる点 θ_0 が存在するとき，δ は**許容的** (admissible) であるという．したがって，θ が未知の場合には許容的な決定関数の良さを危険関数によって評価することは原理的にできないの

で，危険関数 $r(\theta, \delta)$ を θ を含まない値に変換することを考える．

（1） **ミニマックス原理** (minimax principle)

危険関数の最大値である最大危険：

$$r_M(\delta) = \max\{r(\theta, \delta) : \theta \in \Theta\}$$

を考え，最大危険を最小にするような決定関数 $\delta_M \in \mathscr{D}$：

$$r_M(\delta_M) = \min\{r_M(\delta) : \delta \in \mathscr{D}\} = \min_{\delta \in \mathscr{D}} \max_{\theta \in \Theta} r(\theta, \delta)$$

を最良のものとして選ぶ考え方をミニマックス原理という．この δ_M を**ミニマックス決定関数**または**ミニマックス解**という．

（2） **ベイズ原理** (Bayes principle)

確率変数 ϑ の実現値が母数 θ であると考えて，観測値 $\boldsymbol{X} = \boldsymbol{x}$ を得る前の ϑ の分布を**事前分布** (prior distribution) という．いま，事前分布の密度関数 $\pi(\theta)$ が与えられているとする．危険関数の事前分布による期待値

$$r_B(\delta) = \int_\Theta r(\theta, \delta)\pi(\theta)\, d\theta$$

を**ベイズ危険** (Bayes risk) といい，ベイズ危険を最小にするような決定関数 $\delta_B \in \mathscr{D}$：

$$r_B(\delta_B) = \min\{r_B(\delta) : \delta \in \mathscr{D}\}$$

を最良のものとして選ぶ考え方をベイズ原理という．この δ_B を**ベイズ決定関数**または**ベイズ解**という．

$(\boldsymbol{X}, \vartheta)$ の同時分布の密度関数は事前分布の密度関数を使って

$$f_n(\boldsymbol{x}, \theta) = \pi(\theta) f_n(\boldsymbol{x}|\theta)$$

と表される．$\boldsymbol{X}$ と ϑ の周辺分布はそれぞれ

$$f_n(\boldsymbol{x}) = \int_\Theta f_n(\boldsymbol{x}, \theta)\, d\theta, \qquad \pi(\theta) = \int_{\mathscr{X}} f_n(\boldsymbol{x}, \theta)\, d\boldsymbol{x}.$$

$f_n(\boldsymbol{x}|\theta)$ は $\vartheta = \theta$ が与えられたときの $\boldsymbol{X}$ の条件付き密度関数と考えられる：

$$f_n(\boldsymbol{x}|\theta) = \frac{f_n(\boldsymbol{x}, \theta)}{\pi(\theta)} = \frac{f_n(\boldsymbol{x}, \theta)}{\int_{\mathscr{X}} f_n(\boldsymbol{x}, \theta)\, d\boldsymbol{x}}.$$

同様に，観測値 $\boldsymbol{X} = \boldsymbol{x}$ が与えられたときの ϑ の条件付き密度関数は

$$\pi(\theta|\boldsymbol{x}) = \frac{f_n(\boldsymbol{x}, \theta)}{f_n(\boldsymbol{x})} = \frac{f_n(\boldsymbol{x}, \theta)}{\displaystyle\int_\Theta f_n(\boldsymbol{x}, \theta)\, d\theta}.$$

これを観測値 $\boldsymbol{X} = \boldsymbol{x}$ を得た後での ϑ の**事後分布** (posterior distribution) という．すなわち，ϑ の分布は観測値 $\boldsymbol{X} = \boldsymbol{x}$ を得る前後によって次の変換を受ける：

$$\pi(\theta)：\text{事前分布} \quad \Longrightarrow \quad \pi(\theta|\boldsymbol{x})：\text{事後分布}.$$

事後分布による損失関数の平均

$$r(\delta(\boldsymbol{x})|\boldsymbol{x}) = \int_\Theta w(\theta, \delta(\boldsymbol{x}))\pi(\theta|\boldsymbol{x})\, d\theta$$

を $\delta(\boldsymbol{x})$ の**事後危険** (posterior risk) という．次の**ベイズの定理** (Bayes' Theorem) はベイズ解と事後危険の関係を述べている．

定理 8.5 (Bayes) 事後危険を最小にする決定関数 $\delta^* = \delta^*(\boldsymbol{x})$ が決定関数族 $\mathscr{D}$ に存在するならば，δ^* はベイズ決定関数である．

証明 δ^* が事後危険を最小にすることから，任意の $\boldsymbol{x}$ と δ に対して，

$$r(\delta(\boldsymbol{x})|\boldsymbol{x}) \geq r(\delta^*(\boldsymbol{x})|\boldsymbol{x})$$

が成り立つ．両辺を $\boldsymbol{X}$ の周辺分布によって平均すれば，

$$\begin{aligned} r_B(\delta) &= \int_{\mathscr{X}} r(\delta(\boldsymbol{x})|\boldsymbol{x}) f_n(\boldsymbol{x})\, d\boldsymbol{x} \\ &\geq \int_{\mathscr{X}} r(\delta^*(\boldsymbol{x})|\boldsymbol{x}) f_n(\boldsymbol{x})\, d\boldsymbol{x} = r_B(\delta^*). \end{aligned}$$

ゆえに，δ^* はベイズ解である． □

系 8.1 2 乗誤差 $w(\theta, T) = (T - \theta)^2$ に関するベイズ推定量 (ベイズ解) は事後平均で与えられる：

$$\theta^* = \theta^*(\boldsymbol{x}) = \int_\Theta \theta\, \pi(\theta|\boldsymbol{x})\, d\theta.$$

証明 推定量 T の 2 乗誤差に関する事後危険は

$$r(T(\boldsymbol{x})|\boldsymbol{x}) = \int_{\Theta} (\theta - T(\boldsymbol{x}))^2 \pi(\theta|\boldsymbol{x})\, d\theta$$

であり，これを最小にするものは定理 8.3 と同様にして条件付き平均

$$E[\vartheta|\boldsymbol{x}] = \int_{\Theta} \theta\, \pi(\theta|\boldsymbol{x})\, d\theta,$$

すなわち，事後平均である． □

（3） ベイズ解とミニマックス解の関係

定理 8.6 ある事前分布 π_0 に対するベイズ解 $\delta_B \in \mathscr{D}$ の危険関数が

$$r(\theta, \delta_B) = \text{一定} \qquad (\theta \text{ に無関係})$$

であるならば，δ_B はミニマックス解である．このように危険関数を定数にするようなミニマックス解のことを**ミニマックス平衡解**という．

証明 いま，δ_B の危険関数は $r(\theta, \delta_B) = c$ (定数) であって，かつ，事前分布 π_0 に対するベイズ解であるとする．そのとき，

$$\min_{\delta \in \mathscr{D}} \int_{-\infty}^{\infty} r(\theta, \delta) \pi_0(\theta)\, d\theta = \int_{-\infty}^{\infty} r(\theta, \delta_B) \pi_0(\theta)\, d\theta = c.$$

ところが，明らかに

$$\max_{\theta \in \Theta} r(\theta, \delta) \geq \int_{-\infty}^{\infty} r(\theta, \delta) \pi_0(\theta)\, d\theta$$

であるから，ゆえに

$$\min_{\delta \in \mathscr{D}} \max_{\theta \in \Theta} r(\theta, \delta) \geq \min_{\delta \in \mathscr{D}} \int_{-\infty}^{\infty} r(\theta, \delta) \pi_0(\theta)\, d\theta = c.$$

逆に，危険関数が θ によらないで定数 c であることから，

$$c = \max_{\theta \in \Theta} r(\theta, \delta_B) \geq \min_{\delta \in \mathscr{D}} \max_{\theta \in \Theta} r(\theta, \delta).$$

ゆえに，

$$\max_{\theta \in \Theta} r(\theta, \delta_B) = \min_{\delta \in \mathscr{D}} \max_{\theta \in \Theta} r(\theta, \delta) = c.$$

これは δ_B がミニマックス解であることを示している． □

例題 8.8 n 個の独立なベルヌーイ試行 $\varepsilon_1, \cdots, \varepsilon_n$ によって母比率 θ を推定する

ことを考えよう．$\boldsymbol{\varepsilon}=(\varepsilon_1,\cdots,\varepsilon_n)$ の同時確率関数は

$$f_n(\boldsymbol{\varepsilon}|\theta)=\theta^x(1-\theta)^{n-x},$$
$$\boldsymbol{\varepsilon}=(\varepsilon_1,\cdots,\varepsilon_n)$$

である．ここで $x=\varepsilon_1+\cdots+\varepsilon_n$ である．標本比率 $\bar{X}=\dfrac{x}{n}$ は不偏であり，その危険関数，すなわち，分散は

$$r(\theta,\bar{X})=\frac{\theta(1-\theta)}{n}$$

である．次にベイズ的接近を行う．母比率 θ を確率変数とみなして ϑ とおき，ϑ の事前分布をベータ分布 $B_E(\alpha,\beta)$ とする（α,β は与えられた正定数）：

$$\pi(\theta)=B(\alpha,\beta)^{-1}\theta^{\alpha-1}(1-\theta)^{\beta-1}.$$

このとき，$(\boldsymbol{\varepsilon},\vartheta)$ の同時密度関数は

$$f_n(\boldsymbol{\varepsilon},\theta)=B(\alpha,\beta)^{-1}\theta^{x+\alpha-1}(1-\theta)^{n-x+\beta-1}.$$

したがって，$\boldsymbol{\varepsilon}$ の周辺密度関数は

$$f_n(\boldsymbol{\varepsilon})=\frac{B(x+\alpha,n-x+\beta)}{B(\alpha,\beta)}.$$

ϑ の事後分布はベータ分布 $B_E(x+\alpha,n-x+\beta)$ である：

$$\pi(\theta|\boldsymbol{\varepsilon})=B(x+\alpha,n-x+\beta)^{-1}\theta^{x+\alpha-1}(1-\theta)^{n-x+\beta-1}.$$

ゆえに，θ の分布は次のような変換を受ける：

$$\text{事前分布 } B_E(\alpha,\beta)\ \Longrightarrow\ \text{事後分布 } B_E(x+\alpha,n-x+\beta).$$

ここで観測情報の取り入れ方に注意しよう．ベイズ推定量は事後平均

$$T_B=\frac{x+\alpha}{n+\alpha+\beta}=\frac{\bar{x}+\dfrac{\alpha}{n}}{1+\dfrac{\alpha+\beta}{n}}$$

であり，その危険関数は θ で整理すると

$$r(\theta,T_B)=\frac{\{(\alpha+\beta)^2-n\}\theta^2+\{n-2\alpha(\alpha+\beta)\}\theta+\alpha^2}{(n+\alpha+\beta)^2}.$$

例えば，$\alpha=\beta=1$ のとき事前分布は一様分布 $B_E(1,1)=U(0,1)$ であり，そのときのベイズ推定量は

$$T_U=\frac{\bar{x}+\dfrac{1}{n}}{1+\dfrac{2}{n}}$$

である．また，$\alpha=\beta=\dfrac{\sqrt{n}}{2}$ のとき，

$$r(\theta,\ T_B)=\{2(\sqrt{n}+1)\}^{-2}=\text{定数}$$

となって，危険関数が θ に依存しない．すなわち，事前分布が $B_E\left(\dfrac{\sqrt{n}}{2},\dfrac{\sqrt{n}}{2}\right)$ のときのベイズ解は平衡解になっているのでミニマックス解である：

$$T_M=\frac{\bar{X}+\dfrac{1}{2\sqrt{n}}}{1+\dfrac{1}{\sqrt{n}}}.$$

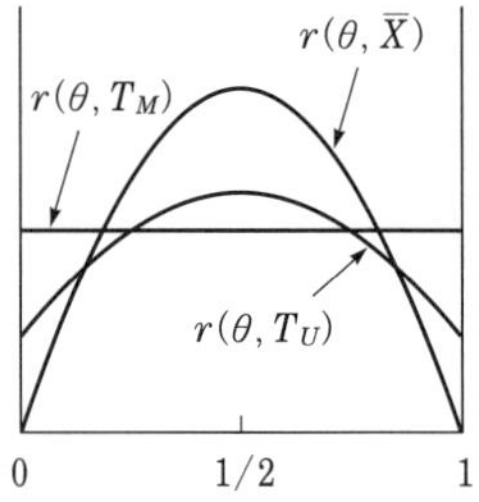

図 8.7　危険関数

これらの推定量の危険関数を図示すると図 8.7 のようになる．◇

演習問題 8

8.1　X_1, X_2 は独立な観測で，平均と分散はそれぞれ

$$E(X_1)=E(X_2)=\mu,\qquad V(X_1)=\sigma^2,\qquad V(X_2)=3\sigma^2$$

であるとする．観測の線形関数を考える：

$$T_c=c_1X_1+c_2X_2,\qquad \boldsymbol{c}=(c_1,\ c_2)\in\boldsymbol{R}^2.$$

（1）　T_c が μ の不偏推定量であるための $\boldsymbol{c}$ の満たすべき条件を求めよ．

（2）　T_c が μ の不偏推定量のとき，その分散を最小にする $\boldsymbol{c}$ の値を求めよ．

8.2　$X_1,\cdots,X_n$ は独立な観測で，その平均は $E(X_i)=\mu$ (未知)，分散は $V(X_i)=\sigma_i^2$ (既知) とする．観測の線形関数を考える：

$$T_c=c_1X_1+\cdots+c_nX_n,\qquad \boldsymbol{c}=(c_1,\cdots,\ c_n)\in\boldsymbol{R}^n.$$

（1）　T_c が μ の不偏推定量であるための $\boldsymbol{c}$ の満たすべき条件を求めよ．

（2）　線形不偏推定量の中で分散を最小にするものを求めよ．

8.3　成功の確率が p の n 個の独立なベルヌーイ試行 $\varepsilon_1,\varepsilon_2,\cdots,\varepsilon_n$ による母分散 $p(1-p)$ の推定量を $T=c\bar{X}(1-\bar{X})$ とする．ここで，$\bar{X}=\dfrac{1}{n}(\varepsilon_1+\varepsilon_2+\cdots+\varepsilon_n)$：標本比率である．$T$ が母分散の不偏推定量であるとき，c の値を求めよ．さらに，そのときの推定量の分散を求めよ．

8.4　$X_1, \cdots, X_n$ は正規分布 $N(\mu, \sigma^2)$ からの無作為標本とする．ここで，母数 μ, σ^2 は未知とする．このとき，標本分散

$$\hat{\sigma}^2 = \frac{1}{n-1}\sum_{i=1}^{n}(X_i - \bar{X}_n)^2$$

は不偏であることを示せ．σ^2 に関するフィッシャー情報量 $I(\sigma^2)$ を求め，不偏推定量 $\hat{\sigma}^2$ の分散がクラメル=ラオの下限に達するかどうかを調べよ．

8.5　$X_1, \cdots, X_n$ は次の分布からの無作為標本とする．このとき，それぞれの分布の母数の有効推定量は存在するか，存在するときはそれを求めよ．

（1）　ポアソン分布 $Po(\lambda)$　　（2）　対数級数分布 $LS(\theta)$

（3）　指数分布 $Ex(\lambda)$　　（4）　ガンマ分布 $G_A(\alpha, \beta)$ (α は既知)

8.6　$X_1, \cdots, X_n$ は一様分布 $U(0, \theta)$ からの無作為標本とする．標本最大値 $X_{n:n} = \max(X_1, \cdots, X_n)$ を用いた $T = cX_{n:n}$ によって θ を推定する．T が不偏推定量のとき，c の値を定めよ．さらに，その分散を求めよ．

8.7　$X_1, \cdots, X_n$ は指数分布 $E_X\left(\frac{1}{\lambda}\right)$ からの無作為標本とする．母数 λ の 2 つの推定量として $T_1 = \bar{X}$：標本平均 と $X_{n:1} = \min(X_1, \cdots, X_n)$：標本最小値を用いた $T_2 = nX_{n:1}$ を考える．そのとき，次の問に答えよ．

（1）　これらの推定量は不偏であることを示せ．

（2）　これらの推定量の分散を求め，比較せよ．

8.8　$X_1, \cdots, X_n$ は一様分布 $U(\theta, \theta+1)$ からの無作為標本とする．標本平均 $\bar{X}$, 標本最小値 $X_{n:1}$，標本最大値 $X_{n:n}$ を用いて次の 4 つの推定量を考える：

（i）　$T_1 = \bar{X} - \frac{1}{2}$,　　（ii）　$T_2 = \frac{1}{2}(X_{n:1} + X_{n:n} - 1)$,

（iii）　$T_3 = X_{n:1} - \frac{1}{n+1}$,　　（iv）　$T_4 = X_{n:n} - \frac{n}{n+1}$.

そのとき，次の問に答えよ．

（1）　これらの推定量は不偏であることを示せ．

（2）　これらの推定量の分散を求め，比較せよ．

8.9 $X_1, \cdots, X_n$ は一様分布 $U(\theta-1, \theta+1)$ からの無作為標本とする．標本平均 $\bar{X}$，標本最小値 $X_{n:1}$，標本最大値 $X_{n:n}$ を用いて次の 4 つの推定量を考える：

(i) $T_1 = \bar{X}$, (ii) $T_2 = \dfrac{1}{2}(X_{n:1} + X_{n:n})$,

(iii) $T_3 = X_{n:1} + \dfrac{n-1}{n+1}$, (iv) $T_4 = X_{n:n} - \dfrac{n-1}{n+1}$.

そのとき，次の問に答えよ．

(1) これらの推定量は不偏であることを示せ．

(2) これらの推定量の分散を求め，比較せよ．

8.10 X は次のような確率関数 $f(x|\theta)$ をもつ離散型確率変数とする：

x	1	2	3	4	5	6	7	8	9
$f(x\|\theta_0)$	0.01	0.02	0.03	0.04	0.05	0.07	0.08	0.10	0.60
$f(x\|\theta_1)$	0.02	0.03	0.05	0.05	0.10	0.15	0.25	0.20	0.15

次の仮説を検定することを考える：

$$\begin{cases} H_0: \ \theta = \theta_0 & \text{(帰無仮説)}, \\ H_1: \ \theta = \theta_1 & \text{(対立仮説)}. \end{cases}$$

そのとき，次の問に答えよ．

(1) 大きさ $\alpha = 0.10$ の棄却域を全て挙げよ．

(2) 上で挙げた棄却域の中で，第二種の誤りの大きさ β を最小にするものを求めよ．

8.11 $X_1, X_2, \cdots, X_n$ は次の密度関数をもつ分布からの無作為標本とする：

$$f(x|\theta) = (1+\theta)x^\theta, \qquad 0 \le x \le 1,\ \theta > 0.$$

このとき仮説

$$\begin{cases} H_0: \ \theta = \theta_0 & \text{(帰無仮説)}, \\ H_1: \ \theta = \theta_1\,(> \theta_0) & \text{(対立仮説)} \end{cases}$$

を有意水準 α で検定するための最強力な棄却域を求めよ．

8.12 $X_1, X_2, \cdots, X_n$ は指数分布 $Ex(\lambda)$ からの無作為標本とする．このとき次の仮説を有意水準 $\alpha = 0.10$ で検定するための最強力な検定を求めよ：

$$\begin{cases} H_0: \ \lambda = 1 & \text{(帰無仮説)}, \\ H_1: \ \lambda = 2 & \text{(対立仮説)}. \end{cases}$$

8.13 確率変数 (X, Y) の同時密度関数

$$f(x, y) = 8xy \qquad (0 \leq x \leq 1,\ 0 \leq y \leq x)$$

が与えられているとき，次の問に答えよ．

（1） 最良予測量 $Y^* = \nu^*(X) = E[Y|X]$ とその予測誤差を求めよ．

（2） 線形最良予測量とその予測誤差を求めよ．

8.14 ポアソン分布 $Po(\lambda)$ に従う 1 個の観測 X に基づいて母数 λ を推定する場合，損失関数は 2 乗誤差であり，事前分布はガンマ分布 $G_A(\alpha, \beta)$ であるとする（α, β は与えられた正定数である）．

（1） X の周辺分布を求めよ．それはどのような分布か．

（2） λ の事後分布を求めよ．また，ベイズ推定量を求めよ．

8.15 ポアソン分布 $Po(\lambda)$ に従う 1 個の観測 X に基づいて母数 λ を推定する場合において，推定量の族として $\mathcal{D} = \{T_c = cX : c \text{ は正数}\}$，損失関数として $W(\lambda, T_c) = (T_c - \lambda)^2/\lambda$ を用いるとき，次のものを求めよ．

（1） 危険関数 $r(\lambda, T_c)$，さらに，ミニマックス解．

（2） λ の事前分布が母数 2 の指数分布 $Ex(2)$ であるとき，ベイズ解．

8.16 一様分布 $U(0, \theta)$ $(\theta > 0)$ に従う 1 つの観測 X により母数 θ を推定する．損失関数は 2 乗誤差で，事前分布はガンマ分布 $G_A(2, 1)$ とする．

（1） X の周辺密度関数 $f_1(x)$ を求めよ．

（2） θ の事後分布を求めよ．さらに，ベイズ推定量を求めよ．

8.17 一様分布 $U(0, \theta)$ $(0 < \theta < 1)$ に従う 1 つの観測 X により母数 θ を推定する．損失関数は絶対誤差で，事前分布は一様分布 $U(0, 1)$ とする．

（1） 推定量 $T_1(X) = X$ のベイズ危険を求めよ．

（2） 推定量 $T_2(X) = X^2$ のベイズ危険を求めよ．

8.18 分散 σ^2 が既知の正規分布 $N(\theta, \sigma^2)$ からの無作為標本 $X_1, \cdots, X_n$ に基づいて平均 θ を推定する場合，損失関数は 2 乗誤差とし，θ の事前分布を正規分布 $N(\mu, \alpha^2)$ とする (μ, α は与えられた定数である)．

（1） θ の事後分布は正規分布 $N(\gamma\bar{X} + (1-\gamma)\mu, \gamma\sigma_n^2)$ であることを示せ．ここで $\gamma = \left(1 + \dfrac{\sigma_n^2}{\alpha^2}\right)^{-1}$ であり，$\sigma_n^2 = \dfrac{\sigma^2}{n}$ である．

（2） ベイズ推定量 T_B とベイズ危険 $r_B(T_B)$ を求めよ．標本平均 $\bar{X}$ のベイズ危険 $r_B(\bar{X})$ を求め，ベイズ危険の比は $\dfrac{r_B(T_B)}{r_B(\bar{X})} = \gamma < 1$ であることを示せ．

8.19 $f(x)$ は区間 $[0, 1]$ 上の連続関数とする．$x\,(0 \leq x \leq 1)$ に対して，二項分布 $B_N(n, x)$ に従う確率変数を X_n とする．x の n 次多項式：

$$f_n(x) = E\left\{f\left(\frac{X_n}{n}\right)\right\} = \sum_{k=0}^{n} f\left(\frac{k}{n}\right)\binom{n}{k} x^k (1-x)^{n-k}$$

を**ベルンシュタイン多項式**という．$n \to \infty$ のとき，$f_n(x)$ は $f(x)$ に $[0, 1]$ 上で一様収束することを示せ．［ヒント： チェビシェフの不等式を用いよ.］

§9.　統計的推定

分布 $f(x|\theta)$ に従う n 個の無作為標本 $\boldsymbol{X}=(X_1, X_2, \cdots, X_n)$ に基づく母数 θ の推定について前節で論じたことを要約すると，推定量 $T_n(\boldsymbol{X})$ の精度を知るために必要な統計学的考察は

（1）　T_n が不偏である，

（2）　T_n の分散を求める，

（3）　T_n の効率を求める，

という 3 点であった．しかし，推定量についてもっと詳細な精度を知るためには，推定量の分布を調べる必要がある．推定量の分布がわかれば，区間によって母数の推定を行うことができる．ここでは，正規分布の母数の区間推定とベルヌーイ試行の母比率の区間推定について，具体的な例題により詳しく説明しよう．

9.1　正規分布の平均の区間推定

（1）　分散 σ^2 が既知のとき

$X_1, X_2, \cdots, X_n$ は正規分布 $N(\mu, \sigma^2)$ からの無作為標本とする．ここで，母平均 μ は未知母数であり，母分散 σ^2 は既知とする．このとき前節でみたように，母平均 μ の有効推定量は標本平均 $\bar{X}$ であり，その標準化は標準正規分布に従う：

$$Z=\frac{\sqrt{n}(\bar{X}-\mu)}{\sigma} \sim N(0,1).$$

ゆえに，標準正規分布の両側 α 点 z_α^* に対して，

$$1-\alpha=P\left\{\left|\frac{\sqrt{n}(\bar{X}-\mu)}{\sigma}\right| \leq z_\alpha^*\right\}$$

が成り立つ．{ } 内の不等式を μ について解くと

$$1-\alpha=P\left\{\bar{X}-z_\alpha^* \frac{\sigma}{\sqrt{n}} \leq \mu \leq \bar{X}+z_\alpha^* \frac{\sigma}{\sqrt{n}}\right\}$$

となることから，区間

$$\left[\bar{X} - z_\alpha^* \frac{\sigma}{\sqrt{n}},\ \bar{X} + z_\alpha^* \frac{\sigma}{\sqrt{n}}\right]$$

を μ の $1-\alpha$（または $(1-\alpha) \times 100\,\%$）**信頼区間** (confidence interval) という．この場合，区間幅は $2z_\alpha^* \dfrac{\sigma}{\sqrt{n}}$ であり標本に依存しない．$1-\alpha$ を**信頼度**または**信頼水準** (confidence level) という．この区間の両端 $\bar{X} \pm z_\alpha^* \dfrac{\sigma}{\sqrt{n}}$ のことを**信頼限界** (confidence limit) といい，信頼区間と信頼限界を同一視することがある：

$$\bar{X} \pm z_\alpha^* \frac{\sigma}{\sqrt{n}} \equiv \left[\bar{X} - z_\alpha^* \frac{\sigma}{\sqrt{n}},\ \bar{X} + z_\alpha^* \frac{\sigma}{\sqrt{n}}\right].$$

実際に標本値 $(x_1, x_2, \cdots, x_n)$ を得たとき，標本平均値 $\bar{x}$ から信頼区間 $I = \bar{x} \pm z_\alpha^* \dfrac{\sigma}{\sqrt{n}}$ をつくれば，この区間 I は未知の母平均 μ を含むか含まないかどちらか，すなわち，I が μ を含む確率は 0 か 1 であって，$1-\alpha$ ということではない．信頼水準が $1-\alpha$ であるということは，例えば n 個からなる標本の組を m 組とり，各組から標本平均値と信頼区間を求めるとする：

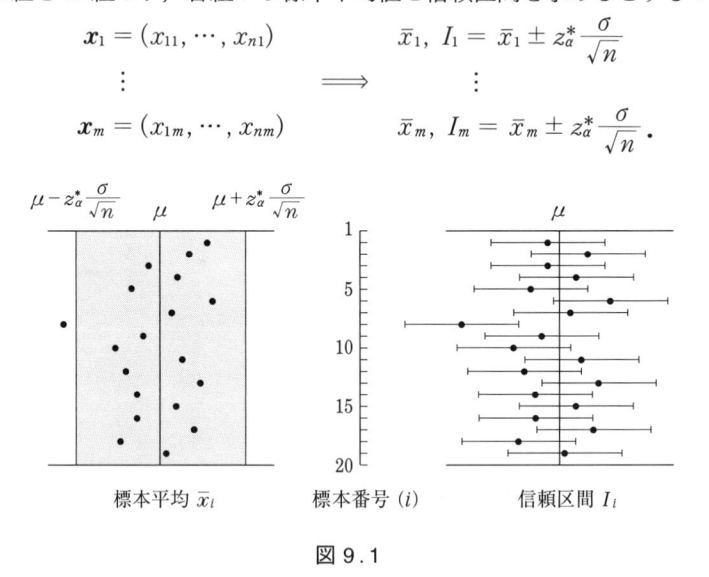

$$\begin{array}{lcl} \boldsymbol{x}_1 = (x_{11}, \cdots, x_{n1}) & & \bar{x}_1,\ I_1 = \bar{x}_1 \pm z_\alpha^* \dfrac{\sigma}{\sqrt{n}} \\ \vdots & \Longrightarrow & \vdots \\ \boldsymbol{x}_m = (x_{1m}, \cdots, x_{nm}) & & \bar{x}_m,\ I_m = \bar{x}_m \pm z_\alpha^* \dfrac{\sigma}{\sqrt{n}}. \end{array}$$

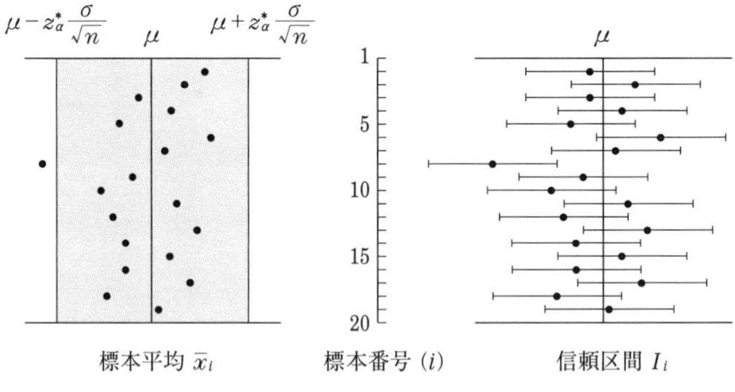

図 9.1

このとき，“平均的にいって”，これらの m 個の区間のうち $(1-\alpha) \times 100\,\%$ のものは μ を含んでいることを示している（図 9.1 参照）．

(2) 分散 σ^2 が未知のとき

$X_1, X_2, \cdots, X_n$ は正規分布 $N(\mu, \sigma^2)$ からの無作為標本とし，μ も σ^2 も未知とする．このとき，上で述べた μ の信頼区間は未知母数 σ を含んでいるので使うことはできない．そこで分散 σ^2 の不偏推定量

$$\hat{\sigma}^2 = \frac{1}{n-1}\sum_{i=1}^{n}(X_i - \bar{X})^2$$

によって σ の代わりに $\hat{\sigma}$ を用いれば，定理6.3により標本平均 $\bar{X}$ の t-変換は自由度 $n-1$ のティー分布に従う：

$$T = \frac{\sqrt{n}(\bar{X}-\mu)}{\hat{\sigma}} \sim t_{n-1}：\text{自由度 } n-1 \text{ のティー分布}.$$

ゆえに，自由度 $n-1$ のティー分布：t_{n-1} の両側 α 点 $t^*_{n-1,\alpha}$ に対して，

$$1-\alpha = P\left\{\left|\frac{\sqrt{n}(\bar{X}-\mu)}{\hat{\sigma}}\right| \leq t^*_{n-1,\alpha}\right\}$$

が成り立つ．{ }内を μ について解くと

$$1-\alpha = P\left\{\bar{X} - t^*_{n-1,\alpha}\frac{\hat{\sigma}}{\sqrt{n}} \leq \mu \leq \bar{X} + t^*_{n-1,\alpha}\frac{\hat{\sigma}}{\sqrt{n}}\right\}$$

となることから，μ の $(1-\alpha)\times 100$ % 信頼区間

$$\bar{X} \pm t^*_{n-1,\alpha}\frac{\hat{\sigma}}{\sqrt{n}} \equiv \left[\bar{X} - t^*_{n-1,\alpha}\frac{\hat{\sigma}}{\sqrt{n}},\ \bar{X} + t^*_{n-1,\alpha}\frac{\hat{\sigma}}{\sqrt{n}}\right]$$

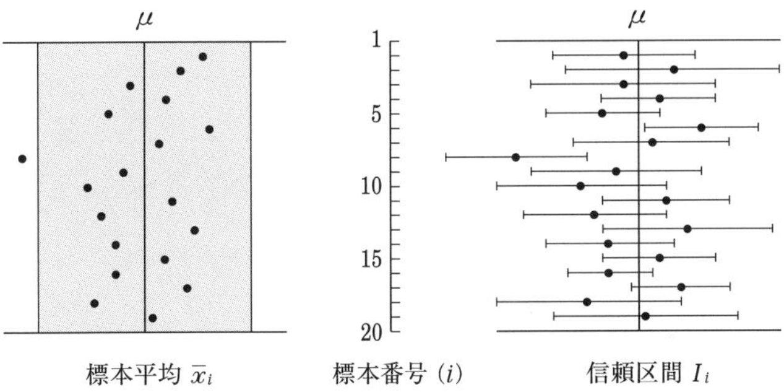

図 9.2

が得られる．この場合，区間幅は $2t^*_{n-1,\alpha}\dfrac{\hat{\sigma}}{\sqrt{n}}$ であり，標本に依存していることに注意しよう．(1) のときと同様に，m 組の標本から信頼区間をつくると図 9.2 のようになる．

例題 9.1　ある部品を作るのに要する時間は正規分布 $N(\mu, \sigma^2)$ に従うことがわかっているものとする．大きさ 10 の無作為標本の観測値として

$$28.7,\ 34.2,\ 31.0,\ 25.9,\ 30.2,\ 29.4,\ 33.5,\ 34.1,\ 31.5,\ 26.2$$

が得られた．このとき，標本平均と標本不偏分散は

$$\bar{x} = 30.47, \qquad \hat{\sigma}^2 = 9.0$$

である．したがって，母平均 μ の 95 % 信頼区間は，ティー分布表 [付表 2] より $t^*_{9,0.05} = 2.262$ であるから，

$$\begin{aligned}\bar{x} \pm t^*_{9,0.05}\frac{\hat{\sigma}}{\sqrt{10}} &= 30.47 \pm 2.262 \times \frac{3.0}{3.16}\\ &= 30.47 \pm 2.15 = [28.32, 32.62]\end{aligned}$$

であることが示される．　◇

9.2　正規分布の分散の区間推定

$X_1, X_2, \cdots, X_n$ は正規分布 $N(\mu, \sigma^2)$ からの無作為標本とし，μ も σ^2 も未知とする．不偏推定量

$$\hat{\sigma}^2 = \frac{1}{n-1}\sum_{i=1}^{n}(X_i - \bar{X}_n)^2$$

を用いて分散 σ^2 の区間推定を考える．定理 6.3 により $\dfrac{(n-1)\hat{\sigma}^2}{\sigma^2}$ は自由度 $n-1$ のカイ自乗分布 χ^2_{n-1} に従うから，その上側 $\dfrac{\alpha}{2}$ 点 $\chi^2_{n-1,\frac{\alpha}{2}}$ と上側 $1-\dfrac{\alpha}{2}$ 点 $\chi^2_{n-1,1-\frac{\alpha}{2}}$ によって，

$$1-\alpha = P\left\{\chi^2_{n-1,1-\frac{\alpha}{2}} \leq \frac{(n-1)\hat{\sigma}^2}{\sigma^2} \leq \chi^2_{n-1,\frac{\alpha}{2}}\right\}.$$

σ^2 について解いて

$$1-\alpha = P\left\{\frac{(n-1)\hat{\sigma}^2}{\chi^2_{n-1,\frac{\alpha}{2}}} \leq \sigma^2 \leq \frac{(n-1)\hat{\sigma}^2}{\chi^2_{n-1,1-\frac{\alpha}{2}}}\right\}.$$

ゆえに，σ^2 の $(1-\alpha)\times 100$ % 信頼区間は

$$\left[\frac{(n-1)\hat{\sigma}^2}{\chi^2_{n-1,\frac{\alpha}{2}}},\ \frac{(n-1)\hat{\sigma}^2}{\chi^2_{n-1,1-\frac{\alpha}{2}}}\right]$$

となることがわかる．

9.3 比率の区間推定

$\varepsilon_1, \varepsilon_2, \cdots, \varepsilon_n$ を母比率（成功の確率）p のベルヌーイ試行による n 個の無作為標本とする．このとき，前節でみたように p の有効推定量は標本比率

$$\bar{X}=\frac{1}{n}(\varepsilon_1+\varepsilon_2+\cdots+\varepsilon_n)$$

である．**3.1** で述べたように $X=n\bar{X}$ は二項分布 $B_N(n,p)$ に従う．

（1） 二項分布の正規分布近似が成り立つとき

標本数 n がある程度大きくて二項分布の正規分布近似が成り立つとき，標準化したものが

$$Z_n=\frac{\sqrt{n}(\bar{X}-p)}{\sqrt{p(1-p)}}\to N(0,1)$$

であるから，標準正規分布の両側 α 点 z^*_α により，

$$1-\alpha \fallingdotseq P\{|Z_n|\leq z^*_\alpha\}$$

が成り立つ．{ } 内の不等式を p について解き，信頼限界を求めると，

$$\frac{\sqrt{n}(\bar{X}-p)}{\sqrt{p(1-p)}}=z^*_\alpha,$$

すなわち，

$$\{n+(z^*_\alpha)^2\}p^2-\{2n\bar{X}+(z^*_\alpha)^2\}p+n(\bar{X})^2=0$$

となるので，これより $(1-\alpha)\times 100$ % の信頼区間（信頼限界）は次のようになる：

$$\frac{\left\{\bar{X}+\dfrac{(z^*_\alpha)^2}{2n}\right\}\pm\dfrac{z^*_\alpha}{\sqrt{n}}\sqrt{\bar{X}(1-\bar{X})+\dfrac{(z^*_\alpha)^2}{4n}}}{1+\dfrac{(z^*_\alpha)^2}{n}}.$$

（2） 分散の推定量として $\bar{X}(1-\bar{X})$ を用いるとき

分散 $p(1-p)$ の推定量として $\bar{X}(1-\bar{X})$ を用いて標準化

$$Z_n' = \frac{\sqrt{n}\,(\bar{X}-p)}{\sqrt{\bar{X}(1-\bar{X})}}$$

を考えれば，

$$1-\alpha \fallingdotseq P\{|Z_n'| \le z_\alpha^*\}$$

が成り立つ．{ } 内の不等式を p について解いて，

$$1-\alpha \fallingdotseq P\left\{\bar{X}-\frac{z_\alpha^*}{\sqrt{n}}\sqrt{\bar{X}(1-\bar{X})} \le p \le \bar{X}+\frac{z_\alpha^*}{\sqrt{n}}\sqrt{\bar{X}(1-\bar{X})}\right\}$$

を得る．ゆえに，$(1-\alpha)\times 100$ % の信頼区間は

$$\bar{X} \pm \frac{z_\alpha^*}{\sqrt{n}}\sqrt{\bar{X}(1-\bar{X})}$$

である．これは（1）で求めた信頼区間において，$\dfrac{(z_\alpha^*)^2}{n}$ を 0 とおいて無視したものに一致している．

（3） 最も簡便な区間推定

$\alpha = 0.05$ のとき，$z_{0.05}^* = 1.96 \fallingdotseq 2$ であり，また，$0 \le \bar{X} \le 1$ に対して

$$\sqrt{\bar{X}(1-\bar{X})} \le \frac{1}{2}$$

であるから，（2）の信頼区間よりも幅の広い区間

$$\bar{X} \pm \frac{1}{\sqrt{n}}$$

を 95 % 信頼区間の近似とみなすことができる．

（4） 標本数が小さいとき

標本数 n が小さいときには，二項分布のエフ分布表現により母比率 p の正確な信頼区間を求めることができる（演習問題 **6.11**, **6.12** 参照）．

例題 9.2　ある品種のたね 220 個をまいて発芽実験を行ったところ，そのうちの 165 個が発芽した．この実験の結果から，このたねの発芽率 p の 95 % 信頼区間は，$\bar{x} = \dfrac{165}{220} = 0.75$ であるから，

$$\bar{x} \pm z^*_{0.05}\sqrt{\frac{\bar{x}(1-\bar{x})}{n}} = 0.75 \pm 1.96\sqrt{\frac{0.75 \times 0.25}{220}}$$
$$= 0.75 \pm 0.057 = [0.693, 0.807]$$

であることが示される． ◇

9.4 2つの正規分布の平均差の区間推定

これまでは標本 $\boldsymbol{X}=(X_1, \cdots, X_m)$ として独立な同一分布に従う m 個の確率変数を考えてきたので，当然のことながら，同一の母集団からの観測であった．しかし，ここでは異なったもう1つの母集団からの標本 $\boldsymbol{Y}=(Y_1, \cdots, Y_n)$ も考える．やはり，$\boldsymbol{Y}$ は独立な同一分布に従う n 個の確率変数であって，$\boldsymbol{X}, \boldsymbol{Y}$ は互いに独立である．例えば，これまでは日本の小学校6年生の体力を考えてきたとすれば，ここではさらにアメリカの小学校6年生の体力も同時に考えるというようなことである．このように2つの異なる母集団からの独立な2つの無作為標本を取り扱う問題を**2標本問題** (two-sample problem) という．すなわち，

- 2つの標本 $\boldsymbol{X}, \boldsymbol{Y}$ は互いに独立である．
- $\boldsymbol{X}=(X_1, \cdots, X_m)$ は独立で同一分布 $N(\mu_1, \sigma_1^2)$ に従う観測からなる．
- $\boldsymbol{Y}=(Y_1, \cdots, Y_n)$ は独立で同一分布 $N(\mu_2, \sigma_2^2)$ に従う観測からなる．

このとき，平均差 $d=\mu_1-\mu_2$ の区間推定を考えよう．

（1） 2つの分散が既知のとき

2つの分散 σ_1^2, σ_2^2 が既知のとき，2つの母平均の有効推定量はそれぞれの標本平均であり，それらは独立であって正規分布に従う：

$$\bar{X} = \frac{1}{m}(X_1 + \cdots + X_m) \sim N\left(\mu_1, \frac{1}{m}\sigma_1^2\right),$$
$$\bar{Y} = \frac{1}{n}(Y_1 + \cdots + Y_n) \sim N\left(\mu_2, \frac{1}{n}\sigma_2^2\right).$$

平均差の推定量として標本平均の差を考えると，それは正規分布に従う：

$$\hat{d} \equiv \bar{X} - \bar{Y} \sim N\left(d, \frac{1}{m}\sigma_1^2 + \frac{1}{n}\sigma_2^2\right).$$

ゆえに，d の $(1-\alpha)\times 100$ % 信頼区間は，**9.1**（1）と同様にして，

$$\bar{X}-\bar{Y}\pm z_\alpha^*\sqrt{\frac{1}{m}\sigma_1^2+\frac{1}{n}\sigma_2^2}$$

となることがわかる．

（2） 2つの分散は等しいが未知であるとき

2つの分散は等しい $\sigma_1^2=\sigma_2^2\,(=\sigma^2$ とおく$)$ が未知であるとき，平均差の推定量として標本平均の差を考えると

$$\hat{d}\equiv\bar{X}-\bar{Y}\sim N\left(d,\left(\frac{1}{m}+\frac{1}{n}\right)\sigma^2\right).$$

分散 σ^2 の推定量としてそれぞれの標本分散

$$\hat{\sigma}_1^2=\frac{1}{m-1}\sum_{i=1}^{m}(X_i-\bar{X})^2,$$

$$\hat{\sigma}_2^2=\frac{1}{n-1}\sum_{j=1}^{n}(Y_j-\bar{Y})^2$$

は独立であって，それぞれの偏差平方和は母数 σ^2 のカイ自乗分布に従う：

$$(m-1)\hat{\sigma}_1^2=\sum_{i=1}^{m}(X_i-\bar{X})^2\sim\sigma^2\chi_{m-1}^2,$$

$$(n-1)\hat{\sigma}_2^2=\sum_{j=1}^{n}(Y_j-\bar{Y})^2\sim\sigma^2\chi_{n-1}^2.$$

ゆえに，これらを合わせてつくった σ^2 の推定量

$$\hat{\sigma}^2=\frac{1}{m+n-2}\{(m-1)\hat{\sigma}_1^2+(n-1)\hat{\sigma}_2^2\}$$

$$=\frac{1}{m+n-2}\left\{\sum_{i=1}^{m}(X_i-\bar{X})^2+\sum_{j=1}^{n}(Y_j-\bar{Y})^2\right\}$$

は**合併標本分散** (pooled sample variance) といい，

$$(m+n-2)\hat{\sigma}^2=\left\{\sum_{i=1}^{m}(X_i-\bar{X})^2+\sum_{j=1}^{n}(Y_j-\bar{Y})^2\right\}\sim\sigma^2\chi_{m+n-2}^2$$

であるから，これは共通の分散 σ^2 の不偏推定量である．

したがって，d の $(1-\alpha)\times 100$ % 信頼区間は，**9.1**（2）と同様にして，

$$\bar{X}-\bar{Y}\pm t_{m+n-2,\alpha}^*\,\hat{\sigma}\sqrt{\frac{1}{m}+\frac{1}{n}}.$$

（3）　**標本数 $\boldsymbol{m}, \boldsymbol{n}$ がともに大きいとき**

分散 σ_1^2, σ_2^2 が未知であるが，それらを標本分散 $\hat{\sigma}_1^2, \hat{\sigma}_2^2$ で置き換え，標本平均差が近似的に正規分布する：

$$\hat{d} \equiv \bar{X} - \bar{Y} \mathrel{\dot{\sim}} N\left(d, \frac{1}{m}\hat{\sigma}_1^2 + \frac{1}{n}\hat{\sigma}_2^2\right)$$

として，（1）の場合に帰着する．ただし，$\dot{\sim}$ は分布の近似を表す．

（4）　**その他のとき：** ウェルチの方法がある（**10.4**（4）を参照）．

例題 9.3　父親とその息子の身長 (x, y) のデータにおいて（表 11.1 参照），それぞれの母集団から独立に 10 個の無作為標本をとり，標本平均と標本不偏分散を計算して次の結果を得た：

$$\bar{x} = 165.68, \quad \bar{y} = 173.37, \quad \hat{\sigma}_1^2 = 71.45, \quad \hat{\sigma}_2^2 = 64.63\,.$$

共通の分散をもつという仮定の下で，平均差の 90 % 信頼区間は，$t^*_{18,0.1} = 1.734$ であるから，

$$\bar{x} - \bar{y} \pm t^*_{18,0.1}\hat{\sigma}\sqrt{\frac{2}{10}} = 165.68 - 173.37 \pm 1.734\sqrt{\frac{71.45 + 64.63}{10}}$$
$$= -7.69 \pm 6.40.$$

◇

9.5　2 つの正規分布の分散比の区間推定

次に，同じ 2 標本問題という設定において，分散比 $r = \dfrac{\sigma_1^2}{\sigma_2^2}$ の区間推定を考えよう．標本分散比は母数 r のエフ分布に従う：

$$\hat{r} = \frac{\hat{\sigma}_1^2}{\hat{\sigma}_2^2} \sim r F^{m-1}_{n-1}.$$

自由度 $(m-1, n-1)$ のエフ分布の上側 $\dfrac{\alpha}{2}, 1 - \dfrac{\alpha}{2}$ 点 $F^{m-1}_{n-1,\frac{\alpha}{2}}, F^{m-1}_{n-1,1-\frac{\alpha}{2}}$ に対して，

$$\frac{\alpha}{2} = P\left\{\frac{\hat{r}}{r} \geq F^{m-1}_{n-1,\frac{\alpha}{2}}\right\},$$

$$\frac{\alpha}{2} = P\left\{\frac{\hat{r}}{r} \leq F^{m-1}_{n-1,1-\frac{\alpha}{2}}\right\} = P\left\{\frac{r}{\hat{r}} \geq F^{n-1}_{m-1,\frac{\alpha}{2}}\right\}.$$

したがって，$F^{m-1}_{n-1,1-\frac{\alpha}{2}} = (F^{n-1}_{m-1,\frac{\alpha}{2}})^{-1}$ であることに注意しよう．ゆえに，

$$1-\alpha = P\left\{\frac{\hat{r}}{F^{m-1}_{n-1,\frac{\alpha}{2}}} \le r \le \frac{\hat{r}}{F^{m-1}_{n-1,1-\frac{\alpha}{2}}}\right\}.$$

すなわち，r の $(1-\alpha)\times 100$ ％ 信頼区間は

$$\left[\frac{\hat{r}}{F^{m-1}_{n-1,\frac{\alpha}{2}}},\ \frac{\hat{r}}{F^{m-1}_{n-1,1-\frac{\alpha}{2}}}\right].$$

9.6　2つの比率の差の区間推定

2つの母集団において，ある事象はそれぞれ母比率 p_1, p_2 であり，未知であるとする．そのとき，それぞれ m, n 回の独立なベルヌーイ試行を行って標本比率 $\bar{X}, \bar{Y}$ を観測した．母比率の差 $d = p_1 - p_2$ の推定量として標本比率の差を用いるとき，**9.3**（2）によって，それは次のように近似的に正規分布に従っているとみなせる：

$$\hat{d} = \bar{X} - \bar{Y} \mathrel{\dot{\sim}} N\left(d, \frac{1}{m}\bar{X}(1-\bar{X}) + \frac{1}{n}\bar{Y}(1-\bar{Y})\right).$$

ゆえに，d の $(1-\alpha)\times 100$ ％ 信頼区間は，近似的に，

$$\bar{X} - \bar{Y} \pm z^*_\alpha \sqrt{\frac{1}{m}\bar{X}(1-\bar{X}) + \frac{1}{n}\bar{Y}(1-\bar{Y})}$$

として求まることが示される．

演習問題　9

9.1　次のデータは正規分布 $N(\mu, \sigma^2)$ からの無作為標本値である．

12.7	6.6	5.6	14.3	11.4	10.8
13.8	11.2	10.0	12.8	7.1	14.0

（1）　分散が $\sigma^2 = 7$ として与えられているとき，μ の 95 ％ 信頼区間を求めよ．

（2）　分散 σ^2 が未知のとき，μ の 95 ％信頼区間を求めよ．

（3）　分散 σ^2 の 95 ％ 信頼区間を求めよ．

9.2 ある町の有権者 300 人に候補者 A を支持するかどうか意見を聞いたところ，180 人が支持すると答えた．この調査結果から，候補者 A の支持率 p の 95 % 信頼区間を求めよ．

9.3 電球の 2 つのタイプ A, B からそれぞれ無作為に 12 個と 8 個の電球を取り出し，それらの寿命 (時間) を測って次のようなデータを得た．

A： 1293 1385 1614 1497 1340 1643
1466 1094 1270 1028 1711 1627

B： 1061 1065 1383 1090 1021 1138 1070 1143

タイプ A, B の寿命はそれぞれ正規分布 $N(\mu_1, \sigma_1^2), N(\mu_2, \sigma_2^2)$ に従っているとして，次の問に答えよ．

（1） A, B の寿命の平均 μ_1, μ_2 それぞれの 95 % 信頼区間を求めよ．

（2） A, B の寿命の分散 σ_1^2, σ_2^2 それぞれの 95 %信頼区間を求めよ．

（3） A, B の寿命の分散が等しいと仮定して，寿命の平均の差 $d = \mu_1 - \mu_2$ の 95 % 信頼区間を求めよ．その結果から，電球のタイプ A, B の寿命の間に差があるといえるであろうか．

9.4 ある薬が脈拍に与える影響について調べるために，年齢 22-35 歳の健康な 15 名の男性を選び，薬を与える前における 1 分間の脈拍と，その薬を定量飲ませた 90 分後における 1 分間の脈拍を測ったデータが下に示す表のようであった．そのとき，薬を服用する前後における脈拍数を一対比較のデータとみてそれぞれ差をとり，それらの差が正規分布 $N(\mu, \sigma^2)$ に従っていると仮定して，μ の 95 % 信頼区間を求めよ．

服用前後の脈拍数のデータ

前	74	80	86	95	92	98	74	77	89	87	95	97	85	83	73
後	65	74	71	73	74	68	75	65	68	69	67	70	71	70	74

9.5 前問において，薬を服用する前後における脈拍数が独立で分散が共通の正規分布 $N(\mu_1, \sigma^2)$, $N(\mu_2, \sigma^2)$ に従っていると仮定するとき，平均差 $d = \mu_1 - \mu_2$ の 95 % 信頼区間を求めよ．

9.6 問 **9.4** において，薬を服用する前後における脈拍のデータがそれぞれ独立な一般の正規分布 $N(\mu_1, \sigma_1^2)$, $N(\mu_2, \sigma_2^2)$ に従っていると仮定するとき，分散比 $r = \dfrac{\sigma_1^2}{\sigma_2^2}$ の 90％信頼区間を求めよ．

9.7 ある市で市長を支持するかどうか意見を聞いたところ，無作為に選ばれた 100 人の男性有権者中 55 人，60 人の女性有権者中 48 人が支持すると答えた．男女有権者の支持率の差の 95% 信頼区間を求めよ．

9.8 ある品種のたね 220 個をまいて発芽実験を行ったところ，そのうちの 160 個が発芽した．この実験の結果から，このたねの発芽率 p の 95％信頼区間を求めよ．次に，別の品種のたね 200 個をまいて発芽実験を行ったところ，そのうちの 160 個が発芽した．これら 2 つの品種のたねの発芽率の差の 95％信頼区間を求めよ．この結果から発芽率には差があるといえるであろうか．

§10.　統計的仮説検定

ここでは，正規分布の平均・分散に関する検定やベルヌーイ試行の比率に関する検定について詳しく述べる．また，大変よく使われる適合度検定について取り扱う．

10.1　正規分布の平均の検定

$X_1, X_2, \cdots, X_n$ は正規分布 $N(\mu, \sigma^2)$ からの無作為標本とする．母平均 μ に関する仮説を標本平均 $\bar{X}$ によって検定しよう．2つの仮説

$$\begin{cases} H_0:\ \mu = \mu_0 & (\text{帰無仮説}), \\ H_1:\ \mu \neq \mu_0 & (\text{対立仮説}) \end{cases}$$

を考える．対立仮説は複数の点 $\Theta - \{\mu_0\}$ からなり複合仮説であるが，特に，帰無仮説 μ_0 の両側にあるから**両側仮説** (two-sided hypothesis) という．それに対し，仮説が $\{\mu < \mu_0\}$ のとき**左側仮説** (left-sided hypothesis)，また，$\{\mu > \mu_0\}$ のとき**右側仮説** (right-sided hypothesis) といい，それらを**片側仮説** (one-sided hypothesis) という．両側仮説の棄却域は

$$W = \{|\bar{x} - \mu_0| > k\}$$

である．k の値は有意水準 α によって決定する．

(1)　z-検定 (分散 σ^2 が既知のとき)

標本平均 $\bar{X}$ を z-変換すると標準正規分布に従う：

$$Z = \frac{\sqrt{n}(\bar{X} - \mu_0)}{\sigma} \sim N(0, 1) \qquad (\text{帰無仮説の下で}).$$

この統計量を使う検定のことを ***z*-検定** (z-test) という．標準正規分布の両側 α 点 z_α^* に対して，

$$\alpha = P\{|Z| > z_\alpha^*\} = P\left\{\left|\frac{\sqrt{n}(\bar{X} - \mu_0)}{\sigma}\right| > z_\alpha^*\right\}$$

であるから，有意水準 α の棄却域は

$$W = \left\{|\bar{x} - \mu_0| > z_\alpha^* \frac{\sigma}{\sqrt{n}}\right\}$$

である．この棄却域は対立仮説の μ の値に依存しない．

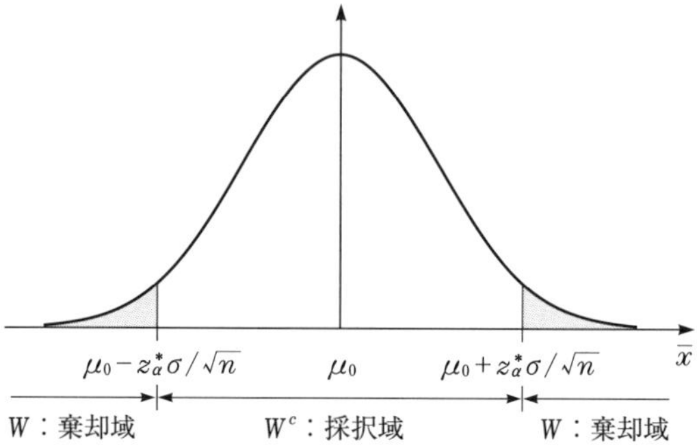

図 10.1

ここで検定方式の意味を考えてみよう．標本平均値 $\bar{x}$ が棄却域に入り帰無仮説が棄却されたとき，帰無仮説が正しい確率が α であるというのではなく，実際には帰無仮説は正しいか間違いかのどちらか，すなわち，帰無仮説が正しい確率は 0 か 1 かのどちらかである．有意水準 α というのは，いま n 個からなる標本の組を m 組とって各組の標本平均値を求め**管理図** (control chart) に記入するとき，帰無仮説のもとで“平均的にいって”これらの m 個の標本平均値のうちの $100 \times \alpha$ % のものは棄却域に入ることを意味している：

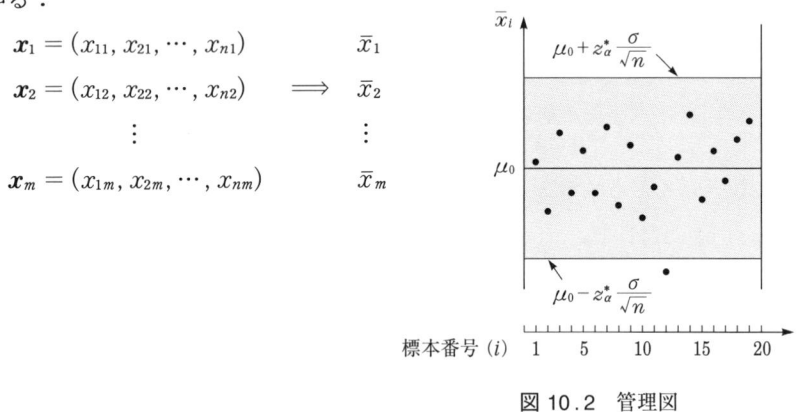

$$\begin{array}{lcl} \boldsymbol{x}_1 = (x_{11}, x_{21}, \cdots, x_{n1}) & & \bar{x}_1 \\ \boldsymbol{x}_2 = (x_{12}, x_{22}, \cdots, x_{n2}) & \Longrightarrow & \bar{x}_2 \\ \quad\vdots & & \vdots \\ \boldsymbol{x}_m = (x_{1m}, x_{2m}, \cdots, x_{nm}) & & \bar{x}_m \end{array}$$

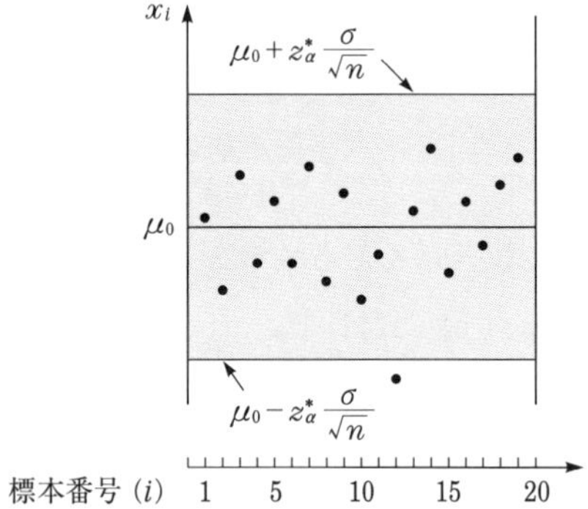

図 10.2 管理図

したがって，棄却域に入ったときには，“帰無仮説の下で起こり難い値が起こった”と考えるよりも，むしろ，“対立仮説が成り立っているためにそのような（帰無仮説の下では起こり難い）ことが起こった”と考えて帰無仮説を棄却するのである．ただし，その検定判断には“平均的にいって”大きさ α の誤りがあることを考慮してはじめて意味があるので α を有意水準とよぶ．余談ながら，誤りを伴わない推測判断は神のみぞ可能で，我々には最善を尽くすことのみが可能である．

（2） t-検定（σ^2 が未知のとき）

正規標本において μ も σ^2 も未知のとき，z-検定は未知母数 σ を含んでいるので用いることはできない．そこで分散 σ^2 の不偏推定量

$$\hat{\sigma}^2 = \frac{1}{n-1}\sum_{i=1}^{n}(X_i - \bar{X})^2$$

を用いて t-変換すれば，定理 6.3 から自由度 $n-1$ のティー分布に従う：

$$T = \frac{\sqrt{n}(\bar{X} - \mu_0)}{\hat{\sigma}} \sim t_{n-1} \qquad \text{（帰無仮説の下で）}.$$

ゆえに，自由度 $n-1$ のティー分布 t_{n-1} の両側 α 点 $t^*_{n-1,\alpha}$ に対して，

$$\alpha = P\{|T| \geq t^*_{n-1,\alpha}\} = P\left\{\left|\frac{\sqrt{n}(\bar{X} - \mu_0)}{\hat{\sigma}}\right| \geq t^*_{n-1,\alpha}\right\}$$

であるから，有意水準 α の棄却域は

$$W = \{|T| \geq t^*_{n-1,\alpha}\} = \left\{\left|\frac{\sqrt{n}(\bar{x} - \mu_0)}{\hat{\sigma}}\right| \geq t^*_{n-1,\alpha}\right\}.$$

この検定を ***t*-検定**（t-test）という．この棄却域も対立仮説には依存しない．

例題 10.1　例題 9.3 において，息子の身長のデータは正規分布 $N(\mu, \sigma^2)$ に従うとする．両側仮説

$$\begin{cases} H_0：\ \mu = 170 & \text{（帰無仮説）}, \\ H_1：\ \mu \neq 170 & \text{（対立仮説）} \end{cases}$$

を有意水準 5％ で検定しよう．$t^*_{9,0.05} = 2.262$ であるから，棄却域は

$$W = \{|T| > 2.262\}.$$

標本平均 173.37，標本分散 $64.63 = (8.04)^2$ であるから

$$T=\frac{\sqrt{10}(173.37-170)}{8.04}=1.36$$

であり，T 値は棄却域に入らない．すなわち，仮説は棄却できない．　◇

10.2　正規分布の分散の検定

$X_1, X_2, \cdots, X_n$ は正規分布 $N(\mu, \sigma^2)$ からの無作為標本とし，μ も σ^2 も未知とする．母分散 σ^2 についての右側仮説

$$\begin{cases} H_0: \ \sigma^2=\sigma_0^2 & \text{(帰無仮説)}, \\ H_1: \ \sigma^2>\sigma_0^2 & \text{(対立仮説)} \end{cases}$$

を標本不偏分散 $\hat{\sigma}^2$ を用いて検定しよう．定理 6.3 により帰無仮説の下で $\dfrac{(n-1)\hat{\sigma}^2}{\sigma_0^2}$ は自由度 $n-1$ のカイ自乗分布 χ^2_{n-1} に従う．その上側 α 点を $\chi^2_{n-1,\alpha}$ とすれば，帰無仮説の下で，

$$\alpha=P\left\{\chi^2_{n-1,\alpha}\leq\frac{(n-1)\hat{\sigma}^2}{\sigma_0^2}\right\}$$

であるから，有意水準 α の棄却域は

$$W=\left\{\frac{(n-1)\hat{\sigma}^2}{\sigma_0^2}\geq\chi^2_{n-1,\alpha}\right\}.$$

例題 10.2　例題 9.3 を分散に着目して考える．仮説

$$\begin{cases} H_0: \ \sigma^2=9^2=81 & \text{(帰無仮説)}, \\ H_1: \ \sigma^2<81 & \text{(対立仮説)} \end{cases}$$

を有意水準 5％ で検定しよう．$\chi^2_{9,0.95}=3.33$ であるから棄却域は

$$W=\left\{\frac{9\times\hat{\sigma}^2}{81}\leq 3.33\right\}.$$

ところが，標本分散は $\hat{\sigma}^2=64.63$ であるから $\dfrac{9\times\hat{\sigma}^2}{81}=7.18$ となり，棄却域に入らない．ゆえに，分散は 9^2 より小さいとはいえない．　◇

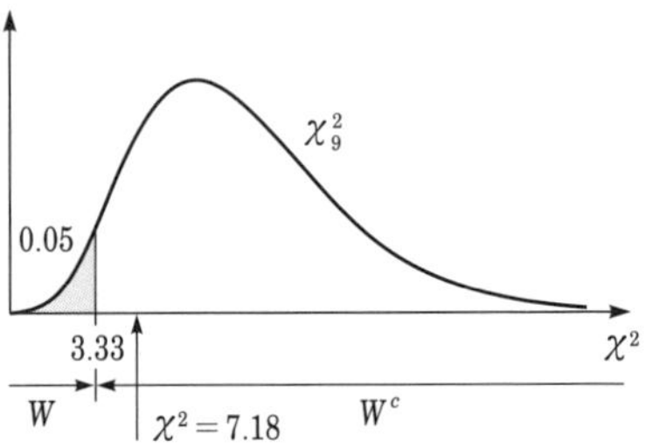

図 10.3

10.3 比率の検定

$\varepsilon_1, \varepsilon_2, \cdots, \varepsilon_n$ を母比率（成功の確率）p の独立なベルヌーイ試行とする．母比率 p の 2 つの単純仮説

$$\begin{cases} H_0: \ p = p_0 & \text{（帰無仮説）}, \\ H_1: \ p = p_1 (> p_0 \text{ とする}) & \text{（対立仮説）} \end{cases}$$

を考える．観測 $\boldsymbol{\varepsilon} = (\varepsilon_1, \varepsilon_2, \cdots, \varepsilon_n)$ の同時分布の確率関数は

$$\begin{aligned} f_n(\boldsymbol{\varepsilon}|p) &= \prod_{i=1}^{n} p^{\varepsilon_i}(1-p)^{1-\varepsilon_i} \\ &= p^x(1-p)^{n-x}, \qquad x = \varepsilon_1 + \varepsilon_2 + \cdots + \varepsilon_n. \end{aligned}$$

対数尤度比（定理 8.2 参照）は

$$\begin{aligned} \log \Lambda_n &= \log\left(\frac{f_n(\boldsymbol{\varepsilon}|p_1)}{f_n(\boldsymbol{\varepsilon}|p_0)}\right) \\ &= n\bar{X}(\log p_1 - \log p_0) + n(1-\bar{X})\{\log(1-p_1) - \log(1-p_0)\} \\ &= n\bar{X}\left(\log\frac{p_1}{1-p_1} - \log\frac{p_0}{1-p_0}\right) + n\{\log(1-p_1) - \log(1-p_0)\}. \end{aligned}$$

ここで $\bar{X} = \dfrac{1}{n}(\varepsilon_1 + \varepsilon_2 + \cdots + \varepsilon_n)$ である．ゆえに，最強力検定は標本比率 $\bar{X}_n$ によって得られる．$\dfrac{p_1}{1-p_1} > \dfrac{p_0}{1-p_0}$ であるから，

$$\Lambda_n > k \iff \log \Lambda_n > \log k \iff \bar{X} > k'.$$

3.1 で述べたように，帰無仮説の下で $X = n\bar{X}$ は二項分布 $B_N(n, p_0)$ に従うから，定理 8.2 より検定関数は有意水準 α に対して求めることができる．

（1） 二項分布の正規分布近似

ここでは母比率 p の両側仮説

$$\begin{cases} H_0: \ p = p_0 & \text{（帰無仮説）}, \\ H_1: \ p \neq p_0 & \text{（対立仮説）} \end{cases}$$

を標本比率 $\bar{X}$ によって検定する．標本数 n がある程度大きくて，$X = n\bar{X}$ の従う二項分布が正規分布で近似できる場合を考える．このとき，z-変換は

$$Z_n = \frac{\sqrt{n}(\bar{X} - p_0)}{\sqrt{p_0(1-p_0)}} \to N(0,1) \qquad \text{（帰無仮説の下で）}$$

であるから，正規分布の両側 α 点 z_α^* により，

$$\alpha \fallingdotseq P\{|Z_n| \geq z_\alpha^*\}$$

が成り立つ．ゆえに，近似的に有意水準 α の棄却域は

$$W = \{|Z_n| \geq z_\alpha^*\} = \left\{\left|\frac{\sqrt{n}(\bar{X} - p_0)}{\sqrt{p_0(1 - p_0)}}\right| \geq z_\alpha^*\right\}.$$

さらに，$\alpha = 0.05$ のとき，$z_{0.05}^* = 1.96 \fallingdotseq 2$ であり，$0 \leq p_0 \leq 1$ に対して

$$\sqrt{p_0(1 - p_0)} \leq \frac{1}{2}$$

であるから，上の棄却域より小さい棄却域：

$$W' = \left\{|\bar{X} - p_0| \geq \frac{1}{\sqrt{n}}\right\}$$

を近似的に有意水準 5 % の棄却域とみなすことができる．一般に，$z_{0.05}^* = 1.96$ の代りに 2 を用いて求める棄却限界を **2σ 限界**という．

例題 10.3　メンデルの法則に従えば，エンドウ豆の交配においては黄色と緑色の豆は 3：1 の割合で生じる．ある実験で黄色の豆が 176，緑色の豆が 48 個生じた．この実験結果はメンデルの法則に矛盾しないかどうかを検定しよう．有意水準は $\alpha = 0.05$ とする．$p_0 = \dfrac{3}{4} = 0.75$ であるから，両側仮説

$$\begin{cases} H_0：\ p = 0.75 & (\text{帰無仮説}), \\ H_1：\ p \neq 0.75 & (\text{対立仮説}) \end{cases}$$

を標本比率 $\bar{X}$ によって検定する．いま，標本数 $n = 224$ であるので二項分布の正規分布近似が成り立つと考える．棄却域は，$z_{0.05}^* = 1.96$ であるから，

$$W = \{Z_n \geq 1.96\} = \left\{\left|\frac{\sqrt{n}(\bar{X} - 0.75)}{\sqrt{0.25 \times 0.75}}\right| \geq 1.96\right\}.$$

$\bar{x} = \dfrac{176}{224} = 0.7857$ であるから，$z_n = 1.234$ となり，棄却域に入らない．すなわち，実験結果はメンデルの法則に矛盾するとはいえない．　◇

10.4　2 つの正規分布の平均差の検定

一般に 2 標本といっても，左右の目の視力とか自動車の前輪の左右の摩耗度とかのように**対をなすデータ** (paired data) の場合と，小学校 6 年生の男

女生徒の身長とか東京と大阪のサラリーマンの所得とかのように**対をなさないデータ** (unpaired data) の場合がある．データが対をなす場合はその差を1つの標本とみなして1標本問題に帰着すればよいことがある．しかし，もしデータに傾向があれば次章で論ずる回帰問題として扱う必要がある．ここでは**2標本問題** (two-sample problem) とよばれるデータが対をなさない場合，例えば小学校6年生の男子生徒の身長 X と女子生徒の身長 Y のように2種類の標本を扱う．

2つの標本 X, Y は互いに独立であって，

$\boldsymbol{X} = (X_1, \cdots, X_m)$ は独立で同一分布 $N(\mu_1, \sigma_1^2)$ に従い，

$\boldsymbol{Y} = (Y_1, \cdots, Y_n)$ は独立で同一分布 $N(\mu_2, \sigma_2^2)$ に従う

とする．このとき，それぞれの標本平均が

$$\bar{X} = \frac{1}{m}(X_1 + \cdots + X_m) \sim N\left(\mu_1, \frac{1}{m}\sigma_1^2\right),$$

$$\bar{Y} = \frac{1}{n}(Y_1 + \cdots + Y_n) \sim N\left(\mu_2, \frac{1}{n}\sigma_2^2\right)$$

であることを使って，母平均 μ_1, μ_2 の間に差があるかどうかという両側仮説

$$\begin{cases} H_0: & \mu_1 = \mu_2 \quad (\text{帰無仮説}), \\ H_1: & \mu_1 \neq \mu_2 \quad (\text{対立仮説}) \end{cases}$$

を検定することを考えよう．

(1) 2つの分散が既知のとき

2つの分散 σ_1^2, σ_2^2 が既知のとき，標本平均差 $\bar{X} - \bar{Y}$ は帰無仮説の下で正規分布 $N\left(0, \frac{1}{m}\sigma_1^2 + \frac{1}{n}\sigma_2^2\right)$ に従うので，正規分布の両側 α 点 z_α^* を用いて，z-検定

$$Z = \frac{\bar{X} - \bar{Y}}{\sqrt{\frac{1}{m}\sigma_1^2 + \frac{1}{n}\sigma_2^2}}$$

の有意水準 α の棄却域は

$$W = \left\{|\bar{X} - \bar{Y}| \geq z_\alpha^* \sqrt{\frac{1}{m}\sigma_1^2 + \frac{1}{n}\sigma_2^2}\right\}.$$

（2） 2つの分散は等しいが未知であるとき

2つの分散は等しい $\sigma_1^2=\sigma_2^2\,(=\sigma^2$ とおく$)$ が未知であるとき，標本平均差は帰無仮説の下で正規分布 $N\Big(0,\Big(\dfrac{1}{m}+\dfrac{1}{n}\Big)\sigma^2\Big)$ に従う．共通の分散 σ^2 が未知であるので，それぞれの標本分散

$$\hat{\sigma}_1^2=\frac{1}{m-1}\sum_{i=1}^{m}(X_i-\bar{X})^2,\qquad \hat{\sigma}_2^2=\frac{1}{n-1}\sum_{j=1}^{n}(Y_j-\bar{Y})^2$$

を合わせてつくった合併標本分散

$$\begin{aligned}\hat{\sigma}^2&=\frac{1}{m+n-2}\{(m-1)\hat{\sigma}_1^2+(n-1)\hat{\sigma}_2^2\}\\&=\frac{1}{m+n-2}\left\{\sum_{i=1}^{m}(X_i-\bar{X})^2+\sum_{j=1}^{n}(Y_j-\bar{Y})^2\right\}\end{aligned}$$

を σ^2 の推定量とする．このとき，自由度 $m+n-2$ の両側 α 点 $t^*_{m+n-2,\alpha}$ を用いて，t-検定

$$T=\frac{\bar{X}-\bar{Y}}{\hat{\sigma}\sqrt{\dfrac{1}{m}+\dfrac{1}{n}}}$$

の有意水準 α の棄却域は

$$W=\left\{|\bar{X}-\bar{Y}|\geq t^*_{m+n-2,\alpha}\,\hat{\sigma}\sqrt{\frac{1}{m}+\frac{1}{n}}\right\}.$$

（3） 標本数 m,n がともに大きいとき

標本数 m,n がともに大きいとき，分散 σ_1^2,σ_2^2 が未知であるが，それらを標本分散 $\hat{\sigma}_1^2,\hat{\sigma}_2^2$ で置き換え，標本平均差が帰無仮説の下で近似的に正規分布する：

$$\bar{X}_m-\bar{Y}_n\ \dot{\sim}\ N\Big(0,\frac{1}{m}\hat{\sigma}_1^2+\frac{1}{n}\hat{\sigma}_2^2\Big)$$

として，（1）の場合に帰着する．

（4） 分散 σ_1^2,σ_2^2 が未知の一般のとき

分散 σ_1^2,σ_2^2 が未知の一般のとき，（1）で述べた z-検定において σ_1^2,σ_2^2 の代わりに標本分散 $\hat{\sigma}_1^2,\hat{\sigma}_2^2$ を用いてつくった検定統計量

$$T = \frac{\bar{X} - \bar{Y}}{\sqrt{\dfrac{1}{m}\hat{\sigma}_1^2 + \dfrac{1}{n}\hat{\sigma}_2^2}}$$

の分布は未知の分散比 $\dfrac{\sigma_1^2}{\sigma_2^2}$ によって影響を受ける．この場合を**ベーレンス＝フィッシャー問題** (Behrens–Fisher's problem) という．この問題に対しては近似解がいくつか与えられているが，ここでは**ウェルチの検定** (Welch's test) とよばれるものを考える．それは統計量 T を近似的に自由度 ϕ のティー分布とみなすことであり，ϕ は次の式から定められる値である：

$$\frac{\left(\dfrac{1}{m}\hat{\sigma}_1^2 + \dfrac{1}{n}\hat{\sigma}_2^2\right)^2}{\phi} = \frac{\left(\dfrac{1}{m}\hat{\sigma}_1^2\right)^2}{m-1} + \frac{\left(\dfrac{1}{n}\hat{\sigma}_2^2\right)^2}{n-1}.$$

例題 10.4　20 匹の同じようなマウスの内の 10 匹に生ピーナッツを，別の 10 匹に焼きピーナッツを与えて飼育し，一定期間後に体重 (g) を測定したところ次のようなデータを得た．成長に差があるといえるかを検定しよう．

生ピーナッツ	61	61	60	56	63	56	63	59	56	64
焼きピーナッツ	58	55	54	47	59	51	61	57	54	62

それぞれのデータは独立で共通の分散をもつ正規分布 $N(\mu_1, \sigma^2)$, $N(\mu_2, \sigma^2)$ からとられたとする．両側仮説

$$\begin{cases} H_0: \ \mu_1 = \mu_2 & (\text{帰無仮説}), \\ H_1: \ \mu_1 \neq \mu_2 & (\text{対立仮説}) \end{cases}$$

を有意水準 $\alpha = 0.05$ で検定しよう．$m = n = 10$, $t^*_{18,0.05} = 2.101$ であり，それぞれの標本平均と合併した分散の推定量は

$$\bar{x} = 59.9, \quad \bar{y} = 55.8\ ; \qquad \hat{\sigma}^2 = 15.25 \qquad \therefore \quad \hat{\sigma} = 3.9$$

であるから，T 値は

$$T = \frac{59.9 - 55.8}{3.9\sqrt{\dfrac{1}{5}}} = 2.35 > 2.101.$$

ゆえに，仮説は棄却され，成長に有意差が認められる．　◇

10.5 2つの正規分布の分散比の検定

2つの標本 $\boldsymbol{X}, \boldsymbol{Y}$ は互いに独立であって，

$$\boldsymbol{X} = (X_1, \cdots, X_m) \text{ は独立で同一分布 } N(\mu_1, \sigma_1^2) \text{ に従い，}$$
$$\boldsymbol{Y} = (Y_1, \cdots, Y_n) \text{ は独立で同一分布 } N(\mu_2, \sigma_2^2) \text{ に従う}$$

という **10.4** と同じ設定において，それぞれの標本不偏分散

$$\hat{\sigma}_1^2 = \frac{1}{m-1}\sum_{i=1}^{m}(X_i - \bar{X})^2, \qquad \hat{\sigma}_2^2 = \frac{1}{n-1}\sum_{j=1}^{n}(Y_j - \bar{Y})^2$$

を使って母分散 σ_1^2, σ_2^2 の間に差があるかどうかという両側仮説

$$\begin{cases} H_0: & \sigma_1^2 = \sigma_2^2 \quad (\text{帰無仮説}), \\ H_1: & \sigma_1^2 \neq \sigma_2^2 \quad (\text{対立仮説}) \end{cases}$$

を検定することを考えよう．帰無仮説の下で標本分散比はエフ分布に従う：

$$F = \frac{\hat{\sigma}_1^2}{\hat{\sigma}_2^2} \sim F_{n-1}^{m-1}.$$

自由度 $(m-1, n-1)$ のエフ分布の上側 $\frac{\alpha}{2}, 1-\frac{\alpha}{2}$ 点 $F_{n-1,\frac{\alpha}{2}}^{m-1}, F_{n-1,1-\frac{\alpha}{2}}^{m-1}$ に対して，有意水準 α の棄却域は

$$W = \{ F \leq F_{n-1,1-\frac{\alpha}{2}}^{m-1}, \text{ または，} F_{n-1,\frac{\alpha}{2}}^{m-1} \leq F \}.$$

ここで，$F_{n-1,1-\frac{\alpha}{2}}^{m-1} = \dfrac{1}{F_{m-1,\frac{\alpha}{2}}^{n-1}}$ であることに注意しよう．これを ***F*-検定** (*F*-test) という．

例題 10.5 例題 10.4 において，共通の分散を仮定したが，有意水準 $\alpha = 0.10$ として検定してみよう．$F_{9,0.05}^{9} = 3.18$ であるから，棄却域は

$$W = \{ F \leq 0.314, \text{ または，} 3.18 \leq F \}.$$

それぞれの標本分散，したがって，F-値は

$$\hat{\sigma}_1^2 = 9.43, \quad \hat{\sigma}_2^2 = 21.07 \qquad \therefore \quad F = 0.433$$

であり棄却域に入らないので，共通の分散ではないとはいえない． ◇

10.6 2つの比率の差の検定

2つの母集団において，ある事象はそれぞれ母比率 p_1, p_2 であり，それら

の間に差があるかどうかという両側仮説

$$\begin{cases} H_0: & p_1 = p_2 & (\text{帰無仮説}), \\ H_1: & p_1 \neq p_2 & (\text{対立仮説}) \end{cases}$$

を，それぞれ m, n 回の独立なベルヌーイ試行を行って得られた標本比率 $\bar{X}$, $\bar{Y}$ を使って検定することを考えよう．標本比率の差は帰無仮説の下で次のように近似的に正規分布に従っているとみなせる：

$$\bar{X} - \bar{Y} \mathrel{\dot{\sim}} N\Big(0, \frac{1}{m}\bar{X}(1-\bar{X}) + \frac{1}{n}\bar{Y}(1-\bar{Y})\Big).$$

ゆえに，近似的に有意水準 α の棄却域は，

$$W = \left\{ |\bar{X} - \bar{Y}| \geq z_\alpha^* \sqrt{\frac{1}{m}\bar{X}(1-\bar{X}) + \frac{1}{n}\bar{Y}(1-\bar{Y})} \right\}$$

として求まることが示される．

例題 10.6　両親との同居に関して，無作為に選んだ 100 人の男性と 150 人の女性に意見を聞いたところ，それぞれ 52 人と 55 人が賛成であった．男女の意見の間に差があるといえるかを有意水準 $\alpha = 0.05$ で検定しよう．それぞれの標本比率は $\bar{x} = 0.52$, $\bar{y} = 0.367$ であるから z-変換は

$$z_n = \frac{0.52 - 0.367}{\sqrt{\dfrac{0.52 \times 0.48}{100} + \dfrac{0.367 \times 0.633}{150}}} = 2.403 > 1.96 = z_{0.05}^*$$

であるから，仮説は棄却され，男女の意見に有意差がある．　◇

10.7　カイ自乗適合度検定

これまでは，確率変数や標本が二項分布やポアソン分布に従うとか一様分布や正規分布に従うと述べ，分布を仮定してきたが，次にそれらの分布に関する仮定自体が成り立つのかどうかを問題にしよう．ここでは，確率変数や標本そのものを使うのではなく，母集団を事象に分割しそれらの事象が起こった“観測度数”と，仮定する分布の下でそれらの事象が起こる“期待度数”とを使い，観測度数と期待度数を比較して観測に仮定した分布が適合しているかどうかを検定する**適合度検定** (test of goodness of fit) について論じる．

(1) 確率分布の適合度検定

母集団 Ω が k 個の互いに素な事象 $A_1, \cdots, A_k$ に分割され，その確率を $P(A_1) = p_1, \cdots, P(A_k) = p_k$ とする．この確率分布 $\boldsymbol{p} = (p_1, \cdots, p_k)$ がある与えられた確率分布 $\boldsymbol{\pi} = (\pi_1, \cdots, \pi_k)$ に等しいかどうかという仮説

$$\begin{cases} H_0: \ \boldsymbol{p} = \boldsymbol{\pi} & (\text{帰無仮説}), \\ H_1: \ \boldsymbol{p} \neq \boldsymbol{\pi} & (\text{対立仮説}) \end{cases}$$

を検定しよう．

いま，母集団 Ω から n 個の標本を無作為復元抽出によって取り出すとき，それぞれの事象の観測度数が $n_1, \cdots, n_k$ であった．一方，帰無仮説の分布の下ではそれらの事象の期待度数が $n\pi_1, \cdots, n\pi_k$ である．

期待値と観測値

事　象	A_1	$\cdots$	A_k
観測値 O_i	n_i	$\cdots$	n_k
期待値 E_i	$n\pi_1$	$\cdots$	$n\pi_k$

そのとき，上の表のように観測度数 (O_i) と期待度数 (E_i) とが適合しているかどうかを統計量

$$\mathcal{X}_n^2 = \sum_{i=1}^{k} \frac{(n_i - n\pi_i)^2}{n\pi_i}$$

によって検定する．これを**カイ自乗統計量** (chi-square statistic) といい，期待値と観測値の距離を測るための直観的に理解し易い統計量である．このカイ自乗値が大きければ観測度数は期待度数に適合していないと考えて仮説を棄却し，そうでないときは適合していると考えて仮説を採択する．この検定方式を**カイ自乗適合度検定** (chi-square test of goodness of fit) という．

覚え方は次の通りである：

$$\mathcal{X}_n^2 = \sum_{i=1}^{k} \frac{(O_i - E_i)^2}{E_i}.$$

カイ自乗適合度検定に関する次の 2 つの定理 (定理 10.1, 10.2) は非常によく使われるが，証明については§**14** で解説する．

定理 10.1　カイ自乗検定統計量は漸近的にカイ自乗分布に従う．すなわち，$n \to \infty$ のとき，

$$\mathcal{X}_n^2 \to \begin{cases} \chi_{k-1}^2 & (\text{帰無仮説の下で}), \\ \infty & (\text{対立仮説の下で}). \end{cases}$$

したがって，有意水準 α の近似的な棄却域は次のようになる：

$$W = \{\mathcal{X}_n^2 \geq \chi_{k-1,\alpha}^2\}.$$

例題 10.7　ある町の成人を母集団とし，無作為抽出された 800 人の血液型を調べたところ下表のような観測値を得た．ところで，日本人の血液型の分布は

$$\mathrm{AB} : \mathrm{A} : \mathrm{B} : \mathrm{O} = 0.09 : 0.37 : 0.22 : 0.32$$

であることが知られている．

血液型	AB	A	B	O
観測値	85	317	168	230
期待値	72	296	176	256

この町の血液型の分布は日本人の血液型の分布に適合しているといえるだろうか．日本人の血液型の分布を $\boldsymbol{\pi} = (0.09, 0.37, 0.22, 0.32)$ として仮説は

$$\begin{cases} H_0 : \ \boldsymbol{p} = \boldsymbol{\pi} & (\text{帰無仮説}), \\ H_1 : \ \boldsymbol{p} \neq \boldsymbol{\pi} & (\text{対立仮説}) \end{cases}$$

であるから，帰無仮説の下での各血液型の期待度数は $n = 800$ として表のような期待度数と観測度数の対応を得る：　$n\boldsymbol{\pi} = (72, 296, 176, 256)$.

カイ自乗検定統計量を計算すると

$$\mathcal{X}_n^2 = \frac{(85-72)^2}{72} + \frac{(317-296)^2}{296} + \frac{(168-176)^2}{176} + \frac{(230-256)^2}{256} = 6.84.$$

有意水準 $\alpha = 0.05$ に対する棄却限界は $\chi_{3,0.05}^2 = 7.8$ であり，カイ自乗値は棄却限界に達しないので，仮説は棄却されない，すなわち，日本人の血液型分布と異なるとはいえない．　◇

(2)　未知母数を含む分布の適合度検定

無作為標本 $X_1, \cdots, X_n$ が $s\,(0 < s < k-1)$ 個の未知母数 $\boldsymbol{\theta} = (\theta_1, \cdots, \theta_s) \in \boldsymbol{R}^s$ を含む分布 $f(x|\boldsymbol{\theta})$ に従うかどうかの適合度検定について考えよ

う．母集団 Ω を k 個の互いに素な事象 $A_1, \cdots, A_k$ に分割し，その確率を $P(A_1)=p_1,\ \cdots,\ P(A_k)=p_k$ とする．

帰無仮説の下で，対応する確率分布 $\boldsymbol{\pi}(\boldsymbol{\theta})=(\pi_1(\boldsymbol{\theta}), \cdots, \pi_k(\boldsymbol{\theta}))$ は

$$\pi_i(\boldsymbol{\theta})=\int_{A_i} f(x|\boldsymbol{\theta})\,dx, \qquad i=1, \cdots, k$$

であり，未知母数を含む．ここで，未知母数の推定量として有効推定量や最尤推定量（§ **14** 参照）$\hat{\boldsymbol{\theta}}_n=\hat{\boldsymbol{\theta}}_n(X_1, \cdots, X_n)$ を用いるとき，帰無仮説の下で推定された確率分布 $\hat{\boldsymbol{\pi}}=(\hat{\pi}_1, \cdots, \hat{\pi}_k)$ は

$$\hat{\boldsymbol{\pi}}=\boldsymbol{\pi}(\hat{\boldsymbol{\theta}}_n), \quad \text{すなわち，} \hat{\pi}_i=\pi_i(\hat{\boldsymbol{\theta}}_n) \qquad i=1, \cdots, k.$$

事象 A_i に属する標本の個数を $n_i=\#\{X_j\in A_i\}$として，観測度数 $(n_1, \cdots, n_k)$ と確率分布 $\hat{\boldsymbol{\pi}}$ による期待度数 $(n\hat{\pi}_1, \cdots, n\hat{\pi}_k)$ を求める．

観測度数と期待度数

事　象	A_1	$\cdots$	A_k
観測値 (O_i)	n_1	$\cdots$	n_k
期待値 (E_i)	$n\hat{\pi}_1$	$\cdots$	$n\hat{\pi}_k$

観測度数が期待度数に適合しているかどうかをカイ自乗検定統計量

$$\mathcal{X}_n^2=\sum_{i=1}^{k}\frac{\{n_i-n\pi_i(\hat{\boldsymbol{\theta}}_n)\}^2}{n\,\pi_i(\hat{\boldsymbol{\theta}}_n)}$$

によって検定する．このカイ自乗値が大きければ観測度数は期待度数に適合していないと考えて仮説を棄却し，そうでないときは適合していると考えて仮説を採択する．

定理 10.2 未知母数を含む分布のカイ自乗検定統計量は $n\to\infty$ のとき，

$$\mathcal{X}_n^2 \to \begin{cases} \chi_r^2 & \text{(帰無仮説の下で)}, \\ \infty & \text{(対立仮説の下で)} \end{cases}$$

であり，自由度は推定した未知母数の個数 s だけ少なくなる：$r=k-1-s$．したがって，有意水準 α の近似的な棄却域は次のようになる：

$$W=\{\mathcal{X}_n^2\geq\chi_{r,\alpha}^2\}.$$

例題 10.8 ラザフォード=ガイガー (1910) は，一定時間 (1/4 分間) に放射性物質から放射されスクリーンに到達した α 粒子の個数の計測を繰り返し行い，α 粒子の個数ごとに観測回数が何回あるかを集計した．彼らは観測度数がポアソン分布によく適合していることを発見した．そこで実際にポアソン分布の適合度検定を行ってみよう．仮説は

$$\begin{cases} H_0: & \pi_x(\lambda) = \exp(-\lambda)\dfrac{\lambda^x}{x!}, \qquad x = 0, 1, 2, \cdots, \\ H_1: & \text{その他} \end{cases}$$

であり，確率は未知母数 λ を含んでいる．λ の有効推定量は標本平均であり，確率の推定量はそれを代入したものである：

$$\hat{\lambda} = \frac{1}{2608}(1 \times 9 + 2 \times 37 + \cdots + 19 \times 1 + 20 \times 1 + 21 \times 1) = 7.735$$

$$\hat{\pi}_x = \pi_x(\hat{\lambda}) = \exp(-7.735)\frac{(7.735)^x}{x!}, \qquad x = 0, 1, 2, \cdots.$$

1/4 分間にスクリーンに到達した α 粒子の個数の観測回数

α 粒子数	0	1	2	3	4	5	6
観測度数	0	9	37	78	174	263	306
	9						
期待度数	1.14	8.82	34.11	87.95	170.09	263.12	339.21
	9.96						

α 粒子数	7	8	9	10	11	12	13
観測度数	401	373	330	257	156	93	63
期待度数	374.83	362.41	311.47	240.92	169.41	109.2	64.97

α 粒子数	14	15	16	17	18	19	20	21	合計
観測度数	29	24	5	5	2	1	1	1	2608
					5				
期待度数	35.9	18.51	8.95	4.07	1.75	0.71	0.28	0.1	2607.83
					2.92				2608

観測された α 粒子の個数は 1 ～ 21 であるが，観測度数が 5 より小さいときに漸近分布を使うと近似の精度がよくないことが知られているので，近隣の事象の合併を行い観測度数を 5 以上にする必要がある．表では合併を行った事象に □ を施している．このとき，最初と最後のクラスは $\{0, 1\}$ と $\{x \geq 18\}$ であり，それらの確率は $\pi_0(\lambda)+\pi_1(\lambda)$ と $1-\sum_{x=0}^{17}\pi_x(\lambda)$ である．クラスの数は $k=18$，推定された母数の個数は $s=1$，自由度は $r=18-1-1=16$ である．以上から，表のような期待度数と観測度数の対応を得る．カイ自乗検定統計量を計算すると

$$\mathcal{X}_n^2=\frac{(9-9.96)^2}{9.96}+\frac{(37-34.11)^2}{34.11}+\cdots+\frac{(5-2.92)^2}{2.92}=19.033$$

となり，有意水準 $\alpha=0.05$ に対する棄却限界 $\chi^2_{16,0.05}=26.296$ に達しないので，仮説は棄却されない．すなわち，このデータはポアソン分布に適合している．◇

(3) 独立性の検定

例えば，喫煙と性別が独立であるかどうか，自動車事故とドライバーの年齢が独立であるかどうか，というように 2 つのカテゴリー要因 A, B が統計的に独立であるかどうか，すなわち，関係があるかどうかを検定することを考えよう．A 要因を r 水準，B 要因を c 水準にクラス分けして，観測度数を $r\times c$ 個の番地に分割する．これを $r\times c$ **分割表** (contingency table) という．特に，$A_1=$ 喫煙, $A_2=$ 非喫煙；$B_1=$ 男性, $B_2=$ 女性 の例のような 2×2 分割表が非常によく用いられる．

$r\times c$ 分割表の観測度数と仮説の下での期待度数 ([ ] 内)

$A \backslash B$	B_1	B_2	$\cdots$	B_c	
A_1	n_{11} $\left[\frac{n_{1\cdot}n_{\cdot 1}}{n}\right]$	n_{12} $\left[\frac{n_{1\cdot}n_{\cdot 2}}{n}\right]$	$\cdots$	n_{1c} $\left[\frac{n_{1\cdot}n_{\cdot c}}{n}\right]$	$n_{1\cdot}$
A_2	n_{21} $\left[\frac{n_{2\cdot}n_{\cdot 1}}{n}\right]$	n_{22} $\left[\frac{n_{2\cdot}n_{\cdot 2}}{n}\right]$	$\cdots$	n_{2c} $\left[\frac{n_{2\cdot}n_{\cdot c}}{n}\right]$	$n_{2\cdot}$
$\vdots$	$\vdots$	$\vdots$		$\vdots$	$\vdots$
A_r	n_{r1} $\left[\frac{n_{r\cdot}n_{\cdot 1}}{n}\right]$	n_{r2} $\left[\frac{n_{r\cdot}n_{\cdot 2}}{n}\right]$	$\cdots$	n_{rc} $\left[\frac{n_{r\cdot}n_{\cdot c}}{n}\right]$	$n_{r\cdot}$
	$n_{\cdot 1}$	$n_{\cdot 2}$	$\cdots$	$n_{\cdot c}$	n

行周辺度数：$n_{i\cdot}=\sum_{j=1}^{c}n_{ij}$，列周辺度数：$n_{\cdot j}=\sum_{i=1}^{r}n_{ij}$，総度数：$n=\sum_{i=1}^{r}\sum_{j=1}^{c}n_{ij}$.

確率分布表

A＼B	B_1	B_2	$\cdots$	B_c	行周辺分布
A_1	p_{11}	p_{12}	$\cdots$	p_{1c}	$p_{1\cdot}$
A_2	p_{21}	p_{22}	$\cdots$	p_{2c}	$p_{2\cdot}$
$\vdots$	$\vdots$	$\vdots$		$\vdots$	$\vdots$
A_r	p_{r1}	p_{r2}	$\cdots$	p_{rc}	$p_{r\cdot}$
列周辺分布	$p_{\cdot 1}$	$p_{\cdot 2}$	$\cdots$	$p_{\cdot c}$	1

行周辺分布：$p_{i\cdot} = \sum_{j=1}^{c} p_{ij}$,

列周辺分布：$p_{\cdot j} = \sum_{i=1}^{r} p_{ij}$,

全確率：$1 = \sum_{j=1}^{c}\sum_{i=1}^{r} p_{ij}$.

p_{ij} は (i, j) 番地の同時確率，$p_{i\cdot}, p_{\cdot j}$ は A_i, B_j の周辺確率である：

$$p_{ij} = P(A_i \cap B_j), \qquad p_{i\cdot} = P(A_i), \qquad p_{\cdot j} = P(B_j).$$

したがって，要因 A, B が独立であるという仮説は，

$$\begin{cases} H_0: \ p_{ij} = p_{i\cdot}p_{\cdot j}, \quad i = 1, \cdots, r\ ;\ j = 1, \cdots, c & \text{(帰無仮説)}, \\ H_1: \ \text{その他} & \text{(対立仮説)} \end{cases}$$

となる．

帰無仮説の下での確率の推定量と期待度数は

$$\hat{\hat{p}}_{ij} = \hat{p}_{i\cdot}\hat{p}_{\cdot j} = \frac{n_{i\cdot}n_{\cdot j}}{n^2}, \quad n\hat{\hat{p}}_{ij} = \frac{n_{i\cdot}n_{\cdot j}}{n}, \quad i = 1, \cdots, r\ ;\ j = 1, \cdots, c.$$

観測度数と帰無仮説の下での期待度数を同じ表にかいたものが前述の $r \times c$ 分割表である．独立性の検定に対するカイ自乗検定統計量は

$$\mathcal{X}_n^2 = \sum_{i=1}^{r}\sum_{j=1}^{c} \frac{\left(n_{ij} - \dfrac{n_{i\cdot}n_{\cdot j}}{n}\right)^2}{\dfrac{n_{i\cdot}n_{\cdot j}}{n}}$$

であり，観測度数 n が十分大きいとき，自由度は推定した個数 $(r-1)+(c-1)$ だけ少ない値： $rc-1-(r-1+c-1) = (r-1)(c-1)$ のカイ自乗分布に収束する．ゆえに，有意水準 α の近似的な棄却限界は $\chi^2_{(r-1)(c-1),\alpha}$ である．

例題 10.9 次のデータはアメリカの小数民族の市民から無作為に選ばれた 550 人の血液型と民族を表している．小数民族の市民の血液型と民族とは独立であるかどうかを検定しよう．観測度数と帰無仮説の下での期待度数（[ ] 内）を同じ表にかい

たものが次表である．

血液型の観測度数と仮説の下での期待度数

	A	B	O	AB	計
スペイン系	105 [103.1]	60 [59.89]	90 [83.45]	15 [23.56]	270
オリエント系	50 [60.32]	40 [35.05]	42 [48.84]	26 [13.79]	158
他のアジア系	55 [46.58]	22 [27.06]	38 [37.71]	7 [10.65]	122
計	210	122	170	48	550

カイ自乗検定統計量を計算すると

$$\mathcal{X}_n^2 = \frac{(105-103.1)^2}{103.1} + \cdots + \frac{(7-10.65)^2}{10.65} = 21.649.$$

自由度は $(3-1)(4-1)=6$ であり，有意水準 $\alpha=0.05$ に対する棄却限界は $\chi^2_{6,0.05}=12.592$ である．カイ自乗値は棄却限界をはるかに越えているので，仮説は棄却され，このデータからは民族と血液型は関係があると結論される． ◇

演習問題 10

10.1 喫煙が心臓の活動に影響するかどうかを調べるために，15 人を無作為に選び喫煙の前後における 1 分間の脈拍を測り，次のデータを得た．

喫煙前	70	69	72	74	66	68	69	70	71	69	73	72	68	72	67
喫煙後	69	72	71	74	68	67	72	72	72	70	75	73	71	72	69

そのときこれを一対比較のデータとみて喫煙の前後の脈拍数の差を取り，それらの差が正規分布 $N(\mu, \sigma^2)$ に従っているとして，$\mu=0$ であるかどうかを有意水準 $\alpha=0.05$ で検定せよ．

10.2 前問において，もし喫煙の前後の脈拍数が独立であり，それぞれ分散が共通の正規分布 $N(\mu_1, \sigma^2)$, $N(\mu_2, \sigma^2)$ に従うと仮定するとき，喫煙の前後の脈拍数の平均の間に有意差があるかどうかを有意水準 $\alpha=0.05$ で検定せよ．有意水準 $\alpha=0.01$ ではどうか．

10.3　問 **10.1** において，もし喫煙の前後の脈拍数が独立であり，それぞれ一般の正規分布 $N(\mu_1, \sigma_1^2)$, $N(\mu_2, \sigma_2^2)$ に従うと仮定するとき，喫煙の前後の脈拍数の分散が同じといえるかどうかを有意水準 $\alpha = 0.10$ で検定せよ．

10.4　淀川河川敷におけるタンポポの 2 つの群落 A, B からそれぞれ無作為に 10 本ずつのタンポポをとり，その綿帽子の種子の個数を調べて次のようなデータを得た．

A：	150	163	161	130	147	145	138	168	164	147
B：	145	134	115	122	101	147	130	112	126	129

そのとき，タンポポの群落 A, B の種子の個数の間に差があるといえるか．

10.5　前問のタンポポの群落 A, B の種子の個数の分散は同じといえるか．

10.6　健康飲料 S が好きかどうかを消費者 100 人を無作為に選んで聞いたところ，その内の 16 人が好きと答えた．次に，それについてある広告キャンペーンを行い，その後で消費者 200 人を無作為に選んで聞いたところ，その内の 50 人が好きと答えた．広告キャンペーンの前後で嗜好度に差があるといえるか．

10.7　$N = 50$ 個の電球を 1 つの仕切り (lot) として次々と仕切りが送り出されてくるとする．いま，1 つの仕切りにおける電球の不良率を θ とし，次の問に答えよ．1 つの仕切りから $n = 5$ 個ずつ抜き取り検査し不良品の個数が $c = 1$ 個以下であればその仕切りを合格 (A) として出検し，2 個以上のときはその仕切りの全数を検査し不良品を全て良品で置き換えて仕切りを出検するとする．このような検査方式を $[N\,;\,n, c] = [50\,;\,5, 1]$ と表す．

（1）　合格の確率 $P(A|\theta)$ を求め，それを θ の関数としてグラフに描け (これを OC 曲線という)．　[ヒント： 超幾何分布の二項分布近似を使え．]

（2）　この検査方式の下での仕切りの平均出検品質 $\mathrm{AOQ}(\theta) = \theta\, P(A|\theta)$ を求め，そのグラフを描け (これを AOQ 曲線という)．$\mathrm{AOQ}(\theta)$ を最大にする θ の値と最大値 (平均出検限界という) を求めよ．

10.8　抜き取り検査方式 $[10\,;\,2, 0]$ を考えるとき，超幾何分布を使って前問の (1), (2) に答えよ．

10.9　ある錠剤からなる大きな仕切りから $n=10$ 個の標本を抜き取り，ある成分を検査しその標本平均 $\bar{X}$ が 10 (mg) 以上ならばその仕切りを合格 (A) とし，10 (mg) を越えなければその仕切りを不合格とする．いま，その成分が正規分布 $N(\theta,1)$ に従うとき，合格の確率 $P(A|\theta)$ を θ の関数として表せ．

10.10　$X_1, X_2, \cdots, X_n$ は正規分布 $N(\mu, \sigma^2)$ からの無作為標本とする．ここで，母平均 μ は未知で，母分散 $\sigma^2=15$ とする．標本平均 $\bar{X}$ を使って仮説

$$\begin{cases} H_0:\ \mu=160 & \text{(帰無仮説)}, \\ H_1:\ \mu=165 & \text{(対立仮説)} \end{cases}$$

を有意水準 5％ で検定するとき，第二種の誤りの大きさ β を 0.05 以下とするために必要な標本数 n はいくらか．

10.11　ある花は理論上は 9：3：3：1 の割合で 4 つのタイプの花が咲くことになっている．実験の結果，この 4 つのタイプについてそれぞれ度数 120, 50, 40, 10 が得られた．これは理論に適合しているか．

10.12　次のデータへ二項分布 $B_N(4, p)$ をあてはめよ．さらに，カイ自乗検定を用いて二項分布の仮定が正しいかどうかを調べよ．

値 x	0	1	2	3	4	計
頻度 f	10	40	60	50	16	176

10.13　ある試験を行って得られた結果 (下表) に正規分布 $N(\mu, \sigma^2)$ をあてはめよ．その密度関数を $f(x|\mu, \sigma^2)$ として，各クラスの区間 $I_i=[a_i, a_{i+1})$ の確率を正規分布によるそのクラスの区間確率

$$\pi_i(\mu, \sigma^2)=\int_{a_i}^{a_{i+1}} f(x|\mu, \sigma^2)\,dx$$

で与えるとき，観測データは正規分布によって与えられる区間確率に適合するかどうかをカイ自乗検定を使って検定せよ．

成績	0-	10-	20-	30-	40-	50-	60-	70-	80-	90-100
人数	4	4	22	26	36	45	39	21	16	4

10.14　無作為に抽出された 100 個の乾電池の寿命について得られた次のような実験結果は指数分布に従うといえるかどうかをカイ自乗検定せよ．

寿命（時間）	0 ～ 25	25 ～ 50	50 ～ 75	75 ～ 100	100 ～	計
観測度数	33	28	20	12	7	100

10.15　左下のデータは 300 人の自動車所有者を年齢と過去 2 年間に起こした事故数に応じて分類したものである．年齢と事故数の間に関係があるかどうかを検定せよ．

		事故数		
		0	1 ～ 2	3
年齢	21 歳以下	8	23	14
	22 - 26	21	42	12
	27 歳以上	71	90	19

		予防注射	
		B_1	B_2
効果	A_1	27	38
	A_2	125	60

10.16　インフルエンザにかかった人 (A_1)，かからなかった人 (A_2) それぞれについて，予防注射をした (B_1) か，しなかった (B_2) かを聞いて右上の表の結果が得られた．この予防注射はインフルエンザに効果があったといえるか．

3

統計解析

コンピュータの発達によって，多様な現象が多様なモデルを使って詳細に解析できるようになった．しかし，統計モデルは，全てを記述しようとして冗長になりすぎてもいけないし，簡単すぎて当てはまりが悪いのも困るので，ほどほどに当てはまりがよくて許される範囲の誤差をもっている方がよい．非線形モデルである尤度解析も漸近的には正規線形解析であることを強調したい．

§11. 直線回帰分析

11.1 2次元データと散布図

親子の身長の間にはどのような直線関係があるか，また，大学と高校の成績の間にはどのような直線関係があるか，というように1つの変数と他の変数との間にどのような線形関係があるかを調べることを**直線回帰分析**あるいは**線形回帰分析** (linear regression analysis) という．表11.1は，ある大学の男子学生の身長 y (cm) とその父親の身長 x (cm) を調査した40組のデータである．このデータから，日本における1990年代頃の息子の身長と父親の身長の関係について考えてみよう．

表11.1 父親と息子の身長

標本番号 (no)，父親の身長 (x)，息子の身長 (y)，予測値 ($\hat{y}$)，残差 (e)

no	x	y	$\hat{y}$	e	no	x	y	$\hat{y}$	e
1	154.2	163.9	166.1	−2.2	21	165.6	166.7	171.8	−5.1
2	155.4	172.4	166.7	5.7	22	165.8	174.0	171.9	2.1
3	156.3	171.8	167.2	4.6	23	166.2	171.0	172.1	−1.1
4	157.1	166.1	167.6	−1.5	24	166.4	179.0	172.2	6.8
5	158.5	168.5	168.3	0.2	25	166.4	184.0	172.2	11.8
6	159.2	160.6	168.6	−8.0	26	166.8	176.2	172.4	3.8
7	159.3	166.7	168.7	−2.0	27	167.1	174.0	172.6	1.4
8	159.9	174.2	169.0	5.2	28	167.9	176.3	173.0	3.3
9	160.2	164.2	169.1	−4.9	29	168.4	163.2	173.2	−10.0
10	161.2	166.4	169.6	−3.2	30	168.9	171.4	173.4	−2.0
11	161.2	168.6	169.6	−1.0	31	169.0	172.0	173.5	−1.5
12	161.4	169.2	169.7	−0.5	32	170.7	165.9	174.3	−8.4
13	162.6	163.2	170.3	−7.1	33	170.9	171.2	174.4	−3.2
14	162.7	159.8	170.4	−10.6	34	171.2	179.6	174.6	5.0
15	163.6	171.4	170.8	0.6	35	171.6	180.7	174.8	5.9
16	163.8	169.0	170.9	−1.9	36	172.7	178.9	175.3	3.6
17	164.0	180.4	171.0	9.4	37	173.6	166.4	175.8	−9.4
18	164.1	175.7	171.1	4.6	38	174.6	179.8	176.3	3.5
19	164.9	177.5	171.5	6.0	39	177.0	181.8	177.5	4.3
20	165.3	173.1	171.7	1.4	40	177.3	171.9	177.6	−5.7

x の標本平均 $\bar{x}$ と標本分散 s_x^2 は

$$\bar{x} = \frac{1}{n}\sum_{i=1}^{n} x_i, \qquad s_x^2 = \frac{1}{n}\sum_{i=1}^{n}(x_i - \bar{x})^2.$$

母分散と同じように，標本分散についても分散公式「標本分散 s_x^2 は自乗平均 $\frac{1}{n}\sum_{i=1}^{n} x_i^2$ から平均の自乗 $\bar{x}^2$ を引いたものである」が成り立つ：

$$s_x^2 = \frac{1}{n}\sum_{i=1}^{n} x_i^2 - \bar{x}^2.$$

y の標本平均 $\bar{y}$ と標本分散 s_y^2 は

$$\bar{y} = \frac{1}{n}\sum_{i=1}^{n} y_i, \qquad s_y^2 = \frac{1}{n}\sum_{i=1}^{n}(y_i - \bar{y})^2 = \frac{1}{n}\sum_{i=1}^{n} y_i^2 - \bar{y}^2.$$

さらに，x, y の標本共分散 s_{xy} は

$$s_{xy} = \frac{1}{n}\sum_{i=1}^{n}(x_i - \bar{x})(y_i - \bar{y}) = \frac{1}{n}\sum_{i=1}^{n} x_i y_i - \bar{x}\,\bar{y}.$$

母共分散と同じように，標本共分散についても共分散公式「標本共分散 s_{xy} は積平均 $\frac{1}{n}\sum_{i=1}^{n} x_i y_i$ から平均の積 $\bar{x}\bar{y}$ を引いたものである」が成り立つ．

x, y の標本標準偏差は s_x, s_y であり，標本相関係数 r は

$$r = r_{xy} = \frac{s_{xy}}{s_x s_y} = \frac{\sum_{i=1}^{n}(x_i - \bar{x})(y_i - \bar{y})}{\sqrt{\sum_{i=1}^{n}(x_i - \bar{x})^2}\,\sqrt{\sum_{i=1}^{n}(y_i - \bar{y})^2}}$$

である．数値計算では，分散公式，共分散公式を使うと，まるめ誤差を含む演算の回数が少ないので，計算誤差が少なくてすむことに注意しよう．

40 組の親子の身長データに関しては，次のように計算される：

$$\bar{x} = 165.3250, \qquad s_x^2 = 32.3374, \qquad s_x = 5.6866,$$
$$\bar{y} = 171.6675, \qquad s_y^2 = 37.1367, \qquad s_y = 6.09399,$$
$$s_{xy} = 16.1156, \qquad r = r_{xy} = 0.465041.$$

この結果から，親子の身長には 6 cm 以上の差があるが，標準偏差にはほとんど差はないことがわかる．また，相関係数は 0.5 以下である．

11.2　直線回帰と最小自乗法

息子の身長は父親の身長に関係していると考え，父親の身長 x を**独立変数** (independent variable) または **説明変数** (explanatory variable) といい，息子の身長 Y を**従属変数** (dependent variable) または**被説明変数**という．息子の身長 Y は父親の身長 x の直線関係 $a+bx$ で説明できる部分と父親の身長では説明できない部分 ε との和として表される：

$$Y = a + bx + \varepsilon.$$

直線部分を**母回帰直線** (population regression line) といい，説明できない部分を**誤差** (error) または**イノベーション** (innovation) という．誤差 ε は平均 $E(\varepsilon)=0$ と分散 $V(\varepsilon)=\sigma^2$ をもつ確率変数である．父親の身長が x であるとき，その息子の身長 Y は平均 $E(Y)=a+bx$，分散 $V(Y)=\sigma^2$ の確率変数である．

直線回帰問題は

仮定： 観測 $Y_i = a + bx_i + \varepsilon_i,\ i=1,\cdots,n$ は独立であり，誤差 $\varepsilon_i,\ i=1,\cdots,n$ は独立な同一分布であるという仮定の下で，

推定： データにより母回帰直線の係数 a, b と誤差分散 σ^2 を推定し，親子の身長を調べることである．

したがって，$n=40$ 組の親子の身長の観測値

$$(x_1, y_1) = (154.2, 163.9),\ \cdots,\ (x_{40}, y_{40}) = (177.3, 171.9)$$

は無作為な標本値であると考える．これらのデータの組を平面上の点とみなし，$n=40$ 個のデータ点として xy 平面上に描いたものが図 11.1 であり，**散布図** (scatter plots) または**相関図** (correlation plots) とよばれる．

回帰問題では誤差の大きさを表す分散 σ^2 が小さい方がよいので，n 個のデータ $(x_i, y_i),\ i=1,\cdots,n$ に対応する誤差 $\varepsilon_i = y_i - a - bx_i,\ i=1,\cdots,n$ を誤差分布からの無作為標本と考え，誤差の自乗和

$$\Delta^2 = \Delta^2(a, b) = \sum_{i=1}^{n} \varepsilon_i^2 = \sum_{i=1}^{n} (y_i - a - bx_i)^2$$

を最小にするような直線 $y = a + bx$ を求める．誤差の自乗和を**誤差平方**

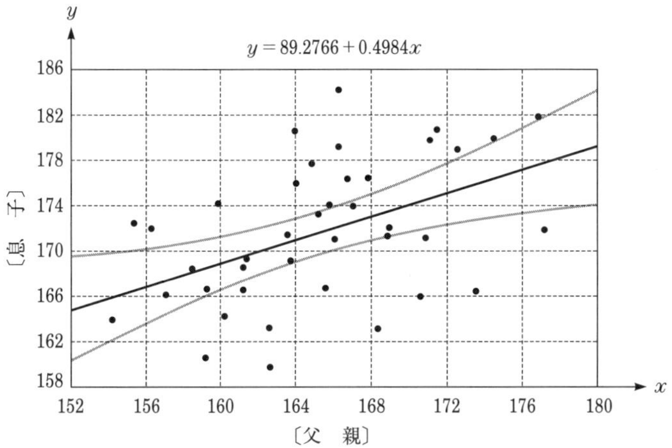

図 11.1

和 (error sum of squares) ということもある．このように，誤差平方和を最小にする関数によって説明関数を求める方法はガウスにより考察され，**最小自乗法** (method of least square) とよばれる．$\Delta^2(a, b)$ を最小にする a, b を求めるために，a と b それぞれについて微分して 0 とおく：

$$\frac{\partial \Delta^2}{\partial a} = -2\sum_{i=1}^{n}(y_i - a - bx_i) = 0,$$

$$\frac{\partial \Delta^2}{\partial b} = -2\sum_{i=1}^{n}(y_i - a - bx_i)x_i = 0.$$

これを a, b の連立方程式として整理すると，

$$\begin{cases} a + \bar{x}b = \bar{y} \\ \bar{x}a + \left(\dfrac{1}{n}\displaystyle\sum_{i=1}^{n} x_i^2\right)b = \dfrac{1}{n}\displaystyle\sum_{i=1}^{n} x_i y_i. \end{cases}$$

この連立方程式を，最小自乗法を微分によって解くための**正規方程式** (normal equation) という．a を消去して，分散公式・共分散公式を使えば，

$$\left(\frac{1}{n}\sum_{i=1}^{n} x_i^2 - \bar{x}^2\right)b = \frac{1}{n}\sum_{i=1}^{n} x_i y_i - \bar{x}\,\bar{y}, \text{ すなわち， } s_x^2 b = s_{xy}.$$

ゆえに，b の解 $\hat{b}$ が求まり，したがって，a の解 $\hat{a}$ も求まる：

$$\hat{b} = \frac{s_{xy}}{s_x^2}, \qquad \hat{a} = \bar{y} - \hat{b}\bar{x} = \bar{y} - \frac{s_{xy}}{s_x^2}\,\bar{x}.$$

したがって，推定された回帰直線は

$$\hat{y} = \hat{a} + \hat{b}x = \bar{y} + \hat{b}(x - \bar{x}) = \bar{y} + \left(\frac{s_{xy}}{s_x^2}\right)(x - \bar{x})$$

となる．これを**推定回帰直線**または**標本回帰直線** (sample regression line) という．偏差 $x - \bar{x}$，$\hat{y} - \bar{y}$ と相関係数 $r = \dfrac{s_{xy}}{s_x s_y}$ を使って，覚え易い形として次のような推定回帰直線の表現が得られる：

$$\left(\frac{\hat{y} - \bar{y}}{s_y}\right) = r\left(\frac{x - \bar{x}}{s_x}\right).$$

散布図の中の直線は推定回帰直線であり，父親の身長が x であるときの息子の身長の推定値は $\hat{y}$ であると考えることができる．観測値 y に対して，推定値 $\hat{y}$ を**予測値** (prediction value) ということもある．観測値と予測値の差を**残差** (residual) といい，e で表す．残差 e は誤差 ε の推定値である．表11.1には，$n = 40$ 人の父親の身長に対する息子の身長の予測値と残差が求められている．

定理 11.1 観測値 y，説明変数 x，予測値 $\hat{y}$，残差 e は次の性質をもつ (r は観測値と説明変数の標本相関係数)．

（1） 予測値の標本平均 $\bar{\hat{y}}$ は観測値の標本平均 $\bar{y}$ に等しい： $\bar{\hat{y}} = \bar{y}$．しかし，予測値の標本分散 $s_{\hat{y}}^2$ は観測値の標本分散 s_y^2 より小さい： $s_{\hat{y}}^2 = r^2 s_y^2$．

（2） 予測値と説明変数の標本共分散 $s_{x\hat{y}}$ は観測値と説明変数の標本共分散に等しい： $s_{x\hat{y}} = s_{xy}$．

（3） 観測値と予測値の標本相関係数 R は観測値と説明変数の標本相関係数の絶対値に等しい： $R = |r|$．

（4） 残差 e の標本平均は $\bar{e} = 0$，標本分散は $s_e^2 = s_y^2(1 - r^2)$．

（5） 説明変数と残差は直交する ($s_{xe} = 0$) ことから，予測値と残差は直交する： $s_{\hat{y}e} = 0$．ゆえに，観測値の標本分散は予測値の標本分散と残差の標本分散の和に分解される：

$$\begin{array}{ccccc} s_y^2 & = & s_{\hat{y}}^2 & + & s_e^2 \\ [s_y^2] & & [s_y^2 r^2] & & [s_y^2(1 - r^2)] \end{array}$$

証明 （1） 予測値の標本平均は

$$\bar{\hat{y}} = \frac{1}{n}\sum_{i=1}^{n}\hat{y}_i = \frac{1}{n}\sum_{i=1}^{n}\{\bar{y} - \hat{b}(x_i - \bar{x})\} = \bar{y}$$

であり，観測値の標本平均に等しい．しかし，予測値の標本分散は

$$s_{\hat{y}}^2 = \frac{1}{n}\sum_{i=1}^{n}(\hat{y}_i - \bar{\hat{y}})^2 = \hat{b}^2\frac{1}{n}\sum_{i=1}^{n}(x_i - \bar{x})^2 = \hat{b}^2 s_x^2 = r^2 s_y^2$$

であり，観測値の標本分散よりも r^2 だけ比が小さい．

（2） 説明変数と予測値の標本共分散は

$$s_{x\hat{y}} = \frac{1}{n}\sum_{i=1}^{n}(x_i - \bar{x})(\hat{y}_i - \bar{\hat{y}}) = \hat{b}s_x^2 = s_{xy}$$

となり，観測値と説明変数の標本共分散に等しい．

（3） 観測値と予測値の標本共分散は

$$s_{y\hat{y}} = \frac{1}{n}\sum_{i=1}^{n}(y_i - \bar{y})(\hat{y}_i - \bar{\hat{y}}) = \hat{b}s_{xy} = r^2 s_y^2.$$

ゆえに，観測値と予測値の標本相関係数 R は

$$R = r_{y\hat{y}} = \frac{s_{y\hat{y}}}{s_y s_{\hat{y}}} = \frac{r^2 s_y^2}{s_y|r|s_y} = |r|.$$

（4） 残差 e の標本平均と標本分散は

$$\bar{e} = \frac{1}{n}\sum_{i=1}^{n}e_i = \frac{1}{n}\sum_{i=1}^{n}(y_i - \hat{y}_i) = \bar{y} - \bar{\hat{y}} = 0,$$

$$s_e^2 = \frac{1}{n}\sum_{i=1}^{n}e_i^2 = \frac{1}{n}\sum_{i=1}^{n}(y_i - \hat{y}_i)^2 = s_y^2 + s_{\hat{y}}^2 - 2s_{y\hat{y}} = s_y^2(1 - r^2).$$

（5） 残差と説明変数 x の標本共分散は

$$s_{ex} = \frac{1}{n}\sum_{i=1}^{n}e_i x_i = \frac{1}{n}\sum_{i=1}^{n}(y_i - \hat{y}_i)x_i = s_{yx} - s_{\hat{y}x} = s_{xy} - s_{xy} = 0.$$

よって，残差と予測値の標本共分散は

$$s_{e\hat{y}} = \frac{1}{n}\sum_{i=1}^{n}e_i\hat{y}_i = \frac{1}{n}\sum_{i=1}^{n}e_i(\hat{a} + \hat{b}x_i) = 0.$$

すなわち，残差と予測値は直交している．したがって，観測値の標本分散は

$$s_y^2 = \frac{1}{n}\sum_{i=1}^{n}(y_i - \bar{y})^2 = \frac{1}{n}\sum_{i=1}^{n}\{(\hat{y}_i - \bar{y}) + e_i\}^2 = s_{\hat{y}}^2 + s_e^2. \qquad \square$$

観測値偏差の自乗和 ns_y^2 を**観測変動**または**総変動** (total sum of squares；TSS)，予測値偏差の自乗和 $ns_{\hat{y}}^2$ を**予測変動**または**回帰変動**，残差の自乗和 $ns_e^2 = \varDelta_0^2$ を**残差平方和** (residual sum of squares；RSS) または**残差変動**という．このとき，総変動は回帰変動と残差変動の和に分解される：

総変動		回帰変動		残差変動
ns_y^2	$=$	$ns_{\hat{y}}^2$	$+$	$\varDelta_0^2$
$[ns_y^2]$		$[ns_y^2 r^2]$		$[ns_y^2(1-r^2)]$

このことは直線回帰と標本相関係数の関連を表している．すなわち，標本相関係数の絶対値 $|r|$ が 1 に近いならば y は x の推定回帰直線からあまり離れていないことを示し，回帰直線は説明関数として十分役に立つことになる．$|r|$ が 0 に近いときは，$\varDelta_0^2$ が ns_y^2 に近くなり，x は y に対してほとんど情報をもたないことになる．このことから，総変動にしめる回帰変動の割合 $\dfrac{s_{\hat{y}}^2}{s_y^2} = R^2$ を**決定係数** (determination coefficient) という．

息子の身長を父親の身長に回帰させたときの回帰直線は，前に求めた平均・標準偏差・相関係数の数値から，

$$\frac{\hat{y} - 171.6675}{6.0940} = 0.4650\frac{x - 165.3250}{5.6866} \qquad \therefore \quad \hat{y} = 89.2766 + 0.4984x$$

が得られる．これが図 11.1 における直線である．データ (表 11.1) では $r = 0.4650$ で中途半端であるので，直線回帰式からは大体の傾向がでていると考えればよい．決定係数は $R^2 = r^2 = 0.216225$.

11.3　最小自乗推定量の分布性質

父親の身長 $x_1, \cdots, x_n$ に対応する息子の身長 $Y_1, \cdots, Y_n$ は独立な確率変数であり，誤差 $\varepsilon_1, \cdots, \varepsilon_n$ は独立な同一分布に従う確率変数であるとする：

$$Y_i = a + bx_i + \varepsilon_i, \quad E(Y_i) = a + bx_i, \quad V(Y_i) = \sigma^2, \qquad i = 1, \cdots, n.$$

そのとき，係数の最小自乗推定量 $\hat{a}, \hat{b}$ や推定回帰直線 $\hat{Y} = \hat{a} + \hat{b}x$，さらに，誤差の自乗和などを確率変数と考えて，それらの分布を調べよう．このとき，観測値 y_i を確率変数 Y_i に置き換えて関係する部分は

$$\bar{Y} = \frac{1}{n}\sum_{i=1}^{n} Y_i, \qquad S_{xY} = \frac{1}{n}\sum_{i=1}^{n}(x_i - \bar{x})(Y_i - \bar{Y}) = \frac{1}{n}\sum_{i=1}^{n}(x_i - \bar{x})Y_i$$

である．どちらも独立な確率変数の線形結合であるから，それらの平均，分散，共分散は次のようになる：

$$E(\bar{Y}) = \frac{1}{n}\sum_{i=1}^{n}(a + bx_i) = a + b\bar{x},$$

$$V(\bar{Y}) = \frac{1}{n^2}\sum_{i=1}^{n} V(Y_i) = \frac{\sigma^2}{n},$$

$$E(S_{xY}) = \frac{1}{n}\sum_{i=1}^{n}(x_i - \bar{x})(a + bx_i) = bs_x^2,$$

$$V(S_{xY}) = \frac{1}{n^2}\sum_{i=1}^{n}(x_i - \bar{x})^2 V(Y_i) = \frac{\sigma^2 s_x^2}{n},$$

$$Cov(\bar{Y}, S_{xY}) = \frac{1}{n^2}\sum_{i=1}^{n}\sum_{j=1}^{n}(x_i - \bar{x})Cov(Y_i, Y_j),$$

$$= \frac{1}{n^2}\sum_{i=1}^{n}(x_i - \bar{x})V(Y_i) = \frac{\sigma^2}{n^2}\sum_{i=1}^{n}(x_i - \bar{x}) = 0.$$

したがって，回帰係数および回帰直線の最小自乗推定量は

$$\hat{a} = \bar{Y} - \frac{\bar{x}}{s_x^2}S_{xY}, \qquad \hat{b} = \frac{1}{s_x^2}S_{xY}, \qquad \hat{Y} = \bar{Y} + \frac{(x - \bar{x})}{s_x^2}S_{xY}$$

であり，観測 $Y_1, \cdots, Y_n$ の線形関数である．このように，推定量が観測の線形関数であるとき，**線形推定量** (linear estimator) という．

定理 11.2　回帰係数および回帰直線の最小自乗推定量 $\hat{a}, \hat{b}, \hat{Y}$ について次のことが成り立つ．

（1）　回帰係数の最小自乗推定量は 不偏推定量 $E(\hat{a}) = a,\ E(\hat{b}) = b$ であり，それらの分散，共分散は次のようになる：

$$V(\hat{a}) = \frac{\sigma^2}{n}\left(1 + \frac{\bar{x}^2}{s_x^2}\right), \qquad V(\hat{b}) = \frac{\sigma^2}{n}\frac{1}{s_x^2}, \qquad Cov(\hat{a}, \hat{b}) = -\frac{\sigma^2}{n}\frac{\bar{x}}{s_x^2}.$$

（2）　回帰直線の最小自乗推定量は不偏： $E(\hat{Y}) = a + bx$ であり，その分散は次のようになる：

$$V(\hat{Y}) = \frac{\sigma^2}{n}\left\{1 + \left(\frac{x - \bar{x}}{s_x}\right)^2\right\}.$$

証明 （1） 回帰係数の最小自乗推定量の平均は,

$$E(\hat{a}) = E(\bar{Y}) - \frac{\bar{x}}{s_x^2}E(S_{xY}) = (a + b\bar{x}) - \frac{\bar{x}}{s_x^2}bs_x^2 = a,$$

$$E(\hat{b}) = \frac{1}{s_x^2}E(S_{xY}) = \frac{1}{s_x^2}bs_x^2 = b.$$

また，それらの分散，共分散は

$$\begin{aligned} V(\hat{a}) &= V(\bar{Y}) + \left(\frac{\bar{x}}{s_x^2}\right)^2 V(S_{xY}) - 2\left(\frac{\bar{x}}{s_x^2}\right)Cov(\bar{Y}, S_{xY}) \\ &= \frac{\sigma^2}{n}\left(1 + \frac{\bar{x}^2}{s_x^2}\right), \end{aligned}$$

$$V(\hat{b}) = \frac{1}{s_x^4}V(S_{xY}) = \frac{1}{s_x^4}\frac{\sigma^2 s_x^2}{n} = \frac{\sigma^2}{n}\frac{1}{s_x^2},$$

$$Cov(\hat{a}, \hat{b}) = \left(\frac{\bar{x}}{s_x^2}\right)Cov(\bar{Y}, S_{xY}) - \frac{\bar{x}}{s_x^4}V(S_{xY}) = -\frac{\sigma^2}{n}\frac{\bar{x}}{s_x^2}.$$

（2） 係数の最小自乗推定量が不偏であることから回帰直線の最小自乗推定量も不偏である．また，その分散は

$$\begin{aligned} V(\hat{Y}) &= V(\hat{a}) + 2x\,Cov(\hat{a}, \hat{b}) + x^2 V(\hat{b}) \\ &= \sigma^2\left(\frac{1}{n} + \frac{\bar{x}^2}{ns_x^2}\right) - 2x\frac{\bar{x}\sigma^2}{ns_x^2} + x^2\sigma^2\frac{1}{ns_x^2} = \frac{\sigma^2}{n}\left\{1 + \left(\frac{x - \bar{x}}{s_x}\right)^2\right\} \end{aligned}$$

である．推定回帰直線 $\hat{Y}$ の分散は，$(x - \bar{x})^2$ の項を含んでいるので x が説明変数の平均 $\bar{x}$ から離れると非常に大きくなることに注意しよう． □

定理 11.3 残差平方和 $\Delta_0^2 = \Delta^2(\hat{a}, \hat{b})$ による誤差の分散 σ^2 の推定量

$$\hat{\sigma}^2 = \frac{1}{n-2}\Delta_0^2$$

は不偏推定量である．この推定量は「残差平方和を求めるとき，2個の推定量 $\hat{a}, \hat{b}$ にデータを使っているので，$n-2$ で割る」として覚えるとよい．

証明 観測誤差は予測誤差と残差の直和である，すなわち，

$$\begin{aligned} &\text{観測誤差} & &\text{予測誤差} & &\text{残差} \\ \varepsilon_i = &\ Y_i - (a + bx_i) = & &\{\hat{Y}_i - (a + bx_i)\} & + &(Y_i - \hat{Y}_i) \\ & & = &\{(\hat{a} - a) + (\hat{b} - b)x_i\} & + &\ e_i \end{aligned}$$

であることが示される．$\bar{e}=0,\ s_{ex}=0$ より，

$$\sum_{i=1}^{n} e_i\{\hat{Y}_i-(a+bx_i)\}=\sum_{i=1}^{n} e_i\{(\hat{a}-a)+(\hat{b}-b)x_i\}$$
$$=(\hat{a}-a)\sum_{i=1}^{n} e_i+(\hat{b}-b)\sum_{i=1}^{n} e_i x_i$$
$$=(\hat{b}-b)s_{ex}=0$$

であるから，予測誤差と残差は直交している．ゆえに，

観測誤差の自乗和　　予測誤差の自乗和　　残差の自乗和

$$\sum_{i=1}^{n}\varepsilon_i^2 \quad = \quad \sum_{i=1}^{n}\{\hat{Y}_i-(a+bx_i)\}^2 \quad + \quad \sum_{i=1}^{n} e_i^2$$

$[\varDelta^2]$　　$[D^2$(とおく)$]$　　$[\varDelta_0^2]$

が成り立つ．ところが，観測誤差の自乗和の平均は

$$E(\varDelta^2)=E\left\{\sum_{i=1}^{n}\varepsilon^2\right\}=\sum_{i=1}^{n}E(\varepsilon^2)=n\sigma^2$$

であり，定理 11.2 から予測誤差の自乗和の平均は

$$E(D^2)=E\left\{\sum_{i=1}^{n}\{\hat{Y}_i-(a+bx_i)\}^2\right\}$$
$$=\sum_{i=1}^{n}V(\hat{Y}_i)=\frac{\sigma^2}{n}\sum_{i=1}^{n}\left\{1+\left(\frac{x_i-\bar{x}}{s_x}\right)^2\right\}=2\sigma^2$$

であるから，

$$E(\varDelta_0^2)=E\left\{\sum_{i=1}^{n}e_i^2\right\}=E(\varDelta^2)-E(D^2)=n\sigma^2-2\sigma^2=(n-2)\sigma^2$$

が成り立ち，$\hat{\sigma}^2$ が σ^2 の不偏推定量であることが示された．□

データ (表 11.1) では，残差平方和と誤差分散の推定値は

$$\varDelta_0^2=1164.216,\qquad \hat{\sigma}^2=\frac{\varDelta_0^2}{38}=30.6373,\qquad \hat{\sigma}=5.5351.$$

正規誤差の場合： $\boldsymbol{\varepsilon\sim N(0,\sigma^2)}$

誤差が正規分布に従う：$\varepsilon\sim N(0,\sigma^2)$ とき，独立変数 x に対する観測 Y は正規分布に従う：$Y\sim N(a+bx,\sigma^2)$．よって，$\varepsilon_1,\cdots,\varepsilon_n$ は誤差 ε と同じ正規分布に従う独立な確率変数 $\varepsilon_i\sim N(0,\sigma^2)$ であり，独立変数 $x_1,\cdots,x_n$ に対応する観測 $Y_1,\cdots,Y_n$ は独立な正規確率変数 $Y_i\sim N(a+bx_i,\sigma^2)$

である．そのとき，$\bar{Y}, S_{xY}$ は，観測 $Y_1, \cdots, Y_n$ の線形関数であるから，正規分布に従い，共分散が 0 であることから独立である：

$$\bar{Y} \sim N\left(a + b\bar{x}, \frac{\sigma^2}{n}\right), \qquad S_{xY} \sim N\left(bs_x^2, \frac{\sigma^2 s_x^2}{n}\right), \qquad \text{独立.}$$

定理 11.4　最小自乗推定量は線形推定量であるから，次の結果を得る．

（1） 係数の最小自乗推定量 $\hat{a}, \hat{b}$ は次の 2 次元正規分布に従う：

$$\begin{pmatrix} \hat{a} \\ \hat{b} \end{pmatrix} \sim N_2\left[\begin{pmatrix} a \\ b \end{pmatrix}, \begin{pmatrix} \dfrac{\sigma^2}{n}\left\{1 + \dfrac{\bar{x}^2}{s_x^2}\right\} & -\dfrac{\sigma^2 \bar{x}}{ns_x^2} \\ -\dfrac{\sigma^2 \bar{x}}{ns_x^2} & \dfrac{\sigma^2}{ns_x^2} \end{pmatrix}\right].$$

（2） 推定回帰直線 $\hat{Y} = \hat{a} + \hat{b}x$ は次の正規分布に従う：

$$\hat{Y} \sim N\left[a + bx, \frac{\sigma^2}{n}\left\{1 + \left(\frac{x - \bar{x}}{s_x}\right)^2\right\}\right].$$

（3） 残差平方和 Δ_0^2 は最小自乗推定量と独立で，自由度 $n-2$ のカイ自乗分布に従う：$\dfrac{\Delta_0^2}{\sigma^2} \sim \chi_{n-2}^2$.

証明　最小自乗推定量は正規観測の線形推定量であるから，正規分布に従うので，(1), (2) は明らかである．

（3） 予測誤差は $\hat{Y} - (a + bx) = (\bar{Y} - a - b\bar{x}) + (\hat{b} - b)(x - \bar{x})$ より，予測誤差の自乗和は

$$D^2 = n(\bar{Y} - a - b\bar{x})^2 + n\frac{(S_{xY} - bs_x^2)^2}{s_x^2} \sim \sigma^2 \chi_2^2$$

となることから，自由度 2 のカイ自乗分布に従い，残差平方和と独立である．したがって，

$$\chi_n^2 = \frac{\Delta^2}{\sigma^2} = \frac{\Delta_0^2}{\sigma^2} + \frac{D^2}{\sigma^2} = \frac{\Delta_0^2}{\sigma^2} + \chi_2^2$$

より，$\dfrac{\Delta_0^2}{\sigma^2} \sim \chi_{n-2}^2$ が示される．　□

このことから次の定理が直ちに得られる．

定理 11.5 誤差分散の推定量 $\hat{\sigma}^2 = \dfrac{1}{n-2}\varDelta_0^2$ を使って行う最小自乗推定量の t-変換は次のようになる.

（1） 回帰係数の最小自乗推定量の t-変換 T_a, T_b は自由度 $n-2$ のティー分布に従う：

$$T_a = \frac{\sqrt{n}(\hat{a}-a)}{\hat{\sigma}\sqrt{1+\left(\dfrac{\bar{x}}{s_x}\right)^2}} \sim t_{n-2}, \qquad T_b = \frac{\sqrt{n}(\hat{b}-b)}{\dfrac{\hat{\sigma}}{s_x}} \sim t_{n-2}.$$

したがって，回帰係数の $1-\alpha$ 信頼区間 I_a, I_b は

$$I_a = \hat{a} \pm t^*_{n-2,\alpha}\frac{\hat{\sigma}}{\sqrt{n}}\sqrt{1+\left(\frac{\bar{x}}{s_x}\right)^2}, \qquad I_b = \hat{b} \pm t^*_{n-2,\alpha}\frac{\hat{\sigma}}{\sqrt{n}s_x}.$$

（2） 回帰直線の最小自乗推定量 $\hat{Y}$ の t-変換 T_y は自由度 $n-2$ のティー分布に従う：

$$T_y = \frac{\sqrt{n}(\hat{Y}-a-bx)}{\hat{\sigma}\sqrt{1+\left(\dfrac{x-\bar{x}}{s_x}\right)^2}} \sim t_{n-2}.$$

したがって，回帰直線の $1-\alpha$ 信頼区間 I_y は

$$I_y = \hat{y} \pm t^*_{n-2,\alpha}\frac{\hat{\sigma}}{\sqrt{n}}\sqrt{1+\left(\frac{x-\bar{x}}{s_x}\right)^2}.$$

データ (表 11.1) では

$$n=40,\quad \sqrt{n}=6.32456,\quad t^*_{38,0.05}=2.025,\quad \bar{x}=165.3250,$$
$$s_x=5.6866,\quad \hat{a}=89.2766,\quad \hat{b}=0.4984,\quad \hat{\sigma}=5.5351$$

であるから，回帰係数の 95 % 信頼区間は

$$I_a = 89.2766 \pm 51.5541, \qquad I_b = 0.4984 \pm 0.31165$$

であり，回帰直線の 95 % 信頼区間は

$$I_y = 89.2766 + 0.4984x \pm 1.77223\sqrt{1+\left(\frac{x-165.3250}{5.6866}\right)^2}$$

である. したがって，上部信頼限界を y^+，下部信頼限界を y^- で表して，

$$y^{\pm} = 89.2766 + 0.4984x \pm 1.77223\sqrt{1+\left(\frac{x-165.3250}{5.6866}\right)^2} \qquad (\text{複号同順})$$

を x の関数とみなすとき，これらは，散布図の中の推定回帰直線 $\hat{y}=\hat{a}+\hat{b}x$ を挟む上部と下部のガードレール状の双曲線である（図 11.1 参照）．

また，回帰係数 a についての仮説として $H_0：a=0$, $H_1：a\neq 0$ を考えるとき，H_0 の下でのティー値は $T_a=3.507$ であり，同様に，回帰係数 b についての仮説として $H_0：b=0$，$H_1：b\neq 0$ を考えるとき，H_0 の下でのティー値は $T_b=3.238$ であるから，推定回帰直線の係数の下に（　）でそれらのティー値の絶対値を表示することがある：

$$\begin{array}{ccccc}\hat{y} = & 89.2766 & + & 0.4984 & x \\ & (3.507) & & (3.238) & \end{array}$$

この場合は係数の推定値が棄却域に入り，どの係数も有意に 0 より大きいので 0 とみなすことはできない．

演習問題 11

11.1 次のデータは 10 人の大学生の身長 x (cm) と体重 y (kg) を測定したものである．身長 x から体重 y を予測するための最小自乗法による回帰直線を求めよ．また，正規誤差を仮定して，次の問に答えよ．

（1） 身長が 5 (cm) 増加すると体重はどれだけ増加するか．

（2） 回帰係数の 95 % 信頼区間を求めよ．

（3） 回帰直線の 95 % 信頼限界を求め図示せよ．中心から離れると信頼区間幅が大きくなることを示せ．

大学生	1	2	3	4	5	6	7	8	9	10
x (cm)	167	168	168	183	170	165	163	173	177	170
y (kg)	59	58	65	76	62	53	59	70	62	62

11.2 前問において，y_i の回帰値 $\hat{y}_i$ と残差 $e_i=y_i-\hat{y}_i$ を計算せよ．さらに，残差の 2σ 限界を求め，残差プロット (i, e_i), $i=1,\cdots,10$ をえがけ．

11.3 確率変数 $Y_1, Y_2, \cdots, Y_n$ は独立で，各 Y_i の平均と分散が

$$E(Y_i) = a + bx_i, \qquad V(Y_i) = \sigma^2, \qquad i = 1, \cdots, n$$

である直線回帰モデルを考える．

（1） 切片項 a の最小自乗推定量 $\hat{a}$ は a の不偏推定量であることを示せ．さらにその分散を求めよ．

（2） 制約条件 $b = 0$ の下での a の制限最小自乗推定量 $\hat{\hat{a}}$ を求めよ．その制約条件の下で，$\hat{\hat{a}}$ が a の不偏推定量であることを示せ．さらに，その分散を求め，$\hat{a}$ の分散と比較せよ．

（3） 制約条件 $a = 0$ の下での b の制限最小自乗推定量 $\hat{\hat{b}}$ を求めよ．その制約条件の下で，$\hat{\hat{b}}$ が b の不偏推定量であることを示せ．さらに，その分散を求め，$\hat{b}$ の分散と比較せよ．

注意 制約条件下での最小自乗推定量を**制限最小自乗推定量**という（**12.5** 参照）．

11.4 直線回帰において，説明変数 x と予測値 $\hat{y}$ の標本相関係数は

$$r_{x\hat{y}} = \frac{s_{x\hat{y}}}{s_x s_{\hat{y}}} = \mathrm{sgn}(r_{xy}) = \begin{cases} 1 & (r_{xy} > 0 \text{ のとき}), \\ 0 & (r_{xy} = 0 \text{ のとき}), \\ -1 & (r_{xy} < 0 \text{ のとき}) \end{cases}$$

であることを示せ．ここで，$\mathrm{sgn}(r)$ は r の符号関数である．

11.5 下の表のデータに最小自乗法で曲線： $y = a\,e^{bx}$ をあてはめ，次の問に答えよ．

（1） 指数関数 $y = a\,e^{bx}$ の対数をとり，$Y = \log y$, $\alpha = \log a$, $\beta = b$ とおいて線形化した式 $Y = \alpha + \beta x$ に最小自乗法を適用し，係数の最小自乗推定値 $\hat{\alpha}, \hat{\beta}$ を求め，関数関係により $\hat{a} = e^{\hat{\alpha}}$, $\hat{b} = \hat{\beta}$ を計算せよ．

（2） 指数関数のまま最小自乗法を適用して係数の推定値 $\hat{\hat{a}}, \hat{\hat{b}}$ を求めよ．ただし，(1) で求めた推定値 $\hat{a}, \hat{b}$ を初期値としてニュートン法を使え．

（3） データ点と (1),(2) で求めた回帰曲線を同じグラフ上に図示せよ．また，残差プロットにより，それぞれの回帰曲線について残差の面から論じよ．

x	−2.1	−1.3	−0.4	0.1	0.6	1.2	1.6	1.9
y	0.5	0.7	1.0	1.5	3.2	4.6	5.0	6.8

11.6 確率変数 $Y_1, Y_2, \cdots, Y_n$ は独立で，各 Y_i の平均と分散が

$$E(Y_i) = a + bx_i, \qquad V(Y_i) = \sigma_i^2 = \frac{\sigma^2}{w_i}, \qquad i = 1, \cdots, n$$

とする．ここで，各 Y_i の分散は共通でないけれども，各重み $w_i\,(>0)$ は与えられた定数である（σ^2 は未知）とする．そのとき，重み付き誤差平方和：

$$\varDelta_w^2 = \sum_{i=1}^{n} w_i(Y_i - a - bx_i)^2$$

を最小にするような a, b の値を母数の推定量にする方法を**重み付き最小自乗法**（method of weighted least squares）という．重み付き最小自乗法の正規方程式を求め，その解として回帰係数の重み付き最小自乗推定量 $\hat{a}_w, \hat{b}_w$ を求めよ．

11.7 前問において，重み付き最小自乗推定量 $\hat{a}_w, \hat{b}_w$ のそれぞれの平均と分散を求めよ．また，回帰推定量 $\hat{Y}_w = \hat{a}_w + \hat{b}_w x$ の平均と分散を求めよ．

11.8 コロラド州のある山丘地帯における樹木の年輪（y）を樹木の周径（x inch）の線形関数によって推測したい．南斜面から 24 本，北斜面から 25 本の樹木を無作為に選んで次表のようなデータを得た．

南斜面					
番号	年輪	周径	番号	年輪	周径
1	93	33.00	14	51	9.20
2	164	51.50	15	56	15.40
3	138	43.10	16	61	6.75
4	125	23.25	17	115	11.40
5	129	24.50	18	70	24.75
6	65	18.75	19	44	8.25
7	193	43.50	20	44	9.80
8	68	12.00	21	63	14.30
9	139	31.75	22	133	31.50
10	81	20.40	23	239	41.50
11	73	16.00	24	133	24.50
12	130	25.50			
13	147	44.00			

北斜面					
番号	年輪	周径	番号	年輪	周径
1	35	20.00	14	55	13.00
2	30	25.00	15	105	39.25
3	42	35.00	16	66	24.40
4	30	17.50	17	70	29.80
5	21	18.00	18	56	26.25
6	79	30.25	19	38	10.90
7	60	28.50	20	43	22.50
8	63	19.50	21	47	33.25
9	53	28.00	22	157	65.25
10	131	52.00	23	100	51.50
11	155	61.50	24	22	15.60
12	34	23.75	25	105	52.00
13	58	23.75			

（1） 南斜面のデータにおいて，樹木の年輪を周径に直線回帰せよ．

（2） 北斜面のデータにおいて，樹木の年輪を周径に直線回帰せよ．

（3） これらの回帰分析から，南北斜面の効果について述べよ．

11.9 正の整数 n に対して，区間 $[0,1]$ の n 等分点を

$$x_i = \frac{i}{n}, \quad i = 0, \cdots, n, \quad ただし \quad x_0 = 0,\ x_n = 1$$

とする．2 つの連続な関数 $f(x), g(x)$ に対して，$g(x)$ を $a + bf(x)$ によりこの n 等分点上で近似したときの残差平方和を

$$\varDelta_n^2(a, b) = \frac{1}{n}\sum_{i=1}^{n}\left\{g\left(\frac{i}{n}\right) - a - bf\left(\frac{i}{n}\right)\right\}^2$$

とおく．そのとき，次の問に答えよ．

（1） a, b の最小自乗推定値を $\hat{\alpha}_n, \hat{\beta}_n$ とし，最小自乗誤差を $\varDelta_{0n}^2$ とするとき，それらを求めよ．

（2） $n \to \infty$ のとき，$\hat{\alpha}_n, \hat{\beta}_n, \varDelta_{0n}^2$ の極限をそれぞれ $\alpha, \beta, \varDelta_0^2$ とする．これらを求めよ．

（3） $f(x) = x,\ g(x) = 2x^2$ ととるとき，$\alpha, \beta, \varDelta_0^2$ の値を求めよ．

§12. 多重線形回帰分析

12.1 多重線形回帰問題

前節では父親の身長によって息子の身長を説明したが，母親の身長も説明要因として考慮した方がよいであろう．高等学校の成績は英語・数学・国語・理科・社会などの成績で説明するし，天気予報は気温・湿度・気圧・雲量などのように説明要因はまだまだ増えるであろう．前節のように説明変数が1つのとき直線回帰または**単回帰** (simple regression) というのに対して，ここで論じるように説明変数が多数あるとき，**多重線形回帰** (multiple linear regression) または**重回帰**という．

被説明変数 Y を，k 個の要因 $x_1, \cdots, x_k$ の線形関数 $\theta_0+\theta_1 x_1+\cdots+\theta_k x_k$ で説明する回帰部分と説明できない誤差部分 ε の和として考える：

$$Y=\theta_0+\theta_1 x_1+\cdots+\theta_k x_k+\varepsilon.$$

上の式の関数関係から，従属変数 Y を**応答変数** (response variable) といい，独立変数 $x_1, \cdots, x_k$ を**共変量** (covariate) ということもある．誤差 ε はその平均と分散が $E(\varepsilon)=0$, $V(\varepsilon)=\sigma^2$ の確率変数であり，したがって Y も次のような平均と分散をもつ確率変数である：

$$E(Y)=\mu=\theta_0+\theta_1 x_1+\cdots+\theta_k x_k, \qquad V(Y)=\sigma^2.$$

線形システムにおいては，下図のように，**入力** (input) を $x_1, \cdots, x_k$ とす

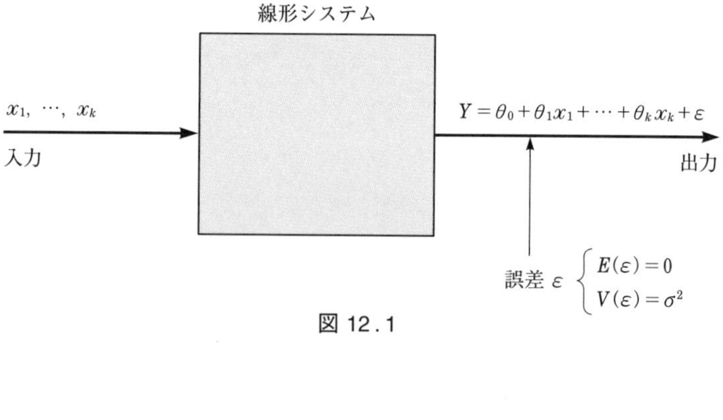

図 12.1

るとき，**出力** (output) の観測 Y が誤差 ε を伴って得られる．そのとき，n 回の独立な実験を行い，得られた観測値によって回帰係数 $\theta_0, \theta_1, \cdots, \theta_k$ と誤差分散 σ^2 を推定し，線形システムの同定をすることになる．

いま，i 番目の入力実験値 $x_{i1}, \cdots, x_{ik}$ に対して観測 Y_i を得るとき，

$$Y_i = \theta_0 + \theta_1 x_{i1} + \cdots + \theta_k x_{ik} + \varepsilon_i, \qquad i = 1, \cdots, n$$

なる関係式が成り立つ．

ここで，誤差 $\varepsilon_1, \cdots, \varepsilon_n$ は $E(\varepsilon_i) = 0$, $V(\varepsilon_i) = \sigma^2$ の独立な同一分布に従う確率変数であり，観測 $Y_1, \cdots, Y_n$ は

$$E(Y_i) = \mu_i = \theta_0 + \theta_1 x_{i1} + \cdots + \theta_k x_{ik}, \qquad V(Y_i) = \sigma^2, \qquad i = 1, \cdots, n$$

なる独立な確率変数である．

n 組のデータは次表のようになる．ただし，$n > k+1$ とする．

データ

標本番号	説明変数			観測値
1	x_{11}	$\cdots$	x_{1k}	y_1
2	x_{21}	$\cdots$	x_{2k}	y_2
$\vdots$	$\vdots$		$\vdots$	$\vdots$
n	x_{n1}	$\cdots$	x_{nk}	y_n

観測ベクトル $\boldsymbol{Y}$，その平均値ベクトル $\boldsymbol{\mu}$，観測値ベクトル $\boldsymbol{y}$，誤差ベクトル $\boldsymbol{\varepsilon}$ をそれぞれ次のようにおく：

$$\boldsymbol{Y} = \begin{pmatrix} Y_1 \\ \vdots \\ Y_n \end{pmatrix}, \quad \boldsymbol{\mu} = \begin{pmatrix} \mu_1 \\ \vdots \\ \mu_n \end{pmatrix}, \quad \boldsymbol{y} = \begin{pmatrix} y_1 \\ \vdots \\ y_n \end{pmatrix}, \quad \boldsymbol{\varepsilon} = \begin{pmatrix} \varepsilon_1 \\ \vdots \\ \varepsilon_n \end{pmatrix}.$$

また，説明行列を $\boldsymbol{X}$ とし，説明変数の縦ベクトルと横ベクトルを

$$\boldsymbol{X} = \begin{pmatrix} x_{11} & \cdots & x_{1k} \\ \vdots & & \vdots \\ x_{n1} & \cdots & x_{nk} \end{pmatrix}, \quad \boldsymbol{x}_{\cdot j} = \begin{pmatrix} x_{1j} \\ \vdots \\ x_{nj} \end{pmatrix}, \quad \begin{array}{l} \boldsymbol{x} = (x_1, \cdots, x_k), \\ \boldsymbol{x}_{i\cdot} = (x_{i1}, \cdots, x_{ik}) \end{array}$$

とおく．観測値 y の標本平均を $\bar{y}$ とし，説明変数 x_j の標本平均を $\bar{x}_j$，その横ベクトルを $\bar{\boldsymbol{x}}$ とする：

$$\bar{y}=\frac{1}{n}\sum_{i=1}^{n}y_i,\qquad \bar{x}_j=\frac{1}{n}\sum_{i=1}^{n}x_{ij},\qquad \bar{\boldsymbol{x}}=(\bar{x}_1,\cdots,\bar{x}_k).$$

説明変数 x_j, x_l の標本共分散を s_{jl} とし，標本共分散行列を $\boldsymbol{S}_{xx}$ とする：

$$s_{jl}=\frac{1}{n}\sum_{i=1}^{n}(x_{ij}-\bar{x}_j)(x_{il}-\bar{x}_l),\quad j,l=1,\cdots,k\qquad \boldsymbol{S}_{xx}=\begin{pmatrix} s_{11} & \cdots & s_{1k}\\ \vdots & & \vdots\\ s_{k1} & \cdots & s_{kk}\end{pmatrix}.$$

説明変数 x_j と観測値 y の標本共分散を s_{j0}，そのベクトルを $\boldsymbol{S}_{xy}$ とする：

$$s_{j0}=\frac{1}{n}\sum_{i=1}^{n}(x_{ij}-\bar{x}_j)(y_i-\bar{y}),\quad j=1,\cdots,k\qquad \boldsymbol{S}_{xy}=\begin{pmatrix} s_{10}\\ \vdots\\ s_{k0}\end{pmatrix}.$$

12.2 最小自乗法と最小自乗推定量

定数項 (切片項) θ_0 以外の回帰係数ベクトル $\boldsymbol{\theta}$ と n 次1ベクトル $\mathbf{1}$，n 次ゼロベクトル $\mathbf{0}$，n 次単位行列 $\boldsymbol{I}$ を次のように表す：

$$\boldsymbol{\theta}=\begin{pmatrix}\theta_1\\ \vdots\\ \theta_k\end{pmatrix},\quad \mathbf{1}=\begin{pmatrix}1\\ \vdots\\ 1\end{pmatrix},\quad \mathbf{0}=\begin{pmatrix}0\\ \vdots\\ 0\end{pmatrix},\quad \boldsymbol{I}=\begin{pmatrix}1 & & \text{\Large 0}\\ & \ddots & \\ \text{\Large 0} & & 1\end{pmatrix}.$$

そのとき，線形回帰式をベクトルと行列で表現すれば

$$\boldsymbol{Y}=\mathbf{1}\theta_0+\boldsymbol{X\theta}+\boldsymbol{\varepsilon}$$

となり，$\boldsymbol{\varepsilon}$ と $\boldsymbol{Y}$ の平均ベクトルと共分散行列は次のようになる：

$$E(\boldsymbol{\varepsilon})=\mathbf{0},\qquad V(\boldsymbol{\varepsilon})=\sigma^2\boldsymbol{I},$$

$$E(\boldsymbol{Y})=\boldsymbol{\mu}=\mathbf{1}\theta_0+\boldsymbol{X\theta},\qquad V(\boldsymbol{Y})=\sigma^2\boldsymbol{I}.$$

次に，観測値ベクトル $\boldsymbol{y}$，説明変数縦ベクトル $\boldsymbol{x}_{\cdot j}$ の中心化：

$$\boldsymbol{y}^*=\boldsymbol{y}-\bar{y}\mathbf{1}=\begin{pmatrix}y_1-\bar{y}\\ \vdots\\ y_n-\bar{y}\end{pmatrix},\qquad \boldsymbol{x}^*_{\cdot j}=\boldsymbol{x}_{\cdot j}-\bar{x}_j\mathbf{1}=\begin{pmatrix}x_{1j}-\bar{x}_j\\ \vdots\\ x_{nj}-\bar{x}_j\end{pmatrix}$$

と説明行列 $\boldsymbol{X}$ の中心化 $\boldsymbol{X}^*=(\boldsymbol{x}^*_{\cdot 1},\cdots,\boldsymbol{x}^*_{\cdot k})$ により ${}^t\boldsymbol{X}^*\mathbf{1}=\mathbf{0}$ であるから，

$$\begin{aligned}\Delta^2(\theta_0, \boldsymbol{\theta}) &= \|\boldsymbol{\varepsilon}\|^2 = \|\boldsymbol{y} - \mathbf{1}\theta_0 - \boldsymbol{X\theta}\|^2 \\ &= \|(\boldsymbol{y}^* - \boldsymbol{X}^*\boldsymbol{\theta}) - \mathbf{1}(\theta_0 - \bar{y} + \bar{\boldsymbol{x}}\boldsymbol{\theta})\|^2 \\ &= \|\boldsymbol{y}^* - \boldsymbol{X}^*\boldsymbol{\theta}\|^2 + n(\theta_0 - \bar{y} + \bar{\boldsymbol{x}}\boldsymbol{\theta})^2.\end{aligned}$$

ゆえに，$\theta_0, \boldsymbol{\theta}$ の最小自乗解は，まず中心化回帰モデルの誤差の自乗和

$$\Delta_0^2(\boldsymbol{\theta}) \equiv \|\boldsymbol{y}^* - \boldsymbol{X}^*\boldsymbol{\theta}\|^2 = \sum_{i=1}^{n}(y_i^* - x_{i1}^*\theta_1 - \cdots - x_{ik}^*\theta_k)^2$$

を最小にする最小自乗解として $\hat{\boldsymbol{\theta}}$ を求め，次に

$$\hat{\theta}_0 = \bar{y} - \bar{\boldsymbol{x}}\hat{\boldsymbol{\theta}}$$

として定数項の最小自乗解を求めることによって得ることができる．最大最小問題を極大極小問題として解くために $\Delta_0^2(\boldsymbol{\theta})$ を $\theta_1, \cdots, \theta_k$ で微分し最小自乗法の正規方程式を得る：

$$\begin{cases} \dfrac{\partial \Delta_0^2(\boldsymbol{\theta})}{\partial \theta_1} = -2\displaystyle\sum_{i=1}^{n}(y_i^* - x_{i1}^*\theta_1 - \cdots - x_{ik}^*\theta_k)x_{i1}^* = 0, \\ \qquad\vdots \\ \dfrac{\partial \Delta_0^2(\boldsymbol{\theta})}{\partial \theta_k} = -2\displaystyle\sum_{i=1}^{n}(y_i^* - x_{i1}^*\theta_1 - \cdots - x_{ik}^*\theta_k)x_{ik}^* = 0. \end{cases}$$

ゆえに，切片項を除いた $\boldsymbol{\theta}$ に関する正規方程式を得る：

$$\begin{cases} s_{11}\theta_1 + \cdots + s_{1k}\theta_k = s_{10}, \\ \qquad\vdots \\ s_{k1}\theta_1 + \cdots + s_{kk}\theta_k = s_{k0}, \end{cases} \quad \text{すなわち} \quad \boldsymbol{S}_{xx}\boldsymbol{\theta} = \boldsymbol{S}_{xy}.$$

ベクトルの内積は $\langle \boldsymbol{x}_{\cdot j}^*, \boldsymbol{x}_{\cdot l}^* \rangle = \sum_{i=1}^{n} x_{ij}^* x_{il}^* = ns_{jl}$ であるから，

$${}^t\boldsymbol{X}^*\boldsymbol{X}^* = n\boldsymbol{S}_{xx}, \qquad {}^t\boldsymbol{X}^*\boldsymbol{y}^* = n\boldsymbol{S}_{xy}$$

が成り立つ．${}^t\boldsymbol{X}^*\boldsymbol{X}^*$ を回帰分析の**情報行列**という．

以上により，直線回帰の場合と同様に，回帰係数の最小自乗解を求めることができる：

$$\begin{aligned}\hat{\boldsymbol{\theta}} &= {}^t(\hat{\theta}_1, \cdots, \hat{\theta}_k) = \boldsymbol{S}_{xx}^{-1}\boldsymbol{S}_{xy} = ({}^t\boldsymbol{X}^*\boldsymbol{X}^*)^{-1}\,{}^t\boldsymbol{X}^*\boldsymbol{y}^*, \\ \hat{\theta}_0 &= \bar{y} - \hat{\theta}_1\bar{x}_1 - \cdots - \hat{\theta}_k\bar{x}_k = \bar{y} - \bar{\boldsymbol{x}}\hat{\boldsymbol{\theta}}.\end{aligned}$$

y^* と y の予測量は，$\boldsymbol{x}^* = (x_1^*, \cdots, x_k^*) = \boldsymbol{x} - \bar{\boldsymbol{x}}$ として，

$$\hat{y}^* = \hat{\theta}_1 x_1^* + \cdots + \hat{\theta}_k x_k^* = \boldsymbol{x}^* \hat{\boldsymbol{\theta}},$$
$$\hat{y} = \hat{\theta}_0 + \hat{\theta}_1 x_1 + \cdots + \hat{\theta}_k x_k = \hat{\theta}_0 + \boldsymbol{x}\hat{\boldsymbol{\theta}} = \bar{y} + \boldsymbol{x}^* \hat{\boldsymbol{\theta}}$$

であり，残差は次のように中心化残差と一致する：

$$e = y - \hat{y} = y^* - \boldsymbol{x}^* \hat{\boldsymbol{\theta}} = y^* - \hat{y}^*.$$

定義 12.1　観測値 y と予測量 $\hat{y}$ の標本相関係数 $r_{y\hat{y}}$ を観測値と全ての説明変数 $x_1, \cdots, x_k$ との**重相関係数** (multiple correlation coefficient) といい，R または $r_{0(1\cdots k)}$ とかく：

$$R \equiv r_{0(1\cdots k)} = r_{y\hat{y}} = \frac{s_{y\hat{y}}}{s_y\, s_{\hat{y}}}.$$

それに対して，従来のような観測値 y と 1 つの説明変数 x_j との相関係数 r_{yx_j} を**単相関係数** (simple correlation coefficient) という．

定理 12.1　観測値 y，予測値 $\hat{y}$，残差 e は次のような性質をもつ．

（1） 予測値の標本平均 $\bar{\hat{y}}$ は観測値の標本平均 $\bar{y}$ に等しい： $\bar{\hat{y}} = \bar{y}$．したがって，残差の標本平均は $\bar{e} = 0$ である．

（2） 予測値と説明変数 x_j の標本共分散は観測値と説明変数 x_j の標本共分散に等しい： $s_{\hat{y}x_j} = s_{yx_j} = s_{j0}$．これより，残差と説明変数は直交し ($s_{ex_j} = 0$)，残差と予測値は直交している ($s_{e\hat{y}} = 0$)．

（3） 予測値の標本分散は観測値の標本分散より小さい： $s_{\hat{y}}^2 = R^2 s_y^2$．また，残差の標本分散は $s_e^2 = s_y^2(1 - R^2)$ である．

証明　(1) は明らかである．

（2） 説明変数 x_j と予測値 $\hat{y}$ の標本共分散は，正規方程式の第 j 式より，

$$s_{x_j\hat{y}} = \frac{1}{n}\sum_{i=1}^{n}(x_{ij} - \bar{x}_j)(\hat{y}_i - \bar{y}) = \frac{1}{n}\sum_{i=1}^{n} x_{ij}^*(\hat{\theta}_1 x_{i1}^* + \cdots + \hat{\theta}_k x_{ik}^*)$$
$$= s_{j1}\hat{\theta}_1 + \cdots + s_{jk}\hat{\theta}_k = s_{j0} = s_{x_j y}$$

となり，説明変数 x_j と観測値 y の標本共分散に等しい．

このことから，残差と説明変数の標本共分散は $s_{ex_j} = 0$ であり，また，残差と予測値の標本共分散は $s_{e\hat{y}} = 0$ であることが示される：

$$s_{x_je} = \frac{1}{n}\sum_{i=1}^{n} x_{ij}^* e_i = \frac{1}{n}\sum_{i=1}^{n} x_{ij}^*(y_i^* - \hat{y}^*) = s_{x_jy} - s_{x_j\hat{y}} = 0,$$

$$s_{\hat{y}e} = \frac{1}{n}\sum_{i=1}^{n} \hat{y}_i^* e_i = \frac{1}{n}\sum_{i=1}^{n}\{\hat{\theta}_1 x_{i1}^* + \cdots + \hat{\theta}_k x_{ik}^*\}e_i = 0.$$

(3) 観測値と予測値の標本共分散は予測値の分散に等しい：

$$s_{y\hat{y}} = \frac{1}{n}\sum_{i=1}^{n} y_i^* \hat{y}_i^* = \frac{1}{n}\sum_{i=1}^{n}(e_i + \hat{y}_i^*)\hat{y}_i^* = s_{e\hat{y}} + s_{\hat{y}}^2 = s_{\hat{y}}^2.$$

したがって，重相関係数 R の自乗は

$$R^2 = \frac{s_{y\hat{y}}^2}{s_y^2 s_{\hat{y}}^2} = \frac{(s_{\hat{y}}^2)^2}{s_y^2 s_{\hat{y}}^2} = \frac{s_{\hat{y}}^2}{s_y^2}, \qquad \text{すなわち} \quad s_{\hat{y}}^2 = R^2 s_y^2.$$

同様な計算から，残差の標本分散は

$$s_e^2 = \frac{1}{n}\sum_{i=1}^{n}(y_i^* - \hat{y}_i^*)^2 = s_y^2 - 2s_{y\hat{y}} + s_{\hat{y}}^2 = s_y^2 - s_{\hat{y}}^2 = s_y^2(1 - R^2)$$

が示される． □

観測値偏差 y_i^*，予測値偏差 $\hat{y}_i^*$，残差 e_i の自乗和をそれぞれ**総変動**，**回帰変動**，**残差変動**という．

総変動 =	回帰変動 +	残差変動
ns_y^2	$ns_{\hat{y}}^2 = ns_y^2 R^2$	$\varDelta_0^2 = ns_y^2(1 - R^2)$

総変動にしめる回帰変動の割合 $R^2 = \dfrac{s_{\hat{y}}^2}{s_y^2}$ を**決定係数** (determination coefficient) または**寄与率**という．$\varDelta_0^2 = (1 - R^2)ns_y^2$ より，決定係数 R^2 が 1 に近いならば残差変動 $\varDelta_0^2$ が 0 に近いということであるから，観測値は推定回帰線形関数からあまり離れていないことを意味し，線形予測量は説明関数として十分役に立つことになる．R^2 が 0 に近いときは，$\varDelta_0^2$ が ns_y^2 に近くなり，説明変数は観測に対してほとんど情報をもたないことになる．

12.3 回帰係数と偏相関係数

直線回帰問題においては回帰係数と相関係数の関係は $\hat{b} = r\dfrac{s_y}{s_x}$ として明確に示されているが，重回帰問題においてはどのようになっているであろ

うか．全データの標本共分散行列を $\boldsymbol{S}$ と表すことにする：

$$\boldsymbol{S}=\left(\begin{array}{c|ccc} s_{00} & s_{01} & \cdots & s_{0k} \\ \hline s_{10} & s_{11} & \cdots & s_{1k} \\ \vdots & \vdots & & \vdots \\ s_{k0} & s_{k1} & \cdots & s_{kk} \end{array}\right)=\left(\begin{array}{c|c} s_{00} & {}^t\boldsymbol{S}_{xy} \\ \hline \boldsymbol{S}_{xy} & \boldsymbol{S}_{xx} \end{array}\right).$$

ここで，$s_{00}=\dfrac{1}{n}\sum_{i=1}^{n}(y_i-\bar{y})^2$ は観測値 y の標本分散である．$\boldsymbol{S}$ の (j,l) 成分 s_{jl} の余因子は

$$\tilde{s}_{jl}=(-1)^{j+l}\begin{vmatrix} s_{00} & \cdots & (l) & \cdots & s_{0k} \\ \vdots & \vdots & & \vdots & \vdots \\ (j) & & & & (j) \\ \vdots & \vdots & & \vdots & \vdots \\ s_{k0} & \cdots & (l) & \cdots & s_{kk} \end{vmatrix},\qquad \begin{array}{l} j,l=0,1,\cdots,k \\ (j\text{ 行, } l\text{ 列を除く}) \end{array}$$

である．ただし，行列 $\boldsymbol{A}$ の行列式を $|\boldsymbol{A}|$ で表す．そのとき，余因子行列と逆行列は次のようになる： $s^{jl}=\dfrac{\tilde{s}_{lj}}{|\boldsymbol{S}|}$ として，

$$\tilde{\boldsymbol{S}}=\begin{pmatrix} \tilde{s}_{00} & \cdots & \tilde{s}_{0k} \\ \vdots & & \vdots \\ \tilde{s}_{k0} & \cdots & \tilde{s}_{kk} \end{pmatrix},\qquad \boldsymbol{S}^{-1}=\begin{pmatrix} s^{00} & \cdots & s^{0k} \\ \vdots & & \vdots \\ s^{k0} & \cdots & s^{kk} \end{pmatrix}=\frac{1}{|\boldsymbol{S}|}\,{}^t\tilde{\boldsymbol{S}}.$$

正規方程式： $\boldsymbol{S}_{xx}\boldsymbol{\theta}=\boldsymbol{S}_{xy}$ の解をクラメルの公式を使って求める：

$$\hat{\theta}_j=\frac{\overset{(j)}{\begin{vmatrix} s_{11} & \cdots & s_{10} & \cdots & s_{1k} \\ \vdots & & \vdots & & \vdots \\ s_{k1} & \cdots & s_{k0} & \cdots & s_{kk} \end{vmatrix}}}{\begin{vmatrix} s_{11} & \cdots & s_{1k} \\ \vdots & & \vdots \\ s_{k1} & \cdots & s_{kk} \end{vmatrix}}=-\frac{\tilde{s}_{0j}}{\tilde{s}_{00}}=-\frac{\dfrac{\tilde{s}_{0j}}{|\boldsymbol{S}|}}{\dfrac{\tilde{s}_{00}}{|\boldsymbol{S}|}}=-\frac{s^{0j}}{s^{00}}.$$

観測値と予測値の標本共分散は予測値の標本分散に等しいが，それは余因子による行列式の展開：$|\boldsymbol{S}|=\sum_{j=0}^{k}s_{0j}\tilde{s}_{0j}$ を使って，

$$s_{\hat{y}}^2 = s_{y\hat{y}} = \frac{1}{n}\sum_{i=1}^{n}(y_i - \bar{y})(\hat{y}_i - \bar{y})$$

$$= \frac{1}{n}\sum_{i=1}^{n}(y_i - \bar{y})\left\{\sum_{j=1}^{k}\hat{\theta}_j(x_{ij} - \bar{x}_j)\right\} = \sum_{j=1}^{k}\hat{\theta}_j s_{j0}$$

$$= -\frac{1}{\tilde{s}_{00}}\sum_{j=1}^{k}s_{0j}\tilde{s}_{0j} = -\frac{1}{\tilde{s}_{00}}(|\boldsymbol{S}| - s_{00}\tilde{s}_{00}) = s_{00} - \frac{1}{s^{00}}.$$

そのとき，決定係数と残差の標本分散は次のようになる：

$$R^2 = \frac{s_{\hat{y}}^2}{s_y^2} = 1 - \frac{1}{s_{00}s^{00}},$$

$$s_e^2 = s_{00}(1 - R^2) = \frac{1}{s^{00}}.$$

次に，観測値 y を $k-1$ 個の説明変数 $x_2, \cdots, x_k$ に回帰したものを $\hat{\hat{y}}$ とし，その残差を e_0 とする．また，説明変数 x_1 を $x_2, \cdots, x_k$ に回帰したものを $\hat{\hat{x}}_1$ とし，その残差を e_1 とする：

$$\hat{\hat{y}}^* = \hat{\hat{\theta}}_2 x_2^* + \cdots + \hat{\hat{\theta}}_k x_k^*, \qquad e_0 = y^* - \hat{\hat{y}}^*,$$

$$\hat{\hat{x}}_1^* = \hat{\hat{\alpha}}_2 x_2^* + \cdots + \hat{\hat{\alpha}}_k x_k^*, \qquad e_1 = x_1^* - \hat{\hat{x}}_1^*.$$

観測値 y と説明変数 x_1 から $x_2, \cdots, x_k$ の影響を取り除いたときのそれぞれの残差 e_0, e_1 の標本相関係数のことを，$x_2, \cdots, x_k$ を与えたときの y, x_1 の**偏相関係数** (partial correlation coefficient) といい，$r_{01\cdot(2\cdots k)}$ で表す．ここでは単に r_1^* とかくことにする：

$$r_1^* = r_{01\cdot(2\cdots k)} = Corr(e_0, e_1) = \frac{s_{e_0e_1}}{s_{e_0}s_{e_1}}.$$

行列 $\boldsymbol{S}$ から x_1 に関係する行と列を削除した行列の成分 $s_{jl}\,(j, l \neq 1)$ の余因子を $\tilde{\tilde{s}}_{jl}$ とおき，余因子行列と逆行列の関係から残差分散の表現を使えば，

$$s_{e_0}^2 = \frac{1}{n}\sum_{i=1}^{n}e_{i0}^2 = \frac{\tilde{s}_{11}}{\tilde{\tilde{s}}_{00}}, \qquad s_{e_1}^2 = \frac{1}{n}\sum_{i=1}^{n}e_{i1}^2 = \frac{\tilde{s}_{00}}{\tilde{\tilde{s}}_{00}}$$

が成り立つ．また，

$$e_0 = (y^* - \hat{y}^*) + (\hat{y}^* - \hat{\hat{y}}^*) = e + \left\{\hat{\theta}_1 x_1^* + \sum_{j=2}^{k}(\hat{\theta}_j - \hat{\hat{\theta}}_j)x_j^*\right\}$$

$$= e + \hat{\theta}_1\left\{e_1 + \sum_{j=2}^{k}\hat{\hat{\alpha}}_j x_j^*\right\} + \sum_{j=2}^{k}(\hat{\theta}_j - \hat{\hat{\theta}}_j)x_j^*$$

であり，e_1 は $x_2, \cdots, x_k$ や e と直交しているので，$s_{e_0e_1} = \hat{\theta}_1 s_{e_1}^2$．ゆえに，$x_2, \cdots, x_k$ を与えたときの y, x_1 の標本偏相関係数は

$$r_1^* = \frac{s_{e_0e_1}}{s_{e_0}s_{e_1}} = \hat{\theta}_1 \frac{s_{e_1}}{s_{e_0}} = \hat{\theta}_1 \sqrt{\frac{\tilde{s}_{00}}{\tilde{s}_{11}}} = \hat{\theta}_1 \sqrt{\frac{s^{00}}{s^{11}}}$$
$$= \left(-\frac{s^{10}}{s^{00}}\right)\sqrt{\frac{s^{00}}{s^{11}}} = -\frac{s^{01}}{\sqrt{s^{00}s^{11}}}.$$

定理 12.2　一般に，説明変数 $x_1, \cdots, x_k$ の中で x_h に着目し，それ以外の説明変数の影響を取り除いたときの y と x_h の偏相関係数を r_h^* とするとき，回帰係数と偏相関係数との関係は次のようになる：

$$r_h^* = r_{0h\cdot(1\cdots\check{h}\cdots k)} = -\frac{s^{0h}}{\sqrt{s^{00}s^{hh}}}, \qquad \hat{\theta}_h = r_h^* \frac{\sqrt{s^{hh}}}{\sqrt{s^{00}}}.$$

ただし，$\check{h}$ は h を除くことを意味する．

例題 12.1　ある中学校の男子生徒 40 人の身長 x_1 (cm)，胸囲 x_2 (cm)，体重 y (kg) の計測値より，データの標本平均値 $\bar{x}_1, \bar{x}_2, \bar{y}$ と共分散行列 $\boldsymbol{S}$ を得た．これより y の x_1, x_2 への回帰式，重相関係数 $r_{0(12)}$，偏相関係数 $r_{01\cdot(2)}, r_{02\cdot(1)}$ を求めよ．

$$\bar{\boldsymbol{x}} = (\bar{x}_1, \bar{x}_2) = (151.555, 71.355), \qquad \bar{y} = 41.800,$$

$$\boldsymbol{S} = \begin{pmatrix} s_{00} & s_{01} & s_{02} \\ s_{10} & s_{11} & s_{12} \\ s_{20} & s_{21} & s_{22} \end{pmatrix} = \begin{pmatrix} 54.535 & 55.326 & 32.147 \\ 55.326 & 76.852 & 26.940 \\ 32.147 & 26.940 & 23.580 \end{pmatrix}.$$

解　$\boldsymbol{S}$ の逆行列は次のようになる：

$$\boldsymbol{S}^{-1} = \begin{pmatrix} s^{00} & s^{01} & s^{02} \\ s^{10} & s^{11} & s^{12} \\ s^{20} & s^{21} & s^{22} \end{pmatrix} = \begin{pmatrix} 0.3124 & -0.12611 & -0.2818 \\ -0.1261 & 0.0726 & 0.0890 \\ -0.2818 & 0.0890 & 0.3250 \end{pmatrix}$$

回帰係数は $\hat{\theta}_j = -\dfrac{s^{0j}}{s^{00}}$, $j = 1, 2$ であるから，

$$\hat{\theta}_1 = -\frac{-0.1261}{0.3124} = 0.4037, \qquad \hat{\theta}_2 = -\frac{-0.2818}{0.3124} = 0.9021.$$

したがって，切片項については次のようになる：

$$\hat{\theta}_0 = \bar{y} - \sum_{j=1}^{k} \hat{\theta}_j \bar{x}_j = \bar{y} + \sum_{j=1}^{k}\left(\frac{s^{0j}}{s^{00}}\right)\bar{x}_j = -83.750.$$

ゆえに，求める回帰式は

$$\hat{y} = -83.750 + 0.4037x_1 + 0.9021x_2.$$

したがって，残差 e と予測値 $\hat{y}$ の分散は

$$s_e^2 = \frac{1}{s^{00}} = 3.201, \qquad s_{\hat{y}}^2 = s_{00} - \frac{1}{s^{00}} = 51.334.$$

重相関係数は観測とその予測量の相関係数として定義される：

$$r_{0(12)} = \frac{s_{y\hat{y}}}{s_y s_{\hat{y}}} = \frac{s_{\hat{y}}}{s_y} = \sqrt{\frac{51.334}{54.535}} = 0.9702.$$

体重と身長の単相関係数 r_{01}，体重と胸囲の単相関係数 r_{02} は

$$r_{01} = \frac{s_{01}}{\sqrt{s_{00}s_{11}}} = 0.8546, \qquad r_{02} = \frac{s_{02}}{\sqrt{s_{00}s_{22}}} = 0.8965.$$

ところが，説明変数である身長と胸囲の間にも単相関として $r_{12} = 0.6328$ の大きさの相関がある．したがって，x_2 の影響を取り除いたときの y, x_1 の偏相関係数 $r_{01\cdot(2)}$ と x_1 の影響を取り除いたときの y, x_2 の偏相関係数 $r_{02\cdot(1)}$ は

$$r_{01\cdot(2)} = -\frac{s^{01}}{\sqrt{s^{00}s^{11}}} = -\frac{-0.1261}{\sqrt{0.3124 \times 0.0726}} = 0.8373 < r_{01} = 0.8546,$$

$$r_{02\cdot(1)} = -\frac{s^{02}}{\sqrt{s^{00}s^{22}}} = -\frac{-0.2818}{\sqrt{0.3124 \times 0.3250}} = 0.8845 < r_{02} = 0.8965.$$

◇

12.4 最小自乗推定量の分布性質

誤差 $\varepsilon_i,\ i = 1, \cdots, n$ は独立で $E(\varepsilon_i) = 0,\ V(\varepsilon_i) = \sigma^2$ の同一分布に従う n 個の確率変数であり，説明変数の横ベクトル $\boldsymbol{x}_{i\cdot} = (x_{i1}, \cdots, x_{ik})$ に対応する観測 Y_i は

$$Y_i = \theta_0 + \theta_1 x_{i1} + \cdots + \theta_k x_{ik} + \varepsilon_i, \qquad i = 1, \cdots, n$$

なる独立な n 個の確率変数である．それらの平均と分散は

$$E(Y_i) = \theta_0 + \theta_1 x_{i1} + \cdots + \theta_k x_{ik}, \qquad V(Y_i) = \sigma^2.$$

観測値 y_i を確率変数 Y_i に置き換え，最小自乗推定量や誤差の自乗和を確率変数と考えるとき，それらに関係する部分は

$$\bar{Y} = \frac{1}{n}\sum_{i=1}^{n} Y_i, \qquad S_{j0} = \frac{1}{n}\sum_{i=1}^{n} x_{ij}^* Y_i, \qquad j = 1, \cdots, k$$

であり，これらは独立な確率変数 $Y_1, \cdots, Y_n$ の線形結合であるから，平均，分散，共分散は次のようになる：

$$E(\bar{Y}) = \theta_0 + \bar{\boldsymbol{x}}\boldsymbol{\theta}, \qquad V(\bar{Y}) = \frac{\sigma^2}{n},$$

$$E(S_{j0}) = s_{j1}\theta_1 + \cdots + s_{jk}\theta_k, \qquad V(S_{j0}) = \frac{\sigma^2}{n} s_{jj},$$

$$Cov(\bar{Y}, S_{j0}) = 0, \qquad Cov(S_{j0}, S_{l0}) = \frac{\sigma^2}{n} s_{jl}.$$

すなわち，確率ベクトル $\boldsymbol{S}_{xY} = {}^t(S_{10}, \cdots, S_{k0})$ に対して，その平均値ベクトル，共分散行列，$\bar{Y}$ との共分散ベクトルは次のようになる：

$$E(\boldsymbol{S}_{xY}) = \boldsymbol{S}_{xx}\boldsymbol{\theta}, \qquad V(\boldsymbol{S}_{xY}) = \frac{\sigma^2}{n}\boldsymbol{S}_{xx}, \qquad Cov(\boldsymbol{S}_{xY}, \bar{Y}) = \boldsymbol{0}.$$

定理 12.3　回帰係数および回帰関数の最小自乗推定量

$$\hat{\boldsymbol{\theta}} = \boldsymbol{S}_{xx}^{-1}\boldsymbol{S}_{xY}, \qquad \hat{\theta}_0 = \bar{Y} - \bar{\boldsymbol{x}}\hat{\boldsymbol{\theta}}, \qquad \hat{Y} = \hat{\theta}_0 + \boldsymbol{x}\hat{\boldsymbol{\theta}}$$

も線形推定量であるから，次のことが成り立つ．

（1）　回帰係数の最小自乗推定量は不偏推定量 $E(\hat{\theta}_0) = \theta_0$, $E(\hat{\boldsymbol{\theta}}) = \boldsymbol{\theta}$ であり，それらの分散，分散行列，共分散ベクトルは次のようになる：

$$V(\hat{\theta}_0) = \frac{\sigma^2}{n}(1 + \bar{\boldsymbol{x}}\boldsymbol{S}_{xx}^{-1}\,{}^t\bar{\boldsymbol{x}}),$$

$$V(\hat{\boldsymbol{\theta}}) = \frac{\sigma^2}{n}\boldsymbol{S}_{xx}^{-1},$$

$$Cov(\hat{\theta}_0, \hat{\boldsymbol{\theta}}) = -\frac{\sigma^2}{n}\bar{\boldsymbol{x}}\boldsymbol{S}_{xx}^{-1}.$$

（2）　回帰関数の最小自乗推定量は不偏であり，分散は次のようになる：

$$V(\hat{Y}) = \frac{\sigma^2}{n}\{1 + (\boldsymbol{x} - \bar{\boldsymbol{x}})\boldsymbol{S}_{xx}^{-1}\,{}^t(\boldsymbol{x} - \bar{\boldsymbol{x}})\}.$$

証明　（1）　回帰係数の最小自乗推定量は不偏である：

$$E(\hat{\boldsymbol{\theta}}) = \boldsymbol{S}_{xx}^{-1}E(\boldsymbol{S}_{xY}) = \boldsymbol{S}_{xx}^{-1}\boldsymbol{S}_{xx}\boldsymbol{\theta} = \boldsymbol{\theta},$$

$$E(\hat{\theta}_0) = E(\bar{Y}) - \bar{\boldsymbol{x}}E(\hat{\boldsymbol{\theta}}) = \theta_0 + \bar{\boldsymbol{x}}\boldsymbol{\theta} - \bar{\boldsymbol{x}}\boldsymbol{\theta} = \theta_0.$$

それらの分散，分散行列，共分散ベクトルは次のようになる：

$$V(\hat{\boldsymbol{\theta}}) = \boldsymbol{S}_{xx}^{-1} V(\boldsymbol{S}_{xY}) \boldsymbol{S}_{xx}^{-1} = \boldsymbol{S}_{xx}^{-1} \frac{\sigma^2}{n} \boldsymbol{S}_{xx} \boldsymbol{S}_{xx}^{-1} = \frac{\sigma^2}{n} \boldsymbol{S}_{xx}^{-1},$$

$$V(\hat{\theta}_0) = V(\bar{Y}) - 2\, Cov(\bar{Y}, \boldsymbol{S}_{xY}) \boldsymbol{S}_{xx}^{-1}{}^t\bar{\boldsymbol{x}} + \bar{\boldsymbol{x}} \boldsymbol{S}_{xx}^{-1} V(\boldsymbol{S}_{xY}) \boldsymbol{S}_{xx}^{-1}{}^t\bar{\boldsymbol{x}}$$

$$= \frac{\sigma^2}{n} + \frac{\sigma^2}{n} \bar{\boldsymbol{x}} \boldsymbol{S}_{xx}^{-1}{}^t\bar{\boldsymbol{x}} = \frac{\sigma^2}{n}(1 + \bar{\boldsymbol{x}} \boldsymbol{S}_{xx}^{-1}{}^t\bar{\boldsymbol{x}}),$$

$$Cov(\hat{\theta}_0, \hat{\boldsymbol{\theta}}) = Cov(\bar{Y} - \bar{\boldsymbol{x}} \boldsymbol{S}_{xx}^{-1} \boldsymbol{S}_{xY}, \boldsymbol{S}_{xx}^{-1} \boldsymbol{S}_{xY})$$

$$= Cov(\bar{Y}, \boldsymbol{S}_{xY}) \boldsymbol{S}_{xx}^{-1} - \bar{\boldsymbol{x}} \boldsymbol{S}_{xx}^{-1} V(\boldsymbol{S}_{xY}) \boldsymbol{S}_{xx}^{-1} = -\frac{\sigma^2}{n} \bar{\boldsymbol{x}} \boldsymbol{S}_{xx}^{-1}.$$

（2） 回帰関数の最小自乗推定量が不偏であることは明らかである．また，その分散は

$$V(\hat{Y}) = V(\hat{\theta}_0 + \boldsymbol{x}\hat{\boldsymbol{\theta}}) = V(\hat{\theta}_0) + 2\, Cov(\hat{\theta}_0, \hat{\boldsymbol{\theta}})^t\boldsymbol{x} + \boldsymbol{x} V(\hat{\boldsymbol{\theta}})^t\boldsymbol{x}$$

$$= \frac{\sigma^2}{n} + \frac{\sigma^2}{n} \bar{\boldsymbol{x}} \boldsymbol{S}_{xx}^{-1}{}^t\bar{\boldsymbol{x}} - 2\frac{\sigma^2}{n} \bar{\boldsymbol{x}} \boldsymbol{S}_{xx}^{-1}{}^t\bar{\boldsymbol{x}} + \frac{\sigma^2}{n} \boldsymbol{x} \boldsymbol{S}_{xx}^{-1}{}^t\boldsymbol{x}$$

$$= \frac{\sigma^2}{n}\{1 + (\boldsymbol{x} - \bar{\boldsymbol{x}}) \boldsymbol{S}_{xx}^{-1}\, {}^t(\boldsymbol{x} - \bar{\boldsymbol{x}})\}$$

である．$\boldsymbol{x} - \bar{\boldsymbol{x}}$ の項を含んでいるので，$\boldsymbol{x}$ が説明変数の平均ベクトル $\bar{\boldsymbol{x}}$ から離れると分散が大きくなることに注意しよう． □

定理 12.4 残差平方和 $\varDelta_0^2 = \varDelta^2(\hat{\theta}_0, \hat{\boldsymbol{\theta}})$ による誤差の分散 σ^2 の推定量

$$\hat{\sigma}^2 = \frac{1}{n-k-1} \varDelta_0^2$$

は不偏推定量である．この推定量は「残差平方和を求めるとき $k+1$ 個の推定量 $\hat{\theta}_0, \hat{\boldsymbol{\theta}}$ にデータを使うので $n-k-1$ で割る」として覚えるとよい．

証明 観測誤差 ε は予測誤差 $d = \hat{Y} - \theta_0 - \boldsymbol{x\theta}$ と残差 e の和である：

$$\varepsilon = Y - \theta_0 - \boldsymbol{x\theta} = (Y - \hat{Y}) + (\hat{Y} - \theta_0 - \boldsymbol{x\theta}) = d + e.$$

$d = (\hat{\theta}_0 - \theta_0) + \boldsymbol{x}(\hat{\boldsymbol{\theta}} - \boldsymbol{\theta})$, $\bar{e} = 0$, $s_{ex_j} = 0$ より，d と e は直交している：

$$s_{ed} = \frac{1}{n}\sum_{i=1}^{n} e_i d_i = \bar{e}(\hat{\theta}_0 - \theta_0) + \sum_{j=1}^{k} s_{ex_j}(\hat{\theta}_j - \theta_j) = 0.$$

ゆえに，誤差の自乗和 $\varDelta^2(\theta_0, \boldsymbol{\theta})$ は予測誤差の自乗和 $D^2 = \sum_{i=1}^{n} d_i^2$ と残差の自乗和 $\varDelta_0^2$ の和に分解される：

$$\Delta^2(\theta_0, \boldsymbol{\theta}) = \sum_{i=1}^{n} d_i^2 + \sum_{i=1}^{n} e_i^2 = D^2 + \Delta_0^2.$$

ところが，予測誤差の自乗和の平均は

$$\begin{aligned} E(D^2) &= \sum_{i=1}^{n} V(\hat{Y}_i) = \frac{\sigma^2}{n}\sum_{i=1}^{n}\{1 + (\boldsymbol{x}_{i\cdot} - \bar{\boldsymbol{x}})\boldsymbol{S}_{xx}^{-1}\,{}^t(\boldsymbol{x}_{i\cdot} - \bar{\boldsymbol{x}})\} \\ &= \sigma^2\left\{1 + \frac{1}{n}\sum_{i=1}^{n}\mathrm{trace}\left[\boldsymbol{S}_{xx}^{-1}\,{}^t(\boldsymbol{x}_{i\cdot} - \bar{\boldsymbol{x}})(\boldsymbol{x}_{i\cdot} - \bar{\boldsymbol{x}})\right]\right\} \\ &= \sigma^2\{1 + \mathrm{trace}[\boldsymbol{S}_{xx}^{-1}\boldsymbol{S}_{xx}]\} = (k+1)\sigma^2 \end{aligned}$$

であるから，

$$E(\Delta_0^2) = E(\Delta^2) - E(D^2) = n\sigma^2 - (k+1)\sigma^2 = (n-k-1)\sigma^2$$

が成り立ち，$\hat{\sigma}^2$ が σ^2 の不偏推定量であることが示された． □

正規誤差の場合： $\boldsymbol{\varepsilon} \sim \boldsymbol{N}(\boldsymbol{0}, \boldsymbol{\sigma}^2)$

直線回帰の場合と同様に，誤差 $\varepsilon_1, \cdots, \varepsilon_n$ は独立で同一の正規分布に従う確率変数であるとき，独立変数 $\boldsymbol{x}_{1\cdot}, \cdots, \boldsymbol{x}_{n\cdot}$ に対応する観測 $Y_1, \cdots, Y_n$ は独立な正規確率変数である：

$$\varepsilon_i \sim N(0, \sigma^2), \qquad Y_i \sim N(\theta_0 + \boldsymbol{x}_{i\cdot}\boldsymbol{\theta}, \sigma^2), \qquad i = 1, \cdots, n.$$

そのとき，$\bar{Y}, \boldsymbol{S}_{xY}$ は観測 $Y_1, \cdots, Y_n$ の線形関数であるから，正規分布に従い，共分散が $\boldsymbol{0}$ であることから独立である：

$$\bar{Y} \sim N\left(\theta_0 + \bar{\boldsymbol{x}}\boldsymbol{\theta}, \frac{\sigma^2}{n}\right), \qquad \boldsymbol{S}_{xY} \sim N_k\left(\boldsymbol{S}_{xx}\boldsymbol{\theta}, \frac{\sigma^2}{n}\boldsymbol{S}_{xx}\right), \qquad \text{独立}.$$

定理 12.5　最小自乗推定量は線形推定量であるから，次の結果を得る．

（1）　最小自乗推定量 $\hat{\theta}_0, \hat{\boldsymbol{\theta}}$ は線形推定量であるから正規分布に従う：

$$\hat{\theta}_0 \sim N\left(\theta_0, \frac{\sigma^2}{n}\{1 + \bar{\boldsymbol{x}}\boldsymbol{S}_{xx}^{-1}\,{}^t\bar{\boldsymbol{x}}\}\right), \qquad \hat{\boldsymbol{\theta}} \sim N_k\left(\boldsymbol{\theta}, \frac{\sigma^2}{n}\boldsymbol{S}_{xx}^{-1}\right).$$

（2）　予測量 $\hat{Y} = \hat{\theta}_0 + \boldsymbol{x}\hat{\boldsymbol{\theta}}$ も線形推定量であるから正規分布に従う：

$$\hat{Y} \sim N\left(\theta_0 + \boldsymbol{x}\boldsymbol{\theta}, \frac{\sigma^2}{n}\{1 + (\boldsymbol{x} - \bar{\boldsymbol{x}})\boldsymbol{S}_{xx}^{-1}\,{}^t(\boldsymbol{x} - \bar{\boldsymbol{x}})\}\right).$$

（3）　残差平方和 Δ_0^2 は最小自乗推定量と独立で，自由度 $n-k-1$ のカイ自乗分布に従う： $\dfrac{\Delta_0^2}{\sigma^2} \sim \chi^2_{n-k-1}$.

証明 最小自乗推定量は正規観測の線形推定量であるから，正規分布に従うので，(1), (2) は明らかである．

（3） 予測誤差は直交する確率偏差の和に分解される：

$$\hat{Y}_i - \theta_0 - \boldsymbol{x}\boldsymbol{\theta} = (\bar{Y} - \theta_0 - \bar{\boldsymbol{x}}\boldsymbol{\theta}) + (\boldsymbol{x}_{i\cdot} - \bar{\boldsymbol{x}})(\hat{\boldsymbol{\theta}} - \boldsymbol{\theta}).$$

このことから，予測誤差の自乗和は

$$D^2 = n(\bar{Y} - \theta_0 + \bar{\boldsymbol{x}}\boldsymbol{\theta})^2 + n\,{}^t(\hat{\boldsymbol{\theta}} - \boldsymbol{\theta})\boldsymbol{S}_{xx}(\hat{\boldsymbol{\theta}} - \boldsymbol{\theta})$$

であり，また，それぞれは独立で

$$n(\bar{Y} - \theta_0 + \bar{\boldsymbol{x}}\boldsymbol{\theta})^2 \sim \sigma^2\chi_1^2,$$
$$n\,{}^t(\hat{\boldsymbol{\theta}} - \boldsymbol{\theta})\boldsymbol{S}_{xx}(\hat{\boldsymbol{\theta}} - \boldsymbol{\theta}) \sim \sigma^2\chi_k^2$$

となる．ゆえに，予測誤差の自乗和は自由度 $k+1$ のカイ自乗分布に従う：

$$\frac{D^2}{\sigma^2} \sim \chi_1^2 + \chi_k^2 = \chi_{k+1}^2.$$

また，残差平方和と独立であるから，

$$\chi_n^2 = \frac{\Delta^2}{\sigma^2} = \frac{\Delta_0^2}{\sigma^2} + \frac{D^2}{\sigma^2} = \frac{\Delta_0^2}{\sigma^2} + \chi_{k+1}^2$$

より，$\dfrac{\Delta_0^2}{\sigma^2} \sim \chi_{n-k-1}^2$ が示される． □

定理 12.6 誤差分散の推定量 $\hat{\sigma}^2 = \dfrac{1}{n-k-1}\Delta_0^2$ を使って，最小自乗推定量の t-変換は次のようになる．

（1） 回帰係数の定数項 θ_0 の回帰係数の最小自乗推定量の t-変換 T_0 は自由度 $n-k-1$ のティー分布に従う：

$$T_0 = \frac{\sqrt{n}(\hat{\theta}_0 - \theta_0)}{\hat{\sigma}\sqrt{1 + \bar{\boldsymbol{x}}\boldsymbol{S}_{xx}^{-1}\,{}^t\bar{\boldsymbol{x}}}} \sim t_{n-k-1}.$$

したがって，回帰係数の $1-\alpha$ 信頼区間 I_0 は次のようになる：

$$I_0 = \hat{\theta}_0 \pm t_{n-k-1,\alpha}^{*}\frac{\hat{\sigma}}{\sqrt{n}}\sqrt{1 + \bar{\boldsymbol{x}}\boldsymbol{S}_{xx}^{-1}\,{}^t\bar{\boldsymbol{x}}}.$$

（2） 任意の定数ベクトル $\boldsymbol{w} = (w_1, \cdots, w_k)$ に対して，線形関数 $\boldsymbol{w}\hat{\boldsymbol{\theta}}$ の t-変換 T_w は自由度 $n-k-1$ のティー分布に従う：

$$T_w = \frac{\sqrt{n}(\boldsymbol{w}\hat{\boldsymbol{\theta}} - \boldsymbol{w}\boldsymbol{\theta})}{\hat{\sigma}\sqrt{\boldsymbol{w}\boldsymbol{S}_{xx}^{-1}\,{}^t\boldsymbol{w}}} \sim t_{n-k-1}.$$

したがって，回帰係数の $1-\alpha$ 信頼区間 I_w は次のようになる：

$$I_w = \boldsymbol{w}\hat{\boldsymbol{\theta}} \pm t^*_{n-k-1,\alpha}\frac{\hat{\sigma}}{\sqrt{n}}\sqrt{\boldsymbol{w}\boldsymbol{S}_{xx}^{-1}\,{}^t\boldsymbol{w}}.$$

（3） 予測量 $\hat{Y}$ の t-変換 T_y は自由度 $n-k-1$ のティー分布に従う：

$$T_y = \frac{\sqrt{n}(\hat{Y} - \theta_0 - \boldsymbol{x}\boldsymbol{\theta})}{\hat{\sigma}\sqrt{1+(\boldsymbol{x}-\bar{\boldsymbol{x}})\boldsymbol{S}_{xx}^{-1}\,{}^t(\boldsymbol{x}-\bar{\boldsymbol{x}})}} \sim t_{n-k-1}.$$

したがって，回帰関数の $1-\alpha$ 信頼区間 I_y は

$$I_y = \hat{y} \pm t^*_{n-k-1,\alpha}\frac{\hat{\sigma}}{\sqrt{n}}\sqrt{1+(\boldsymbol{x}-\bar{\boldsymbol{x}})\boldsymbol{S}_{xx}^{-1}\,{}^t(\boldsymbol{x}-\bar{\boldsymbol{x}})}$$

となる．

12.5 制限最小自乗法とその幾何学的説明

議論を簡単にするために，切片項 θ_0 を除いた回帰係数ベクトル $\boldsymbol{\theta}$ に $r\,(r<k)$ 個の線形制約 $\boldsymbol{A}\boldsymbol{\theta} = \boldsymbol{\alpha}$ が成り立つかどうかを検定することを考える．切片項を含む回帰係数に関する制約についても全く同様に論じることができる．ここで，制約行列と制約ベクトルは

$$\boldsymbol{A} = \begin{pmatrix} a_{11} & \cdots & a_{1k} \\ \vdots & & \vdots \\ a_{r1} & \cdots & a_{rk} \end{pmatrix}, \qquad \boldsymbol{\alpha} = \begin{pmatrix} \alpha_1 \\ \vdots \\ \alpha_r \end{pmatrix}$$

である．制約条件を斉次化するために制約を満たす母数を $\boldsymbol{\theta}^*\,(\boldsymbol{A}\boldsymbol{\theta}^* = \boldsymbol{\alpha})$ とし，$\boldsymbol{\tau} = \boldsymbol{\theta} - \boldsymbol{\theta}^*$ とおき，回帰係数に関する線形制約の仮説：

$$\begin{cases} H_0: & \boldsymbol{A}\boldsymbol{\theta} = \boldsymbol{\alpha} \quad (\text{帰無仮説}), \\ H_1: & \boldsymbol{A}\boldsymbol{\theta} \neq \boldsymbol{\alpha} \quad (\text{対立仮説}) \end{cases} \quad \text{すなわち，} \quad \begin{cases} H_0: & \boldsymbol{A}\boldsymbol{\tau} = \boldsymbol{0} \quad (\text{帰無仮説}), \\ H_1: & \boldsymbol{A}\boldsymbol{\tau} \neq \boldsymbol{0} \quad (\text{対立仮説}) \end{cases}$$

の検定を行う．そのため，誤差分布が正規分布である正規線形モデルを考える：

$$\boldsymbol{\varepsilon} \sim N_n(\boldsymbol{0}, \sigma^2\boldsymbol{I}), \quad \text{すなわち，} \quad \boldsymbol{Y} \sim N_n(\boldsymbol{1}\,\theta_0 + \boldsymbol{X}\boldsymbol{\theta}, \sigma^2\boldsymbol{I}).$$

回帰係数に何も制限をおかない**通常の** (ordinary) 最小自乗法に対して，制

限の下での**制限最小自乗法** (method of restricted least square) を考える必要がある．ここでは，これらの最小自乗法をベクトル行列表現を使って幾何学的に説明しよう．

誤差の自乗和は誤差ベクトルのノルムの自乗

$$\varDelta^2(\theta_0, \boldsymbol{\theta}) = \|\boldsymbol{\varepsilon}\|^2 = \|\boldsymbol{Y} - \mathbf{1}\theta_0 - \boldsymbol{X\theta}\|^2$$

であるから，説明ベクトルの張る部分ベクトル空間

$$\begin{aligned}\mathscr{M}(\mathbf{1}, \boldsymbol{X}) &= \{\mathbf{1}\theta_0 + \boldsymbol{X\theta} : \theta_0 \in \boldsymbol{R}^1,\ \boldsymbol{\theta} \in \boldsymbol{R}^k\} \\ &= \{\theta_0\mathbf{1} + \theta_1 \boldsymbol{x}_{\cdot 1} + \cdots + \theta_k \boldsymbol{x}_{\cdot k} : \theta_0, \theta_1, \cdots, \theta_k \in \boldsymbol{R}^1\}\end{aligned}$$

の中で観測ベクトル $\boldsymbol{Y}$ に最も近い距離の元が回帰関数の最小自乗推定量 $\hat{\boldsymbol{Y}}$ である．すなわち，ベクトル空間 $\boldsymbol{R}^n$ から部分ベクトル空間 $\mathscr{M}(\mathbf{1}, \boldsymbol{X})$ への**射影行列** (projection matrix) を $\boldsymbol{P}$ とするとき，$\boldsymbol{Y}$ の射影点である $\mathscr{M}(\mathbf{1}, \boldsymbol{X})$ の元が最小自乗推定量 $\hat{\boldsymbol{Y}}$ である：

$$\boldsymbol{P} :\ \boldsymbol{R}^n \to \mathscr{M}(\mathbf{1}, \boldsymbol{X}), \qquad \hat{\boldsymbol{Y}} = \boldsymbol{PY} = \mathbf{1}\hat{\theta}_0 + \boldsymbol{X}\hat{\boldsymbol{\theta}}.$$

さらに，説明ベクトル空間は $\mathbf{1}$ の部分ベクトル空間 $\mathscr{M}(\mathbf{1})$ と説明行列の中心化 $\boldsymbol{X}^*$ の張る k 次元部分ベクトル空間 $\mathscr{M}(\boldsymbol{X}^*)$ に直和分解される：

$$\mathscr{M}(\mathbf{1}, \boldsymbol{X}) = \mathscr{M}(\mathbf{1}) + \mathscr{M}(\boldsymbol{X}^*),$$

$$\text{すなわち，}\quad \mathbf{1}\theta_0 + \boldsymbol{X\theta} = \mathbf{1}(\theta_0 + \bar{\boldsymbol{x}}\boldsymbol{\theta}) + \boldsymbol{X}^*\boldsymbol{\theta}.$$

行列 $\mathbf{1}_n = \dfrac{1}{n}\mathbf{1}\,{}^t\mathbf{1}$ は $\boldsymbol{R}^n$ から $\mathscr{M}(\mathbf{1})$ への射影行列である：

$${}^t\mathbf{1}_n = \mathbf{1}_n \ \ (\text{対称}), \qquad (\mathbf{1}_n)^2 = \mathbf{1}_n \ \ (\text{べき等}), \qquad \mathbf{1}_n\mathbf{1} = \mathbf{1} \ \ (\text{不変}).$$

また，$\boldsymbol{I} - \mathbf{1}_n$ は中心化行列になっている：

$$(\boldsymbol{I} - \mathbf{1}_n)\boldsymbol{Y} = \boldsymbol{Y} - \mathbf{1}_n\boldsymbol{Y} = \boldsymbol{Y}^*, \qquad (\boldsymbol{I} - \mathbf{1}_n)\boldsymbol{X} = \boldsymbol{X} - \mathbf{1}_n\bar{\boldsymbol{x}} = \boldsymbol{X}^*.$$

これより，観測誤差の自乗和は中心部分の自乗和と中心化観測誤差の自乗和に分解される：

$$\varDelta^2(\theta_0, \boldsymbol{\theta}) = n\{\bar{Y} - (\theta_0 + \bar{\boldsymbol{x}}\boldsymbol{\theta})\}^2 + \|\boldsymbol{Y}^* - \boldsymbol{X}^*\boldsymbol{\theta}\|^2.$$

中心化観測誤差の自乗和

$$\varDelta_0^2(\boldsymbol{\theta}) \equiv \|\boldsymbol{Y}^* - \boldsymbol{X}^*\boldsymbol{\theta}\|^2$$

を最小にする中心化予測量 $\hat{\boldsymbol{Y}}^*$ は $\boldsymbol{Y}^*$ に最も近い $\mathscr{M}(\boldsymbol{X}^*)$ の元，すなわち，

射影点である：

$$\hat{Y}^* = \boldsymbol{X}^*\hat{\boldsymbol{\theta}} = \boldsymbol{X}^*({}^t\boldsymbol{X}^*\boldsymbol{X}^*)^{-1}\,{}^t\boldsymbol{X}^*\boldsymbol{Y}^* = \boldsymbol{P}^*\boldsymbol{Y}^* = \boldsymbol{P}^*\boldsymbol{Y}.$$

ここで，$\boldsymbol{P}^* = \boldsymbol{X}^*({}^t\boldsymbol{X}^*\boldsymbol{X}^*)^{-1}\,{}^t\boldsymbol{X}^*$ は $\boldsymbol{R}^n$ から中心化説明ベクトル空間 $\mathcal{M}(\boldsymbol{X}^*)$ への射影行列である．そのとき，$\hat{\boldsymbol{Y}}^* = \boldsymbol{P}^*\boldsymbol{Y}^*$ は $\boldsymbol{Y}^*$ の回帰ベクトルであり，$\boldsymbol{e} = (\boldsymbol{I} - \boldsymbol{P}^*)\boldsymbol{Y}^*$ は残差ベクトルである．

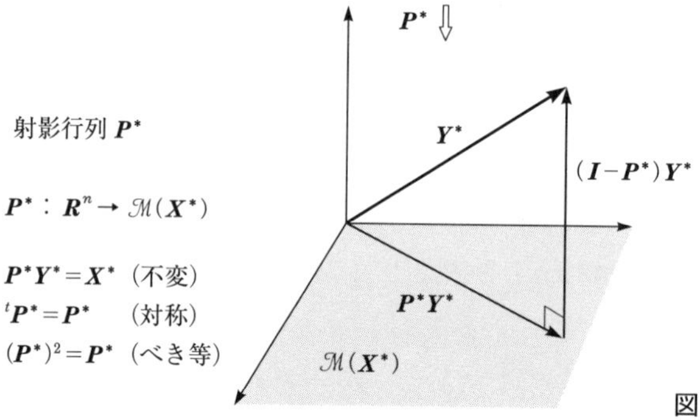

図 12.2

以上より，$\boldsymbol{R}^n$ から $\mathcal{M}(\boldsymbol{1}, \boldsymbol{X})$ への射影行列 $\boldsymbol{P}$ は

$$\boldsymbol{P} = \boldsymbol{1}_n + \boldsymbol{P}^*: \ \boldsymbol{R}^n \to \mathcal{M}(\boldsymbol{1}, \boldsymbol{X})$$

として求められ，回帰ベクトルと残差ベクトルは次のようになる：

$$\boldsymbol{P}\boldsymbol{Y} = \boldsymbol{1}_n\bar{Y} + \boldsymbol{P}^*\boldsymbol{Y}^*, \qquad (\boldsymbol{I} - \boldsymbol{P})\boldsymbol{Y} = (\boldsymbol{I} - \boldsymbol{P}^*)\boldsymbol{Y}^*.$$

次に，線形制約の下での制限最小自乗法について考えよう．$\boldsymbol{\theta} = \boldsymbol{\theta}^* + \boldsymbol{\tau}$ によって，中心化観測誤差の自乗和は次のように表される：

$$\varDelta_1^2(\boldsymbol{\tau}) \equiv \varDelta_0^2(\boldsymbol{\theta}^* + \boldsymbol{\tau}) = \|\boldsymbol{Z}^* - \boldsymbol{X}^*\boldsymbol{\tau}\|^2, \quad \text{ただし，} \boldsymbol{Z}^* \equiv \boldsymbol{Y}^* - \boldsymbol{X}^*\boldsymbol{\theta}^*.$$

いま，制限最小自乗法をラグランジュ乗数法によって解くことにする．$\boldsymbol{\nu} = {}^t(\nu_1, \cdots, \nu_r)$ をラグランジュ乗数として，

$$g(\boldsymbol{\tau}, \boldsymbol{\nu}) = \varDelta_1^2(\boldsymbol{\tau}) + 2\,{}^t\boldsymbol{\nu}\boldsymbol{A}\boldsymbol{\tau}$$

とおき，$\boldsymbol{\tau}$ と $\boldsymbol{\nu}$ について微分して

$$\frac{\partial g}{\partial \boldsymbol{\tau}} = -2({}^t\boldsymbol{X}^*\boldsymbol{Y}^* - {}^t\boldsymbol{X}^*\boldsymbol{X}^*\boldsymbol{\tau}) + 2\,{}^t\boldsymbol{A}\boldsymbol{\nu} = \boldsymbol{0},$$

$$\frac{\partial g}{\partial \boldsymbol{\nu}} = 2\boldsymbol{A}\boldsymbol{\tau} = \boldsymbol{0}$$

となる．ゆえに，制限正規方程式のベクトル行列表現は次のようになる：

$$\begin{pmatrix} {}^t\boldsymbol{X}^*\boldsymbol{X}^* & {}^t\boldsymbol{A} \\ \boldsymbol{A} & \boldsymbol{0} \end{pmatrix}\begin{pmatrix} \boldsymbol{\tau} \\ \boldsymbol{\nu} \end{pmatrix} = \begin{pmatrix} {}^t\boldsymbol{X}^*\boldsymbol{Z}^* \\ \boldsymbol{0} \end{pmatrix}$$

この行列の逆行列は，$\boldsymbol{W} = ({}^t\boldsymbol{X}^*\boldsymbol{X}^*)^{-1}$, $\boldsymbol{V} = (\boldsymbol{A}\boldsymbol{W}\,{}^t\boldsymbol{A})^{-1}$ として，

$$\begin{pmatrix} \boldsymbol{W} - \boldsymbol{W}\,{}^t\boldsymbol{A}\boldsymbol{V}\boldsymbol{A}\boldsymbol{W} & \boldsymbol{W}\,{}^t\boldsymbol{A}\boldsymbol{V} \\ \boldsymbol{V}\boldsymbol{A}\boldsymbol{W} & -\boldsymbol{V} \end{pmatrix} = \begin{pmatrix} \boldsymbol{C}_1 & {}^t\boldsymbol{C}_2 \\ \boldsymbol{C}_2 & \boldsymbol{C}_3 \end{pmatrix} \quad \text{（とおく）.}$$

これより，制限最小自乗解は次のようになる：

$$\hat{\hat{\boldsymbol{\tau}}} = \boldsymbol{C}_1\,{}^t\boldsymbol{X}^*\boldsymbol{Z}^*,\ \hat{\hat{\boldsymbol{\nu}}} = \boldsymbol{C}_2\,{}^t\boldsymbol{X}^*\boldsymbol{Z}^*,\quad \hat{\hat{\boldsymbol{\theta}}} = \boldsymbol{\theta}^* + \boldsymbol{C}_1\,{}^t\boldsymbol{X}^*\boldsymbol{Z}^* = \boldsymbol{C}_1\,{}^t\boldsymbol{X}^*\boldsymbol{Y}^*.$$

また，制限の下での回帰関数の最小自乗推定量と残差は

$$\hat{\hat{\boldsymbol{Y}}}{}^* = \boldsymbol{Q}^*\boldsymbol{Y}^* = \boldsymbol{X}^*\hat{\hat{\boldsymbol{\theta}}} = \boldsymbol{X}^*\boldsymbol{\theta}^* + \boldsymbol{Q}^*\boldsymbol{Z}^*,$$

$$\boldsymbol{Y}^* - \hat{\hat{\boldsymbol{Y}}} = (\boldsymbol{Y}^* - \boldsymbol{X}^*\boldsymbol{\theta}^*) - \boldsymbol{Q}^*\boldsymbol{Z}^* = (\boldsymbol{I} - \boldsymbol{Q}^*)\boldsymbol{Z}^*$$

となる．ここで，$\boldsymbol{Q}^* = \boldsymbol{X}^*\boldsymbol{C}_1\,{}^t\boldsymbol{X}^*$ は $\boldsymbol{R}^n$ から $k-r$ 次元制約部分空間 $\mathcal{M}_A(\boldsymbol{X}^*)$ への射影行列である：

$$\boldsymbol{Q}^* = \boldsymbol{X}^*\boldsymbol{C}_1\,{}^t\boldsymbol{X}^* : \boldsymbol{R}^n \to \mathcal{M}_A(\boldsymbol{X}^*) = \{\boldsymbol{X}^*\boldsymbol{\tau} : \boldsymbol{A}\boldsymbol{\tau} = \boldsymbol{0}\}.$$

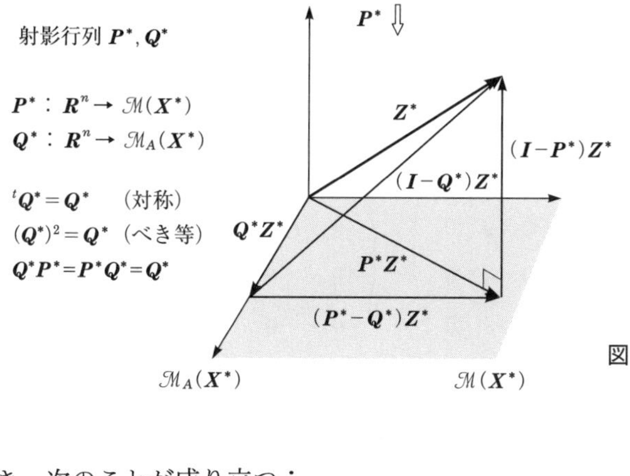

図 12.3

そのとき，次のことが成り立つ：

（1） $\boldsymbol{X}^*\boldsymbol{\tau} \in \mathcal{M}_A(\boldsymbol{X}^*)$ のとき，　$\boldsymbol{Q}^*\boldsymbol{X}^*\boldsymbol{\tau} = \boldsymbol{X}^*\boldsymbol{\tau}$ 　（不変）．

（2） $\mathrm{rank}(\boldsymbol{Q}^*) = \dim[\mathcal{M}_A(\boldsymbol{X}^*)] = k - r$.

（3） $\boldsymbol{I} = (\boldsymbol{I} - \boldsymbol{P}^*) + (\boldsymbol{P}^* - \boldsymbol{Q}^*) + \boldsymbol{Q}^*$ 　（直和分解）．

ゆえに，制限残差は通常残差と回帰差の直和に分解され，制限残差の自乗和は通常残差の自乗和と回帰差の自乗和に分解される：

制限残差		通常残差		回帰差
$(\boldsymbol{I}-\boldsymbol{Q}^*)\boldsymbol{Z}^*$	$=$	$(\boldsymbol{I}-\boldsymbol{P}^*)\boldsymbol{Z}^*$	$+$	$(\boldsymbol{P}^*-\boldsymbol{Q}^*)\boldsymbol{Z}^*$
制限残差平方和		通常残差平方和		回帰差平方和
$\varDelta_1^2$		$\varDelta_0^2$		D_0^2（とおく）
$\lVert(\boldsymbol{I}-\boldsymbol{Q}^*)\boldsymbol{Z}^*\rVert^2$	$=$	$\lVert(\boldsymbol{I}-\boldsymbol{P}^*)\boldsymbol{Z}^*\rVert^2$	$+$	$\lVert(\boldsymbol{P}^*-\boldsymbol{Q}^*)\boldsymbol{Z}^*\rVert^2$

直和分解 $\boldsymbol{I}=(\boldsymbol{I}-\boldsymbol{P}^*)+(\boldsymbol{P}^*-\boldsymbol{Q}^*)+\boldsymbol{Q}^*$ を考慮すれば，確率ベクトル

$$\boldsymbol{Z}^*=\boldsymbol{Y}^*-\boldsymbol{X}^*\boldsymbol{\theta}^*=\boldsymbol{\varepsilon}-\boldsymbol{1}(\bar{Y}-\theta_0)+\boldsymbol{X}^*\boldsymbol{\tau}$$

の次の 3 つの変換はそれぞれ正規分布に従い，互いに独立である：

$$(\boldsymbol{I}-\boldsymbol{P}^*)(\boldsymbol{Z}^*-\boldsymbol{X}^*\boldsymbol{\tau})=(\boldsymbol{I}-\boldsymbol{P})\boldsymbol{\varepsilon}\sim N_n(\boldsymbol{0},\sigma^2(\boldsymbol{I}-\boldsymbol{P})),$$
$$(\boldsymbol{P}^*-\boldsymbol{Q}^*)(\boldsymbol{Z}^*-\boldsymbol{X}^*\boldsymbol{\tau})=(\boldsymbol{P}^*-\boldsymbol{Q}^*)\boldsymbol{\varepsilon}\sim N_n(\boldsymbol{0},\sigma^2(\boldsymbol{P}^*-\boldsymbol{Q}^*)),$$
$$\boldsymbol{Q}^*(\boldsymbol{Z}^*-\boldsymbol{X}^*\boldsymbol{\tau})=\boldsymbol{Q}^*\boldsymbol{\varepsilon}\sim N_n(\boldsymbol{0},\sigma^2\boldsymbol{Q}^*).$$

さらに，射影行列の固有値は 1 か 0 であるから，直交行列 $\boldsymbol{G}$ が存在して，次のように同時に対角化できる： $\boldsymbol{I}_q$ を q 次単位行列として，

$$\boldsymbol{I}={}^t\boldsymbol{G}\boldsymbol{1}_n\boldsymbol{G}+{}^t\boldsymbol{G}(\boldsymbol{I}-\boldsymbol{P})\boldsymbol{G}+{}^t\boldsymbol{G}(\boldsymbol{P}^*-\boldsymbol{Q}^*)\boldsymbol{G}+{}^t\boldsymbol{G}\boldsymbol{Q}^*\boldsymbol{G}$$
$$=\begin{pmatrix}1&\boldsymbol{0}&\boldsymbol{0}&\boldsymbol{0}\\ \boldsymbol{0}&\boldsymbol{0}&\boldsymbol{0}&\boldsymbol{0}\\ \boldsymbol{0}&\boldsymbol{0}&\boldsymbol{0}&\boldsymbol{0}\\ \boldsymbol{0}&\boldsymbol{0}&\boldsymbol{0}&\boldsymbol{0}\end{pmatrix}+\begin{pmatrix}0&\boldsymbol{0}&\boldsymbol{0}&\boldsymbol{0}\\ \boldsymbol{0}&\boldsymbol{I}_{n-k-1}&\boldsymbol{0}&\boldsymbol{0}\\ \boldsymbol{0}&\boldsymbol{0}&\boldsymbol{0}&\boldsymbol{0}\\ \boldsymbol{0}&\boldsymbol{0}&\boldsymbol{0}&\boldsymbol{0}\end{pmatrix}$$
$$+\begin{pmatrix}0&\boldsymbol{0}&\boldsymbol{0}&\boldsymbol{0}\\ \boldsymbol{0}&\boldsymbol{0}&\boldsymbol{0}&\boldsymbol{0}\\ \boldsymbol{0}&\boldsymbol{0}&\boldsymbol{I}_r&\boldsymbol{0}\\ \boldsymbol{0}&\boldsymbol{0}&\boldsymbol{0}&\boldsymbol{0}\end{pmatrix}+\begin{pmatrix}0&\boldsymbol{0}&\boldsymbol{0}&\boldsymbol{0}\\ \boldsymbol{0}&\boldsymbol{0}&\boldsymbol{0}&\boldsymbol{0}\\ \boldsymbol{0}&\boldsymbol{0}&\boldsymbol{0}&\boldsymbol{0}\\ \boldsymbol{0}&\boldsymbol{0}&\boldsymbol{0}&\boldsymbol{I}_{k-r}\end{pmatrix}.$$

直交変換によって，

$$\boldsymbol{U} = {}^t(U_1, \cdots, U_n) \equiv \frac{{}^t\boldsymbol{G}\boldsymbol{\varepsilon}}{\sigma} \sim N_n(\boldsymbol{0}, \boldsymbol{I})$$

であり，各成分 U_i は独立で標準正規分布 $N(0,1)$ に従う．ゆえに，直交変換 $\boldsymbol{G}\boldsymbol{1}_n\boldsymbol{\varepsilon}$, ${}^t\boldsymbol{G}(\boldsymbol{I}-\boldsymbol{P})\boldsymbol{\varepsilon}$, ${}^t\boldsymbol{G}(\boldsymbol{P}^* - \boldsymbol{Q}^*)\boldsymbol{\varepsilon}$, ${}^t\boldsymbol{G}\boldsymbol{Q}^*\boldsymbol{\varepsilon}$ はそれぞれ正規分布に従い，互いに独立で，次のように表すことができる：

$${}^t\boldsymbol{G}\boldsymbol{1}_n\boldsymbol{\varepsilon} = \sigma\,{}^t\boldsymbol{G}\boldsymbol{1}_n\boldsymbol{G}\boldsymbol{U} = \sigma\begin{pmatrix} U_1 \\ \boldsymbol{0} \\ \boldsymbol{0} \end{pmatrix},$$

$${}^t\boldsymbol{G}(\boldsymbol{I}-\boldsymbol{P})\boldsymbol{\varepsilon} = \sigma\,{}^t\boldsymbol{G}(\boldsymbol{I}-\boldsymbol{P})\boldsymbol{G}\boldsymbol{U} = \sigma\begin{pmatrix} 0 \\ U_2 \\ \vdots \\ U_{n-k} \\ \boldsymbol{0} \end{pmatrix},$$

$${}^t\boldsymbol{G}(\boldsymbol{P}^* - \boldsymbol{Q}^*)\boldsymbol{\varepsilon} = \sigma\,{}^t\boldsymbol{G}(\boldsymbol{P}^* - \boldsymbol{Q}^*)\boldsymbol{G}\boldsymbol{U} = \sigma\begin{pmatrix} \boldsymbol{0} \\ U_{n-k+1} \\ \vdots \\ U_{n-k+r} \\ \boldsymbol{0} \end{pmatrix},$$

$${}^t\boldsymbol{G}\boldsymbol{Q}^*\boldsymbol{\varepsilon} = \sigma\,{}^t\boldsymbol{G}\boldsymbol{Q}^*\boldsymbol{G}\boldsymbol{U} = \sigma\begin{pmatrix} \boldsymbol{0} \\ U_{n-k+r+1} \\ \vdots \\ U_n \end{pmatrix}.$$

以上から，通常残差平方和 $\varDelta_0^2$ と制限残差平方和 $\varDelta_1^2$ は次のように表される：

$$\begin{aligned}
\varDelta_0^2 &= \|(\boldsymbol{I}-\boldsymbol{P}^*)\boldsymbol{Y}^*\|^2 = \|{}^t\boldsymbol{G}(\boldsymbol{I}-\boldsymbol{P})\boldsymbol{\varepsilon}\|^2 \\
&= \sigma^2(U_2^2 + \cdots + U_{n-k}^2) \sim \sigma^2\chi_{n-k-1}^2, \\
\varDelta_1^2 - \varDelta_0^2 &= \|(\boldsymbol{P}^* - \boldsymbol{Q}^*)\boldsymbol{Z}^*\|^2 = \|{}^t\boldsymbol{G}(\boldsymbol{P}^* - \boldsymbol{Q}^*)\boldsymbol{\varepsilon} + \boldsymbol{X}^*\boldsymbol{\tau}\|^2 \\
&= \sigma^2\{(U_{n-k+1} + \delta_{n-k+1})^2 + \cdots + (U_{n-k+r} + \delta_{n-k+r})^2\} \sim \sigma^2\chi_r^2(\delta^2).
\end{aligned}$$

ここで，$\delta^2 \equiv \delta^2_{n-k+1} + \cdots + \delta^2_{n-k+r} = \dfrac{1}{\sigma^2}\|(\boldsymbol{P}^* - \boldsymbol{Q}^*)\boldsymbol{X}^*\boldsymbol{\tau}\|^2$.

仮説によらず $\boldsymbol{P}^*\boldsymbol{X}^*\boldsymbol{\tau} = \boldsymbol{X}^*\boldsymbol{\tau}$ であるけれども，一方，帰無仮説の下で $\boldsymbol{Q}^*\boldsymbol{X}^*\boldsymbol{\tau} = \boldsymbol{X}^*\boldsymbol{\tau}$ であり，対立仮説の下で $\boldsymbol{Q}^*\boldsymbol{X}^*\boldsymbol{\tau} \neq \boldsymbol{X}^*\boldsymbol{\tau}$ であることに注意しよう．Δ_0^2 と $\Delta_1^2 - \Delta_0^2$ は独立であって，次のことが成り立つ：

$$\text{仮説 } H_0, H_1 \text{ によらず，} \quad \frac{\Delta_0^2}{\sigma^2} \sim \chi^2_{n-k-1},$$

$$\text{帰無仮説 } H_0 \text{ の下で，} \quad \frac{\Delta_1^2 - \Delta_0^2}{\sigma^2} \sim \chi^2_r,$$

$$\text{対立仮説 } H_1 \text{ の下で，} \quad \frac{\Delta_1^2 - \Delta_0^2}{\sigma^2} \sim \chi^2_r(\delta^2), \quad \delta^2 \neq 0.$$

定理 12.7 回帰係数が線形制約を満たすかどうかという仮説：

$$\begin{cases} H_0: \ \boldsymbol{A\theta} = \boldsymbol{\alpha} & (\text{帰無仮説}), \\ H_1: \ \boldsymbol{A\theta} \neq \boldsymbol{\alpha} & (\text{対立仮説}) \end{cases}$$

を検定するための統計量は

$$F = \frac{\dfrac{\Delta_1^2 - \Delta_0^2}{r}}{\dfrac{\Delta_0^2}{n-k-1}} \sim \begin{cases} F^r_{n-k-1} & (\text{帰無仮説の下で}), \\ F^r_{n-k-1}(\delta^2) & (\text{対立仮説の下で}) \end{cases}$$

であって，有意水準 α の棄却域は $W = \{F > F^r_{n-k-1,\alpha}\}$ である．ここで $F^r_{n-k-1,\alpha}$ は自由度 $(r, n-k-1)$ のエフ分布の上側 α 点である．

12.6 ダミー変数のある場合

例えば，1970 年代に起きたオイルショックのような経済混乱の前後で経済データは全く様相の違うことがある．このときにはオイルショックの前後を示す要因変数 d を導入する必要がある．すなわち，この説明変数は

$$d = \begin{cases} 1 & (\text{オイルショック後}), \\ 0 & (\text{オイルショック前}) \end{cases}$$

なる 2 値変数である．**12.1** で論じた線形回帰問題においては

$$Y = \theta_0 + \theta_1 x_1 + \theta_2 x_2 + \cdots + \theta_k x_k + \beta d + \varepsilon$$

なる線形回帰モデルを考えることになる．統計的モデルとしては，量的な要因を表す説明変数を $x_1, x_2, \cdots, x_k$ で表し，質的な要因を表す説明変数を d で表すことにより，それらを区別して考える方が便利である．そのとき後者の説明変数 d を**ダミー変数**という．しかし，数学的には，はじめの説明変数 $x_1, x_2, \cdots, x_k$ のどれかが 2 値変数であってもよいので，2 値説明変数を特に d と表して区別する理由はないし，回帰係数も $\theta_1, \cdots, \theta_k$ と β を区別する必要は全くない．すなわち，一般の線形回帰モデルはダミー説明変数がある場合も含んでいるので，ここではこれ以上議論しないことにする．

12.7 多重共線性と一般逆行列およびリッジ回帰

説明ベクトルが一次独立でないとき，**多重共線性** (multicolinearity) をもつという．数学的にいえば，$k_0 \equiv \mathrm{rank}(\boldsymbol{X}^*) < k$ であり，情報行列 ${}^t\boldsymbol{X}^*\boldsymbol{X}^*$ の行列式が 0 ということである．しかし，統計学的には，情報行列の行列式が 0 に近い場合やその最大固有値と最小固有値の比が非常に大きい場合も**悪条件** (ill condition) として多重共線性の議論に含まれる．

最小自乗法の幾何学的な説明において，射影作用素 $\boldsymbol{P}^*$ を考えるために情報行列が正則である必要はない．しかし，射影作用素の行列表現のために $\boldsymbol{P}^* = \boldsymbol{X}^*({}^t\boldsymbol{X}^*\boldsymbol{X}^*)^{-1}\,{}^t\boldsymbol{X}^*$ として情報行列の逆行列を使っているので，説明ベクトルが一次独立でないときにも射影行列を考えるためには，逆行列の代わりに**一般化逆行列** (generalized inverse) とよばれる $({}^t\boldsymbol{X}^*\boldsymbol{X}^*)^-$ を定義する必要がある．それにより $\boldsymbol{P}^* = \boldsymbol{X}^*({}^t\boldsymbol{X}^*\boldsymbol{X}^*)^-\,{}^t\boldsymbol{X}^*$ として射影行列の表現が得られる．

情報行列 ${}^t\boldsymbol{X}^*\boldsymbol{X}^*$ の固有値を $\lambda_1, \cdots, \lambda_k$；固有ベクトルによる正規直交基を $\boldsymbol{u}_1, \cdots, \boldsymbol{u}_k$ とする．このとき，直交行列 $\boldsymbol{\Gamma} = (\boldsymbol{u}_1, \cdots, \boldsymbol{u}_k)$ と対角行列 $\boldsymbol{\Lambda} = \mathrm{diag}(\lambda_1, \cdots, \lambda_k)$ に対して，次のことが成り立つ：

$$ {}^t\boldsymbol{\Gamma}\boldsymbol{\Gamma} = \boldsymbol{\Gamma}\,{}^t\boldsymbol{\Gamma} = \boldsymbol{I}, \qquad {}^t\boldsymbol{\Gamma}({}^t\boldsymbol{X}^*\boldsymbol{X}^*)\boldsymbol{\Gamma} = \boldsymbol{\Lambda}, \qquad {}^t\boldsymbol{X}^*\boldsymbol{X}^* = \boldsymbol{\Gamma}\boldsymbol{\Lambda}\,{}^t\boldsymbol{\Gamma}. $$

そこで，$\boldsymbol{\Lambda}$ の一般化逆行列

$$\boldsymbol{\Lambda}^- = \mathrm{diag}(\lambda_1^-, \cdots, \lambda_k^-), \qquad \text{ただし}\quad \lambda_j^- = \begin{cases} \lambda_j^{-1} & (\lambda_j \neq 0 \text{ のとき}), \\ 0 & (\lambda_j = 0 \text{ のとき}) \end{cases}$$

により，情報行列の一般化逆行列を $({}^t\boldsymbol{X}^*\boldsymbol{X}^*)^- = \boldsymbol{\Gamma}\boldsymbol{\Lambda}^-\,{}^t\boldsymbol{\Gamma}$ と定義する．

定理 12.8　n 次実ベクトル空間 $\boldsymbol{R}^n$ から部分ベクトル空間 $\mathcal{M}(\boldsymbol{X}^*)$ への射影行列は，一般化逆行列を使って，$\boldsymbol{P}^* = \boldsymbol{X}^*[({}^t\boldsymbol{X}^*\boldsymbol{X}^*)^-]\,{}^t\boldsymbol{X}^*$ と表される．すなわち，次のことが成り立つ．

(1)　${}^t\boldsymbol{P}^* = \boldsymbol{P}^*$　(対称)　　(2)　$(\boldsymbol{P}^*)^2 = \boldsymbol{P}^*$　(べき等)

(3)　$\boldsymbol{P}^*\boldsymbol{X}^* = \boldsymbol{X}^*$ (不変)　　(4)　$\mathrm{rank}(\boldsymbol{P}^*) = \mathrm{rank}(\boldsymbol{X}^*)$

証明　(1) は明らかである．

(2)　$\boldsymbol{\Lambda}\boldsymbol{\Lambda}^-\boldsymbol{\Lambda} = \boldsymbol{\Lambda}$ より

$$({}^t\boldsymbol{X}^*\boldsymbol{X}^*)({}^t\boldsymbol{X}^*\boldsymbol{X}^*)^-({}^t\boldsymbol{X}^*\boldsymbol{X}^*) = {}^t\boldsymbol{X}^*\boldsymbol{X}^*$$

であるから示される．

(3)　$\|\boldsymbol{X}^* - \boldsymbol{P}^*\boldsymbol{X}^*\|^2 = 0$ が成り立ち，ゆえに $\boldsymbol{X}^* - \boldsymbol{P}^*\boldsymbol{X}^* = \boldsymbol{0}$.

(4)　定義より $\mathrm{rank}(\boldsymbol{P}^*) \leq \mathrm{rank}(\boldsymbol{X}^*)$ が成り立ち，逆に，$\boldsymbol{P}^*\boldsymbol{X}^* = \boldsymbol{X}^*$ より $\mathrm{rank}(\boldsymbol{X}^*) \leq \mathrm{rank}(\boldsymbol{P}^*)$ が成り立つことから示される．実際，$(\boldsymbol{P}^*)^2 = \boldsymbol{P}^*$ より $\boldsymbol{P}^*$ の固有値は 1 か 0 であるから，$\mathrm{rank}(\boldsymbol{P}^*) = \mathrm{trace}(\boldsymbol{P}^*)$.　□

回帰ベクトルや残差ベクトルは射影行列 $\boldsymbol{P}^*$ により求めることができるので，情報行列の逆行列は必要でなかった．しかし，正規方程式

$$\boldsymbol{S}_{xx}\boldsymbol{\theta} = \boldsymbol{S}_{xy}, \qquad \text{すなわち，}\ {}^t\boldsymbol{X}^*\boldsymbol{X}^*\boldsymbol{\theta} = {}^t\boldsymbol{X}^*\boldsymbol{Y}^*$$

を解いて，回帰係数ベクトル $\boldsymbol{\theta}$ の推定量を求めるためにはどうしても情報行列の逆行列が必要である．そこで，ν を小さい正数として，${}^t\boldsymbol{X}^*\boldsymbol{X}^* + \nu\boldsymbol{I}$ を考えて，次の方程式とその解

$$({}^t\boldsymbol{X}^*\boldsymbol{X}^* + \nu\boldsymbol{I})\boldsymbol{\theta} = {}^t\boldsymbol{X}^*\boldsymbol{Y}^*, \qquad \hat{\boldsymbol{\theta}}(\nu) = ({}^t\boldsymbol{X}^*\boldsymbol{X}^* + \nu\boldsymbol{I})^{-1}\,{}^t\boldsymbol{X}^*\boldsymbol{Y}^*$$

を使用する方法を**リッジ回帰** (ridge regression) といい，その方程式および解を**リッジ正規方程式**および**リッジ推定量**という．

定理 12.9　(1)　リッジ推定量は不偏でない：

$$E\{\hat{\boldsymbol{\theta}}(\nu)\} = ({}^t\boldsymbol{X}^*\boldsymbol{X}^* + \nu\boldsymbol{I})^{-1}\,{}^t\boldsymbol{X}^*\boldsymbol{X}^*\boldsymbol{\theta} \neq \boldsymbol{\theta}.$$

(2)　リッジ推定量の総平均2乗誤差は総分散 $v^2(\nu)$ と偏り $b^2(\nu)$ の和で表される：

$$E\{\|\hat{\boldsymbol{\theta}}(\nu) - \boldsymbol{\theta}\|^2\} = v^2(\nu) + b^2(\nu).$$

いま，ν が増加するとき，総分散部分 $v^2(\nu)$ は減少し，偏り部分 $b^2(\nu)$ は増大する．

証明　(1) は明らかである．

(2)

$$\begin{aligned} E\{\|\hat{\boldsymbol{\theta}}(\nu) - \boldsymbol{\theta}\|^2\} &= E\{\|\hat{\boldsymbol{\theta}}(\nu) - E\{\hat{\boldsymbol{\theta}}(\nu)\} + E\{\hat{\boldsymbol{\theta}}(\nu)\} - \boldsymbol{\theta}\|^2\} \\ &= E\{\|\hat{\boldsymbol{\theta}}(\nu) - E\{\hat{\boldsymbol{\theta}}(\nu)\}\|^2\} + \|E\{\hat{\boldsymbol{\theta}}(\nu)\} - \boldsymbol{\theta}\|^2 \\ &= v^2(\nu) + b^2(\nu) \quad \text{（とおく）}. \end{aligned}$$

$v^2(\nu)$ はリッジ推定量の総分散を表し，$b^2(\nu)$ はその偏りの2乗和を表している．情報行列の対角化により，次のように表現できる：

$$\begin{aligned} v^2(\nu) &= E\{\|\hat{\boldsymbol{\theta}}(\nu) - E\{\hat{\boldsymbol{\theta}}(\nu)\}\|^2\} = \mathrm{trace}[\,\boldsymbol{V}\{\hat{\boldsymbol{\theta}}(\nu)\}] \\ &= \sigma^2\,\mathrm{trace}[({}^t\boldsymbol{X}^*\boldsymbol{X}^* + \nu\boldsymbol{I})^{-1}\,{}^t\boldsymbol{X}^*\boldsymbol{X}^*({}^t\boldsymbol{X}^*\boldsymbol{X}^* + \nu\boldsymbol{I})^{-1}] \\ &= \sum_{j=1}^{k} \frac{\lambda_j\sigma^2}{(\lambda_j + \nu)^2}, \end{aligned}$$

$$b^2(\nu) = \|\{({}^t\boldsymbol{X}^*\boldsymbol{X}^* + \nu\boldsymbol{I})^{-1}\,{}^t\boldsymbol{X}^*\boldsymbol{X}^* - \boldsymbol{I}\}\boldsymbol{\theta}\|^2 = \sum_{j=1}^{k}\left(\frac{\alpha_j\nu}{\lambda_j + \nu}\right)^2,$$

$$\text{ただし，}\ \boldsymbol{\alpha} = {}^t(\alpha_1, \cdots, \alpha_k) = {}^t\boldsymbol{\Gamma}\boldsymbol{\theta}.$$

ゆえに，ν が増加するとき，分散部分 $v^2(\nu)$ は減少し，偏り部分 $b^2(\nu)$ は増大することが示される (図 12.4 参照)．　□

$\nu = 0$ のとき，リッジ回帰推定量と通常の最小自乗推定量は一致する：$\hat{\boldsymbol{\theta}}(0) = \hat{\boldsymbol{\theta}}$．$\nu$ が小さいときには分散部分の減少度合いは偏り部分の増加度合いより大きいので，情報行列の ある悪条件の下で適当に ν を小さくとれば，リッジ推定量の総平均2乗誤差を最小自乗推定量の総分散よりも小さくできることもある：$v^2(\nu) + b^2(\nu) < v^2(0)$．

次に，「リッジ」という名前の由来を考えよう．情報行列が悪条件である

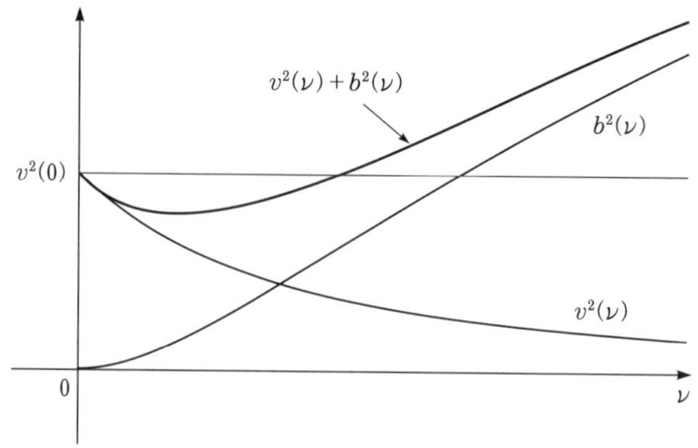

図 12.4

とき，最小自乗推定量の総分散 $v^2(0)=\sigma^2\sum_{j=1}^{k}\dfrac{1}{\lambda_j}$ は非常に大きくなり，最小自乗推定量が大きく散らばることになる．そこで，回帰係数ベクトルの大きさを制約し，散らばりを抑えて最小自乗法を解くことを考えよう．これまでは線形制約の下での最小自乗法をラグランジュ乗数法によって解くことを論じたけれども，ここでは回帰係数ベクトルの大きさという非線形制約 $\|\boldsymbol{\theta}\|\leq\alpha$ の下での最小自乗法をラグランジュ乗数法によって解くことになる．中心化回帰モデルにおいて，ν をラグランジュ乗数とし，

$$g(\boldsymbol{\theta},\nu)=\|\boldsymbol{Y}^*-\boldsymbol{X}^*\boldsymbol{\theta}\|^2+\nu\{\|\boldsymbol{\theta}\|^2-\alpha^2\}$$

とおく．これを $\boldsymbol{\theta}$ と ν で微分して，リッジ正規方程式と長さの条件を得る：

$${}^t\boldsymbol{X}^*\boldsymbol{X}^*\boldsymbol{\theta}+\nu\boldsymbol{\theta}={}^t\boldsymbol{X}^*\boldsymbol{Y}^*,\qquad \|\boldsymbol{\theta}\|^2=\alpha^2.$$

また，関数 g は

$$\begin{aligned}g(\boldsymbol{\theta},\nu)&=\|(\boldsymbol{Y}^*-\boldsymbol{X}^*\hat{\boldsymbol{\theta}})+(\boldsymbol{X}^*\hat{\boldsymbol{\theta}}-\boldsymbol{X}^*\hat{\boldsymbol{\theta}}(\nu))\|^2+\nu\{\|\boldsymbol{\theta}\|^2-\alpha^2\}\\&=\|(\boldsymbol{I}-\boldsymbol{P}^*)\boldsymbol{Y}^*\|^2+{}^t(\boldsymbol{\theta}-\hat{\boldsymbol{\theta}}){}^t\boldsymbol{X}^*\boldsymbol{X}^*(\boldsymbol{\theta}-\hat{\boldsymbol{\theta}})+\nu\{\|\boldsymbol{\theta}\|^2-\alpha^2\}\end{aligned}$$

であるから，最後の式の第1項は $\boldsymbol{\theta}$ に無関係であり，第2項は通常の最小自乗解 $\hat{\boldsymbol{\theta}}$ を中心とする楕円面上に $\boldsymbol{\theta}$ がのっていることを示し，第3項は原点 $\mathbf{0}$ を中心とする球面上に $\boldsymbol{\theta}$ がのっていることを示している．ゆえに，母数 $k=2$（2次元）の場合を図示すれば，α が 0 から ∞ に増加していくとき，すなわち ν が ∞ から 0 に減少するとき，リッジ推定量 $\hat{\boldsymbol{\theta}}(\nu)$ は図 12.5 の太線で示した双曲線の軌跡を描く．これはちょうど $\hat{\boldsymbol{\theta}}$ を頂上とし楕円状

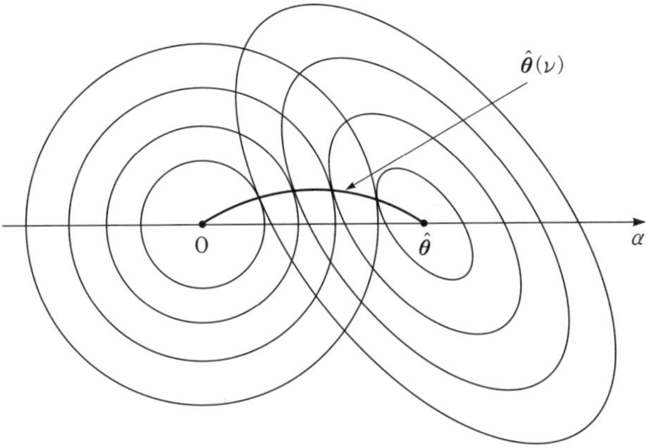

図 12.5

の等高線をもつ山に原点から出発した登山者 $\hat{\boldsymbol{\theta}}(\nu)$ が稜線をたどって頂上に登っていく様子を描いている．これが「リッジ，稜線」の名前の由来である．

12.8　母数の次元の決定：Cp 統計量

正規線形モデルにおいて，定数項 θ_0 はいつも含まれるとし，回帰係数 $\theta_1, \cdots, \theta_k$ をはじめの r 個 $(1 \leq r \leq k)$ と残りの $k-r$ 個に分けてみるとき，残りの $k-r$ 個が全て 0 であるという仮説を検定することと回帰係数ベクトル $\boldsymbol{\theta}$ の次元についての 2 つの仮説

$$\begin{cases} H_r : \ \boldsymbol{\theta} = \boldsymbol{\theta}_r & (\text{母数 } \boldsymbol{\theta} \text{ の次元が } r \text{ である}), \\ H_k : \ \boldsymbol{\theta} = \boldsymbol{\theta}_k & (\text{母数 } \boldsymbol{\theta} \text{ の次元が } k \text{ である}) \end{cases}$$

を検定することとは同値である．ここでは

$$\boldsymbol{\theta}_r = {}^t(\theta_1, \cdots, \theta_r), \qquad \boldsymbol{X}_r^* = (\boldsymbol{x}_{\cdot 1}^*, \cdots, \boldsymbol{x}_{\cdot r}^*)$$

なる記号を使う．特に，$\boldsymbol{\theta}_k = \boldsymbol{\theta}$, $\boldsymbol{X}_k^* = \boldsymbol{X}^*$ である．さらに，

$$\boldsymbol{P}_r^* = \boldsymbol{X}_r^*({}^t\boldsymbol{X}_r^* \boldsymbol{X}_r^*)^{-1}\, {}^t\boldsymbol{X}_r^*, \qquad \boldsymbol{P}_k^* = \boldsymbol{P}^*$$

とすれば，$\boldsymbol{P}_r^*$ は $\boldsymbol{R}^n$ から $\boldsymbol{X}_r^* = (\boldsymbol{x}_{\cdot 1}^*, \cdots, \boldsymbol{x}_{\cdot r}^*)$ の張るベクトル空間 $\mathcal{M}(\boldsymbol{X}_r^*)$ への射影行列である．$\mathcal{M}(\boldsymbol{X}_r^*)$ は $\mathcal{M}(\boldsymbol{X}_k^*)$ の部分ベクトル空間であるから，次のことが成り立つ：

$$\boldsymbol{P}_k^* \boldsymbol{P}_r^* = \boldsymbol{P}_r^* \boldsymbol{P}_k^* = \boldsymbol{P}_r^*, \qquad \boldsymbol{I} = (\boldsymbol{I} - \boldsymbol{P}_k^*) + (\boldsymbol{P}_k^* - \boldsymbol{P}_r^*) + \boldsymbol{P}_r^* \quad (\text{直和}).$$

仮説 H_r の下での最小自乗解，回帰ベクトル，残差ベクトルは

$$\hat{\boldsymbol{\theta}}_r = ({}^t\boldsymbol{X}_r^*\boldsymbol{X}_r^*)^{-1}\,{}^t\boldsymbol{X}_r^*\boldsymbol{Y}^*, \qquad \boldsymbol{X}_r^*\hat{\boldsymbol{\theta}}_r = \boldsymbol{P}_r^*\boldsymbol{Y}^*,$$
$$\boldsymbol{e}_r = (\boldsymbol{I} - \boldsymbol{P}_r^*)\boldsymbol{Y}^*.$$

ゆえに，残差平方和を $\varDelta_r^2 = \|(\boldsymbol{I} - \boldsymbol{P}_r^*)\boldsymbol{Y}^*\|^2$ とおくと，定理 12.7 より

$$F_r = \frac{\dfrac{\varDelta_r^2 - \varDelta_k^2}{k-r}}{\dfrac{\varDelta_k^2}{n-k-1}} \sim \begin{cases} F_{n-k-1}^{k-r} & (\text{帰無仮説 } H_r \text{ の下で}), \\ F_{n-k-1}^{k-r}(\delta_r^2) & (\text{対立仮説 } H_k \text{ の下で}) \end{cases}$$

が成り立つ．ここで，$\delta_r^2 = \dfrac{\|(\boldsymbol{P}_k^* - \boldsymbol{P}_r^*)\boldsymbol{X}^*\boldsymbol{\theta}\|^2}{\sigma^2}$．以上のことから，統計量 F_r によって帰無仮説 H_r と対立仮説 H_k のどちらが成り立っているかを検定することができる．

次に，真の母数の次元 $r\,(1 \le r \le k)$ が未知であって，データによって決定せねばならない状況を考えよう．いま，p 次元であると思って上で述べた統計量 F_p を使って下方から順次 $p = 1, 2, \cdots, k$ に対して検定を行い，初めて検定が採択されたときの次元 p を母数の次元として決定する方法や，逆に上方から順次 $p = k, k-1, \cdots, 1$ に対して検定を行い，初めて検定が棄却されたとき，その直前の次元 p を母数の次元として決定する方法も考えられる．しかし，これら 2 つの方法によって決定した p の値は食い違うし，有意水準のとり方に強く依存する．

そこで，最初に立ち戻って，p 次元の予測量 $\hat{\boldsymbol{\theta}}_p$ を使ったときの予測誤差 $K(p)$ を最小にする p の値で母数の次元を決定することを考えよう．

$$K(p) = E\{\|\boldsymbol{P}_p^*\boldsymbol{Y}^* - \boldsymbol{X}^*\boldsymbol{\theta}\|^2\} = p\sigma^2 + \|(\boldsymbol{P}_k^* - \boldsymbol{P}_p^*)\boldsymbol{X}^*\boldsymbol{\theta}\|^2$$

すなわち，

$$\frac{K(p)}{\sigma^2} = p + \frac{1}{\sigma^2}\|(\boldsymbol{P}_k^* - \boldsymbol{P}_p^*)\boldsymbol{X}^*\boldsymbol{\theta}\|^2 = p + \delta_p^2.$$

ところが，前出の検定統計量は

$$F_p = \frac{\dfrac{\varDelta_p^2 - \varDelta_k^2}{k-p}}{\dfrac{\varDelta_k^2}{n-k-1}} \sim F_{n-k-1}^{k-p}(\delta_p^2)$$

であるから，

$$E\{F_p\}=\frac{n-k-1}{n-k-3}\left\{1+\frac{\delta_p^2}{k-p}\right\}$$

すなわち，

$$E\left\{\frac{n-k-3}{n-k-1}(k-p)F_p-(k-p)\right\}=\delta_p^2.$$

ゆえに，$\dfrac{K(p)}{\sigma^2}$ の不偏推定量は

$$\begin{aligned}\tilde{C}(p)&=p+\frac{n-k-3}{n-k-1}(k-p)F_p-(k-p)\\&=\frac{n-k-3}{n-k-1}\frac{\varDelta_p^2}{\hat{\sigma}^2}+2p-n+3\end{aligned}$$

である．さらに，第1式の係数 $\dfrac{n-k-3}{n-k-1}$ を1で置き換えた

$$\begin{aligned}C(p)&=p+(k-p)F_p-(k-p)\\&=\frac{\varDelta_p^2}{\hat{\sigma}^2}+2p-n+1\end{aligned}$$

をマロウズ (Mallows) の **Cp 統計量**という．真の母数 $\boldsymbol{\theta}$ の次元 r を Cp 統計量 $\{C(p):p=1,\cdots,k\}$ または $\{\tilde{C}(p):p=1,\cdots,k\}$ を最小にする p の値によって推定する方法がよく使われる．

例題 12.2　次のような xy 平面上の7点

i	1	2	3	4	5	6	7
x_i	-3	-2	-1	0	1	2	3
y_i	1	4	5	5	6	7	9

に対して，回帰関数が x の3次以下の多項式：

$$y=\theta_0+\theta_1 x+\theta_2 x^2+\theta_3 x^3$$

をあてはめることを考える．

これを線形回帰問題に置き換えるために，$i=1,\cdots,7$ に対して

$$x_{i1}=x_i,\qquad x_{i2}=x_i^2,\qquad x_{i3}=x_i^3$$

とおけば，観測値ベクトル $\boldsymbol{y}$，説明行列 $\boldsymbol{X}$，中心化説明行列 $\boldsymbol{X}^*$ は

$$\boldsymbol{y}=\begin{pmatrix}1\\4\\5\\5\\6\\7\\9\end{pmatrix},\qquad \boldsymbol{X}=\begin{pmatrix}-3&9&-27\\-2&4&-8\\-1&1&-1\\0&0&0\\1&1&1\\2&4&8\\3&9&27\end{pmatrix},\qquad \boldsymbol{X}^*=\begin{pmatrix}-3&5&-27\\-2&0&-8\\-1&-3&-1\\0&-4&0\\1&-3&1\\2&0&8\\3&5&27\end{pmatrix}$$

である．また，

$$^t\boldsymbol{X}^*\boldsymbol{X}^*=\begin{pmatrix}28&0&196\\0&84&0\\196&0&1588\end{pmatrix},\qquad \boldsymbol{\theta}=\begin{pmatrix}\theta_1\\\theta_2\\\theta_3\end{pmatrix},\qquad ^t\boldsymbol{X}^*\boldsymbol{y}=\begin{pmatrix}31\\-3\\241\end{pmatrix}$$

であるから，各次元の情報行列の逆行列は

$$(^t\boldsymbol{X}^*\boldsymbol{X}^*)^{-1}=\begin{pmatrix}\frac{397}{1512}&0&\frac{-7}{216}\\0&\frac{1}{84}&0\\\frac{-7}{216}&0&\frac{1}{216}\end{pmatrix},\qquad (^t\boldsymbol{X}_2^*\boldsymbol{X}_2^*)^{-1}=\begin{pmatrix}\frac{1}{28}&0\\0&\frac{1}{84}\end{pmatrix}.$$

ゆえに，各次元の回帰係数と回帰関数は

（1） $\hat{\theta}_1=\dfrac{31}{28},\qquad \hat{\theta}_0=\dfrac{37}{7},\qquad f_1(x)=\dfrac{37}{7}+\dfrac{31}{28}x,$

（2） $\hat{\boldsymbol{\theta}}_2=\begin{pmatrix}\frac{31}{28}\\\frac{-1}{28}\end{pmatrix},\qquad \hat{\theta}_0=\dfrac{38}{7},\qquad f_2(x)=\dfrac{38}{7}+\dfrac{31}{28}x-\dfrac{1}{28}x^2,$

（3） $\hat{\boldsymbol{\theta}}_3=\begin{pmatrix}\frac{83}{252}\\\frac{-1}{28}\\\frac{1}{9}\end{pmatrix},\qquad \hat{\theta}_0=\dfrac{38}{7},\qquad f_3(x)=\dfrac{38}{7}+\dfrac{83}{252}x-\dfrac{1}{28}x^2+\dfrac{1}{9}x^3$

であり，残差平方和は

$$\varDelta_p^2={}^t\boldsymbol{y}^*\boldsymbol{y}^*-{}^t\hat{\boldsymbol{\theta}}_p{}^t\boldsymbol{X}_p^*\boldsymbol{y},\qquad \varDelta_0^2={}^t\boldsymbol{y}^*\boldsymbol{y}^*$$

によって計算すると，

$$\varDelta_3^2 = \frac{1}{3}, \qquad \varDelta_2^2 = 3, \qquad \varDelta_1^2 = \frac{87}{28} = 3.11, \qquad \varDelta_0^2 = \frac{262}{7} = 37.43.$$

各次元の回帰多項式のグラフは図 12.6 のようになる．図をみると，3 次と 1 次の回帰多項式がデータに適合しているので，

$$\begin{cases} H_0:\ 1\text{ 次回帰多項式 } \theta_2 = \theta_3 = 0 & (\text{帰無仮説}), \\ H_1:\ 3\text{ 次回帰多項式} & (\text{対立仮説}) \end{cases}$$

という仮説を有意水準 5% で検定する．F-検定統計量を計算すれば

$$F = \frac{\dfrac{\varDelta_1^2 - \varDelta_3^2}{2}}{\dfrac{\varDelta_3^2}{3}} = 12.48 > F_{3,0.05}^2 = 9.55$$

であるから仮説は棄却される．すなわち，1 次回帰式は適合しているとはいえないことがわかる．次に，何次の回帰多項式が適合しているかということを Cp 統計量によって決定することを考える．このとき，Cp 統計量は，

$$C(p):\ C(1) = 24, \quad C(2) = 25, \quad C(3) = 3,$$
$$\tilde{C}(p):\ \tilde{C}(1) = 7.33, \quad \tilde{C}(2) = 9, \quad \tilde{C}(3) = 3$$

であるから，$C(p), \tilde{C}(p)$ のいずれの基準によっても $p = 3$ のとき最小になり，3 次式を選ぶことがわかる． ◇

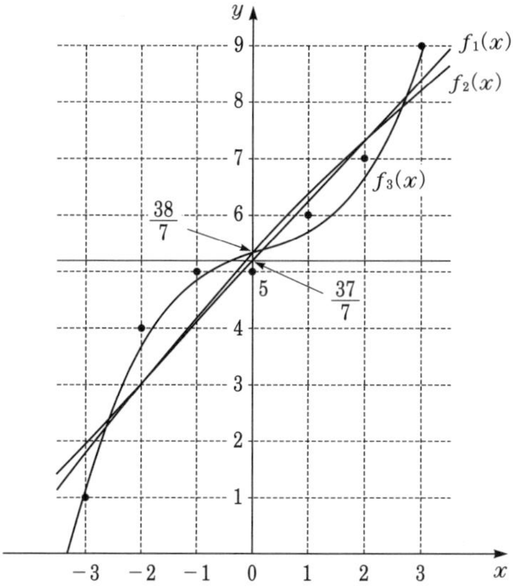

図 12.6

演習問題 12

12.1 ある中学校1年生の男子10人の身長 x_1 (cm)・胸囲 x_2 (cm)・体重 y(kg) を測定し，下記のデータを得た．次の問に答えよ．

（1） 体重 y の身長 x_1 への回帰直線を求めよ．

（2） 体重 y の胸囲 x_2 への回帰直線を求めよ．

（3） 体重 y の身長 x_1，胸囲 x_2 への線形回帰関数を求めよ．

（4） (1)-(3) における残差を求め，それらを同じグラフ用紙上にプロットし，それぞれの回帰関数について残差の面から論じよ．

中学生	1	2	3	4	5	6	7	8	9	10
x_1 (cm)	147	160	161	163	155	154	170	171	157	156
x_2 (cm)	68	75	77	86	73	74	75	80	73	78
y (kg)	37	54	49	64	48	44	49	58	42	52

12.2 前問において，胸囲 x_2 の影響を取り除いたときの体重 y と身長 x_1 の偏相関 $r_{01\cdot(2)}$ を求め，体重 y と身長 x_1 の単相関 x_{01} と比較せよ．

12.3 次のデータに最小自乗法を使って曲線： $y = ax + \dfrac{b}{x} + c$ をあてはめ，回帰係数 a, b, c を求めよ．また，データ点と求めた曲線を図示せよ．

x	1	2	3	4	5	6
y	8.0	8.5	11.0	13.0	16.0	19.5

12.4 次のデータはある実験区画における農産物の生産高 (y) とその区画へ与えられた肥料の量 (x_1)，灌がいの回数 (x_2) について得られたものである．

（1） 最小自乗法による線形回帰関数を求めよ．

（2） 肥料と灌がいの生産高への効果について述べよ．

（3） 残差平方和，および，誤差分散の推定値を求めよ．

x_1	0	0	0	1	1	1	2	2	2
x_2	2	4	6	2	4	6	2	4	6
y	24	23	27	26	25	26	29	27	31

12.5　観測値 y と 2 つの説明変数 x_1, x_2 の標本相関係数行列

$$\begin{pmatrix} 1 & r_{01} & r_{02} \\ r_{01} & 1 & r_{12} \\ r_{02} & r_{12} & 1 \end{pmatrix}$$

に対して，次のことを示せ．

（1）　この行列は非負定値行列であることを示せ．これより，

$$1 + 2\,r_{01}\,r_{02}\,r_{12} - r_{01}^2 - r_{02}^2 - r_{12}^2 \geq 0$$

が成り立つことを示せ．

（2）　偏相関係数 $r_{01\cdot(2)}$ を行列の成分を用いて表し，$(r_{01\cdot(2)})^2 \leq 1$ なる関係が成り立つことを示せ．

12.6　回帰係数 θ_j の最小自乗推定量 $\hat{\theta}_j$ の t-変換は次のようになることを示せ：

$$T_j = \frac{\sqrt{n}(\hat{\theta}_j - \theta_j)}{\hat{\sigma}\sqrt{s_0^{jj}}} \sim t_{n-k-1}, \qquad \text{ただし } \boldsymbol{S}_{xx}^{-1} = (\,s_0^{ij}\,) \text{ とする．}$$

また，回帰係数 θ_j の $1-\alpha$ 信頼区間 I_j を求めよ．

［ヒント：定理 12.6 (2) において，定数ベクトル $\boldsymbol{w}$ を適当に選べ．］

12.7　演習問題 **11.8** において，ダミー変数

$$d = \begin{cases} 1 & \text{（南斜面のとき）}, \\ 0 & \text{（北斜面のとき）} \end{cases}$$

を使った線形関数

$$y = \theta_0 + ad + \theta_1 x + b\,d\,x + \varepsilon$$

によって回帰分析を行え．このとき，南北両斜面の効果について論じよ．

12.8　次ページのデータは 19 の家畜市場における 1 年間の経費 (y ＄10^3) と，取り扱った家畜：牛 (x_1)，子牛 (x_2)，豚 (x_3)，羊 (x_4) の頭数 (10^3 頭) である．市場における経費と取り扱い頭数の間に線形関係

$$y = \theta_0 + \theta_1 x_1 + \theta_2 x_2 + \theta_3 x_3 + \theta_4 x_4 + \varepsilon$$

が成り立つとする．

（1）　最小自乗法により，母数 $\boldsymbol{\theta} = (\theta_0, \theta_1, \theta_2, \theta_3, \theta_4)$ と誤差分散 σ^2 の推定値を求めよ．

（2）　異常と思われる市場について述べよ．

市場 (i)	牛 (x_{i1})	子牛 (x_{i2})	豚 (x_{i3})	羊 (x_{i4})	経費 (y_i)
1	3.437	5.791	3.268	10.649	27.698
2	12.801	4.558	5.751	14.375	57.634
3	3.136	6.223	15.175	2.811	47.172
4	11.685	3.212	0.639	0.694	49.295
5	5.733	3.220	0.534	2.052	24.115
6	3.021	4.348	0.839	2.356	33.612
7	1.689	0.634	0.318	2.209	9.512
8	2.339	1.895	0.610	0.605	14.755
9	1.025	0.834	0.734	2.825	10.570
10	2.936	1.419	0.331	0.231	15.394
11	5.049	4.195	1.589	1.957	27.843
12	1.693	3.602	0.837	1.582	17.717
13	1.187	2.679	0.459	18.837	20.253
14	9.730	3.951	3.780	0.524	37.465
15	14.325	4.300	10.781	36.863	101.334
16	7.737	9.043	1.394	1.524	47.427
17	7.538	4.538	2.565	5.109	35.944
18	10.211	4.994	3.081	3.681	45.945
19	8.697	3.005	1.378	3.338	46.890

12.9　前問において，次の問に答えよ．

（1）　各回帰係数に対する 95 % 信頼区間を求めよ．

（2）　各回帰係数に対する t-値を予測量の係数の下に ( ) 内に入れてかけ．

12.10　ハミルトン=ルビノフ (Hamilton-Rubinoff ; 1963, Science) はガラパゴス諸島の 17 島における植物種の豊富さ (植物種の数) y を島の面積 x_1 (mi^2)，島の最高位 x_2 (ft)，隣接した島までの距離 x_3 (mi)，ガラパゴス諸島の中心からの距離 x_4(mi)，隣接した島の面積 x_5(mi^2) による線形関数

$$y = \theta_0 + \theta_1 x_1 + \theta_2 x_2 + \theta_3 x_3 + \theta_4 x_4 + \theta_5 x_5$$

で説明した．次ページのデータに基づき，Cp 統計量によって変数選択を行い，回帰関数を決定せよ．

島番号	x_1 (mi²)	x_2 (ft)	x_3 (mi)	x_4 (mi)	x_5 (mi²)	y
1	0.9	650	21.7	162	1.8	7
2	1.8	830	21.7	139	0.9	14
3	4.4	210	31.1	58	45.0	22
4	1.9	700	4.4	15	203.9	42
5	45.0	1125	14.3	54	20.0	47
6	7.5	899	10.9	10	389.0	48
7	0.2	300	1.0	55	18.0	48
8	1.0	500	0.5	1	389.0	52
9	18.0	650	30.1	55	0.2	79
10	245.0	4902	3.0	59	2249.0	80
11	7.1	1502	6.4	6	398.0	103
12	20.0	2500	14.3	75	45.0	119
13	389.0	2835	0.5	0	1.0	193
14	203.0	2900	4.4	12	1.9	224
15	195.0	2490	28.6	42	7.5	306
16	64.0	2100	31.1	31	389.0	319
17	2249.0	5600	3.1	17	245.0	325

§ 13. 分散分析

13.1 1元配置

小学校6年生の男女生徒の身長の分布の平均差や東京と大阪のサラリーマンの所得の分布の平均差を検定する問題は **10.4** で2標本問題の例として論じた．前者は身長と性別という問題であるから本質的に2標本問題である．しかし，後者は所得と大都市という問題であるので，都市規模の**水準**(level) として500万都市，100万都市，50万都市，10万都市を取り上げ，多標本問題として考えることになる．

いま，要因 A を r 水準 $A_1, \cdots, A_r$ に分割し，各水準における標本を

A_1 標本　$\boldsymbol{Y}_1 = (Y_{11}, \cdots, Y_{1n_1})$　は独立な同一分布 $N(\mu_1, \sigma^2)$ に従い，

$\vdots$　　　　　　　$\vdots$

A_r 標本　$\boldsymbol{Y}_r = (Y_{r1}, \cdots, Y_{rn_r})$　は独立な同一分布 $N(\mu_r, \sigma^2)$ に従う

とし，$\boldsymbol{Y}_1, \cdots, \boldsymbol{Y}_r$ は独立とする．このとき，母平均 $\mu_1, \cdots, \mu_r$ の間に差があるかどうかという仮説を検定しよう：

$$\begin{cases} H_0: \ \mu_1 = \cdots = \mu_r \ (= \mu \text{ とおく}) & \text{(帰無仮説)}, \\ H_1: \ \mu_1, \cdots, \mu_r \text{ のどれかが異なる} & \text{(対立仮説)}. \end{cases}$$

総標本数を $n = n_1 + \cdots + n_r$ とし，総平均と各平均偏差を

$$\mu = \frac{1}{n}\sum_{i=1}^{r} n_i \mu_i, \qquad \alpha_i = \mu_i - \mu, \qquad \text{ただし，} \sum_{i=1}^{r} n_i \alpha_i = 0$$

とおく．α_i は水準 A_i の**主効果** (main effect) とよばれ，母平均に関する仮説は主効果があるかどうかという仮説になる：

$$\begin{cases} H_0: \ \alpha_1 = \cdots \alpha_r = 0 & \text{(帰無仮説)}, \\ H_1: \ \alpha_1, \cdots, \alpha_r \text{ のどれかが } 0 \text{ と異なる} & \text{(対立仮説)}. \end{cases}$$

これを回帰問題として考えれば，線形回帰モデル

$$Y = \mu + \alpha_1 d_1 + \cdots + \alpha_r d_r + \varepsilon$$

に帰着する．ここで，説明変数 d_i は第 i 標本を示すダミー変数

$$d_i = \begin{cases} 1 & \text{(第 } i \text{ 標本に対して)}, \\ 0 & \text{(その他の標本に対して)} \end{cases}$$

であり，ε は正規誤差 $N(0, \sigma^2)$ とする．すなわち，観測は

$$Y_{ij} = \mu + \alpha_i + \varepsilon_{ij}, \qquad i = 1, \cdots, r\,;\, j = 1, \cdots, n_i$$

であり，ここで ε_{ij} は独立な同一分布 $N(0, \sigma^2)$ に従う誤差確率変数である．そのときの観測ベクトルと説明行列は次のようになる：

$$\begin{pmatrix} Y_{11} \\ \vdots \\ Y_{1n_1} \\ \vdots \\ Y_{r1} \\ \vdots \\ Y_{rn_r} \end{pmatrix}, \quad \begin{pmatrix} 1 & 1 & 0 & \cdots & 0 \\ \vdots & \vdots & \vdots & & \vdots \\ 1 & 1 & 0 & \cdots & 0 \\ \vdots & \vdots & \vdots & & \vdots \\ 1 & 0 & \cdots & 0 & 1 \\ \vdots & \vdots & & \vdots & \vdots \\ 1 & 0 & \cdots & 0 & 1 \end{pmatrix}.$$

総標本平均 $\bar{Y}$ は総母平均 μ の推定量であり，第 i 標本平均 $\bar{Y}_i$ は第 i 母平均 μ_i の推定量であることを使って，主効果に関する仮説を検定しよう．まず，

$$\bar{Y} = \frac{1}{n}\sum_{i=1}^{r}\sum_{j=1}^{n_i} Y_{ij} \sim N\Big(\mu, \frac{1}{n}\sigma^2\Big),$$

$$\bar{Y}_1 = \frac{1}{n_1}(Y_{11} + \cdots + Y_{1n_1}) \sim N\Big(\mu_1, \frac{1}{n_1}\sigma^2\Big),$$

$$\vdots$$

$$\bar{Y}_r = \frac{1}{n_r}(Y_{r1} + \cdots + Y_{rn_r}) \sim N\Big(\mu_r, \frac{1}{n_r}\sigma^2\Big).$$

したがって，第 i 標本平均偏差は主効果 α_i の推定量である：

$$\hat{\alpha}_i = \bar{Y}_i - \bar{Y} \sim N\Big(\alpha_i, \Big(\frac{1}{n_i} - \frac{1}{n}\Big)\sigma^2\Big), \qquad \sum_{i=1}^{r} n_i \hat{\alpha}_i = 0.$$

誤差の 2 乗和を次のように 3 つの 2 乗和に分解する：

$$\begin{aligned} \varDelta^2 = \|\varepsilon\|^2 &= \sum_{i=1}^{r}\sum_{j=1}^{n_i} \varepsilon_{ij}^2 = \sum_{i=1}^{r}\sum_{j=1}^{n_i}(Y_{ij} - \mu - \alpha_i)^2 \\ &= \sum_{i=1}^{r}\sum_{j=1}^{n_i}\{(Y_{ij} - \bar{Y} - \hat{\alpha}_i) + (\bar{Y} - \mu) + (\hat{\alpha}_i - \alpha_i)\}^2 \\ &= \sum_{i=1}^{r}\sum_{j=1}^{n_i}(Y_{ij} - \bar{Y} - \hat{\alpha}_i)^2 + n(\bar{Y} - \mu)^2 + \sum_{i=1}^{r} n_i(\hat{\alpha}_i - \alpha_i)^2. \end{aligned}$$

相互項が消える理由は次のように偏差の和が消えるためである：

$$\sum_{j=1}^{n_i}(Y_{ij}-\bar{Y}-\hat{\alpha}_i)=n_i(\bar{Y}_i-\bar{Y}-\hat{\alpha}_i)=0, \qquad \sum_{i=1}^{r} n_i(\hat{\alpha}_i-\alpha_i)=0.$$

ゆえに，総平均 μ と主効果 α_i の最小自乗推定量は標本総平均 $\bar{Y}$ と各標本平均偏差 $\hat{\alpha}_i=\bar{Y}_i-\bar{Y}$ であり，そのときの残差平方和は

$$\Delta_0^2=\sum_{i=1}^{r}\sum_{j=1}^{n_i}(Y_{ij}-\bar{Y}-\hat{\alpha}_i)^2=\sum_{i=1}^{r}\sum_{j=1}^{n_i}(Y_{ij}-\bar{Y}_i)^2=\sum_{i=1}^{r} n_i S_i^2$$

である．すなわち，これは各標本内の変動 $n_i S_i^2=\sum_{j=1}^{n_i}(Y_{ij}-\bar{Y}_i)^2$ を合併したものであり，**級内変動** (sum of squares within, 略して SSW) とよばれる．その自由度は観測個数と推定した母数の個数の差 $n-r$ である．

一方，帰無仮説 H_0 の下では総平均 μ の最小自乗推定量は標本総平均 $\bar{Y}$ であり，そのときの残差平方和は：

$$\Delta_1^2=\sum_{i=1}^{r}\sum_{j=1}^{n_i}(Y_{ij}-\bar{Y})^2$$

である．これを**総変動** (sum of squares total, 略して SST) という．その自由度は $n-1$ である．総変動は

$$\Delta_1^2=\sum_{i=1}^{r}\sum_{j=1}^{n_i}(Y_{ij}-\bar{Y}-\hat{\alpha}_i)^2+\sum_{i=1}^{r} n_i\hat{\alpha}_i^2$$

として 2 つの 2 乗和に分解される．ゆえに，差

$$\Delta_1^2-\Delta_0^2=\sum_{i=1}^{r} n_i\hat{\alpha}_i^2=\sum_{i=1}^{r} n_i(\bar{Y}_i-\bar{Y})^2$$

は標本間の変動を表し，**級間変動** (sum of squares between, 略して SSB) とよばれる．その自由度は $(n-1)-(n-r)=r-1$ である．変動と自由度は次のように整理される：

変　動：　総変動 ＝ 級間変動 ＋ 級内変動

自由度：　$n-1 \;=\; r-1 \;+\; n-r$

線形回帰分析の定理 12.7 より

$$F=\frac{\dfrac{\Delta_1^2-\Delta_0^2}{r-1}}{\dfrac{\Delta_0^2}{n-r}}\sim\begin{cases} F_{n-r}^{r-1} & (\text{帰無仮説の下で}),\\ F_{n-r}^{r-1}(\delta^2) & (\text{対立仮説の下で})\end{cases}$$

であるから，有意水準 η の棄却域は

$$W = \{F > F^{r-1}_{n-r,\eta}\}.$$

ここで $F^{r-1}_{n-r,\eta}$ は自由度 $(r, n-r)$ のエフ分布の上側 η 点である．また，$F^{r-1}_{n-r}(\delta^2)$ は非心母数 δ^2，自由度 $(r-1, n-r)$ の非心エフ分布を表し，F^{r-1}_{n-r} の分子のカイ自乗確率変数を非心カイ自乗確率変数に置き換えたものであり，F^{r-1}_{n-r} よりも大きい値に分布する：

$$F^{r-1}_{n-r} = \frac{\dfrac{\chi^2_{r-1}}{r-1}}{\dfrac{\chi^2_{n-r}}{n-r}}, \qquad F^{r-1}_{n-r}(\delta^2) = \frac{\dfrac{\chi^2_{r-1}(\delta^2)}{r-1}}{\dfrac{\chi^2_{n-r}}{n-r}}.$$

このように，級内分散と級間分散の比によるエフ検定で仮説の成否を分析する方法を**分散分析** (analysis of variance, 略して ANOVA) における **1 元配置** (one-way layout) といい，それを整理した表を**分散分析表** (analysis-of-variance table) という．

分散分析表　(SS ＝ 平方和，DF ＝ 自由度，MS ＝ 平均平方和)

	SS	DF	MS	F
級間	$\sum n_i(\bar{Y}_i - \bar{Y})^2$	$r-1$	$\dfrac{\sum n_i(\bar{Y}_i - \bar{Y})^2}{r-1}$	$F = \dfrac{\dfrac{\sum n_i(\bar{Y}_i - \bar{Y})^2}{r-1}}{\dfrac{\sum\sum(Y_{ij} - \bar{Y}_i)^2}{n-r}}$
級内	$\sum\sum(Y_{ij} - \bar{Y}_i)^2$	$n-r$	$\dfrac{\sum\sum(Y_{ij} - Y_i)^2}{n-r}$	
総	$\sum\sum(Y_{ij} - \bar{Y})^2$	$n-1$		$F^{r-1}_{n-r,\eta}$

例題 13.1　水の中に含まれる酸素溶解量は水質汚染を示す指標の 1 つである (酸素溶解量が少ないほど汚染が進んでいる)．ある湖の 4 地点においてとられた無作為標本の酸素溶解量を調べたところ，下表のようなデータを得た．

酸素溶解量

測定地点	酸素溶解量 (%)
A	7.8，6.4，8.2，6.9
B	6.7，6.8，7.1，6.9，7.3
C	7.2，7.4，6.9，6.4，6.5
D	6.0，7.4，6.5，6.9，7.2，6.8

このデータから 4 地点における酸素溶解量に有意差があるか検定しよう．全ての

データから $a=7$ を引き，$b=10$ 倍したものは下表のようになる．

データの変換

地点	u_{ij}	n_i	$u_{i\cdot}$	$u_{i\cdot}-u_{\cdot\cdot}$	$n_i(u_{i\cdot}-u_{\cdot\cdot})^2$
A	8, −6, 12, −1	4	3.25	3.6	51.84
B	−3, −2, 1, −1, 3	5	−0.4	−0.05	0.0125
C	2, 4, −1, −6, −5	5	−1.2	−0.85	3.6125
D	−10, 4, −5, −1, 2, −2	6	−2	−1.65	16.335
総	$\sum u_{ij}^2=501,\quad n=20,\quad u_{\cdot\cdot}=-0.35$				71.8

一般に，1 次変換 $U=b(Y-a)$ に対して，

$$E(Y)=\frac{1}{b}E(U)+a, \qquad V(Y)=\frac{1}{b^2}V(U)$$

であるから，元の平均は変換後のデータの平均を b で割り，a を加えればよく，元の分散は変換後のデータの分散を b^2 で割ればよい．したがって，この問題に関する分散分析表は次のようになる．主効果の推定量は

$$\alpha_1=0.36,\quad \alpha_2=-0.005,\quad \alpha_3=-0.085,\quad \alpha_4=-0.165.$$

また，分散と標準偏差の推定量は $\hat{\sigma}^2=0.2627$, $\hat{\sigma}=0.5477$．分散分析表より，有意水準 0.05 に対して F-値 0.912 は棄却限界 3.24 より小さいので仮説は棄却されない．すなわち，酸素溶解量は測定地点によって異なるとはいえない． ◇

u_{ij} に関する分散分析表

	SS	DF	MS	F
級間	71.8	3	23.93	0.912
級内	426.75	16	26.27	
総	498.55	19	$F^3_{16,0.05}=3.24$	

13.2 2 元配置

13.1 の始めでは勤労者の所得が都市の大きさという要因の水準によって差があるかどうかという問題を考えたが，勤労者をもっと詳しく眺めてみるとサービス業，製造業，建設業，運輸通信業，不動産業などの職種という要因があり，勤労者の所得が職種要因によって差があるかという問題が考えら

れる．このような場合は 2 要因問題という．

要因 A は r 水準 $A_1, \cdots, A_r$ に分割され，要因 B は c 水準 $B_1, \cdots, B_c$ に分割されるとき，データは**2 元配置** (two-way layout) になる：

要因	B_1	$\cdots$	B_c	行平均
A_1	Y_{11}	$\cdots$	Y_{1c}	$Y_{1\cdot}$
$\vdots$	$\vdots$	$\cdots$	$\vdots$	$\vdots$
A_r	Y_{r1}	$\cdots$	Y_{rc}	$Y_{r\cdot}$
列平均	$Y_{\cdot 1}$	$\cdots$	$Y_{\cdot c}$	$Y_{\cdot\cdot}$

行平均：　$Y_{i\cdot} = \dfrac{1}{c}\sum_{j=1}^{c} Y_{ij}$

列平均：　$Y_{\cdot j} = \dfrac{1}{r}\sum_{i=1}^{r} Y_{ij}$

総平均：　$Y_{\cdot\cdot} = \dfrac{1}{rc}\sum_{i=1}^{r}\sum_{j=1}^{c} Y_{ij}$

観測 Y_{ij} は正規分布 $N(\mu_{ij}, \sigma^2)$ に従い，平均値 μ_{ij} は行要因 A_i と列要因 B_j によって決定されるとする．すなわち，

$$\mu_{ij} = \mu + \alpha_i + \beta_j, \qquad i = 1, \cdots, r\,;\, j = 1, \cdots, c$$

$$\sum_{i=1}^{r} \alpha_i = \sum_{j=1}^{c} \beta_j = 0.$$

したがって，総平均，行平均，列平均をそれぞれ

$$\mu = \frac{1}{rc}\sum_{i=1}^{r}\sum_{j=1}^{c} \mu_{ij}, \qquad \mu_{i\cdot} = \frac{1}{c}\sum_{j=1}^{c} \mu_{ij}, \qquad \mu_{\cdot j} = \frac{1}{r}\sum_{i=1}^{r} \mu_{ij}$$

とおけば，行平均偏差と列平均偏差はそれぞれ

$$\alpha_i = \mu_{i\cdot} - \mu, \qquad \beta_j = \mu_{\cdot j} - \mu$$

であり，α_i を**行効果** (row effect)，β_j を**列効果** (column effect) という．行の母平均 $\mu_{1\cdot}, \cdots, \mu_{r\cdot}$ の間に差があるかどうかという仮説

$$\begin{cases} H_{r0}: & \mu_{1\cdot} = \cdots = \mu_{r\cdot}, \\ H_{r1}: & \text{その他}, \end{cases} \qquad \text{すなわち,} \begin{cases} H_{r0}: & \alpha_1 = \cdots = \alpha_r = 0, \\ H_{r1}: & \text{その他}, \end{cases}$$

または，列の母平均 $\mu_{\cdot 1}, \cdots, \mu_{\cdot c}$ の間に差があるかどうかという仮説

$$\begin{cases} H_{c0}: & \mu_{\cdot 1} = \cdots = \mu_{\cdot c}, \\ H_{c1}: & \text{その他}, \end{cases} \qquad \text{すなわち,} \begin{cases} H_{c0}: & \beta_1 = \cdots = \beta_c = 0, \\ H_{c1}: & \text{その他} \end{cases}$$

を検定しよう．これは次のような線形回帰モデルと考えられる：

$$Y = \mu + \alpha_1 d_{1\cdot} + \cdots + \alpha_r d_{r\cdot} + \beta_1 d_{\cdot 1} + \cdots + \beta_c d_{\cdot c} + \varepsilon.$$

説明変数 $d_{i\cdot}, d_{\cdot j}$ はそれぞれ第 i 行標本，第 j 列標本を表すダミー変数

$$d_{i\cdot}=\begin{cases}1 & (i\text{ 行の標本}),\\ 0 & (\text{その他}),\end{cases}\qquad d_{\cdot j}=\begin{cases}1 & (j\text{ 列の標本}),\\ 0 & (\text{その他}),\end{cases}$$

であり，ε は正規誤差 $N(0,\sigma^2)$ である．すなわち，

$$Y_{ij}=\mu+\alpha_i+\beta_j+\varepsilon_{ij},\qquad i=1,\cdots,r\,;\,j=1,\cdots,c$$

であり，ε_{ij} は独立な同一分布 $N(0,\sigma^2)$ に従う誤差である．観測ベクトルと説明行列は次のようになる：

$$\begin{pmatrix}Y_{11}\\ \vdots\\ Y_{r1}\\ \vdots\\ Y_{1c}\\ \vdots\\ Y_{rc}\end{pmatrix},\quad \begin{pmatrix}1 & 1 & \cdots & 0 & 1 & 0 & \cdots & 0\\ \vdots & \vdots & \ddots & \vdots & \vdots & \vdots & & \vdots\\ 1 & 0 & \cdots & 1 & 1 & 0 & \cdots & 0\\ \vdots & \vdots & & \vdots & \vdots & \vdots & & \vdots\\ 1 & 1 & \cdots & 0 & 0 & 0 & \cdots & 1\\ \vdots & \vdots & \ddots & \vdots & \vdots & \vdots & & \vdots\\ 1 & 0 & \cdots & 1 & 0 & 0 & \cdots & 1\end{pmatrix}.$$

標本の総平均 $Y_{\cdot\cdot}$，行平均 $Y_{i\cdot}$，列平均 $Y_{\cdot j}$ がそれぞれ母集団の総平均 μ，行平均 $\mu_{i\cdot}$，列平均 $\mu_{\cdot j}$ の推定量である：

$$Y_{\cdot\cdot}\sim N\Big(\mu,\frac{1}{rc}\sigma^2\Big),\qquad Y_{i\cdot}\sim N\Big(\mu_{i\cdot},\frac{1}{c}\sigma^2\Big),\qquad Y_{\cdot j}\sim N\Big(\mu_{\cdot j},\frac{1}{r}\sigma^2\Big).$$

標本の行平均偏差，列平均偏差は行効果 α_i，列効果 β_j の推定量である：

$$\hat{\alpha}_i=Y_{i\cdot}-Y_{\cdot\cdot}\sim N\Big(\alpha_i,\Big(\frac{1}{c}-\frac{1}{rc}\Big)\sigma^2\Big),$$

$$\hat{\beta}_j=Y_{\cdot j}-Y_{\cdot\cdot}\sim N\Big(\beta_j,\Big(\frac{1}{r}-\frac{1}{rc}\Big)\sigma^2\Big).$$

誤差の 2 乗和は次のように 4 つの 2 乗和に分解される：

$$\begin{aligned}\varDelta^2&=\sum_{i=1}^{r}\sum_{j=1}^{c}\varepsilon_{ij}^2=\sum_{i=1}^{r}\sum_{j=1}^{c}(Y_{ij}-\mu-\alpha_i-\beta_j)^2\\&=\sum_{i=1}^{r}\sum_{j=1}^{c}\{(Y_{ij}-Y_{\cdot\cdot}-\hat{\alpha}_i-\hat{\beta}_j)-(Y_{\cdot\cdot}-\mu)+(\hat{\alpha}_i-\alpha_i)+(\hat{\beta}_j-\beta_j)\}^2\\&=\sum_{i=1}^{r}\sum_{j=1}^{c}(Y_{ij}-Y_{\cdot\cdot}-\hat{\alpha}_i-\hat{\beta}_j)^2\\&\quad+rc(Y_{\cdot\cdot}-\mu)^2+c\sum_{i=1}^{r}(\hat{\alpha}_i-\alpha_i)^2+r\sum_{j=1}^{c}(\hat{\beta}_j-\beta_j)^2.\end{aligned}$$

ここで，相互項が消えるのは偏差の和がゼロになることから導かれる：

$$\sum_{i=1}^{r}(Y_{ij}-Y_{..}-\hat{\alpha}_i-\hat{\beta}_j)=\sum_{j=1}^{c}(Y_{ij}-Y_{..}-\hat{\alpha}_i-\hat{\beta}_j)=0,$$

$$\sum_{i=1}^{r}(\hat{\alpha}_i-\alpha_j)=0,\qquad \sum_{j=1}^{c}(\hat{\beta}_j-\beta_j)=0.$$

ゆえに，総平均 μ，行効果 α_i，列効果 β_j の最小自乗推定量はそれぞれ標本の総平均 $Y_{..}$，行効果 $\hat{\alpha}_i$，列効果 $\hat{\beta}_j$ であり，残差平方和は

$$\begin{aligned}\Delta_0^2&=\sum_{i=1}^{r}\sum_{j=1}^{c}(Y_{ij}-Y_{..}-\hat{\alpha}_i-\hat{\beta}_j)^2\\&=\sum_{i=1}^{r}\sum_{j=1}^{c}(Y_{ij}-Y_{i.}-Y_{.j}+Y_{..})^2\end{aligned}$$

であり，これは**誤差変動** (sum of squares error, 略して SSE) とよばれる．その自由度は観測個数と推定母数の個数の差 $rc-1-(r-1)+(c-1)=(r-1)(c-1)$ である．

一方，帰無仮説 H_{r0} の下では，要因 A は差がないので要因 B だけの1元配置と考えることができるから，前節よりそのときの残差平方和は

$$\begin{aligned}\Delta_{r1}^2&=\sum_{i=1}^{r}\sum_{j=1}^{c}(Y_{ij}-Y_{.j})^2\\&=\sum_{i=1}^{r}\sum_{j=1}^{c}(Y_{ij}-Y_{i.}-Y_{.j}+Y_{..})^2+c\sum_{i=1}^{r}(Y_{i.}-Y_{..})^2\end{aligned}$$

であり，その自由度は $rc-1-(c-1)=(r-1)c$ である．ゆえに，残差平方和の差は

$$\Delta_{r1}^2-\Delta_0^2=c\sum_{i=1}^{r}(Y_{i.}-Y_{..})^2=c\sum_{i=1}^{r}\hat{\alpha}_i^2$$

であり，これは**行変動** (sum of squares row, 略して SSR) とよばれる．その自由度は $(r-1)c-(r-1)(c-1)=r-1$ である．また，帰無仮説 H_{c0} の下では要因 B は差がないので要因 A だけの1元配置と考えることができるから，同様にそのときの残差平方和を Δ_{c1}^2 とすれば，

$$\Delta_{c1}^2-\Delta_0^2=r\sum_{j=1}^{c}(Y_{.j}-Y_{..})^2=r\sum_{j=1}^{c}\hat{\beta}_j^2$$

であり，これは**列変動** (sum of squares column, 略して SSC) とよばれる．その自由度は $c-1$ である．そのとき，総変動は

$$\sum_{i=1}^{r}\sum_{j=1}^{c}(Y_{ij}-Y_{..})^2$$
$$=\sum_{i=1}^{r}\sum_{j=1}^{c}(Y_{ij}-Y_{..}-\hat{\alpha}_i-\hat{\beta}_j)^2+r\sum_{j=1}^{c}\hat{\beta}_j^2+c\sum_{i=1}^{r}\hat{\alpha}_i^2$$
$$=\sum_{i=1}^{r}\sum_{j=1}^{c}(Y_{ij}-Y_{i.}-Y_{.j}+Y_{..})^2+r\sum_{j=1}^{c}(Y_{.j}-Y_{..})^2+c\sum_{i=1}^{r}(Y_{i.}-Y_{..})^2$$

となり，変動と自由度は次のように整理できる：

変　動：　総変動 ＝　誤差変動　＋ 行変動 ＋ 列変動

自由度：　$rc-1=(r-1)(c-1)+(r-1)+(c-1)$

線形回帰分析の理論から

$$F_r=\frac{\dfrac{\Delta_{r1}^2-\Delta_0^2}{r-1}}{\dfrac{\Delta_0^2}{(r-1)(c-1)}}\sim\begin{cases}F^{r-1}_{(r-1)(c-1)} & (\text{帰無仮説の下で}),\\ F^{r-1}_{(r-1)(c-1)}(\delta^2) & (\text{対立仮説の下で}).\end{cases}$$

これより有意水準 η の棄却域は，

$$W_r=\{F_r>F^{r-1}_{(r-1)(c-1),\eta}\}$$

である．ここで $F^{r-1}_{(r-1)(c-1),\eta}$ は自由度 $(r-1,(r-1)(c-1))$ のエフ分布の上側 η 点である．同様に，

$$F_c=\frac{\dfrac{\Delta_{c1}^2-\Delta_0^2}{c-1}}{\dfrac{\Delta_0^2}{(r-1)(c-1)}}\sim\begin{cases}F^{c-1}_{(r-1)(c-1)} & (\text{帰無仮説の下で}),\\ F^{c-1}_{(r-1)(c-1)}(\delta^2) & (\text{対立仮説の下で}).\end{cases}$$

有意水準 η の棄却域は，

$$W_c=\{F_c>F^{c-1}_{(r-1)(c-1),\eta}\}.$$

2元配置の分散分析表

変動	SS	DF	MS	F
行間	$\Delta_{r1}^2-\Delta_0^2$ $=c\sum(Y_{i.}-Y_{..})^2$	$r-1$	$\dfrac{\Delta_{r1}^2-\Delta_0^2}{r-1}$	$F_r=\dfrac{(\Delta_{r1}^2-\Delta_0^2)/(r-1)}{\Delta_0^2/\{(r-1)(c-1)\}}$
列間	$\Delta_{c1}^2-\Delta_0^2$ $=r\sum(Y_{.j}-Y_{..})^2$	$c-1$	$\dfrac{\Delta_{c1}^2-\Delta_0^2}{c-1}$	$F_c=\dfrac{(\Delta_{c1}^2-\Delta_0^2)/(c-1)}{\Delta_0^2/\{(r-1)(c-1)\}}$
誤差	$\Delta_0^2=\sum\sum(Y_{ij}$ $-Y_{i.}-Y_{.j}+Y_{..})^2$	$(r-1)$ $\times(c-1)$	$\dfrac{\Delta_0^2}{(r-1)(c-1)}$	
総	$\sum\sum(Y_{ij}-Y_{..})^2$	$rc-1$		$F^{r-1}_{(r-1)(c-1),\eta}$; $F^{c-1}_{(r-1)(c-1),\eta}$

ここで $F^{c-1}_{(r-1)(c-1),\eta}$ は自由度 $(c-1,(r-1)(c-1))$ のエフ分布の上側 η 点である．以上のことを表に整理したものが前ページの分散分析表である．

例題 13.2　5種類の食用豚 I, II, III, IV, V に4種類の飼料 A, B, C, D を与えて表［1］のような体重増加が得られた．このデータから，豚の体重増加は

（1）豚の種類に関係があるか，

（2）飼料の種類に関係があるか，

ということを検定しよう．$a=14.5$, $b=10$ としてデータの1次変換：$U=b(Y-a)$ を行う．このとき全てのデータの変換は表［2］のようになる．

［1］ 豚の体重

		豚				
		I	II	III	IV	V
飼料	A	14.0	18.0	14.5	16.5	11.0
	B	15.5	13.5	12.0	14.5	12.5
	C	18.5	16.0	11.5	17.5	13.5
	D	17.0	16.5	10.0	13.5	13.0

［2］ データの変換

	I	II	III	IV	V	$u_{i\cdot}$
A	−5	35	0	20	−35	3
B	10	−10	−25	0	−20	−9
C	40	15	−30	30	−10	9
D	25	20	−45	−10	−15	−5
$u_{\cdot j}$	17.5	15	−25	10	−20	−0.5

ゆえに，この問題に関する分散分析表は表［3］となる．

［3］ u_{ij} の分散分析

変動	SS	DF	MS	F
行間	978.75	3	326.25	$F_r=1.09$
列間	6624	4	1656	$F_c=5.52^*$
誤差	3597	12	299.75	
総	11199.75	19		$F^3_{12,0.05}=3.49$；$F^4_{12,0.05}=3.26$

したがって，行効果と列効果の推定量はそれぞれ

$$\hat{\alpha}_1=0.35,\quad \hat{\alpha}_2=-0.85,\quad \hat{\alpha}_3=0.95,\quad \hat{\alpha}_4=-0.45\,;$$

$$\hat{\beta}_1=1.8,\quad \hat{\beta}_2=1.55,\quad \hat{\beta}_3=-2.45,\quad \hat{\beta}_4=1.05,\quad \hat{\beta}_5=-1.95.$$

分散と標準偏差の推定量は $\hat{\sigma}^2 = 3$, $\hat{\sigma} = 1.732$．有意水準 0.05 に対して，行に関する F-値は $F_r = 1.09$ であり，棄却限界 $F^3_{12,0.05} = 3.49$ より小さいので行仮説は棄却されず，飼料の種類が豚の体重の増加に関係するとはいえない．列に関する F-値は $F_c = 0.52$ であり，棄却限界 $F^4_{12,0.05} = 3.26$ より大きいので列仮説は棄却され（このとき * 印をつける），豚の種類がその体重の増加に関係するといえる．

◇

13.3　繰り返し観測のある場合の 2 元配置

この節では，前節と同様に r 水準の要因 A と c 水準の要因 B の 2 元配置であるけれども，下表のように，各区分にそれぞれ繰り返し観測がある場合の 2 元配置について考えよう．

繰り返し観測のある場合の 2 元配置

要因	B_1	……	B_c
A_1	Y_{111} ⋯ Y_{11t}	……	Y_{1c1} ⋯ Y_{1ct}
⋮	⋮	⋮	⋮
A_r	Y_{r11} ⋯ Y_{r1t}	……	Y_{rc1} ⋯ Y_{rct}

観測 $Y_{ijk}, k = 1, \cdots, t$ は正規分布 $N(\mu_{ij}, \sigma^2)$ に従い，平均値 μ_{ij} は行要因 A_i と列要因 B_j によって決定されるとする．すなわち，

$$\mu_{ij} = \mu + \alpha_i + \beta_j + \gamma_{ij}, \qquad i = 1, \cdots, r\ ;\ j = 1, \cdots, c,$$

$$\sum_{i=1}^{r} \alpha_i = \sum_{j=1}^{c} \beta_j = \sum_{i=1}^{r} \gamma_{ij} = \sum_{j=1}^{c} \gamma_{ij} = 0.$$

総平均，行平均，列平均，行効果，列効果を前節と同様におく：

$$\mu = \frac{1}{rc} \sum_{i=1}^{r} \sum_{j=1}^{c} \mu_{ij}, \qquad \mu_{i\cdot} = \frac{1}{c} \sum_{j=1}^{c} \mu_{ij}, \qquad \mu_{\cdot j} = \frac{1}{r} \sum_{i=1}^{r} \mu_{ij},$$

$$\alpha_i = \mu_{i\cdot} - \mu, \qquad \beta_j = \mu_{\cdot j} - \mu, \qquad i = 1, \cdots, r\ ;\ j = 1, \cdots, c.$$

各平均から総平均・行効果・列効果を除去したもの，すなわち，

$$\gamma_{ij} = \mu_{ij} - (\mu + \alpha_i + \beta_j), \qquad i = 1, \cdots, r\ ;\ j = 1, \cdots, c$$

を**交互作用効果** (interaction effect) という．そこで仮説としては，行効果または列効果があるかどうかという仮説

$$\begin{cases} H_{r0}: & \alpha_1 = \cdots = \alpha_r = 0, \\ H_{r1}: & \text{その他}, \end{cases} \quad \text{または,} \quad \begin{cases} H_{c0}: & \beta_1 = \cdots = \beta_c = 0, \\ H_{c1}: & \text{その他}. \end{cases}$$

さらに，要因 A と要因 B の間に交互作用があるかどうかという仮説

$$\begin{cases} H_{rc0}: & \gamma_{ij} = 0, \quad i = 1, \cdots, r\,;\, j = 1, \cdots, c, \\ H_{rc1}: & \text{その他} \end{cases}$$

を検定しよう．これを線形回帰モデルとして考えれば，

$$Y_{ijk} = \mu + \alpha_i + \beta_j + \gamma_{ij} + \varepsilon_{ijk},$$
$$i = 1, \cdots, r\,;\, j = 1, \cdots, c\,;\, k = 1, \cdots, t$$

であり，ε_{ijk} は独立な同一分布 $N(0, \sigma^2)$ に従う誤差である．このとき，

$$\text{区画内平均} \quad \bar{Y}_{ij} = \frac{1}{t}\sum_{k=1}^{t} Y_{ijk} \quad \sim \quad N\left(\mu_{ij}, \frac{1}{t}\sigma^2\right),$$

$$\text{行平均} \quad \bar{Y}_{i\cdot} = \frac{1}{c}\sum_{j=1}^{c} \bar{Y}_{ij} \quad \sim \quad N\left(\mu_{i\cdot}, \frac{1}{ct}\sigma^2\right),$$

$$\text{列平均} \quad \bar{Y}_{\cdot j} = \frac{1}{r}\sum_{i=1}^{r} \bar{Y}_{ij} \quad \sim \quad N\left(\mu_{\cdot j}, \frac{1}{rt}\sigma^2\right),$$

$$\text{総平均} \quad \bar{Y}_{\cdot\cdot} = \frac{1}{rc}\sum_{i=1}^{r}\sum_{j=1}^{c} \bar{Y}_{ij} \quad \sim \quad N\left(\mu, \frac{1}{rct}\sigma^2\right).$$

平均に関する 2 元配置

要因	B_1	$\cdots$	B_c	行平均
A_1	$\bar{Y}_{11}$	$\cdots$	$\bar{Y}_{1c}$	$\bar{Y}_{1\cdot}$
$\vdots$	$\vdots$	$\vdots$	$\vdots$	$\vdots$
A_r	$\bar{Y}_{r1}$	$\cdots$	$\bar{Y}_{rc}$	$\bar{Y}_{r\cdot}$
列平均	$\bar{Y}_{\cdot 1}$	$\cdots$	$\bar{Y}_{\cdot c}$	$\bar{Y}_{\cdot\cdot}$

標本の総平均 $\bar{Y}_{\cdot\cdot}$，行平均 $\bar{Y}_{i\cdot}$，列平均 $\bar{Y}_{\cdot j}$ がそれぞれ母集団の総平均 μ，行平均 $\mu_{i\cdot}$，列平均 $\mu_{\cdot j}$ の推定量であり，したがって行効果 α_i，列効果 β_j，交互作用効果 γ_{ij} の推定量は

$$\hat{\alpha}_i = \bar{Y}_{i\cdot} - \bar{Y}_{\cdot\cdot} \sim N\left(\alpha_i, \frac{r-1}{rct}\sigma^2\right),$$

$$\hat{\beta}_j = \bar{Y}_{\cdot j} - \bar{Y}_{\cdot\cdot} \sim N\left(\beta_j, \frac{c-1}{rct}\sigma^2\right),$$

$$\hat{\gamma}_{ij} = \bar{Y}_{ij} - \bar{Y}_{i\cdot} - \bar{Y}_{\cdot j} + \bar{Y}_{\cdot\cdot} \sim N\left(\gamma_{ij}, \frac{(r-1)(c-1)}{rct}\sigma^2\right)$$

である．したがって，区画内の繰り返し観測をその平均で置き換えれば，仮説 H_{rc0} の下で前節で論じた2元配置が得られる．

13.2 の議論と全く同様にして，総変動 (SST) は行変動 (SSR)，列変動 (SSC)，交互作用変動 (SSI)，誤差変動 (SSE) に分解される：

$$\begin{aligned}&\sum_{i=1}^{r}\sum_{j=1}^{c}\sum_{k=1}^{t}(Y_{ijk}-\bar{Y}_{\cdot\cdot})^2\\&\quad=\sum_{i=1}^{r}\sum_{j=1}^{c}\sum_{k=1}^{t}(Y_{ijk}-\bar{Y}_{ij})^2+t\sum_{i=1}^{r}\sum_{j=1}^{c}(\bar{Y}_{ij}-\bar{Y}_{i\cdot}-\bar{Y}_{\cdot j}+\bar{Y}_{\cdot\cdot})^2\\&\qquad+ct\sum_{i=1}^{r}(\bar{Y}_{i\cdot}-\bar{Y}_{\cdot\cdot})^2+rt\sum_{j=1}^{c}(\bar{Y}_{\cdot j}-\bar{Y}_{\cdot\cdot})^2\end{aligned}$$

すなわち，変動と自由度に関して次のように整理される：

SST		SSE		SSI		SSR		SSC
総変動	＝	誤差変動	＋	交互作用変動	＋	行変動	＋	列変動
$rct-1$	＝	$rc(t-1)$	＋	$(r-1)(c-1)$	＋	$(r-1)$	＋	$(c-1)$

右辺の4つの変動をそれぞれ自由度で割ったものを平均誤差変動 (MSE)，平均交互作用変動 (MSI)，平均行変動 (MSR)，平均列変動 (MSC) とおくと，線形回帰分析の理論から，

$$F_r=\frac{\mathrm{MSR}}{\mathrm{MSE}}\sim\begin{cases}F^{r-1}_{rc(t-1)} & (\text{帰無仮説の下で}),\\ F^{r-1}_{rc(t-1)}(\delta^2) & (\text{対立仮説の下で}).\end{cases}$$

行効果に関する仮説 H_{r0} の有意水準 η の棄却域は，

$$W_r=\{F_r>F^{r-1}_{rc(t-1),\eta}\}$$

である．ここで $F^{r-1}_{rc(t-1),\eta}$ は自由度 $(r-1, rc(t-1))$ のエフ分布の上側 η 点である．同様に，列効果に関する仮説 H_{c0} の有意水準 η の棄却域は，

$$W_c=\{F_c>F^{c-1}_{rc(t-1),\eta}\},\qquad \text{ただし，}F_c=\frac{\mathrm{MSC}}{\mathrm{MSE}}$$

であり，交互作用効果に関する仮説 H_{rc0} の棄却域は

$$W_{rc}=\{F_{rc}>F^{(r-1)(c-1)}_{rc(t-1),\eta}\},\qquad \text{ただし，}F_{rc}=\frac{\mathrm{MSI}}{\mathrm{MSE}}$$

である．以上のことを表にして整理したものが次ページの分散分析表である．

繰り返しがある場合の 2 元配置の分散分析表

変動	SS	DF	MS	F
行間	$\Delta_{r1}^2-\Delta_0^2= ct\sum(\bar{Y}_i-\bar{Y}_{\cdot\cdot})^2$	$r-1$	$\dfrac{\Delta_{r1}^2-\Delta_0^2}{r-1}$	$F_r=\dfrac{(\Delta_{r1}^2-\Delta_0^2)/(r-1)}{\Delta_0^2/\{rc(t-1)\}}$
列間	$\Delta_{c1}^2-\Delta_0^2= rt\sum(\bar{Y}_{\cdot j}-\bar{Y}_{\cdot\cdot})^2$	$c-1$	$\dfrac{\Delta_{c1}^2-\Delta_0^2}{c-1}$	$F_c=\dfrac{(\Delta_{c1}^2-\Delta_0^2)/(c-1)}{\Delta_0^2/\{rc(c-1)\}}$
交互	$\Delta_{rc1}^2-\Delta_0^2= t\sum\sum(\bar{Y}_{ij}-\bar{Y}_{i\cdot}-\bar{Y}_{\cdot j}+\bar{Y}_{\cdot\cdot})^2$	$(r-1)\times(c-1)$	$\dfrac{\Delta_{rc1}^2-\Delta_0^2}{(r-1)(c-1)}$	$F_{rc}=\dfrac{\dfrac{\Delta_{rc1}^2-\Delta_0^2}{(r-1)(c-1)}}{\dfrac{\Delta_0^2}{rc(t-1)}}$
誤差	$\Delta_0^2= \sum\sum\sum(Y_{ijk}-\bar{Y}_{ij})^2$	$rc(t-1)$	$\dfrac{\Delta_0^2}{rc(t-1)}$	
総	$\sum\sum\sum(Y_{ijk}-\bar{Y}_{\cdot\cdot})^2$	$rct-1$	$F_{rc(t-1),\eta}^{r-1}$; $F_{rc(t-1),\eta}^{c-1}$; $F_{rc(t-1),\eta}^{(r-1)(c-1)}$	

例題 13. 3　ある病気をもつマウスを症状によって 3 段階 I, II, III に分類し，4 種類の処置 A, B, C, D をとったときの生存日数を測定したものが表［1］であり，各区画における 4 ずつの繰り返し観測を平均で置き換えたものが表［2］である．

［1］マウスの生存日数

	A	B	C	D
I	31, 24, 26, 22	62, 40, 68, 52	23, 25, 42, 55	26, 51, 43, 44
II	16, 19, 20, 25	42, 50, 39, 68	24, 35, 31, 40	36, 60, 52, 28
III	5, 14, 18, 30	30, 37, 46, 50	48, 35, 23, 29	30, 46, 21, 33

［2］繰り返し観測の平均値での置き換え

要因	A	B	C	D	行平均
I	25.75	55.5	36.25	41	39.625
II	20	49.75	32.5	44	36.563
III	19.25	40.75	33.75	32.5	31.563
列平均	21.667	48.667	34.167	39.167	35.917

以上のことから分散分析表を作成すると次ページの表［3］のようになる．すなわち，5％有意水準によって，症状間に有意差はないが処置間には有意差があることがわかる．また，交互作用効果は存在しない．　◇

［3］分散分析表

変動	SS	DF	MS	F	棄却限界
行	530.0	2	265.0	2.44	$F^{2}_{36,0.05}=3.26$
列	4551.0	3	1517.0	13.94*	$F^{3}_{36,0.05}=2.86$
交互	327.13	6	54.52	0.50	$F^{6}_{36,0.05}=2.36$
誤差	3917.5	36	108.82		
総	8363.52	47			

演習問題 13

13.1　4つの異なる銘柄の9ボルトの電池は製作会社の表示によれば同じ平均寿命をもっている．無作為標本によって実際に電池の寿命を調べたところ右表のようなデータを得た．このデータが独立で正規分布に従っているとして，表示通り同じ寿命をもつといえるかどうか検定せよ．

銘柄	寿命（時間）
A	42, 46, 43, 48, 47, 47
B	54, 53, 50, 58, 55
C	37, 35, 41, 32, 36, 37
D	49, 48, 48, 50, 49

13.2　インフルエンザの4つの型によって，かかってから快復するまでの時間が異なるかどうかを調べたところ次のような結果を得た．このデータが正規分布に従っているとして，快復時間に差があるかどうかを有意水準5％で検定せよ．有意差があるとき，それらの主効果の推定量と95％信頼区間を求めよ．

インフルエンザの型	快復時間（日）
1	5, 7, 5, 8, 12, 6, 4, 5
2	4, 7, 3, 4, 6, 6, 5, 4
3	8, 12, 13, 10, 11, 10, 9, 11
4	12, 10, 13, 12, 14, 10, 13, 12

13.3　タバコ製造業者は低タールタバコを宣伝している．そこで，タールが同程度の5銘柄について，それぞれ無作為に標本を選び，タールの水準を調べたとこ

ろ次のような測定結果を得た．銘柄の間に有意差があるかどうか検定せよ．

銘柄	タール水準 (mg)
A	4.0, 4.4, 4.7, 4.5, 4.2, 4.8, 4.6
B	5.1, 5.5, 4.9, 4.8, 4.7, 5.0, 4.9, 5.2
C	5.0, 5.5, 5.2, 5.4, 5.4, 5.3
D	5.6, 5.8, 5.6, 5.8, 5.6, 5.4
E	5.8, 5.9, 6.3, 6.2, 6.2, 6.8, 6.4

13.4　次の2元配置はタイヤの銘柄 A, B, C, D を自動車 I, II, III, IV に着装して3万 (km) を走行した後でのそれらのタイヤの摩耗度 (単位 0.1mm) である．タイヤの摩耗度に関して次の問に答えよ．

（1）　タイヤの銘柄の間に差があるか？

（2）　自動車の間に差があるか？

		タイヤの銘柄			
		A	B	C	D
自動車	I	2.5	2.75	3.75	3.75
	II	3.5	2.25	3.0	2.5
	III	2.0	2.5	2.75	2.5
	IV	2.0	2.0	2.75	2.0

13.5　3つの品種の小麦 A_1, A_2, A_3 に4種類の肥料 B_1, B_2, B_3, B_4 を施し，小麦の収量 (kg) について次のようなデータを得た．次のことを検定せよ．

（1）　小麦の品種による差があるか．

（2）　肥料の種類による差があるか．

		小麦の品種			
		B_1	B_2	B_3	B_4
肥料	A_1	25	21	25	22
	A_2	21	18	19	16
	A_3	20	22	27	23

13.6 次のデータは 3 人の作業員 A, B, C に 3 つの機械 I, II, III を割り当て，それぞれ 4 日間仕事をした仕事量の測定である．次のことを検定せよ．

（1） 機械の間に有意差があるか．

（2） 作業員の間に有意差があるか．

（3） 機械と作業員の間に交互作用効果が有意に存在するか．

	I	II	III
A	15, 16, 14, 17	18, 18, 20, 17	19, 20, 22, 16
B	17, 18, 20, 16	15, 14, 16, 16	20, 18, 23, 24
C	17, 18, 15, 15	17, 18, 16, 18	20, 19, 19, 18

§ 14.　尤度解析法

14.1　最尤推定量の漸近的性質

n 個の確率変数 $X_1, \cdots, X_n$ は独立な同一分布 $f(x|\boldsymbol{\theta})$ に従うとする．$f(x|\boldsymbol{\theta})$ は確率変数が離散型のとき確率関数を表し，連続型のとき密度関数を表すが，ここでは $f(x|\boldsymbol{\theta})$ は密度関数を表すとして話を進める．母数空間 Θ は k 次元実ベクトル空間 $\boldsymbol{R}^k$ の部分集合とする．ただし（3）漸近有効性の項目では，議論を簡単にするために，母数は実数とする．しかし，**§ 8** における推定量の有効性の議論を多次元母数に対して行うなど準備を整えれば，漸近有効性の議論も多次元で行うことができる．

n 個の観測 $\boldsymbol{X} = (X_1, \cdots, X_n)$ の同時密度関数は次のようになる：

$$f_n(\boldsymbol{x}|\boldsymbol{\theta}) = \prod_{i=1}^{n} f(x_i|\boldsymbol{\theta}), \qquad \boldsymbol{x} = (x_1, \cdots, x_n),$$

$$\boldsymbol{\theta} = {}^t(\theta_1, \cdots, \theta_k) \in \Theta \subset \boldsymbol{R}^k.$$

密度関数の定義から $f_n(\boldsymbol{x}|\boldsymbol{\theta})$ について述べると，母数 $\boldsymbol{\theta}$ が与えられたとき観測が $\boldsymbol{X} \in d\boldsymbol{x}$ である確率

$$P\{\boldsymbol{X} \in d\boldsymbol{x} \mid \boldsymbol{\theta}\} = f_n(\boldsymbol{x}|\boldsymbol{\theta})d\boldsymbol{x}, \qquad d\boldsymbol{x} = dx_1 \cdots dx_n$$

を表す $\boldsymbol{x}$ の関数である．統計的推測論の立場からは，母数 $\boldsymbol{\theta}$ は未知で観測 $\boldsymbol{x}$ は既知であるために母数と確率変数の役割を逆転して，$f_n(\boldsymbol{x}|\boldsymbol{\theta})$ を $L_n(\boldsymbol{\theta}|\boldsymbol{x})$ とかき，観測が与えられたとき母数が $\boldsymbol{\vartheta} \in d\boldsymbol{\theta}$ である確率

$$?? \quad P\{\boldsymbol{\vartheta} \in d\boldsymbol{\theta} \mid \boldsymbol{x}\} = L_n(\boldsymbol{\theta}|\boldsymbol{x})d\boldsymbol{\theta} \quad ??$$

を表す $\boldsymbol{\theta}$ の関数であると解釈できれば都合がよい．残念ながら，母数 $\boldsymbol{\theta}$ が未知というだけで確率変数 $\boldsymbol{\vartheta}$ とすることはできない．実際，$\boldsymbol{\theta}$ に関する積分 $\int_{\Theta} L_n(\boldsymbol{\theta}|\boldsymbol{x})\, d\boldsymbol{\theta}$ が有限であることすら保証されない．そこで，$L_n(\boldsymbol{\theta}|\boldsymbol{x}) \equiv f_n(\boldsymbol{x}|\boldsymbol{\theta})$ を観測値 $\boldsymbol{x}$ に対する母数 $\boldsymbol{\theta}$ の尤（もっとも）らしさの度合 (likelihood) を表す関数とみなして**尤度関数**（ゆうど）という．$\boldsymbol{x}$ に最も尤らしい（最も似つかわしい）$\boldsymbol{\theta}$ の値を $\hat{\boldsymbol{\theta}}_n = \hat{\boldsymbol{\theta}}_n(\boldsymbol{x})$ とかき，$\boldsymbol{\theta}$ の**最尤推定量** (maximum likelihood estimator) といい，最尤推定量により統計的推測を行う方法を**最尤法**という：

$$L_n(\hat{\boldsymbol{\theta}}_n|\boldsymbol{x}) = \max\{L_n(\boldsymbol{\theta}|\boldsymbol{x}) : \boldsymbol{\theta} \in \Theta\}.$$

一般に，密度関数は積量であるから対数をとって和量にした方が取り扱い易いことが多いので，**対数尤度関数**を考える：

$$l_n(\boldsymbol{\theta}) \equiv \log L_n(\boldsymbol{\theta}|\boldsymbol{x}) = \sum_{i=1}^{n} l(\boldsymbol{\theta}|x_i) = \sum_{i=1}^{n} \log f(x_i|\boldsymbol{\theta}).$$

したがって，最尤推定量 $\hat{\boldsymbol{\theta}}_n$ は次式を満たす Θ の点である：

$$l_n(\hat{\boldsymbol{\theta}}_n|\boldsymbol{x}) = \max\{l_n(\boldsymbol{\theta}|\boldsymbol{x}) : \boldsymbol{\theta} \in \Theta\}.$$

最尤推定量を求めるとき，上のような最大値問題を考える代わりに，微分をとり，極値問題にしてその正規方程式の解として求めることが多い：

$$\dot{l}_n(\boldsymbol{\theta}) = \frac{\partial}{\partial \boldsymbol{\theta}} l_n(\boldsymbol{\theta}) = \begin{pmatrix} \dfrac{\partial}{\partial \theta_1} \\ \vdots \\ \dfrac{\partial}{\partial \theta_k} \end{pmatrix} l_n(\boldsymbol{\theta}) = \mathbf{0}.$$

この方程式を**尤度方程式** (likelihood equation) という．また，$\dot{l}_n(\boldsymbol{\theta})$ を**尤度推定関数** (likelihood estimating function) という．

例題 14.1 有効推定量が存在するとき，有効推定量は最尤推定量である．

T_n が有効推定量であるための必要十分条件は，**8.2** でみたように，

$$\dot{l}_n(\theta) = I_n(\theta)(T_n - \theta)$$

が成り立つことである．ゆえに，尤度方程式： $\dot{l}_n(\theta) = 0$ を解いて最尤推定量は $\hat{\theta}_n = T_n$ となる． ◇

逆命題「最尤推定量は有効推定量であるか？」は，一般には成り立たない．最尤推定量は“統計的推測論の直観”によって導出されたので，その性質の良さは数学的に証明する必要がある．最尤推定量の良さを示すことは，有限標本に対して一般的に行うことは残念ながら難しいけれども，標本数 n を無限に大きくする極限理論においてできる．しかし，統計学では無限標本は現実的でないことから極限という用語をタブー視して，その代わりに**漸近的**とか**近似**という用語を使う．

（1） 最尤推定量の一致性

小標本の場合は§**8**で論じたように推定量の不偏性を前提条件にしたが，漸近理論では推定量は次のような**一致性**（consistency）を前提条件にする．

定義 14.1 $\boldsymbol{T}_n = \boldsymbol{T}_n(\boldsymbol{X})$ が $\boldsymbol{\theta}$ の**一致推定量**（consistent estimator）であるとは，$\boldsymbol{T}_n$ が $\boldsymbol{\theta}$ に確率収束することをいう．すなわち，任意の $\boldsymbol{\theta} \in \Theta$ と任意の $\varepsilon > 0$ に対して，

$$\lim_{n\to\infty} P_{\boldsymbol{\theta}}\{|\boldsymbol{T}_n - \boldsymbol{\theta}| \geq \varepsilon\} = 0.$$

$\boldsymbol{T}_n$ が $\boldsymbol{\theta}$ に概収束するとき，$\boldsymbol{T}_n$ は**強一致推定量**であるという．すなわち，任意の $\boldsymbol{\theta} \in \Theta$ に対して，

$$P_{\boldsymbol{\theta}}\{\lim_{n\to\infty} \boldsymbol{T}_n = \boldsymbol{\theta}\} = 1.$$

最尤推定量が強一致性をもつことは，情報量不等式と対数の強法則によって示される．次のような条件を仮定する：

(CS1) Θ は実数空間 $\boldsymbol{R}^k$ の有界閉集合である．

(CS2) 真の母数 $\boldsymbol{\theta}_0$ は Θ の任意の内点であるが固定されているとする．
さらに，$\boldsymbol{\theta} \neq \boldsymbol{\theta}_0$ ならば $P_{\boldsymbol{\theta}_0}\{f(x|\boldsymbol{\theta}) \neq f(X|\boldsymbol{\theta}_0)\} > 0$.

(CS3) 任意の $x \in \mathcal{X}$ (a.s.) に対して，$f(x|\boldsymbol{\theta})$ は $\boldsymbol{\theta}$ について連続である．

(CS4) $\int_{-\infty}^{\infty} |\log f(x|\boldsymbol{\theta}_0)| f(x|\boldsymbol{\theta}_0)\, dx < \infty.$

(CS5) $f(x|\boldsymbol{\theta}, d) = \max\{f(x|\boldsymbol{\tau}) : |\boldsymbol{\tau} - \boldsymbol{\theta}| \leq d\}$ とおくとき，任意の $\boldsymbol{\theta} \in \Theta$ に対して，$d(\boldsymbol{\theta}) > 0$ が存在して

$$\int_{-\infty}^{\infty} \log^+ f(x|\boldsymbol{\theta}, d(\boldsymbol{\theta}))\, f(x|\boldsymbol{\theta}_0)\, dx < \infty.$$

ただし，$\log^+ x = \max\{\log x, 0\}$ とする．

注意 （1） (CS2), (CS4) と情報量不等式より，$\boldsymbol{\theta} \neq \boldsymbol{\theta}_0$ ならば

$$\int_{-\infty}^{\infty} \log f(x|\boldsymbol{\theta})\, f(x|\boldsymbol{\theta}_0)\, dx \lneqq \int_{-\infty}^{\infty} \log f(x|\boldsymbol{\theta}_0)\, f(x|\boldsymbol{\theta}_0)\, dx.$$

（2） (CS5) より，

$$\lim_{d\to 0} \int_{-\infty}^{\infty} \log f(x|\boldsymbol{\theta}, d)\, f(x|\boldsymbol{\theta}_0)\, dx = \int_{-\infty}^{\infty} \log f(x|\boldsymbol{\theta})\, f(x|\boldsymbol{\theta}_0)\, dx.$$

補題 14.1 $\boldsymbol{\theta}_0$ を含む任意の開球 $U = U_\varepsilon(\boldsymbol{\theta}_0) = \{\boldsymbol{\theta} : |\boldsymbol{\theta} - \boldsymbol{\theta}_0| < \varepsilon\}$ ($\varepsilon > 0$) に対して，

$$\Theta_1 = \Theta - U, \qquad f_n(\boldsymbol{x}|\Theta_1) = \max\{f_n(\boldsymbol{x}|\boldsymbol{\theta}) : \boldsymbol{\theta} \in \Theta_1\}$$

とおくとき，

$$P_{\boldsymbol{\theta}_0}\left\{\lim_{n\to\infty} \frac{f_n(\boldsymbol{X}|\Theta_1)}{f_n(\boldsymbol{X}|\boldsymbol{\theta}_0)} = 0\right\} = 1.$$

証明 上の注意により，任意の $\boldsymbol{\theta} \in \Theta_1$ に対して $d(\boldsymbol{\theta}) > 0$ が存在して

$$K(\boldsymbol{\theta}) \equiv \int_{-\infty}^{\infty} \log \frac{f(x|\boldsymbol{\theta}, d(\boldsymbol{\theta}))}{f(x|\boldsymbol{\theta}_0)} f(x|\boldsymbol{\theta}_0)\, dx < 0$$

が成り立つ．ゆえに，大数の強法則によって，

$$\lim_{n\to\infty} \frac{1}{n} \log \frac{f_n(\boldsymbol{X}|\boldsymbol{\theta}, d(\boldsymbol{\theta}))}{f_n(\boldsymbol{X}|\boldsymbol{\theta}_0)} = K(\boldsymbol{\theta}) \text{ (a.s.)} < 0.$$

Θ_1 はコンパクト集合であるから，有限個の点 $\boldsymbol{\theta}_1, \cdots, \boldsymbol{\theta}_m$ を選んで，それらの近傍で Θ_1 を覆うことができる： $\Theta_1 \subset \bigcup_{j=1}^{m} U_{d(\boldsymbol{\theta}_j)}(\boldsymbol{\theta}_j)$．ゆえに，

$$\begin{aligned}\frac{1}{n} \log \frac{f_n(\boldsymbol{X}|\Theta_1)}{f_n(\boldsymbol{X}|\boldsymbol{\theta}_0)} &\le \max_{j=1,\cdots,m} \left\{\frac{1}{n} \log \frac{f_n(\boldsymbol{X}|\boldsymbol{\theta}_j, d(\boldsymbol{\theta}_j))}{f_n(\boldsymbol{X}|\boldsymbol{\theta}_0)}\right\} \\ &\to \max\{K(\boldsymbol{\theta}_1), \cdots, K(\boldsymbol{\theta}_m)\} \equiv K < 0.\end{aligned}$$

これは定理の結論を導く． □

定理 14.1 (**Wald** (1949)) 最尤推定量 $\hat{\boldsymbol{\theta}}_n$ は $\boldsymbol{\theta}_0$ の強一致推定量である．

証明 $\hat{\boldsymbol{\theta}}_n \not\to \boldsymbol{\theta}_0$ ということは，任意の開球 $U = U_\varepsilon(\boldsymbol{\theta}_0)$ ($\varepsilon > 0$) に対して無限個の正整数 n で $\hat{\boldsymbol{\theta}}_n \notin U$ ということと同値である．ところが，

$$\hat{\boldsymbol{\theta}}_n \notin U \implies 1 \le \frac{f_n(\boldsymbol{X}|\hat{\boldsymbol{\theta}}_n)}{f_n(\boldsymbol{X}|\boldsymbol{\theta}_0)} = \frac{f_n(\boldsymbol{X}|\Theta_1)}{f_n(\boldsymbol{X}|\boldsymbol{\theta}_0)}$$

であるから，補題 14.1 より

$$\begin{aligned}P_{\boldsymbol{\theta}_0}\{\hat{\boldsymbol{\theta}}_n \not\to \boldsymbol{\theta}_0)\} &= P_{\boldsymbol{\theta}_0}\{\hat{\boldsymbol{\theta}}_n \notin U \text{ (無限個の正整数 } n \text{ で)}\} \\ &\le P_{\boldsymbol{\theta}_0}\left\{1 \le \frac{f_n(\boldsymbol{X}|\Theta_1)}{f_n(\boldsymbol{X}|\boldsymbol{\theta}_0)} \text{ (無限個の正整数 } n \text{ で)}\right\} = 0.\end{aligned}$$

ゆえに，定理の結果が成り立つことが示される：

$$P_{\boldsymbol{\theta}_0}\{\lim_{n\to\infty}\hat{\boldsymbol{\theta}}_n = \boldsymbol{\theta}_0\} = 1.$$

□

(2) 最尤推定量の漸近正規性

最尤推定量が一致性をもつことは情報量不等式と大数の法則を用いたが，漸近正規性をもつことを証明するためには尤度方程式と中心極限定理を用いる．**7.5** で述べた密度関数についての正則条件 (RC) を k 次元母数 $\boldsymbol{\theta}$ の場合に拡張する：

(RC1) 母数空間 Θ は k 次元実ベクトル空間 $\boldsymbol{R}^k$ の有界閉集合であり，密度関数の台 $\{x : f(x|\boldsymbol{\theta}) > 0\}$ は母数 $\boldsymbol{\theta}$ によらない．

(RC2) Θ の内点 $\boldsymbol{\theta}$ において，フィッシャー情報行列が存在する：

$$\boldsymbol{I}(\boldsymbol{\theta}) = E\{\dot{l}(\boldsymbol{\theta})\,{}^t\dot{l}(\boldsymbol{\theta})\} = \left(E\left\{\frac{\partial}{\partial\theta_h}l(\boldsymbol{\theta})\frac{\partial}{\partial\theta_i}l(\boldsymbol{\theta})\right\}\right),\quad h, i = 1, \cdots, k.$$

(RC3) 対数密度関数 $l(\boldsymbol{\theta}) = \log f(x|\boldsymbol{\theta})$ は $\boldsymbol{\theta} = {}^t(\theta_1, \cdots, \theta_k)$ の成分に関して 3 回連続微分可能である： $h, i, j = 1, \cdots, k$ に対して

$$\dot{l} = \left(\frac{\partial}{\partial\theta_h}l(\boldsymbol{\theta})\right),\qquad \ddot{l} = \left(\frac{\partial^2}{\partial\theta_h\,\partial\theta_i}l(\boldsymbol{\theta})\right),\qquad \dddot{l} = \left(\frac{\partial^3}{\partial\theta_h\,\partial\theta_i\,\partial\theta_j}l(\boldsymbol{\theta})\right).$$

(RC31)
$$E\{\dot{l}(\boldsymbol{\theta})\} = \left(E\left\{\frac{\partial}{\partial\theta_h}l(\boldsymbol{\theta})\right\}\right) = \boldsymbol{0}.$$

(RC32)
$$E\{\ddot{l}(\boldsymbol{\theta})\} = \left(E\left\{\frac{\partial^2}{\partial\theta_h\,\partial h_i}l(\boldsymbol{\theta})\right\}\right) = -\boldsymbol{I}(\boldsymbol{\theta}).$$

(RC33) Θ の内点 $\boldsymbol{\theta}$ に対し，近傍 $U(\boldsymbol{\theta})$ と関数 $u(x|\boldsymbol{\theta}) \geq 0$ が存在し，

$$|\dddot{l}(\boldsymbol{\tau})| \leq u(x|\boldsymbol{\theta}) \text{ for } \boldsymbol{\tau} \in U(\boldsymbol{\theta});\ \ E\{u(X|\boldsymbol{\theta})\} < \infty.$$

定義 14.2 $\boldsymbol{T}_n$ が $\boldsymbol{\theta}$ の**漸近正規推定量** (asymptotically normal estimator) であるとは，$\sqrt{n}(\boldsymbol{T}_n - \boldsymbol{\theta})$ の分布が正規分布に分布収束することをいう：

$$\sqrt{n}(\boldsymbol{T}_n - \boldsymbol{\theta}) \to N_k(\boldsymbol{0}, \boldsymbol{\Sigma}(\boldsymbol{\theta})) \text{ in law, } (n \to \infty \text{ のとき}).$$

この $\boldsymbol{\Sigma}(\boldsymbol{\theta})$ のことを**漸近共分散**という．特に漸近共分散がフィッシャー情報行列の逆行列 $\boldsymbol{I}(\boldsymbol{\theta})^{-1}$ であるとき，$\boldsymbol{T}_n$ は**漸近有効推定量** (asymptotically efficient estimator) であるという．

定理 14.2 (Cramér)　最尤推定量は漸近有効推定量である：

$$\sqrt{n}(\hat{\boldsymbol{\theta}}_n - \boldsymbol{\theta}) \to N_k(\mathbf{0}, \boldsymbol{I}(\boldsymbol{\theta})^{-1}) \text{ in law, } (n \to \infty \text{ のとき}).$$

証明　最尤推定量の強一致性：$\hat{\boldsymbol{\theta}}_n - \boldsymbol{\theta} \xrightarrow{\text{a.s.}} \mathbf{0}$ より，$\boldsymbol{\theta}$ が Θ の内点のとき十分大きな n に対して，$\hat{\boldsymbol{\theta}}_n$ は Θ の内点になる．したがって，微分可能な尤度関数の最大点が内点で起こることから $\hat{\boldsymbol{\theta}}_n$ は尤度方程式を満たす：

$$\dot{l}_n(\hat{\boldsymbol{\theta}}_n) = \mathbf{0}.$$

$\dfrac{1}{\sqrt{n}}\dot{l}_n(\hat{\boldsymbol{\theta}}_n)$ を $\boldsymbol{\theta}$ のまわりにテイラー展開して，

$$\mathbf{0} = \frac{1}{\sqrt{n}}\dot{l}_n(\hat{\boldsymbol{\theta}}_n) = \frac{1}{\sqrt{n}}\dot{l}_n(\boldsymbol{\theta}) + \sqrt{n}(\hat{\boldsymbol{\theta}}_n - \boldsymbol{\theta})\frac{1}{n}\ddot{l}_n(\tilde{\boldsymbol{\theta}}_n).$$

ここで，$0 \leq |\tilde{\boldsymbol{\theta}}_n - \boldsymbol{\theta}| \leq |\hat{\boldsymbol{\theta}}_n - \boldsymbol{\theta}| \xrightarrow{\text{a.s.}} 0$（$n \to \infty$ のとき）である．記号

$$\boldsymbol{Z}_n(\boldsymbol{\theta}) = \frac{1}{\sqrt{n}}\dot{l}_n(\boldsymbol{\theta}), \qquad \mathcal{I}_n(\boldsymbol{\theta}) = -\frac{1}{n}\ddot{l}_n(\tilde{\boldsymbol{\theta}}_n)$$

を用いると，テイラー展開式より最尤推定量の表現式が成り立つ：

$$\mathcal{I}_n(\boldsymbol{\theta})\sqrt{n}(\hat{\boldsymbol{\theta}}_n - \boldsymbol{\theta}) = \boldsymbol{Z}_n(\boldsymbol{\theta}).$$

正則条件 (RC) と大数の法則・中心極限定理より

$$-\frac{1}{n}\ddot{l}_n(\boldsymbol{\theta}) = -\frac{1}{n}\sum_{i=1}^{n}\ddot{l}(\boldsymbol{\theta}|X_i) \xrightarrow{\text{a.s.}} E\{-\ddot{l}(\boldsymbol{\theta})\} = \boldsymbol{I}(\boldsymbol{\theta}),$$

$$\boldsymbol{Z}_n(\boldsymbol{\theta}) = \sqrt{n}\left(\frac{1}{n}\sum_{i=1}^{n}\dot{l}(\boldsymbol{\theta}|X_i)\right) \xrightarrow{\mathcal{L}} \boldsymbol{Z}(\boldsymbol{\theta}) = N_k(\mathbf{0}, \boldsymbol{I}(\boldsymbol{\theta})).$$

正則条件 (RC33) と大数の法則より

$$\left|\frac{1}{n}\ddot{l}_n(\tilde{\boldsymbol{\theta}}_n) - \frac{1}{n}\ddot{l}_n(\boldsymbol{\theta})\right| = \left|\frac{1}{n}\dddot{l}_n(\tilde{\tilde{\boldsymbol{\theta}}}_n)(\tilde{\boldsymbol{\theta}}_n - \boldsymbol{\theta})\right|$$

$$\leq |\tilde{\boldsymbol{\theta}}_n - \boldsymbol{\theta}|\frac{1}{n}\sum_{i=1}^{n}u(X_i|\boldsymbol{\theta}),$$

$$\frac{1}{n}\sum_{i=1}^{n}u(X_i|\boldsymbol{\theta}) \xrightarrow{\text{a.s.}} E\{u(X|\boldsymbol{\theta})\} < \infty$$

であるから，$n \to \infty$ のとき，

$$\left|\frac{1}{n}\ddot{l}_n(\tilde{\boldsymbol{\theta}}_n) - \frac{1}{n}\ddot{l}_n(\boldsymbol{\theta})\right| \xrightarrow{\text{a.s.}} 0, \qquad \text{すなわち，} \mathcal{I}_n(\boldsymbol{\theta}) \xrightarrow{\text{a.s.}} \boldsymbol{I}(\boldsymbol{\theta})$$

が示される．以上から，$\boldsymbol{Z}_n(\boldsymbol{\theta})$, $\mathcal{I}_n(\boldsymbol{\theta})$ が確率的に有界であり，したがって，最尤推定量の表現式より $\{\sqrt{n}(\hat{\boldsymbol{\theta}}_n - \boldsymbol{\theta})\}$ も確率的に有界となるから，

$$\{\mathcal{I}_n(\boldsymbol{\theta}) - \boldsymbol{I}(\boldsymbol{\theta})\}\sqrt{n}(\hat{\boldsymbol{\theta}}_n - \boldsymbol{\theta}) \xrightarrow{P} \mathbf{0}.$$

結局，クラメル=ラオの定理 8.1 における有効式の漸近的表現

$$\boldsymbol{I}(\boldsymbol{\theta})\sqrt{n}(\hat{\boldsymbol{\theta}}_n - \boldsymbol{\theta}) = \boldsymbol{Z}_n(\boldsymbol{\theta}) + o_p(1)$$

が導かれる．これを**漸近有効式** (asymptotically efficient equation) とよぶ．ここで，$o_p(1)$ は $n \to \infty$ のとき確率的に $o(1)$ であることを表す記号である．これより，定理結果が示される：

$$\sqrt{n}(\hat{\boldsymbol{\theta}}_n - \boldsymbol{\theta}) \to \boldsymbol{I}(\boldsymbol{\theta})^{-1} N_k(\mathbf{0}, \boldsymbol{I}(\boldsymbol{\theta})) = N_k(\mathbf{0}, \boldsymbol{I}(\boldsymbol{\theta})^{-1}) \text{ in law.}$$

□

(3) 漸近有効性

この項目では，議論を簡単にするために，母数 $\boldsymbol{\theta}$ は実数 θ とし，母数空間 Θ は有限閉区間とする．したがって，推定量 $\boldsymbol{T}_n$ も実数値確率変数 T_n である．$\Phi(z)$, $\varphi(z)$ は標準正規分布の分布関数と密度関数であることを思い出そう．

定理 14.3 θ の推定量 T_n が漸近分散 $\sigma^2(\theta)$ をもつ漸近正規推定量であるとき次の不等式が成り立つ：

$$\liminf_{n \to \infty} E[\{\sqrt{n}(T_n - \theta)\}^2] \geq \sigma^2(\theta).$$

証明 漸近正規性より

$$Y_n \equiv \sqrt{n}(T_n - \theta) \to Y = N(0, \sigma^2(\theta)) \text{ in law, } (n \to \infty \text{ のとき})$$

である．演習問題 **2.12** を使うことによって

$$v_n^2(\theta) \equiv E\{Y_n^2\} = \int_0^\infty 2y\, P\{|Y_n| > y\}\, dy\,,$$

$$\sigma^2(\theta) = E\{Y^2\} = \int_0^\infty 2y\, P\{|Y| > y\}\, dy$$

が成り立つことから，

$$\liminf_{n\to\infty} v_n^2(\theta) = \liminf_{n\to\infty} \int_0^\infty 2y\, P\{|Y_n| > y\}\, dy$$
$$\geq \int_0^\infty 2y \liminf_{n\to\infty} P\{|Y| > y\}\, dy$$
$$= \int_0^\infty 2y\, P\{|Y| > y\}\, dy = E(Y^2) = \sigma^2(\theta). \qquad \square$$

$v_n^2(\theta)$ が Y_n の分散であるときには，この定理は分散の極限と漸近分散との関係を表している．次の例は不等号が成り立つ場合である．

例題 14.2 $X_1, \cdots, X_n$ は平均 μ，分散 σ^2 をもつ分布に従う無作為標本とする．中心極限定理により，$n \to \infty$ のとき $\sqrt{n}(\bar{X}_n - \mu) \xrightarrow{\mathcal{L}} N(0, \sigma^2)$ が成り立つから，標本平均は母平均の漸近正規推定量である．

次に，標本平均 $\bar{X}_n$ と独立な 2 値確率変数

$$Y_n = \begin{cases} 1 & (\text{確率 } n^{-2} \text{ で}), \\ 0 & (\text{確率 } 1 - n^{-2} \text{ で}) \end{cases}$$

を使って新たな確率変数を次のように定義する：

$$T_n = (1 - Y_n)\bar{X}_n + Y_n\sqrt{n}M,$$

ここで M は正の定数である．このとき，

$$E(T_n) = E(1 - Y_n)E(\bar{X}_n) + \sqrt{n}ME(Y_n)$$
$$= (1 - n^{-2})\mu + \sqrt{n}Mn^{-2} \to \mu,$$
$$V\{\sqrt{n}(T_n - \mu)\} = n[E\{(1 - Y_n)(\bar{X}_n - \mu)^2 + Y_n(\sqrt{n}M - \mu)^2\} - (\sqrt{n}M - \mu)^2 n^{-4}]$$
$$= (1 - n^{-2})\sigma^2 + \left(M - \frac{\mu}{\sqrt{n}}\right)^2 (1 - n^{-2})$$
$$\to \sigma^2 + M^2.$$

一方，任意の $\varepsilon > 0$ に対して，

$$P\{|\sqrt{n}(T_n - \bar{X}_n)| > \varepsilon\} = P\{|\sqrt{n}\, Y_n(\sqrt{n}M - \bar{X}_n)| > \varepsilon\}$$
$$= P\{Y_n = 1, |\sqrt{n}(nM - \bar{X}_n)| > \varepsilon\}$$
$$\leq P(Y_n = 1) = n^{-2} \to 0.$$

ゆえに，$\sqrt{n}(T_n - \mu)$ と $\sqrt{n}(\bar{X}_n - \mu)$ は漸近的に同値であるから同じ漸近分布をもつ．すなわち，$\sqrt{n}(T_n - \mu)$ の漸近分散は σ^2 であるが，分散の極限は $\sigma^2 + M^2$ であり，定理 14.3 で不等号が成り立つ例である． ◇

フィッシャーは，漸近正規推定量の漸近分散 $\sigma^2(\theta)$ に関してクラメル=ラオの定理 8.1 と同様な不等式：$\sigma^2(\theta) \geq I(\theta)^{-1}$ が成り立つことを予想した．しかし，推定量の漸近有効性を証明するためには，ネイマン=ピアソンの定理 8.2 において尤度比検定が最強力検定であることを証明した場合のように，対立仮説：$\theta + \dfrac{h}{\sqrt{n}}$ の下での推定量の分布が必要になる．

定義 14.3　任意の $\theta + \dfrac{h}{\sqrt{n}} \in \Theta$ に対して，

$$\lim_{n\to\infty} P_{\theta+\frac{h}{\sqrt{n}}}\left\{\sqrt{n}\left(T_n - \theta - \frac{h}{\sqrt{n}}\right) \leq x\right\} = \Phi\left(\frac{x}{\sigma(\theta)}\right)$$

が成り立つとき，漸近正規推定量 T_n は**正則** (regular) であるという．この漸近分散 $\sigma^2(\theta)$ は h に依存しない．

補題 14.2　対数尤度比は次のような漸近分布をもつ：

$$\Lambda_n(h) = \log\left\{\frac{f_n\left(\boldsymbol{X}\middle|\theta + \frac{h}{\sqrt{n}}\right)}{f_n(\boldsymbol{X}|\theta)}\right\}$$

$$\to \begin{cases} N\left(-\dfrac{1}{2}h^2 I(\theta), h^2 I(\theta)\right) & (\text{帰無仮説：}\ P_\theta\ \text{の下で}), \\ N\left(\dfrac{1}{2}h^2 I(\theta), h^2 I(\theta)\right) & (\text{対立仮説：}\ P_{\theta+\frac{h}{\sqrt{n}}}\ \text{の下で}). \end{cases}$$

証明　定理 14.2 の証明より，対数尤度比は次の漸近表現をもつ：

$$\Lambda_n(h) \equiv l_n\left(\theta + \frac{h}{\sqrt{n}}\right) - l_n(\theta) = hZ_n(\theta) - \frac{1}{2}h^2 \mathcal{I}_n(\theta)$$

$$\to \Lambda(h) = hZ(\theta) - \frac{1}{2}h^2 I(\theta) = N\left(-\frac{1}{2}h^2 I(\theta), h^2 I(\theta)\right).$$

これを特性関数でかくと，$i^2 = -1$ として，

$$\psi_n(t) \equiv E\{\exp(it\Lambda_n(h))\}$$
$$\to \psi(t) \equiv E\{\exp(it\Lambda(h))\} = \exp\left\{-\frac{1}{2}ith^2 I(\theta) - \frac{1}{2}t^2 h^2 I(\theta)\right\}.$$

したがって，対立仮説：$\theta + \dfrac{h}{\sqrt{n}}$ の下での特性関数は

$$\int_{-\infty}^{\infty}\cdots\int_{-\infty}^{\infty}\exp(i\,t\,\Lambda_n(h))\,f_n\left(\boldsymbol{x}\middle|\theta+\frac{h}{\sqrt{n}}\right)d\boldsymbol{x}$$
$$=\int_{-\infty}^{\infty}\cdots\int_{-\infty}^{\infty}\exp(i\,t\,\Lambda_n(h))\exp\{\Lambda_n(h)\}\,f_n(\boldsymbol{x}|\theta)\,d\boldsymbol{x}$$
$$=\phi_n(t-i)$$
$$\to\phi(t-i)=\exp\left\{\frac{1}{2}\,i\,t\,h^2I(\theta)-\frac{1}{2}\,t^2h^2I(\theta)\right\}.$$

ゆえに，対立仮説：$\theta+\dfrac{h}{\sqrt{n}}$ の下で，

$$\Lambda_n(h)\xrightarrow{\mathcal{L}}N\left(\frac{1}{2}\,h^2I(\theta),\,h^2I(\theta)\right).$$

□

補題 14.3 $\boldsymbol{X}=(X_1,\cdots,X_n)$ の事象 A_n に対して，

$$\lim_{n\to\infty}P_\theta(A_n)=0\iff\lim_{n\to\infty}P_{\theta+\frac{h}{\sqrt{n}}}(A_n)=0$$

が成り立つ．このような性質を確率測度 $\{P_\theta\}$ と $\{P_{\theta+\frac{h}{\sqrt{n}}}\}$ の**近接性** (contiguity) または**接触性**という．

証明 補題 14.2 より，任意の $\varepsilon>0$ に対して，十分大きな $M>0$ をとれば，十分大きな全ての n に対して次のことが成り立つ：

$$P_{\theta+\frac{h}{\sqrt{n}}}\{\Lambda_n(h)>M\}<\varepsilon.$$

ところが，

$$P_{\theta+\frac{h}{\sqrt{n}}}(A_n)\le P_{\theta+\frac{h}{\sqrt{n}}}\{\Lambda_n(h)>M\}+\int_{A_n\cap\{\Lambda(h)\le M\}}\exp\{\Lambda_n(h)\}\,f_n(\boldsymbol{x}|\theta)\,d\boldsymbol{x}$$
$$\le\varepsilon+\exp(M)P_\theta(A_n).$$
$$\therefore\quad\limsup_{n\to\infty}P_{\theta+\frac{h}{\sqrt{n}}}(A_n)\le\varepsilon.$$

$\varepsilon>0$ は任意であるから，補題の結論が得られる． □

定理 14.4 最尤推定量は正則である．

証明 定理 14.2 と補題 14.2 の証明より，帰無仮説の下で

$$\sqrt{n}(\hat{\theta}_n - \theta) = I(\theta)^{-1} Z_n(\theta) + o_p(1),$$

$$\Lambda_n(h) = hZ_n(\theta) - \frac{1}{2}h^2 I(\theta) + o_p(1),$$

$$\therefore \quad \sqrt{n}\left(\hat{\theta}_n - \theta - \frac{h}{\sqrt{n}}\right) = h^{-1} I(\theta)^{-1} \Lambda_n(h) - \frac{1}{2}h + o_p(1)$$

が成り立つから，補題 14.3 より対立仮説：$\theta + \dfrac{h}{\sqrt{n}}$ の下でも成り立つ．ところが，補題 14.2 より，対立仮説の下で，

$$\Lambda_n(h) \xrightarrow{\mathcal{L}} N\left(\frac{1}{2}h^2 I(\theta), h^2 I(\theta)\right)$$

であるから，対立仮説の下で，

$$\sqrt{n}\left(\hat{\theta}_n - \theta - \frac{h}{\sqrt{n}}\right)$$
$$\xrightarrow{\mathcal{L}} h^{-1} I(\theta)^{-1} N\left(\frac{1}{2}h^2 I(\theta), h^2 I(\theta)\right) - \frac{1}{2}h = N(0, I(\theta)^{-1})$$

が成り立つ．すなわち，最尤推定量は正則である． □

定理 14.5 漸近正規推定量が正則で漸近分散 $\sigma^2(\theta)$ をもつとき，漸近分散に関する不等式：$\sigma^2(\theta) \geq I(\theta)^{-1}$ が成り立つ．

証明 $h = 1$ として，対立仮説：$\theta + \dfrac{1}{\sqrt{n}}$ の検定を考える．漸近分散 $\sigma^2(\theta)$ をもつ正則な漸近正規推定量 T_n：

$$\lim_{n\to\infty} P_{\theta+\frac{1}{\sqrt{n}}}\left\{\sqrt{n}\left(T_n - \theta - \frac{1}{\sqrt{n}}\right) \leq x\right\} = \Phi\left(\frac{x}{\sigma(\theta)}\right)$$

を使った検定では，有意水準を 0.5 として，棄却域は

$$W_n = \{\sqrt{n}(T_n - \theta) > k_n\}, \qquad \text{ただし，} P_\theta(W_n) \uparrow 0.5$$

より，$k_n \to 0$．尤度比検定では，$\Lambda_n = \Lambda_n(1)$ として，

$$W_n^* = \{\Lambda_n > k_n^*\}, \qquad \text{ただし，} P_\theta(W_n^*) \uparrow 0.5$$

より，$k_n^* \to -\dfrac{1}{2}I(\theta)$．ネイマン=ピアソンの定理 8.2 より尤度比検定が最強力検定であるから，

$$\lim_{n\to\infty} P_{\theta+\frac{1}{\sqrt{n}}}(W_n^*) \geq \lim_{n\to\infty} P_{\theta+\frac{1}{\sqrt{n}}}(W_n).$$

ところが，補題 14.2 より，左辺は次の値に等しい：

$$\lim_{n\to\infty} P_{\theta+\frac{1}{\sqrt{n}}}\left\{\Lambda_n > -\frac{1}{2}I(\theta)\right\} = \Phi(I(\theta)^{\frac{1}{2}}).$$

また，正則性より，右辺は次の値に等しい：

$$\lim_{n\to\infty} P_{\theta+\frac{1}{\sqrt{n}}}\{\sqrt{n}(T_n-\theta)>0\} = \Phi\left(\frac{1}{\sigma(\theta)}\right).$$

ゆえに，求める結果を得る：

$$\Phi(I(\theta)^{\frac{1}{2}}) \ge \Phi\left(\frac{1}{\sigma(\theta)}\right), \qquad \therefore \quad I(\theta)^{\frac{1}{2}} \ge \frac{1}{\sigma(\theta)}. \qquad \square$$

14.2　モーメント推定法

観測 $\boldsymbol{X}=(X_1,\cdots,X_n)$ は独立な同一分布 $f(x|\boldsymbol{\theta})$ に従う n 個の確率変数とする．k 次までの母集団モーメントからなるベクトルを

$$\boldsymbol{m} = \boldsymbol{\mu}(\boldsymbol{\theta}) = \begin{pmatrix} \mu_1(\boldsymbol{\theta}) \\ \vdots \\ \mu_k(\boldsymbol{\theta}) \end{pmatrix} = \begin{pmatrix} \int_{-\infty}^{\infty} x\, f(x|\boldsymbol{\theta})dx \\ \vdots \\ \int_{-\infty}^{\infty} x^k f(x|\boldsymbol{\theta})dx \end{pmatrix}$$

とし，k 次までの標本モーメントからなるベクトルを

$$\boldsymbol{m}_n = \begin{pmatrix} m_{n1} \\ \vdots \\ m_{nk} \end{pmatrix} = \begin{pmatrix} \frac{1}{n}\sum_{i=1}^{n} X_i \\ \vdots \\ \frac{1}{n}\sum_{i=1}^{n} X_i^k \end{pmatrix}$$

とする．モーメントは中心まわりでもよいが，ここでは原点まわりとする．ベクトル関数 $\boldsymbol{\mu}(\boldsymbol{\theta})$ は $\boldsymbol{\theta}$ について微分可能であり，そのヤコビアン行列を

$$\boldsymbol{H}(\boldsymbol{\theta}) = \frac{\partial \boldsymbol{\mu}(\boldsymbol{\theta})}{\partial \boldsymbol{\theta}} \equiv \begin{pmatrix} \frac{\partial \mu_1(\boldsymbol{\theta})}{\partial \theta_1} & \cdots & \frac{\partial \mu_1(\boldsymbol{\theta})}{\partial \theta_k} \\ \vdots & & \vdots \\ \frac{\partial \mu_k(\boldsymbol{\theta})}{\partial \theta_1} & \cdots & \frac{\partial \mu_k(\boldsymbol{\theta})}{\partial \theta_k} \end{pmatrix}$$

とし，その行列式であるヤコビアン行列式が 0 でないとする： $|\boldsymbol{H}(\boldsymbol{\theta})| \neq 0$．そのとき，$\boldsymbol{m} = \boldsymbol{\mu}(\boldsymbol{\theta})$ は 1 対 1 関数であって，逆関数 $\boldsymbol{\theta} = \boldsymbol{\nu}(\boldsymbol{m}) \equiv \boldsymbol{\mu}^{-1}(\boldsymbol{m})$ が存在し，$\boldsymbol{m}$ について微分可能であり，そのヤコビアン行列は

$$\boldsymbol{K}(\boldsymbol{\theta}) = \frac{\partial \boldsymbol{\nu}(\boldsymbol{m})}{\partial \boldsymbol{m}} \equiv \begin{pmatrix} \dfrac{\partial \nu_1(\boldsymbol{m})}{\partial m_1} & \cdots & \dfrac{\partial \nu_1(\boldsymbol{m})}{\partial m_k} \\ \vdots & & \vdots \\ \dfrac{\partial \nu_k(\boldsymbol{m})}{\partial m_1} & \cdots & \dfrac{\partial \nu_k(\boldsymbol{m})}{\partial m_k} \end{pmatrix} = \boldsymbol{H}(\boldsymbol{\theta})^{-1}$$

となる．そこで，**モーメント方程式** (moment equation)：

$$\boldsymbol{\mu}(\boldsymbol{\theta}) = \boldsymbol{m}_n：\text{ 母集団モーメントと標本モーメントが等しい}$$

として母数 $\boldsymbol{\theta}$ の方程式をたて，その解 $\boldsymbol{\theta}_n^* = \boldsymbol{\theta}_n^*(\boldsymbol{X})$ を $\boldsymbol{\theta}$ の推定量とする方法を**モーメント推定法** (moment method of estimation) という．

定理 14. 6 $\boldsymbol{T}_n = {}^t(T_{n1}, \cdots, T_{nk})$ は $\boldsymbol{\theta}$ の漸近正規推定量とする：

$$\sqrt{n}(\boldsymbol{T}_n - \boldsymbol{\theta}) \xrightarrow{\mathcal{L}} N_k(\boldsymbol{0}, \boldsymbol{\Sigma}(\boldsymbol{\theta})) \qquad (n \to \infty \text{ のとき}).$$

いま，$\boldsymbol{g}(\boldsymbol{\theta})$ は 1 対 1 連続微分可能なベクトル値関数であり，そのヤコビアン行列を $\boldsymbol{G}(\boldsymbol{\theta}) = \dfrac{\partial}{\partial \boldsymbol{\theta}} \boldsymbol{g}(\boldsymbol{\theta})$ とし，そのヤコビアン行列式は 0 でないとする： $|\boldsymbol{G}(\boldsymbol{\theta})| \neq 0$．そのとき，$\boldsymbol{g}(\boldsymbol{T}_n)$ は $\boldsymbol{g}(\boldsymbol{\theta})$ の漸近正規推定量である：

$$\sqrt{n}\{\boldsymbol{g}(\boldsymbol{T}_n) - \boldsymbol{g}(\boldsymbol{\theta})\} \xrightarrow{\mathcal{L}} N_k(\boldsymbol{0}, \boldsymbol{G}(\boldsymbol{\theta})\boldsymbol{\Sigma}(\boldsymbol{\theta}){}^t\boldsymbol{G}(\boldsymbol{\theta})).$$

証明 平均値の定理によって，

$$\boldsymbol{g}(\boldsymbol{T}_n) - \boldsymbol{g}(\boldsymbol{\theta}) = \boldsymbol{G}(\tilde{\boldsymbol{T}}_n)(\boldsymbol{T}_n - \boldsymbol{\theta}).$$

ここで，$0 \leq |\tilde{\boldsymbol{T}}_n - \boldsymbol{\theta}| \leq |\boldsymbol{T}_n - \boldsymbol{\theta}| \to 0$ であり，よって，$|\boldsymbol{G}(\tilde{\boldsymbol{T}}_n) - \boldsymbol{G}(\boldsymbol{\theta})| \to 0$．ゆえに，$\{\sqrt{n}(\boldsymbol{T}_n - \boldsymbol{\theta})\}$ が確率有界であることを考慮すれば，

$$\begin{aligned} &|\sqrt{n}\{\boldsymbol{g}(\boldsymbol{T}_n) - \boldsymbol{g}(\boldsymbol{\theta})\} - \boldsymbol{G}(\boldsymbol{\theta})\sqrt{n}(\boldsymbol{T}_n - \boldsymbol{\theta})| \\ &\qquad \leq |\boldsymbol{G}(\tilde{\boldsymbol{T}}_n) - \boldsymbol{G}(\boldsymbol{\theta})|\,|\sqrt{n}(\boldsymbol{T}_n - \boldsymbol{\theta})| \to 0. \end{aligned}$$

すなわち，$\sqrt{n}\{\boldsymbol{g}(\boldsymbol{T}_n) - \boldsymbol{g}(\boldsymbol{\theta})\}$ と $\boldsymbol{G}(\boldsymbol{\theta})\sqrt{n}(\boldsymbol{T}_n - \boldsymbol{\theta})$ は漸近的に同値であることが示され，定理の結果が導かれる． □

定理 14.7 定理 14.6 において，特に $k=1$ の場合：

$$\sqrt{n}(T_n-\theta)\xrightarrow{\mathcal{L}}N(0,\sigma^2(\theta))$$

であるとき，$g(t)=c\int\sigma^{-1}(t)\,dt$ に対して $g(T_n)$ は $g(\theta)$ の漸近正規推定量であり，漸近分散は $g'(\theta)^2\sigma^2(\theta)=c^2$ なる定数である：

$$\sqrt{n}(g(T_n)-g(\theta))\xrightarrow{\mathcal{L}}N(0,c^2).$$

このような変換を**分散定数化変換**という．

例題 14.3 二項分布の正規近似 (例題 6.4) において示したように，標本比率 $\bar{X}_n$ は p の漸近正規推定量である： $\sqrt{n}(\bar{X}_n-p)\xrightarrow{\mathcal{L}}N(0,p(1-p))$．そこで，

$$g(t)=\frac{1}{2}\int\{t(1-t)\}^{-\frac{1}{2}}\,dt=\arcsin\sqrt{t}$$

なる関数によって変換を行えば，

$$\sqrt{n}(\arcsin\sqrt{\bar{X}_n}-\arcsin\sqrt{p})\xrightarrow{\mathcal{L}}N\left(0,\frac{1}{4}\right)\qquad(n\to\infty \text{ のとき}).$$

これを標本比率の**角変換** (arcsine transformation) という． ◇

定理 14.8 $X^1,\cdots,X^k$ の共分散行列を

$$\boldsymbol{\Sigma}(\boldsymbol{\theta})=\begin{pmatrix} Cov(X^1,X^1) & \cdots & Cov(X^1,X^k)\\ \vdots & & \vdots\\ Cov(X^k,X^1) & \cdots & Cov(X^k,X^k)\end{pmatrix}$$

とするとき，モーメント法による推定量 $\boldsymbol{\theta}_n^*$ は漸近正規推定量である：

$$\sqrt{n}(\boldsymbol{\theta}_n^*-\boldsymbol{\theta})\xrightarrow{\mathcal{L}}N_k(\mathbf{0},\boldsymbol{K}(\boldsymbol{\theta})\boldsymbol{\Sigma}(\boldsymbol{\theta})\,{}^t\boldsymbol{K}(\boldsymbol{\theta}))\qquad(n\to\infty \text{ のとき}).$$

証明 中心極限定理によって，

$$\sqrt{n}(\boldsymbol{m}_n-\boldsymbol{\mu}(\boldsymbol{\theta}))\xrightarrow{\mathcal{L}}N_k(\mathbf{0},\boldsymbol{\Sigma}(\boldsymbol{\theta}))\qquad(n\to\infty \text{ のとき}).$$

ところが，逆関数 $\boldsymbol{\nu}$ とモーメント推定法の定義によって，

$$\boldsymbol{\theta}_n^*=\boldsymbol{\nu}(\boldsymbol{m}_n),\qquad \boldsymbol{\theta}=\boldsymbol{\nu}(\boldsymbol{\mu}(\boldsymbol{\theta}))$$

であるから，定理 14.6 によって定理の結果が得られる． □

例題 14.4 ガンマ分布 $G_A(\alpha,\beta)$ の母数 $\boldsymbol{\theta}={}^t(\alpha,\beta)$ の推定を考える．その密度関数とモーメントは

$$f(x|\boldsymbol{\theta}) = \frac{1}{\Gamma(\alpha)\beta^{\alpha}} x^{\alpha-1} e^{-x/\beta}, \qquad 0 < x < \infty$$

$$E(X^k) = (\alpha+k-1)(\alpha+k-2)\cdots(\alpha+1)\alpha\beta^k$$

であるから，

$$\boldsymbol{\mu}(\boldsymbol{\theta}) = \begin{pmatrix} \alpha\beta \\ (\alpha+1)\alpha\beta^2 \end{pmatrix}, \qquad \boldsymbol{H}(\boldsymbol{\theta}) = \begin{pmatrix} \beta & \alpha \\ (2\alpha+1)\beta^2 & 2(\alpha+1)\alpha\beta \end{pmatrix}.$$

モーメント方程式 $\boldsymbol{\mu}(\boldsymbol{\theta}) = \boldsymbol{m}$ を α, β について解くとモーメント法による推定量は

$$\boldsymbol{\theta}_n^* = \begin{pmatrix} \alpha_n^* \\ \beta_n^* \end{pmatrix} = \boldsymbol{\nu}(\boldsymbol{m}_n) = \begin{pmatrix} \dfrac{m_{n1}^2}{m_{n2} - m_{n1}^2} \\ \dfrac{m_{n2} - m_{n1}^2}{m_{n1}} \end{pmatrix} = \begin{pmatrix} \dfrac{\{\bar{X}_n\}^2}{S_n^2} \\ \dfrac{S_n^2}{\bar{X}_n} \end{pmatrix}$$

となる．ここで，$\bar{X}_n$ は標本平均，S_n^2 は標本分散である．

$$\boldsymbol{\Sigma}(\boldsymbol{\theta}) = \begin{pmatrix} \alpha\beta^2 & 2(\alpha+1)\alpha\beta^3 \\ 2(\alpha+1)\alpha\beta^3 & (4\alpha+6)(\alpha+1)\alpha\beta^4 \end{pmatrix},$$

$$\boldsymbol{K}(\boldsymbol{\theta}) = \boldsymbol{H}^{-1}(\boldsymbol{\theta}) = \begin{pmatrix} \dfrac{2(\alpha+1)}{\beta} & -\dfrac{1}{\beta^2} \\ -\dfrac{2\alpha+1}{\alpha} & \dfrac{1}{\alpha\beta} \end{pmatrix}.$$

ゆえに，モーメント法による推定量は漸近分散

$$\boldsymbol{D}(\boldsymbol{\theta}) = \boldsymbol{K}(\boldsymbol{\theta})\boldsymbol{\Sigma}(\boldsymbol{\theta})\,{}^t\boldsymbol{K}(\boldsymbol{\theta}) = \begin{pmatrix} 2(\alpha+1)\alpha & -2(\alpha+1)\beta \\ -2(\alpha+1)\beta & \dfrac{(2\alpha+3)\beta^2}{\alpha} \end{pmatrix}$$

をもつ漸近正規推定量である．一方，対数尤度関数については

$$l_n(\boldsymbol{\theta}) = -n\log\Gamma(\alpha) - n\alpha\log\beta + (\alpha-1)\sum_{i=1}^n \log X_i - \frac{1}{\beta}\sum_{i=1}^n X_i\,,$$

$$\dot{l}_n(\boldsymbol{\theta}) = \begin{pmatrix} -n\gamma(\alpha) - n\log\beta + \sum_{i=1}^n \log X_i \\ -n\dfrac{\alpha}{\beta} + \dfrac{1}{\beta^2}\sum_{i=1}^n X_i \end{pmatrix},$$

$$\ddot{l}_n(\boldsymbol{\theta}) = \begin{pmatrix} -n\gamma(\alpha) & -n\dfrac{1}{\beta} \\ -n\dfrac{1}{\beta} & n\dfrac{\alpha}{\beta^2} - 2\dfrac{1}{\beta^3}\sum_{i=1}^n X_i \end{pmatrix}.$$

ここで，$\gamma(\alpha)=\dfrac{\Gamma'(\alpha)}{\Gamma(\alpha)}$ は digamma function である．フィッシャー情報量は

$$\boldsymbol{I}(\boldsymbol{\theta})=-E\{\ddot{l}(\boldsymbol{\theta})\}=\begin{pmatrix}\gamma'(\alpha) & \dfrac{1}{\beta}\\ \dfrac{1}{\beta} & \dfrac{\alpha}{\beta^2}\end{pmatrix}.$$

モーメント推定量の漸近分散の逆行列は，$\gamma'(\alpha)>\dfrac{1}{\alpha}+\dfrac{1}{2\alpha(\alpha+1)}$ より，

$$\boldsymbol{D}^{-1}(\boldsymbol{\theta})=\begin{pmatrix}\dfrac{1}{\alpha}+\dfrac{1}{2\alpha(\alpha+1)} & \dfrac{1}{\beta}\\ \dfrac{1}{\beta} & \dfrac{\alpha}{\beta^2}\end{pmatrix}<\boldsymbol{I}(\boldsymbol{\theta})\qquad\therefore\quad D(\boldsymbol{\theta})>\boldsymbol{I}^{-1}(\boldsymbol{\theta}).$$

ゆえに，モーメント推定量は漸近有効でない．$\bar{X}_n=\dfrac{1}{n}\sum_{i=1}^{n}X_i$，$\bar{Y}_n=\dfrac{1}{n}\sum_{i=1}^{n}\log X_i$ として，尤度方程式は $\dot{l}_n(\boldsymbol{\theta})=\boldsymbol{0}$ より

$$\gamma(\alpha)+\log\beta=\bar{Y}_n,\qquad \alpha\beta=\bar{X}_n.$$

両式より β を消去して，α についての方程式

$$\gamma(\alpha)-\log\alpha=\bar{Y}_n-\log\bar{X}_n$$

を得るので，最尤推定量は一意的に存在するが明示的に解くことはできず，数値的に求めるしかない．一般に尤度関数が複雑であるために尤度方程式を解くことが難しいことが多い．その場合はニュートン法などによって数値解を求めることになるが，初期値としてモーメント法による推定量を用いることができる．要約すると，最尤推定量は漸近有効推定量であるが一般に求め難いことが多いけれども，モーメント法による推定量は漸近有効推定量でないが一般に求め易いことが多い．　◇

14.3　尤度比検定

観測 $\boldsymbol{X}=(X_1,\cdots,X_n)$ は独立な同一分布 $f(x|\boldsymbol{\theta})$ に従う n 個の確率変数であり，その同時密度関数は $f_n(\boldsymbol{x}|\boldsymbol{\theta})$ である．母数 $\boldsymbol{\theta}={}^t(\theta_1,\cdots,\theta_k)$ は k 次元ユークリッド空間 $\boldsymbol{R}^k$ の部分集合 Θ の点とする．Θ_0 は制限母数空間であり，Θ の空でない真の閉部分集合とする．全母数空間 Θ での通常の最尤推定量 $\hat{\boldsymbol{\theta}}_n$ に対して，制限母数空間 Θ_0 での**制限最尤推定量** (restricted maximum likelihood estimator) を $\hat{\hat{\boldsymbol{\theta}}}_n$ で表す．

複合仮説

$$\begin{cases} H_0: & \boldsymbol{\theta} \in \Theta_0 \qquad (\text{帰無仮説}), \\ H_1: & \boldsymbol{\theta} \notin \Theta_0 \qquad (\text{対立仮説}) \end{cases}$$

を検定することを考える．ネイマン=ピアソンの定理8.2によって，単純仮説に対しては尤度比による検定が最強力検定であることが示された．複合仮説に対しては，制限母数空間 Θ_0 の尤度と全母数空間 Θ の尤度をそれぞれ

$$f_n(\boldsymbol{X}|\Theta_0) \equiv \max\{f_n(\boldsymbol{X}|\boldsymbol{\theta}) : \boldsymbol{\theta} \in \Theta_0\} = f_n(\boldsymbol{X}|\hat{\hat{\boldsymbol{\theta}}}_n),$$
$$f_n(\boldsymbol{X}|\Theta) \equiv \max\{f_n(\boldsymbol{X}|\boldsymbol{\theta}) : \boldsymbol{\theta} \in \Theta\} = f_n(\boldsymbol{X}|\hat{\boldsymbol{\theta}}_n)$$

によって与え，**対数尤度比統計量**を

$$\kappa_n = 2\log\frac{f_n(\boldsymbol{X}|\Theta)}{f_n(\boldsymbol{X}|\Theta_0)} = 2\log\frac{f_n(\boldsymbol{X}|\hat{\boldsymbol{\theta}}_n)}{f_n(\boldsymbol{X}|\hat{\hat{\boldsymbol{\theta}}}_n)}$$

で定義する．対数尤度比の2倍であることに注意しよう．κ_n が大きいとき観測 $\boldsymbol{X}$ は制限尤度 $f_n(\boldsymbol{x}|\Theta_0)$ に適合していないと考えて仮説 H_0 を棄却し，κ_n が0に近いとき観測 $\boldsymbol{X}$ は制限尤度 $f_n(\boldsymbol{X}|\Theta_0)$ に適合していると考え仮説 H_0 を採択する．このような検定を尤度比検定という．

例題 14.5 **§12** の正規線形モデル $\boldsymbol{Y} \sim N_n(\mathbf{1}\theta_0 + \boldsymbol{X\theta}, \sigma^2 I)$（220ページ）における線形仮説の検定問題を考える．観測 $\boldsymbol{Y} = (Y_1, \cdots, Y_n)$ の同時密度関数は

$$f_n(\boldsymbol{Y}|\theta_0, \boldsymbol{\theta}) = (2\pi\sigma^2)^{-\frac{n}{2}}\exp\left\{-\frac{\|\boldsymbol{Y} - \mathbf{1}\theta_0 - \boldsymbol{X\theta}\|^2}{2\sigma^2}\right\}$$

であるから，$\theta_0, \boldsymbol{\theta}$ の最尤推定量は最小自乗推定量に一致し，σ^2 の最尤推定量は $\hat{\sigma}^2 = \dfrac{\varDelta_0^2}{n}$ である．また，$\theta_0, \boldsymbol{\theta}$ の制限最尤推定量は制限最小自乗推定量に一致し，σ^2 の制限最尤推定量は $\hat{\hat{\sigma}}^2 = \dfrac{\varDelta_1^2}{n}$ である．ゆえに，

$$f_n(\boldsymbol{Y}|\Theta_0) = \left(\frac{2\pi\varDelta_1^2}{n}\right)^{-\frac{n}{2}}\exp\left\{-\frac{n}{2}\right\}, \qquad f_n(\boldsymbol{Y}|\Theta) = \left(\frac{2\pi\varDelta_0^2}{n}\right)^{-\frac{n}{2}}\exp\left\{-\frac{n}{2}\right\}$$

であるから，尤度比検定は

$$\kappa_n = n\log\frac{\varDelta_1^2}{\varDelta_0^2} > c \iff F = \frac{\dfrac{\varDelta_1^2 - \varDelta_0^2}{r}}{\dfrac{\varDelta_0^2}{n-k}} > c',$$

すなわち，F-検定と同値である． ◇

尤度に関係した命題を対数尤度比統計量の漸近表現を使って統一的に説明しよう．厳密な証明やそのために必要な条件については言及しない．真の母数 $\boldsymbol{\theta}_0$ と $\boldsymbol{\theta}_0 + \dfrac{\boldsymbol{h}}{\sqrt{n}} \in \Theta$ に対して，次のような仮説を考える：

$$\begin{cases} H_0： \ \boldsymbol{\theta} = \boldsymbol{\theta}_0 & \text{(帰無仮説)}, \\ H_1： \ \boldsymbol{\theta} = \boldsymbol{\theta}_0 + \dfrac{\boldsymbol{h}}{\sqrt{n}} & \text{(対立仮説)}. \end{cases}$$

補題 14.2 の証明と同様にして，対数尤度比統計量は

$$\begin{aligned} \kappa_n(\boldsymbol{h}) &\equiv 2\left\{ l_n\left(\boldsymbol{\theta}_0 + \frac{\boldsymbol{h}}{\sqrt{n}} \right) - l_n(\boldsymbol{\theta}_0) \right\} \\ &= 2\,{}^t\boldsymbol{h}\,\boldsymbol{Z}_n(\boldsymbol{\theta}_0) - {}^t\boldsymbol{h}\,\mathcal{I}_n(\boldsymbol{\theta}_0)\boldsymbol{h} \\ &\longrightarrow \kappa(\boldsymbol{h}) = 2\,{}^t\boldsymbol{h}\,\boldsymbol{Z}(\boldsymbol{\theta}_0) - {}^t\boldsymbol{h}\,\boldsymbol{I}(\boldsymbol{\theta}_0)\boldsymbol{h} \\ &\qquad\qquad = {}^t\boldsymbol{Z}\boldsymbol{Z} - {}^t(\boldsymbol{h} - \boldsymbol{G}^{-1}\boldsymbol{Z})\boldsymbol{I}(\boldsymbol{\theta}_0)(\boldsymbol{h} - \boldsymbol{G}^{-1}\boldsymbol{Z}) \end{aligned}$$

なる漸近表現をもつ．ここで，$\boldsymbol{Z}$ は k 次元標準正規分布に従う確率ベクトルであり，共分散行列の 1/2 乗は **5.3**［MC1］で定義したものである：

$${}^t\boldsymbol{G} = \boldsymbol{I}^{\frac{1}{2}}(\boldsymbol{\theta}_0), \qquad {}^t\boldsymbol{G}\boldsymbol{G} = \boldsymbol{I}(\boldsymbol{\theta}_0), \qquad \boldsymbol{Z} = {}^t\boldsymbol{G}^{-1}\boldsymbol{Z}(\boldsymbol{\theta}) \sim N_k(\boldsymbol{0}, \boldsymbol{I}).$$

この収束は $\boldsymbol{h}$ に関して ある意味で一様であり，連続汎関数 ζ に対して，

$$\zeta(\kappa_n) \to \zeta(\kappa) \quad \text{in law}, \quad (n \to \infty \text{ のとき})$$

が成り立つ．例えば，$\zeta = \max$ とすれば，

$$\max\left\{ \kappa_n(\boldsymbol{h})： \boldsymbol{\theta}_0 + \frac{\boldsymbol{h}}{\sqrt{n}} \in \Theta \right\} \xrightarrow{\mathcal{L}} \max\{ \kappa(\boldsymbol{h})： \boldsymbol{h} \in \boldsymbol{R}^k \} = {}^t\boldsymbol{Z}\boldsymbol{Z} \sim \chi_k^2$$

が成り立ち，対数尤度比統計量がカイ自乗分布に収束することが示される．また，$\kappa_n(\boldsymbol{h})$ を最大にする $\boldsymbol{h}$ の値は $\hat{\boldsymbol{h}}_n = \sqrt{n}(\hat{\boldsymbol{\theta}}_n - \boldsymbol{\theta}_0)$ であり，$\kappa(\boldsymbol{h})$ を最大にする $\boldsymbol{h}$ の値は $\hat{\boldsymbol{h}} = \boldsymbol{G}^{-1}\boldsymbol{Z}$ であって，これらの対応関係

$$\hat{\boldsymbol{h}}_n = \sqrt{n}(\hat{\boldsymbol{\theta}}_n - \boldsymbol{\theta}_0) \xrightarrow{\mathcal{L}} \hat{\boldsymbol{h}} = \boldsymbol{G}^{-1}\boldsymbol{Z} \sim N_k(\boldsymbol{0}, \boldsymbol{I}^{-1}(\boldsymbol{\theta}_0))$$

が成り立ち，既に示した最尤推定量の漸近有効性が再び導かれる．

定理 14.9 対数尤度比統計量は自由度 k のカイ自乗分布に収束する：

$$\kappa_n = 2\log\frac{f_n(\boldsymbol{X}|\Theta)}{f_n(\boldsymbol{X}|\boldsymbol{\theta}_0)} \xrightarrow{\mathcal{L}} \chi_k^2 \qquad (n \to \infty \text{ のとき}).$$

次に，制限母数空間は制約関数によって定義されているとする：

$$\Theta_0 = \{\boldsymbol{\theta} : \boldsymbol{\alpha}(\boldsymbol{\theta}) = \boldsymbol{\alpha}_0\}.$$

ここで，$\boldsymbol{\alpha}(\boldsymbol{\theta})$ は連続微分可能な関数，$\boldsymbol{\alpha}_0$ は定数ベクトルである：

$$\boldsymbol{\theta} = \begin{pmatrix} \theta_1 \\ \vdots \\ \theta_k \end{pmatrix}, \quad \boldsymbol{\alpha}(\boldsymbol{\theta}) = \begin{pmatrix} \alpha_1(\boldsymbol{\theta}) \\ \vdots \\ \alpha_r(\boldsymbol{\theta}) \end{pmatrix}, \quad \boldsymbol{\alpha}_0 = \begin{pmatrix} \alpha_{01} \\ \vdots \\ \alpha_{0r} \end{pmatrix}, \qquad r < k$$

$$\boldsymbol{A}(\boldsymbol{\theta}) \equiv \frac{\partial \boldsymbol{\alpha}(\boldsymbol{\theta})}{\partial \boldsymbol{\theta}} = \begin{pmatrix} \dfrac{\partial \alpha_1(\boldsymbol{\theta})}{\partial \theta_1} & \cdots & \dfrac{\partial \alpha_1(\boldsymbol{\theta})}{\partial \theta_k} \\ \vdots & & \vdots \\ \dfrac{\partial \alpha_r(\boldsymbol{\theta})}{\partial \theta_1} & \cdots & \dfrac{\partial \alpha_r(\boldsymbol{\theta})}{\partial \theta_k} \end{pmatrix} \quad (r \times k \text{ 行列}).$$

真の母数 $\boldsymbol{\theta}_0$ が関数制約：$\boldsymbol{\alpha}(\boldsymbol{\theta}_0) = \boldsymbol{\alpha}_0$ を満たしているとして，

$$\sqrt{n}\left\{\boldsymbol{\alpha}\left(\boldsymbol{\theta}_0 + \frac{\boldsymbol{h}}{\sqrt{n}}\right) - \boldsymbol{\alpha}_0\right\} \to \boldsymbol{A}\boldsymbol{h}, \qquad \boldsymbol{A} \equiv \boldsymbol{A}(\boldsymbol{\theta}_0)$$

が成り立つ．ここで，$\boldsymbol{A}$ の階数は r であるとする．

ラグランジュ乗数 $\boldsymbol{\nu} = {}^t(\nu_1, \cdots, \nu_r)$ として制限最尤推定量を求めるためのラグランジュ乗数式 g_n は漸近表現のラグランジュ乗数式 g に収束する：

$$g_n(\boldsymbol{h}, \boldsymbol{\nu}) = -\kappa_n(\boldsymbol{h}) + 2\,{}^t\boldsymbol{\nu}\sqrt{n}\left\{\boldsymbol{\alpha}\left(\boldsymbol{\theta}_0 + \frac{\boldsymbol{h}}{\sqrt{n}}\right) - \boldsymbol{\alpha}_0\right\}$$
$$\xrightarrow{\mathcal{L}} g(\boldsymbol{h}, \boldsymbol{\nu}) = -\kappa(\boldsymbol{h}) + 2\,{}^t\boldsymbol{\nu}\boldsymbol{A}\boldsymbol{h}.$$

したがって，$\boldsymbol{h}, \boldsymbol{\nu}$ について微分すると，制限正規方程式は

$$\frac{\partial g_n(\boldsymbol{h}, \boldsymbol{\nu})}{\partial(\boldsymbol{h}, \boldsymbol{\nu})} = \begin{pmatrix} -2\dfrac{1}{\sqrt{n}}\, \dot{l}_n\left(\boldsymbol{\theta}_0 + \dfrac{\boldsymbol{h}}{\sqrt{n}}\right) + 2\,{}^t\boldsymbol{A}\left(\boldsymbol{\theta}_0 + \dfrac{\boldsymbol{h}}{\sqrt{n}}\right)\boldsymbol{\nu} \\ \sqrt{n}\left\{\boldsymbol{\alpha}\left(\boldsymbol{\theta}_0 + \dfrac{\boldsymbol{h}}{\sqrt{n}}\right) - \boldsymbol{\alpha}_0\right\} \end{pmatrix} = \boldsymbol{O}$$

であり，$\dot{l}_n$ を $\boldsymbol{\theta}_0$ のまわりに展開して，

$$-\frac{1}{\sqrt{n}}\, \dot{l}_n\left(\boldsymbol{\theta}_0 + \frac{\boldsymbol{h}}{\sqrt{n}}\right) = -\frac{1}{\sqrt{n}}\, \dot{l}_n(\boldsymbol{\theta}_0) + \mathcal{I}(\boldsymbol{\theta}_0)\boldsymbol{h} \xrightarrow{\mathcal{L}} -\boldsymbol{G}\boldsymbol{Z} + {}^t\boldsymbol{G}\boldsymbol{G}\boldsymbol{h}$$

であるから，漸近表現の制限正規方程式：

$$\frac{\partial g(\boldsymbol{h},\,\boldsymbol{\nu})}{\partial(\boldsymbol{h},\,\boldsymbol{\nu})}=\begin{pmatrix} -2\,{}^t\boldsymbol{G}\boldsymbol{Z}+2\,{}^t\boldsymbol{G}\boldsymbol{G}\boldsymbol{h}+2\,{}^t\boldsymbol{A}\boldsymbol{\nu} \\ \boldsymbol{A}\boldsymbol{h} \end{pmatrix}=\boldsymbol{O}$$

に収束することが示される．ゆえに，極限においては

$$\begin{cases} {}^t\boldsymbol{G}\boldsymbol{G}\boldsymbol{h}+{}^t\boldsymbol{A}\boldsymbol{\nu}={}^t\boldsymbol{G}\boldsymbol{Z}, \\ \boldsymbol{A}\boldsymbol{h}=\boldsymbol{O} \end{cases} \qquad \therefore \quad \begin{pmatrix} {}^t\boldsymbol{G}\boldsymbol{G} & {}^t\boldsymbol{A} \\ \boldsymbol{A} & \boldsymbol{O} \end{pmatrix}\begin{pmatrix} \boldsymbol{h} \\ \boldsymbol{\nu} \end{pmatrix}=\begin{pmatrix} {}^t\boldsymbol{G}\boldsymbol{Z} \\ \boldsymbol{O} \end{pmatrix}$$

が成り立つ．ゆえに，**12.5** の制限最小自乗法において $\boldsymbol{X}=\boldsymbol{G}$, $\boldsymbol{Y}=\boldsymbol{Z}$ としたものと同様で，帰無仮説の下で制限最尤推定量 $\hat{\hat{\boldsymbol{\theta}}}_n$ の漸近分布は

$$\hat{\hat{\boldsymbol{h}}}_n=\sqrt{n}(\hat{\hat{\boldsymbol{\theta}}}_n-\boldsymbol{\theta}_0)\xrightarrow{\mathcal{L}}\hat{\hat{\boldsymbol{h}}}=\boldsymbol{C}_1{}^t\boldsymbol{G}\boldsymbol{Z}\sim N_k(\boldsymbol{0},\,\boldsymbol{C}_1\boldsymbol{I}(\boldsymbol{\theta}_0)\boldsymbol{C}_1)$$

である（223 ページ参照）．また，最大値の分布は

$$\begin{aligned} &\max\left\{\kappa_n(\boldsymbol{h}):\boldsymbol{\theta}_0+\frac{\boldsymbol{h}}{\sqrt{n}}\in\Theta_0\right\}=2\log\frac{f_n(\boldsymbol{x}|\hat{\hat{\boldsymbol{\theta}}}_n)}{f_n(\boldsymbol{X}|\boldsymbol{\theta}_0)} \\ &\xrightarrow{\mathcal{L}}\max\{\kappa(\boldsymbol{h}):\boldsymbol{A}\boldsymbol{h}=\boldsymbol{0}\}={}^t\boldsymbol{Z}\boldsymbol{Z}-\min\{\|\boldsymbol{Z}-\boldsymbol{G}\boldsymbol{h}\|^2:\boldsymbol{A}\boldsymbol{h}=\boldsymbol{0}\} \\ &\qquad\sim\chi^2_{k-r}\qquad(\text{帰無仮説の下で}) \end{aligned}$$

となることが示される．

以上のことから，次の定理を得る．

定理 14.10 関数制約に関する仮説

$$\begin{cases} H_0:\ \boldsymbol{\alpha}(\boldsymbol{\theta}_0)=\boldsymbol{\alpha}_0 & (\text{帰無仮説}), \\ H_1:\ \text{その他} & (\text{対立仮説}) \end{cases}$$

に対する対数尤度比統計量は，$n\to\infty$ のとき，

$$\kappa_n=2\log\frac{f_n(\boldsymbol{x}|\Theta)}{f_n(\boldsymbol{X}|\Theta_0)}\xrightarrow{\mathcal{L}}\begin{cases} \chi^2_r & (\text{帰無仮説の下で}), \\ \infty & (\text{対立仮説の下で}) \end{cases}$$

なる漸近分布をする．ここで，自由度 r は全母数空間 Θ と制限母数空間 Θ_0 の自由な母数の個数の差，すなわち，推定すべき母数の個数の差に等しい：

$$\text{自由度：}\ r=\dim(\Theta)-\dim(\Theta_0).$$

有意水準 α の棄却域は近似的に $W=\{\kappa_n>\chi^2_{r,\alpha}\}$ として求まる．

次に，適合度検定について考えよう．標本 X が分布 $g(x|\boldsymbol{\theta})$ に従うかどうかという検定は適合度検定とよばれ，**10.7** でカイ自乗適合度検定として述

べた．まず，標本空間 $\boldsymbol{R}^1$ を k 個の区間に分割する．すなわち，$a_0=-\infty<a_1<a_2<\cdots<a_{k-1}<a_k=\infty$ に対して，

$$A_1=(a_0,a_1],\ A_2=(a_1,a_2],\ \cdots,\ A_{k-1}=(a_{k-2},a_{k-1}],\ A_k=(a_{k-1},a_k).$$

各区間に入る標本の確率は，一般には

$$p_i=P\{a_{i-1}<X\leq a_i\},\qquad i=1,\cdots,k,\quad p_1+\cdots+p_k=1$$

であるのに対して，仮説の分布 $g(x|\boldsymbol{\theta})$ の下では

$$\pi=\pi_i(\boldsymbol{\theta})=\int_{a_{i-1}}^{a_i}g(x|\boldsymbol{\theta})\,dx,\qquad i=1,\cdots,k,\quad \pi_1+\cdots+\pi_k=1$$

となる．いま，n 個の無作為標本 $X_1,\cdots,X_n$ に対して，区間 A_i に属する標本の個数が n_i であるとする：

$$n_i=\#\{X_j: a_{i-1}<X_j\leq a_i\},\qquad i=1,\cdots,k,\quad n_1+\cdots+n_k=n.$$

確率ベクトル $\boldsymbol{n}=(n_1,\cdots,n_k)$ は多項分布 $M_N(n;p_1,\cdots,p_k)$ に従い，その同時分布の確率関数は

$$f_n(\boldsymbol{n}|\boldsymbol{p})=\binom{n}{n_1\cdots n_k}p_1^{n_1}\cdots p_k^{n_k},$$

$$\Theta=\left\{\boldsymbol{p}=(p_1,\cdots,p_k): p_i\geq 0,\ \sum_{i=1}^k p_i=1\right\}$$

である．確率分布 $\boldsymbol{p}=(p_1,\cdots,p_k)$ の最尤推定量は

$$\hat{p}_1=\frac{n_1}{n},\quad\cdots,\quad \hat{p}_k=\frac{n_k}{n}$$

であることが容易に求まる．

（1） 母数 $\boldsymbol{\theta}$ が既知のとき（10.7（1）参照）

既知の確率分布 $\boldsymbol{\pi}=(\pi_1,\cdots,\pi_k)\in\Theta$ に観測 $\boldsymbol{n}=(n_1,\cdots,n_k)$ が適合しているかどうかという仮説

$$\begin{cases} H_0: & \boldsymbol{p}=\boldsymbol{\pi} \qquad (\text{帰無仮説}),\\ H_1: & \boldsymbol{p}\neq\boldsymbol{\pi} \qquad (\text{対立仮説})\end{cases}$$

を検定するための，対数尤度比統計量とカイ自乗統計量は次のようになる：

$$\kappa_n=2\log\frac{f_n(\boldsymbol{n}|\Theta)}{f_n(\boldsymbol{n}|\boldsymbol{\pi})}=2\sum_{i=1}^k n_i\log\frac{n_i}{n\pi_i},\qquad \mathcal{X}_n^2=\sum_{i=1}^k\frac{(n_i-n\pi_i)^2}{n\pi_i}.$$

定理 14.11 カイ自乗統計量 $\mathcal{X}_n^2$ と尤度比統計量 κ_n は帰無仮説の下で漸近的に同値であり，その漸近分布はカイ自乗分布である：

$$\mathcal{X}_n^2,\ \kappa_n \xrightarrow{\mathcal{L}} \begin{cases} \chi_{k-1}^2 & (\text{帰無仮説の下で}), \\ \infty & (\text{対立仮説の下で}). \end{cases} \qquad (n\to\infty\ \text{のとき})$$

ゆえに，有意水準 α の近似的な棄却域の棄却限界は $\chi_{k-1,\alpha}^2$ である．

証明 帰無仮説の下で漸近的に同値であることを示そう．帰無仮説の下で n_i は二項分布 $B_N(n,\pi_i)$ に従い，

$$Q_{ni}\equiv\frac{n\pi_i}{n_i}\xrightarrow{P}1,\quad \bar{Q}_{ni}\equiv 1-Q_{ni}\xrightarrow{P}0,\quad Z_{ni}\equiv\frac{\sqrt{n}\left(\dfrac{n_i}{n}-\pi_i\right)}{\sqrt{\pi_i(1-\pi_i)}}\xrightarrow{\mathcal{L}}N(0,1)$$

であり，$\{Z_{ni}\}$ は確率有界である．また，テイラー展開により，

$$\log(1-x)=-x-\frac{x^2}{2}(1+o(1)) \qquad (x\to 0\ \text{のとき})$$

であるから，

$$\begin{aligned} n_i\log\frac{n_i}{n\pi_j} &= n_i\{-\log(1-\bar{Q}_{ni})\} = n_i\left\{\bar{Q}_{ni}+\frac{1}{2}\bar{Q}_{ni}^2(1+o_p(1))\right\} \\ &= (n_i-n\pi_i)+\frac{1}{2}\frac{(n_i-n\pi_i)^2}{n_i}(1+o_p(1)) \\ &= (n_i-n\pi_i)+\frac{1}{2}\frac{(n_i-n\pi_i)^2}{n\pi_i}\left\{1-\left(1-\frac{n\pi_i}{n_i}\right)\right\}(1+o_p(1)). \end{aligned}$$

したがって，対数尤度比統計量は

$$\begin{aligned} \kappa_n &= \sum_{i=1}^k\frac{(n_i-n\pi_i)^2}{n\pi_i}\{1-\bar{Q}_{ni}+Q_{ni}\cdot o_p(1)\} \\ &= \mathcal{X}_n^2-\sum_{i=1}^k\frac{(n_i-n\pi_i)^2}{n\pi_i}\bar{Q}_{ni}+o_p(1)\sum_{i=1}^k\frac{(n_i-n\pi_i)^2}{n\pi_i}Q_{ni} \\ &= \mathcal{X}_n^2-\sum_{i=1}^k Z_{ni}^2(1-\pi_i)\bar{Q}_{ni}+o_p(1)\sum_{i=1}^k Z_{ni}^2(1-\pi_i)Q_{ni} \\ &= \mathcal{X}_n^2+o_p(1). \end{aligned}$$

ゆえに，κ_n と $\mathcal{X}_n^2$ の漸近同値性が示された．対立仮説の下で，これらの適合度検定統計量が無限大に発散することは容易に示される． □

（2） **母数 $\boldsymbol{\theta}$ が未知のとき（10.7（2）参照）**

帰無仮説として確率分布 $\boldsymbol{\pi}=(\pi_1,\cdots,\pi_k)$ そのものでなく，分布型が与えられ，未知母数を含む場合の適合度検定について考えよう．s 個の未知母数 $\boldsymbol{\theta}=(\theta_1,\cdots,\theta_s)$ $(0<s<k-1)$ を含む分布型

$$\Theta_0=\{\,\boldsymbol{\pi}(\boldsymbol{\theta})=(\pi_1(\boldsymbol{\theta}),\cdots,\pi_k(\boldsymbol{\theta}))：\boldsymbol{\theta}=(\theta_1,\cdots,\theta_s)\in\boldsymbol{R}^s\,\}$$

が与えられているとき，観測 $\boldsymbol{X}$ がこの分布型に適合しているかどうかを検定しよう．このとき，対数尤度比検定統計量は

$$\kappa_n=2\log\frac{f_n(\boldsymbol{n}|\Theta)}{f_n(\boldsymbol{n}|\Theta_0)}=2\log\frac{f_n(\boldsymbol{n}|\hat{\boldsymbol{p}}_n)}{f_n(\boldsymbol{n}|\hat{\hat{\boldsymbol{p}}}_n)}.$$

ここで，$\boldsymbol{p}$ の通常の最尤推定量は $\hat{\boldsymbol{p}}_n=\left(\dfrac{n_1}{n},\cdots,\dfrac{n_k}{n}\right)$ である．また，Θ_0 における $\boldsymbol{p}$ の制限最尤推定量は確率分布型 $\boldsymbol{\pi}(\boldsymbol{\theta})$ を与えた下での $\boldsymbol{\theta}$ の最尤推定量 $\hat{\boldsymbol{\theta}}_n$ を代入したものである：

$$\hat{\hat{\boldsymbol{p}}}_n=(\hat{\pi}_1,\cdots,\hat{\pi}_k)=(\pi_1(\hat{\boldsymbol{\theta}}_n),\cdots,\pi_k(\hat{\boldsymbol{\theta}}_n)).$$

ただし，母数 $\boldsymbol{\theta}$ の最尤推定量としては，計数データ $n_1,\cdots,n_k$ を使うよりも計量データ $X_1,\cdots,X_n$ を使う方がより有効であるから，元の尤度関数 $g_n(\boldsymbol{x}|\boldsymbol{\theta})=\prod_{i=1}^{n}g(x_i|\boldsymbol{\theta})$ に関する $\boldsymbol{\theta}$ を使った方がよい．

仮説の下での期待値の推定量は $n(\hat{\pi}_1,\cdots,\hat{\pi}_k)=(n\pi_1(\hat{\boldsymbol{\theta}}_n),\cdots,n\pi_k(\hat{\boldsymbol{\theta}}_n))$ となり，尤度比統計量とカイ自乗統計量は次のようになる：

$$\kappa_n=2\sum_{i=1}^{k}n_i\log\frac{n_i}{n\pi_i(\hat{\boldsymbol{\theta}}_n)},\qquad \mathcal{X}_n^2=\sum_{i=1}^{k}\frac{(n_i-n\pi_i(\hat{\boldsymbol{\theta}}_n))^2}{n\pi_i(\hat{\boldsymbol{\theta}}_n)}.$$

定理 14.11 と同様にして，カイ自乗分布統計量 $\mathcal{X}_n^2$ と尤度比統計量 κ_n は帰無仮説の下で漸近的に同値であることが示される：

$$\mathcal{X}_n^2,\ \kappa_n\xrightarrow{\mathcal{L}}\begin{cases}\chi_r^2 & (\text{帰無仮説の下で}),\quad r=k-1-s,\\ \infty & (\text{対立仮説の下で}).\end{cases}$$

有意水準 α の近似的な棄却限界は $\chi_{r,\alpha}^2$ である．

（3） **独立性の検定（10.7（3）参照）**

観測 $\boldsymbol{n}=(n_{11},\cdots,n_{rc})$ は多項（rc 項）分布 $M_N(n\,;\,p_{11},\cdots,p_{rc})$ に従う．

その尤度関数は

$$f_n(\boldsymbol{n}|\boldsymbol{p})=\binom{n}{n_{11}\cdots n_{rc}}(p_{11})^{n_{11}}\cdots(p_{rc})^{n_{rc}},\qquad \boldsymbol{p}=(p_{11},\cdots,p_{rc}),$$

$$\Theta=\left\{\boldsymbol{p}=(p_{ij}):p_{ij}\geq 0,\ \sum_{i=1}^{r}\sum_{j=1}^{c}p_{ij}=1\right\}$$

であり，帰無仮説の下での尤度関数は

$$f_n(\boldsymbol{n}|\boldsymbol{q})=\binom{n}{n_{11}\cdots n_{rc}}(p_{1\cdot}p_{\cdot 1})^{n_{11}}\cdots(p_{r\cdot}p_{\cdot c})^{n_{rc}}$$

$$=\binom{n}{n_{11}\cdots n_{rc}}(p_{1\cdot})^{n_{1\cdot}}(p_{\cdot 1})^{n_{\cdot 1}}\cdots(p_{r\cdot})^{n_{r\cdot}}(p_{\cdot c})^{n_{\cdot c}},$$

$$\Theta_0=\left\{\boldsymbol{q}=(p_{i\cdot}\,;\,p_{\cdot j}):p_{i\cdot},p_{\cdot j}\geq 0,\ \sum_{i=1}^{r}p_{i\cdot}=\sum_{j=1}^{c}p_{\cdot j}=1\right\}$$

であるから，$\boldsymbol{p},\boldsymbol{q}$ の最尤推定量は

$$\hat{p}_{ij}=\frac{n_{ij}}{n},\quad \hat{p}_{i\cdot}=\frac{n_{i\cdot}}{n},\quad \hat{p}_{\cdot j}=\frac{n_{\cdot j}}{n},\qquad i=1,\cdots,r\,;\,j=1,\cdots,c$$

であることが示されるから，帰無仮説の下での確率の推定量と期待度数は

$$\hat{\hat{p}}_{ij}=\hat{p}_{i\cdot}\hat{p}_{\cdot j}=\frac{n_{i\cdot}n_{\cdot j}}{n^2},\qquad n\hat{\hat{p}}_{ij}=\frac{n_{i\cdot}n_{\cdot j}}{n},\qquad i=1,\cdots,r\,;\,j=1,\cdots,c$$

となり，観測度数と帰無仮説の下での期待度数についての $r\times c$ 分割表が得られる．この問題における尤度比統計量とカイ自乗統計量

$$\kappa_n=2\sum_{i=1}^{r}\sum_{j=1}^{c}n_{ij}\log\frac{n_{ij}}{\dfrac{n_{i\cdot}n_{\cdot j}}{n}},\qquad \mathcal{X}_n^2=\sum_{i=1}^{r}\sum_{j=1}^{c}\frac{\left(n_{ij}-\dfrac{n_{i\cdot}n_{\cdot j}}{n}\right)^2}{\dfrac{n_{i\cdot}n_{\cdot j}}{n}}$$

は帰無仮説の下で自由度 $rc-1-(r-1+c-1)=(r-1)(c-1)$ のカイ自乗分布に収束し，有意水準 α の近似的な棄却限界は $\chi^2_{(r-1)(c-1),\alpha}$ である．

14.4 凸関数と凸共役関数

1 変数の凸関数の基本的性質については **6.3** で触れた．ここでは，k 次元実ベクトル空間 $\boldsymbol{R}^k$ 上の凸関数のもっと一般的な性質について論ずる．

$\boldsymbol{x} = {}^t(x_1, \cdots, x_k)$, $\boldsymbol{y} = {}^t(y_1, \cdots, y_k) \in \boldsymbol{R}^k$ の内積を次のように表す：

$$\langle \boldsymbol{x}, \boldsymbol{y} \rangle = {}^t\boldsymbol{x}\boldsymbol{y} = \sum_{i=1}^{k} x_i y_i.$$

$\boldsymbol{R}^k$ 上の凸集合，凸関数，凸共役関数について定義する．

（1） 集合 A が凸結合に関して閉じているとき凸集合であるという：
$\boldsymbol{x}_1, \boldsymbol{x}_2 \in A$, $\forall \lambda \, (0 \leq \lambda \leq 1)$ に対して，

$$\lambda \boldsymbol{x}_1 + (1-\lambda)\boldsymbol{x}_2 \in A.$$

（2） $\boldsymbol{R}^k$ の凸集合 A 上の関数 $\psi(\boldsymbol{x})$ が，任意の $\boldsymbol{x}_1, \boldsymbol{x}_2 \in A$ と任意の λ $(0 \leq \lambda \leq 1)$ に対して，次の不等式を満たすとき，凸関数という：

$$\psi(\lambda \boldsymbol{x}_1 + (1-\lambda)\boldsymbol{x}_2) \leq \lambda \psi(\boldsymbol{x}_1) + (1-\lambda)\psi(\boldsymbol{x}_2).$$

（3） k 変数の実数値関数 $\psi(\boldsymbol{x})$ と集合 $A, B \subset \boldsymbol{R}^k$ に対して，

$$\Psi(\boldsymbol{x}, \boldsymbol{y}) = \langle \boldsymbol{x}, \boldsymbol{y} \rangle - \psi(\boldsymbol{x}), \qquad \boldsymbol{x} \in A, \ \boldsymbol{y} \in B$$

を**双関数** (bifunction) という．双関数を使って定義した新たな関数

$$\psi^*(\boldsymbol{y}) = \sup\{ \Psi(\boldsymbol{x}, \boldsymbol{y}) : \boldsymbol{x} \in A \}$$

は B が凸集合のとき，凸関数である．これを ψ の**凸共役関数** (convex conjugate function) という．

実際，B が凸集合のとき $\boldsymbol{y}_1, \boldsymbol{y}_2 \in B$, $0 \leq \forall \lambda \leq 1$ に対して，

$$\Psi(\boldsymbol{x}, \lambda \boldsymbol{y}_1 + (1-\lambda)\boldsymbol{y}_2) = \lambda \Psi(\boldsymbol{x}, \boldsymbol{y}_1) + (1-\lambda)\Psi(\boldsymbol{x}, \boldsymbol{y}_2)$$

であるから，

$$\begin{aligned}
\psi^*(\lambda \boldsymbol{y}_1 + (1-\lambda)\boldsymbol{y}_2) &= \sup\{ \Psi(\boldsymbol{x}, \lambda \boldsymbol{y}_1 + (1-\lambda)\boldsymbol{y}_2) : \boldsymbol{x} \in A \} \\
&\leq \lambda \sup\{ \Psi(\boldsymbol{x}, \boldsymbol{y}_1) : \boldsymbol{x} \in A \} + (1-\lambda) \sup\{ \Psi(\boldsymbol{x}, \boldsymbol{y}_2) : \boldsymbol{x} \in A \} \\
&= \lambda \psi^*(\boldsymbol{x}, \boldsymbol{y}_1) + (1-\lambda)\psi^*(\boldsymbol{x}, \boldsymbol{y}_2)
\end{aligned}$$

が成り立ち，$\psi^*(\boldsymbol{y})$ は凸関数であることが示された．元の ψ は凸である必要はないことに注意しよう．ψ が凸関数であれば若干の条件の下で $(\psi^*)^* = \psi$ が示される．凸共役関数の定義から直ちに次の**フェンシェルの不等式** (Fenchel's inequality) が導かれる．

定理 14.12 次の不等式が成り立つ：

$$\langle \boldsymbol{x}, \boldsymbol{y} \rangle \leq \psi(\boldsymbol{x}) + \psi^*(\boldsymbol{y}) \qquad \text{for } \boldsymbol{x} \in A, \ \boldsymbol{y} \in B.$$

次に，記号 ∇ (nabla) と $\mathscr{H}$ (hessian) は

$$\nabla\psi(\boldsymbol{x})=\begin{pmatrix}\dfrac{\partial\psi(\boldsymbol{x})}{\partial x_1}\\ \vdots\\ \dfrac{\partial\psi(\boldsymbol{x})}{\partial x_k}\end{pmatrix},\qquad \mathscr{H}\psi(\boldsymbol{x})=\begin{pmatrix}\dfrac{\partial^2\psi(\boldsymbol{x})}{\partial x_1\partial x_1} & \cdots & \dfrac{\partial^2\psi(\boldsymbol{x})}{\partial x_1\partial x_k}\\ \vdots & & \vdots\\ \dfrac{\partial^2\psi(\boldsymbol{x})}{\partial x_k\partial x_1} & \cdots & \dfrac{\partial^2\psi(\boldsymbol{x})}{\partial x_k\partial x_k}\end{pmatrix}$$

と定義し，$\nabla\psi$, $\mathscr{H}\psi$ は ψ の勾配ベクトルとヘッシアン行列を表す．

定理 14.13　$\psi(\boldsymbol{x})$ が凸集合 A 上で凸関数であり，内核 A° 上で連続微分可能であるとする．そのとき，A° の任意の点 $\boldsymbol{x}_0$ で支持平面が存在する：

$$\psi(\boldsymbol{x})-\psi(\boldsymbol{x}_0)\geq {}^t\nabla\psi(\boldsymbol{x}_0)(\boldsymbol{x}-\boldsymbol{x}_0).$$

証明　$\boldsymbol{x}_t=\boldsymbol{x}_0+t\boldsymbol{z}\in A^\circ$, $\boldsymbol{z}\in\boldsymbol{R}^k$ に対して，関数 $h(t)=\psi(\boldsymbol{x}_t)$ を考えると，定理 6.6 (4) より，

$$\begin{aligned}\psi(\boldsymbol{x}_t)-\psi(\boldsymbol{x}_0)&=h(t)-h(0)\\ &\geq h'(0)t={}^t[\nabla\psi(\boldsymbol{x}_0)]\boldsymbol{z}t={}^t\nabla\psi(\boldsymbol{x}_0)(\boldsymbol{x}_t-\boldsymbol{x}_0).\end{aligned}$$

□

定理 14.14　$\psi(\boldsymbol{x})$ が $\boldsymbol{R}^k$ の凸集合 A の内核 A° 上で 2 回連続微分可能であるとする．そのとき，$\psi(\boldsymbol{x})$ は A° 上で凸であることとそのヘッシアン行列 $\mathscr{H}\psi(\boldsymbol{x})$ が非負定値であることとは同値である．また，狭義凸関数であることとヘッシアン行列が正定値であることとは同値である．

証明　ψ が A 上で凸関数であることは ψ の A 内の線分上への制限

$$h(t)=\psi(\boldsymbol{x}_t),\quad \boldsymbol{y},\boldsymbol{x}_t=\boldsymbol{y}+t\boldsymbol{z}\in A^\circ,\quad \boldsymbol{z}\in\boldsymbol{R}^k$$

が凸関数であることと同値である．実際，$s,t\in T$, $0\leq\lambda\leq 1$ に対して，$\boldsymbol{y}+(\lambda s+(1-\lambda)t)\boldsymbol{z}=\lambda\boldsymbol{x}_s+(1-\lambda)\boldsymbol{x}_t$ であり，

$$\begin{aligned}h(\lambda s+(1-\lambda)t)&=\psi(\lambda\boldsymbol{x}_s+(1-\lambda)\boldsymbol{x}_t)\\ &\leq\lambda\psi(\boldsymbol{x}_s)+(1-\lambda)\psi(\boldsymbol{x}_t)=\lambda h(s)+(1-\lambda)h(t)\end{aligned}$$

から示される．定理 6.6 (5) より，実変数関数 h が凸であることと

$$h''(t)=\sum_j^k\sum_i^k\frac{\partial^2\psi(\boldsymbol{x})}{\partial x_i\partial x_j}\frac{\partial x_i}{\partial t}\frac{\partial x_j}{\partial t}={}^t\boldsymbol{z}\{\mathscr{H}\psi(\boldsymbol{x})\}\boldsymbol{z}\geq 0,$$

すなわち，$\mathscr{H}\psi(\boldsymbol{x})$ が非負定値であることとは同値である． □

$\psi(\boldsymbol{x})$ が2回連続微分可能な狭義凸関数であるとき，ヘッシアン行列は $\mathscr{H}\psi(\boldsymbol{x})=\nabla^t\nabla\psi(\boldsymbol{x})$ より，$\nabla\psi$ のヤコビアン行列であり，これが正定値行列であることから，逆関数 $\boldsymbol{x}=\boldsymbol{g}(\boldsymbol{y})=(\nabla\psi)^{-1}(\boldsymbol{y})$ も存在し，そのヤコビアン行列は $\nabla\psi$ のヤコビアン行列（ψ のヘッシアン行列）の逆行列である：

$$\nabla^t\boldsymbol{g}(\boldsymbol{y})=\mathscr{H}^{-1}\psi(\boldsymbol{x})\Big|_{\boldsymbol{x}=(\nabla\psi)^{-1}(\boldsymbol{y})}.$$

この逆関数 $\boldsymbol{g}$ のことを**正準連結関数** (canonical link function) という．

次に固定した $\boldsymbol{y}$ に対して，

$$\nabla\Psi(\boldsymbol{x},\boldsymbol{y})=\boldsymbol{y}-\nabla\psi(\boldsymbol{x})=\boldsymbol{0},\qquad \mathscr{H}\Psi(\boldsymbol{x},\boldsymbol{y})=-\mathscr{H}\psi(\boldsymbol{x})$$

であるから，Ψ は $\boldsymbol{x}=\boldsymbol{g}(\boldsymbol{y})$ で最大値をとる．ゆえに，ψ の凸共役関数は正準連結関数 $\boldsymbol{g}$ を使って

$$\psi^*(\boldsymbol{y})=\langle\boldsymbol{g}(\boldsymbol{y}),\boldsymbol{y}\rangle-\psi(\boldsymbol{g}(\boldsymbol{y}))$$

として表される．このように微分を使って定義した ψ^* のことを ψ の**ルジャンドル変換** (Legendre transform) という．この場合は凸共役とルジャンドル共役は同じになる．さらにそのとき，

$$\nabla\psi^*(\boldsymbol{y})=\boldsymbol{g}(\boldsymbol{y})+\nabla^t\boldsymbol{g}(\boldsymbol{y})\boldsymbol{y}-\nabla^t\boldsymbol{g}(\boldsymbol{y})(\nabla\psi)(\boldsymbol{g}(\boldsymbol{y}))=\boldsymbol{g}(\boldsymbol{y})$$

である．ゆえに，そのヘッシアン行列は次のように与えられる：

$$\mathscr{H}\psi^*(\boldsymbol{y})=\nabla^t\boldsymbol{g}(\boldsymbol{y})=[\mathscr{H}\psi(\boldsymbol{x})]^{-1}\Big|_{\boldsymbol{x}=(\nabla\psi)^{-1}(\boldsymbol{y})}.$$

例題 14.6 $p,q>1,\ \dfrac{1}{p}+\dfrac{1}{q}=1$ とする．正の実数空間 $A=\boldsymbol{R}^+\equiv\{x>0\}$ 上の凸関数 $\psi(x)=\dfrac{1}{p}x^p$ とその双関数 $\Psi(x,y)=xy-\dfrac{1}{p}x^p$ に対して，

$$\frac{\partial\Psi(x,y)}{\partial x}=y-x^{p-1}=0\quad\text{より}\quad x=y^{\frac{1}{p-1}},\ \text{すなわち，}\ x^p=y^q$$

であるから，凸共役関数は

$$\psi^*(y)=yy^{\frac{1}{p-1}}-\frac{1}{p}y^q=\frac{1}{q}y^q.$$

これは正の実数空間 $B=\boldsymbol{R}^+$ 上の凸関数である．また，$(\psi^*)^*=\psi$ であることが

示される．したがって，定理 14.12 より，

$$xy \le \frac{1}{p}x^p + \frac{1}{q}y^q, \qquad \text{for } x, y > 0. \qquad \diamondsuit$$

例題 14.7　実数空間 $A = \boldsymbol{R}$ 上の凸関数 $\phi(x) = e^x$ とその双関数 $\Psi(x, y) = xy - e^x$ に対して，

$$\frac{\partial \Psi(x, y)}{\partial x} = e^x - y = 0 \quad \text{より} \quad x = \log y.$$

ゆえに，凸共役関数は

$$\phi^*(y) = y \log y - y, \qquad y > 0.$$

逆に，この $\phi^*(y)$ とその双関数 $\Psi^*(x, y) = xy - (y \log y - y)$ に対して，

$$\frac{\partial \Psi^*(x, y)}{\partial y} = x - \log y \quad \text{より} \quad y = e^x.$$

これから，$(\phi^*)^*(x) = x\,e^x - (e^x x - e^x) = e^x = \phi(x)$ が示される．$\diamondsuit$

次の**ヘルダーの不等式** (Hölder's inequality) が成り立つ．

定理 14.15　$p, q > 1,\ \dfrac{1}{p} + \dfrac{1}{q} = 1$ とする．分布関数 $F(x)$ と非負値関数 $h(x), k(x) \ge 0$ に対して，次の不等式が成り立つ：

$$\int_{-\infty}^{\infty} h(x)k(x)\,dF(x) \le \left(\int_{-\infty}^{\infty} h(x)^p\,dF(x)\right)^{\frac{1}{p}} \left(\int_{-\infty}^{\infty} k(x)^q\,dF(x)\right)^{\frac{1}{q}}.$$

証明　例題 14.6 で示した不等式 $xy \le \dfrac{1}{p}x^p + \dfrac{1}{q}y^q$ において，x, y の代わりに $h(x)/\|h\|_p,\ k(x)/\|k\|_q$ をとる．ここで，

$$\|h\|_p = \left(\int_{-\infty}^{\infty} h(x)^p\,dF(x)\right)^{\frac{1}{p}}, \qquad \|k\|_q = \left(\int_{-\infty}^{\infty} k(x)^q\,dF(x)\right)^{\frac{1}{q}}.$$

これより，$\dfrac{h(x)k(x)}{\|h\|_p \|k\|_q} \le \dfrac{1}{p}\dfrac{h(x)^p}{\|h\|_p^p} + \dfrac{1}{q}\dfrac{k(x)^q}{\|k\|_q^q}$ となり，辺々積分をとれば，

$$\frac{\displaystyle\int_{-\infty}^{\infty} h(x)k(x)\,dF(x)}{\|h\|_p \|k\|_q} \le \frac{1}{p}\frac{\displaystyle\int_{-\infty}^{\infty} h(x)^p\,dF(x)}{\|h\|_p^p} + \frac{1}{q}\frac{\displaystyle\int_{-\infty}^{\infty} k(x)^q\,dF(x)}{\|k\|_q^q}$$

$$= \frac{1}{p} + \frac{1}{q} = 1.$$

ゆえに，

$$\int_{-\infty}^{\infty} h(x)k(x)\,dF(x) \leq \|h\|_p \|k\|_q.$$

□

14.5 指数型分布族

これまでの分布族は二項分布族や正規分布族のように具体的な確率関数や密度関数をもつ分布族であったが，指数型分布族というのは数学的な構造が指数型であるような分布の総称である．ここでは，分布族は異なっていても指数型分布族であればその数学的構造から共通の性質をもつことを示そう．

k 次元実ベクトル空間 $\boldsymbol{R}^k$ 上のある分布関数 P_0 とその密度関数 p_0 を考え，その積率母関数を

$$M(\boldsymbol{\alpha}) = \int_{-\infty}^{\infty}\cdots\int_{-\infty}^{\infty} e^{\langle \boldsymbol{\alpha},\, \boldsymbol{x}\rangle}\,dP_0(\boldsymbol{x}) = \int_{-\infty}^{\infty}\cdots\int_{-\infty}^{\infty} e^{\langle \boldsymbol{\alpha},\, \boldsymbol{x}\rangle} p_0(\boldsymbol{x})\,d\boldsymbol{x}$$

とする．上の積分が有限である領域 $A = \{\boldsymbol{\alpha} : M(\boldsymbol{\alpha}) < \infty\}$ を**自然母数空間** (natural parameter space) といい，その元を**自然母数**という．

定理 14.16 自然母数空間 A は凸集合である．また，キュミュラント母関数 $\psi(\boldsymbol{\alpha}) = \log M(\boldsymbol{\alpha})$ は凸関数である．

証明 定理 14.15 において $F(\boldsymbol{x}) = P_0(\boldsymbol{x})$ とし，

$$\lambda = \frac{1}{p},\quad 1-\lambda = \frac{1}{q}\ ;\ h(\boldsymbol{x}) = e^{\lambda\langle \boldsymbol{\alpha}_1,\, \boldsymbol{x}\rangle},\quad k(\boldsymbol{x}) = e^{(1-\lambda)\langle \boldsymbol{\alpha}_2,\, \boldsymbol{x}\rangle}$$

とおけば，

$$\begin{aligned}&\int_{-\infty}^{\infty}\cdots\int_{-\infty}^{\infty} e^{\lambda\langle \boldsymbol{\alpha}_1,\, \boldsymbol{x}\rangle + (1-\lambda)\langle \boldsymbol{\alpha}_2,\, \boldsymbol{x}\rangle}\,dP_0(\boldsymbol{x}) \\ &\quad \leq \left(\int_{-\infty}^{\infty}\cdots\int_{-\infty}^{\infty} e^{\langle \boldsymbol{\alpha}_1,\, \boldsymbol{x}\rangle}\,dP_0(\boldsymbol{x})\right)^{\lambda}\left(\int_{-\infty}^{\infty}\cdots\int_{-\infty}^{\infty} e^{\langle \boldsymbol{\alpha}_2,\, \boldsymbol{x}\rangle}\,dP_0(\boldsymbol{x})\right)^{1-\lambda}\end{aligned}$$

が成り立つ．すなわち，

$$M(\lambda\boldsymbol{\alpha}_1 + (1-\lambda)\boldsymbol{\alpha}_2) \leq M(\boldsymbol{\alpha}_1)^{\lambda} M(\boldsymbol{\alpha}_2)^{1-\lambda}.$$

これは，A が凸集合であることを意味する：

$$\boldsymbol{\alpha}_1, \boldsymbol{\alpha}_2 \in A \quad \text{すなわち} \quad M(\boldsymbol{\alpha}_1) < \infty,\ M(\boldsymbol{\alpha}_2) < \infty$$
$$\Longrightarrow \quad M(\lambda\boldsymbol{\alpha}_1 + (1-\lambda)\boldsymbol{\alpha}_2) < \infty \quad \text{すなわち} \quad \lambda\boldsymbol{\alpha}_1 + (1-\lambda)\boldsymbol{\alpha}_2 \in A.$$

さらに，M が log convexity，すなわち ψ が convex を意味する：

$$\psi(\lambda\boldsymbol{\alpha}_1 + (1-\lambda)\boldsymbol{\alpha}_2) = \log M(\lambda\boldsymbol{\alpha}_1 + (1-\lambda)\boldsymbol{\alpha}_2)$$
$$\leq \lambda \log M(\boldsymbol{\alpha}_1) + (1-\lambda)\log M(\boldsymbol{\alpha}_2) = \lambda\psi(\boldsymbol{\alpha}_1) + (1-\lambda)\psi(\boldsymbol{\alpha}_2).$$

□

自然母数で添え字付けられた密度関数

$$p(\boldsymbol{x}|\boldsymbol{\alpha}) = \frac{1}{M(\boldsymbol{\alpha})} e^{\langle \boldsymbol{\alpha}, \boldsymbol{x} \rangle} p_0(\boldsymbol{x}), \qquad \boldsymbol{\alpha} \in A$$
$$= e^{\langle \boldsymbol{\alpha}, \boldsymbol{x} \rangle - \psi(\boldsymbol{\alpha})} p_0(\boldsymbol{x}) = \exp\{\Psi(\boldsymbol{\alpha}, \boldsymbol{x})\}\, p_0(\boldsymbol{x})$$

をもつ分布を，p_0 を**軸密度** (pivotal density) とする**正準指数型分布族** (canonical exponential-type family of distributions) という．この指数部は，キュミュラント母関数 $\psi(\boldsymbol{\alpha})$ の双関数になっている．

以上の議論で $p_0(\boldsymbol{x})$ は非負関数であれば十分であり，必ずしも密度関数とする必要はないことに注意しよう．そのとき，$M(\boldsymbol{\alpha})$ は一般ラプラス変換であり，$\psi(\boldsymbol{\alpha})$ は一般キュミュラント母関数である．したがって，指数型分布族の表現には一意性はない．このとき，$\mathbf{0} \in A$ ならば，$p(\boldsymbol{x}|\mathbf{0}) = p_0(\boldsymbol{x})$ であることに注意しよう．

定理 14.17　確率変数 $\boldsymbol{X}$ が正準指数型分布に従うとする．

（1）　$\boldsymbol{X}$ の積率母関数 $M_X(\boldsymbol{t})$ とキュミュラント母関数 $\psi_X(\boldsymbol{t})$ は元の積率母関数 M とキュミュラント母関数 ψ を使って

$$M_X(\boldsymbol{t}) = \frac{M(\boldsymbol{t} + \boldsymbol{\alpha})}{M(\boldsymbol{\alpha})}, \qquad \psi_X(\boldsymbol{t}) = \psi(\boldsymbol{t} + \boldsymbol{\alpha}) - \psi(\boldsymbol{\alpha})$$

と表される．ゆえに，$\boldsymbol{\alpha}$ が A の内点のとき，$\boldsymbol{X}$ の積率母関数は原点の近傍で存在し，原点を含む帯状領域で解析的である．

（2）　$\boldsymbol{X}$ の積率母関数 $M_X(\boldsymbol{t})$ が存在するとき，その平均ベクトルと共分散行列は ψ の勾配ベクトルとヘッシアン行列として表される：

$$\boldsymbol{\beta} = \boldsymbol{\beta}(\boldsymbol{\alpha}) \equiv E(\boldsymbol{X}) = \nabla\psi(\boldsymbol{\alpha}), \qquad \boldsymbol{\Sigma} = \boldsymbol{\Sigma}(\boldsymbol{\alpha}) \equiv V(\boldsymbol{X}) = \mathscr{H}\psi(\boldsymbol{\alpha}).$$

証明 （1） $\boldsymbol{X}$ の積率母関数とキュムラント母関数は

$$M_X(\boldsymbol{t}) = \int_{-\infty}^{\infty}\cdots\int_{-\infty}^{\infty} e^{\langle \boldsymbol{t},\, \boldsymbol{x}\rangle} \frac{1}{M(\boldsymbol{\alpha})} e^{\langle \boldsymbol{\alpha},\, \boldsymbol{x}\rangle} p_0(\boldsymbol{x})\, d\boldsymbol{x}$$

$$= \frac{1}{M(\boldsymbol{\alpha})} \int_{-\infty}^{\infty}\cdots\int_{-\infty}^{\infty} e^{\langle \boldsymbol{t}+\boldsymbol{\alpha},\, \boldsymbol{x}\rangle} p_0(\boldsymbol{x})\, d\boldsymbol{x} = \frac{M(\boldsymbol{t}+\boldsymbol{\alpha})}{M(\boldsymbol{\alpha})},$$

$$\psi_X(\boldsymbol{t}) = \log \frac{M(\boldsymbol{t}+\boldsymbol{\alpha})}{M(\boldsymbol{\alpha})} = \psi(\boldsymbol{t}+\boldsymbol{\alpha}) - \psi(\boldsymbol{\alpha}).$$

ゆえに，$\boldsymbol{\alpha}$ が A の内点のとき，積率母関数が原点の近傍で存在することになり，**6.3** でみたように，原点を含む帯状領域で解析的である．

（2） (1) の結論から，$\boldsymbol{X}$ の平均ベクトルと共分散行列は

$$\boldsymbol{\beta} = \boldsymbol{\beta}(\boldsymbol{\alpha}) \equiv E(\boldsymbol{X}) = \nabla\psi_X(\boldsymbol{0}) = \nabla\psi(\boldsymbol{\alpha}),$$

$$\boldsymbol{\Sigma} = \boldsymbol{\Sigma}(\boldsymbol{\alpha}) \equiv V(\boldsymbol{X}) = \mathscr{H}\psi_X(\boldsymbol{0}) = \mathscr{H}\psi(\boldsymbol{\alpha}).$$

□

自然母数空間 A に対し，$B = \{\boldsymbol{\beta} = \nabla\psi(\boldsymbol{\alpha}) : \boldsymbol{\alpha} \in A\}$ を**期待母数空間** (expectation parameter space) といい，その元を**期待母数**という．B も凸集合で，自然母数と期待母数はルジャンドル共役である：

$$(A, \psi(\boldsymbol{\alpha})) \quad \leftarrow \quad \text{ルジャンドル変換} \quad \rightarrow \quad (B, \psi^*(\boldsymbol{\beta})).$$

次に正準指数型分布族の対数尤度関数とその微分により

$$l(\boldsymbol{\alpha}) = \langle \boldsymbol{\alpha}, \boldsymbol{x}\rangle - \psi(\boldsymbol{\alpha}) + \log p_0(\boldsymbol{x}),$$

$$\dot{l}(\boldsymbol{\alpha}) = \boldsymbol{x} - \nabla\psi(\boldsymbol{\alpha}) = \boldsymbol{x} - \boldsymbol{\beta},$$

$$\ddot{l}(\boldsymbol{\alpha}) = -\mathscr{H}\psi(\boldsymbol{\alpha}) = -\boldsymbol{\Sigma}.$$

そのシャノン情報量，カルバック情報量，フィッシャー情報量は

$$H(P) = \Psi(\boldsymbol{\alpha}, \boldsymbol{\beta}) + E\{\log p_0(\boldsymbol{X})\},$$

$$I(\boldsymbol{\alpha}_1 \| \boldsymbol{\alpha}_2) = \Psi(\boldsymbol{\alpha}_1, \boldsymbol{\beta}) - \Psi(\boldsymbol{\alpha}_2, \boldsymbol{\beta}),$$

$$I(\boldsymbol{\alpha}) = -E\{\ddot{l}(\boldsymbol{\alpha})\} = \mathscr{H}\psi(\boldsymbol{\alpha}) = \boldsymbol{\Sigma}.$$

カルバック情報量とフィッシャー情報量の関係式も示される：

$$I(\boldsymbol{\alpha} \| \boldsymbol{\alpha}+\boldsymbol{h}) = \{\psi(\boldsymbol{\alpha}+\boldsymbol{h}) - \psi(\boldsymbol{\alpha})\} - \langle \boldsymbol{h}, \nabla\psi(\boldsymbol{\alpha})\rangle$$

$$= \frac{1}{2}{}^t\boldsymbol{h}\mathscr{H}\psi(\tilde{\boldsymbol{\alpha}})\boldsymbol{h} \sim \frac{1}{2}{}^t\boldsymbol{h}\boldsymbol{\Sigma}(\boldsymbol{\alpha})\boldsymbol{h} \quad (|\boldsymbol{h}| \to 0 \text{ のとき}).$$

次に，正準指数型分布 $p(\boldsymbol{x}|\boldsymbol{\alpha})$ に従う n 個の無作為標本 $\boldsymbol{X}_1, \cdots, \boldsymbol{X}_n$ をとるとき，$\mathbf{X} = (\boldsymbol{X}_1, \cdots, \boldsymbol{X}_n)$ の同時密度関数は

$$p_n(\mathbf{x}|\boldsymbol{\alpha}) = \prod_{i=1}^{n} p(\boldsymbol{x}_i|\boldsymbol{\alpha}), \qquad \mathbf{x} = (\boldsymbol{x}_1, \cdots, \boldsymbol{x}_n)$$
$$= \exp\{\langle \boldsymbol{\alpha}, n\bar{\boldsymbol{x}}_n \rangle - n\psi(\boldsymbol{\alpha})\} p_{n0}(\mathbf{x}),$$
$$\text{ただし，}\ \bar{\boldsymbol{x}}_n = \frac{1}{n}\sum_{i=1}^{n} \boldsymbol{x}_i,\ p_{n0}(\mathbf{x}) = \prod_{i=1}^{n} p_0(\boldsymbol{x}_i)$$

となり，再び正準指数型分布である．対数尤度関数と尤度方程式は

$$l_n(\boldsymbol{\alpha}) = \langle \boldsymbol{\alpha}, n\bar{\boldsymbol{x}}_n \rangle - n\psi(\boldsymbol{\alpha}) + \log\{p_{n0}(\mathbf{x})\},$$
$$\dot{l}_n(\boldsymbol{\alpha}) = n\{\bar{\boldsymbol{x}}_n - \nabla\psi(\boldsymbol{\alpha})\} = \mathbf{0}.$$

ゆえに，最尤法はキュミュラント母関数 $\psi(\boldsymbol{\alpha})$ のルジャンドル変換

$$\psi^*(\bar{\boldsymbol{x}}_n) = \sup\{\Psi(\boldsymbol{\alpha}, \bar{\boldsymbol{x}}_n) : \boldsymbol{\alpha} \in A\} = \Psi(\hat{\boldsymbol{\alpha}}_n, \bar{\boldsymbol{x}}_n)$$

という数学的構造をもつ．すなわち，標本平均ベクトルのルジャンドル変換が最尤推定量である：

$$\boldsymbol{\alpha} = (\nabla\psi)^{-1}(\boldsymbol{\beta}) = \boldsymbol{g}(\boldsymbol{\beta}), \qquad \hat{\boldsymbol{\alpha}}_n = (\nabla\psi)^{-1}(\bar{\boldsymbol{x}}_n) = \boldsymbol{g}(\bar{\boldsymbol{x}}_n).$$

ところが，中心極限定理により，

$$\sqrt{n}(\bar{\boldsymbol{X}}_n - \boldsymbol{\beta}) \to N_k(\mathbf{0}, \boldsymbol{\Sigma}) \quad \text{in law}$$

であるから，テイラー展開を使って，

$$\sqrt{n}(\hat{\boldsymbol{\alpha}}_n - \boldsymbol{\alpha}) = \sqrt{n}(\boldsymbol{g}(\boldsymbol{x}_n) - \boldsymbol{g}(\boldsymbol{\beta}))$$
$$\to N_k(\mathbf{0}, \nabla\boldsymbol{g}(\boldsymbol{\beta})\, V(\boldsymbol{X})\, {}^t\nabla\boldsymbol{g}(\boldsymbol{\beta})) = N_k(\mathbf{0}, \boldsymbol{\Sigma}^{-1})$$

が示され，最尤推定量は漸近正規分布する：

$$\sqrt{n}(\hat{\boldsymbol{\alpha}}_n - \boldsymbol{\alpha}) \to N_k(\mathbf{0}, I(\boldsymbol{\alpha})^{-1}) \quad \text{in law, } (n \to \infty \text{ のとき}).$$

また，尤度比検定統計量はカルバック情報量を使って表せ，漸近的に自由度 k のカイ自乗分布に収束する：

$$\kappa_n = 2n\{\Psi(\hat{\boldsymbol{\alpha}}_n, \bar{\boldsymbol{X}}_n) - \Psi(\boldsymbol{\alpha}, \bar{\boldsymbol{X}}_n)\}$$
$$= 2n\, I(\hat{\boldsymbol{\alpha}}_n \| \boldsymbol{\alpha}) \sim {}^t\{\sqrt{n}(\hat{\boldsymbol{\alpha}}_n - \boldsymbol{\alpha})\}\boldsymbol{\Sigma}(\hat{\boldsymbol{\alpha}}_n)\{\sqrt{n}(\hat{\boldsymbol{\alpha}}_n - \boldsymbol{\alpha})\}$$
$$\xrightarrow{\mathcal{L}} \chi_k^2 \quad (n \to \infty \text{ のとき}).$$

指数型分布族の尤度比検定統計量を**デビアンス** (deviance) ともいう．

次に，密度関数（または確率関数）が

$$f(\omega|\boldsymbol{\theta}) = \frac{1}{c(\boldsymbol{\alpha}(\boldsymbol{\theta}))}\exp\left\{\sum_{j=1}^{k}\alpha_j(\boldsymbol{\theta})S_j(\omega)\right\}\eta(\omega)$$
$$= \exp\{\langle\boldsymbol{\alpha}(\boldsymbol{\theta}), \boldsymbol{S}(\omega)\rangle - \zeta(\boldsymbol{\alpha}(\boldsymbol{\theta}))\}\eta(\omega)$$

と表現されるとき，**一般指数型分布族**という．ここで，$\boldsymbol{\alpha}(\boldsymbol{\theta})$ を**母数関数** (parametric function) といい，$\boldsymbol{S}(\omega)$ を**統計量** (statistic) という：

$$\boldsymbol{\alpha}(\boldsymbol{\theta}) = \begin{pmatrix}\alpha_1(\boldsymbol{\theta})\\ \vdots \\ \alpha_k(\boldsymbol{\theta})\end{pmatrix}, \quad \boldsymbol{S}(\omega) = \begin{pmatrix}S_1(\omega)\\ \vdots \\ S_k(\omega)\end{pmatrix}, \quad \boldsymbol{\theta} = \begin{pmatrix}\theta_1\\ \vdots \\ \theta_r\end{pmatrix} \qquad (r \le k).$$

密度関数の性質 $\int_\Omega f(\omega|\theta)\,d\nu(\omega) = 1$ より，定数項は次のようになる：

$$c(\boldsymbol{\alpha}(\boldsymbol{\theta})) = \int_\Omega \exp\{\langle\boldsymbol{\alpha}(\boldsymbol{\theta}), \boldsymbol{S}(\omega)\rangle\}\eta(\omega)\,d\nu(\omega),$$
$$\zeta(\boldsymbol{\alpha}(\boldsymbol{\theta})) = \log c(\boldsymbol{\alpha}(\boldsymbol{\theta})).$$

$\boldsymbol{\alpha} = \boldsymbol{\alpha}(\boldsymbol{\theta})$, $\boldsymbol{X} = \boldsymbol{S}(\omega)$ とみなすことによって一般指数型分布族は正準指数型分布族に帰着できる．

例題 14.8 二項分布 $B_N(n, q)$ の確率関数は

$$f(x|q) = \binom{n}{x}q^x(1-q)^{n-x}$$
$$= \binom{n}{x}\exp\left\{x\log\frac{q}{1-q} - n\log\frac{1}{1-q}\right\}$$
$$= \exp\{x\alpha - \zeta(\alpha)\}\eta(x)$$

ここで，

$$\eta(x) = \binom{n}{x}, \quad \alpha = \log\frac{q}{1-q}, \quad \zeta(\alpha) = n\log\frac{1}{1-q}$$

である．よって，次のように正準指数型分布にかき直すことができる：

$$p(x|\alpha) = \exp\{x\alpha - \psi(\alpha)\}\eta(x),$$

ただし，$\psi(\alpha) = n\log(1+e^\alpha)$.

したがって，

$$\beta = \frac{d\psi(\alpha)}{d\alpha} = n\frac{e^\alpha}{1+e^\alpha}$$

により，正準連結関数 g は

$$\alpha = g(\beta) = \log \frac{\dfrac{\beta}{n}}{1-\dfrac{\beta}{n}}.$$

◇

例題 14.9　正規分布 $N(\mu, \sigma^2)$ の密度関数は

$$\begin{aligned} f(x|\mu, \sigma^2) &= \frac{1}{\sigma\sqrt{2\pi}} \exp\left\{-\frac{(x-\mu)^2}{2\sigma^2}\right\} \\ &= \exp\left[x\frac{\mu}{\sigma^2} - x^2\frac{1}{2\sigma^2} - \left\{\frac{1}{2}\log(2\pi\sigma^2) + \frac{\mu^2}{2\sigma^2}\right\}\right] \\ &= \exp\{\alpha_1 S_1 + \alpha_2 S_2 - \psi(\boldsymbol{\alpha})\}, \end{aligned}$$

ここで，母数関数，統計量，キュミュラント母関数は

$$\alpha_1 = \frac{\mu}{\sigma^2},\quad \alpha_2 = -\frac{1}{2\sigma^2},\qquad S_1 = x,\qquad S_2 = x^2,$$

$$\psi(\boldsymbol{\alpha}) = \frac{1}{2}\log\left\{\pi\left(-\frac{1}{\alpha_2}\right)\right\} - \frac{\alpha_1^2}{4\alpha_2}$$

であるから，その平均ベクトルと共分散行列は

$$\boldsymbol{\beta} = \nabla\psi(\boldsymbol{\alpha}) = \begin{pmatrix} -\dfrac{\alpha_1}{2\alpha_2} \\ -\dfrac{1}{2\alpha_2} + \dfrac{\alpha_1^2}{4\alpha_2^2} \end{pmatrix} = \begin{pmatrix} \mu \\ \sigma^2 + \mu^2 \end{pmatrix},$$

$$\boldsymbol{\Sigma} = \mathscr{H}\psi(\boldsymbol{\alpha}) = \begin{pmatrix} -\dfrac{1}{2\alpha_2} & \dfrac{\alpha_1}{2\alpha_2^2} \\ \dfrac{\alpha_1}{2\alpha_2^2} & \dfrac{1}{2\alpha_2^2} - \dfrac{\alpha_1^2}{2\alpha_2^3} \end{pmatrix} = \begin{pmatrix} \sigma^2 & 2\mu\sigma^2 \\ 2\mu\sigma^2 & 2\sigma^2(\sigma^2 + 2\mu^2) \end{pmatrix}.$$

$\boldsymbol{\beta} = \nabla\psi(\boldsymbol{\alpha})$ を $\boldsymbol{\alpha}$ について解いて，正準連結関数 $\boldsymbol{g}$ は

$$\boldsymbol{\alpha} = \boldsymbol{g}(\boldsymbol{\beta}) = \begin{pmatrix} g_1(\boldsymbol{\beta}) \\ g_2(\boldsymbol{\beta}) \end{pmatrix} = \begin{pmatrix} \dfrac{\beta_1}{\beta_2 - \beta_1^2} \\ -\dfrac{1}{2(\beta_2 - \beta_1^2)} \end{pmatrix}.$$

◇

例題 14.10　二項回帰 (binomial regression)

k 個の観測 $\boldsymbol{Y} = (Y_1, \cdots, Y_k)$ は独立で，二項分布に従うとする：$Y_i \sim$

$B_N(n_i, q_i)$．そのとき，同時確率関数は正準指数型として表される：

$$f_n(\boldsymbol{y}|\boldsymbol{q}) = \prod_{i=1}^{k} \binom{n_i}{y_i} q_i^{y_i}(1-q_i)^{n_i-y_i}, \qquad \boldsymbol{y} = {}^t(y_1, \cdots, y_k)$$

$$= \exp\left\{\sum_{i=1}^{k}\left(y_i \log\frac{q_i}{1-q_i} - n_i \log\frac{1}{1-q_i}\right)\right\} \prod_{i=1}^{k} \binom{n_i}{y_i}$$

$$= \exp\{\langle \boldsymbol{\alpha}, \boldsymbol{y}\rangle - n\psi(\boldsymbol{\alpha})\}\, p_0(\boldsymbol{y})$$

$$= p_n(\boldsymbol{y}|\boldsymbol{\alpha}).$$

ここで，$\boldsymbol{q} = {}^t(q_1, \cdots, q_k)$, $\boldsymbol{\alpha} = {}^t(\alpha_1, \cdots, \alpha_k)$ として，

$$\alpha_i = \log\frac{q_i}{1-q_i}, \quad \text{すなわち，} \quad q_i = \frac{e^{\alpha_i}}{1+e^{\alpha_i}},$$

$$\psi(\boldsymbol{\alpha}) = \sum_{i=1}^{k} \frac{n_i}{n} \log\frac{1}{1-q_i} = \sum_{i=1}^{k} \frac{n_i}{n} \log(1+e^{\alpha_i}),$$

$$p_0(\boldsymbol{y}) = \prod_{i=1}^{k} \binom{n_i}{y_i}, \qquad n = n_1 + \cdots + n_k.$$

母数空間は

$$\Theta = \{\boldsymbol{q} : 0 \leq q_i \leq 1,\ i = 1, \cdots, k\}.$$

各 q_i の最尤推定量は $\hat{q}_i = \dfrac{y_i}{n_i}$，$\alpha_i$ の最尤推定量は $\hat{\alpha}_i = \log\dfrac{\hat{q}_i}{1-\hat{q}_i}$ である．

一方，次ページの表のように，ニコチン濃度 x が増加するとアブラムシの死亡率が増加するという関係があるとき，このような関係を線形予測量 $a + bx$ と平均値 β を関数で結ぶことによりモデル化する：

$$a + bx = L(\beta), \qquad \beta = E(Y).$$

この関数 L を **連結関数** (link function) という．二項分布の正準連結関数を使うとき，ロジスティック回帰モデルが得られる：

$$a + bx = g(\beta) = \log\frac{\dfrac{\beta}{n}}{1-\dfrac{\beta}{n}} = \log\frac{q}{1-q},$$

$$\therefore \quad q = q(a, b) = \frac{e^{a+bx}}{1+e^{a+bx}}.$$

したがって，制限母数空間は

$$\Theta_0 = \left\{\boldsymbol{q} = \boldsymbol{q}(a, b) : q_i = q_i(a, b) = \frac{e^{a+bx_i}}{1+e^{a+bx_i}},\ i = 1, \cdots, k\right\}$$

であり，回帰係数 a, b の最尤推定量を $\hat{a}, \hat{b}$ とするとき，$\boldsymbol{q}$ の制限最尤推定量は $\hat{\hat{\boldsymbol{q}}} = \boldsymbol{q}(\hat{a}, \hat{b})$ となる．

下表は，ニコチンをアブラムシ駆除剤として散布するとき，$k=12$ 水準の第 i 番目のニコチン濃度 (%) Dose x_i に対するアブラムシの総数 Total n_i とそのうちの死亡数 Death y_i である．

no i	Dose x_i	Total n_i	Death y_i	Ratio $\hat{q}_i$	Predict $\hat{\hat{q}}_i$	DR d_i	PR z_i	AR a_i
1	0.0000	45	3	0.0667	0.0967	−0.7175	−0.6809	−0.7175
2	0.0025	50	5	0.1000	0.1095	−0.2068	−0.2042	−0.0102
3	0.0050	46	4	0.0870	0.1238	−0.7951	−0.7578	−0.0396
4	0.0100	50	3	0.0600	0.1570	−2.1134	−1.8854	−0.1086
5	0.0200	46	11	0.2391	0.2448	−0.0902	−0.0899	−0.0136
6	0.0300	46	20	0.4348	0.3606	1.0349	1.0481	0.3029
7	0.0400	49	31	0.6327	0.4953	1.9344	1.9237	0.9049
8	0.0600	50	40	0.8000	0.7481	0.8670	0.8454	0.6168
9	0.0800	50	43	0.8600	0.8999	−0.8924	−0.9400	−0.7535
10	0.1000	50	48	0.9600	0.9646	−0.1725	−0.1760	−0.1639
11	0.1500	50	48	0.9600	0.9977	−2.7796	−5.5650	−2.8528
12	0.2000	50	50	0.9999	0.9999	0	0	0

(Morgan : Analysis of Quantal Response Data, 1992, p. 95, Chapman and Hall)

上表において，Ratio は観測比率 $\hat{q}_i$，Predict $\hat{\hat{q}}_i$ はその予測値である：

$$\hat{q}_i = \frac{y_i}{n_i}, \qquad \hat{\hat{q}}_i = q_i(\hat{a}, \hat{b}) = \frac{e^{\hat{a}+\hat{b}x_i}}{1+e^{\hat{a}+\hat{b}x_i}}.$$

ここで，$\hat{a}, \hat{b}$ は二項回帰係数 a, b の最尤推定量である：

$$\hat{a} = -2.23416, \qquad \hat{b} = 55.38126.$$

観測比率 Ratio $\hat{q}_i$ と予測値 Predict $\hat{\hat{q}}_i$ の差を標準化したものとして，**デビアンス残差** (Deviance residual：DR) d_i，**ピアソン残差** (Pearson residual：PR) z_i，**アンスコム残差** (Anscombe residual：AR) a_i が考えられる：

$$d_i = \mathrm{sgn}(\hat{q}_i - \hat{\hat{q}}_i)\left[2n_i\left\{\hat{q}_i \log\frac{\hat{q}_i}{\hat{\hat{q}}_i} + (1-\hat{q}_i)\log\frac{(1-\hat{q}_i)}{(1-\hat{\hat{q}}_i)}\right\}\right]^{\frac{1}{2}},$$

$$z_i = \frac{\sqrt{n_i}(\hat{q}_i - \hat{\hat{q}}_i)}{\sqrt{\hat{\hat{q}}_i(1-\hat{\hat{q}}_i)}}, \qquad ただし，\mathrm{sgn}(\cdot)：符号関数,$$

$$a_i = \frac{\sqrt{n}(A[\hat{q}_i] - A[\hat{\hat{q}}_i])}{\{\hat{\hat{q}}(1-\hat{\hat{q}}_i)\}^{1/6}}, \qquad ただし，A(t) = \int_0^t \frac{1}{\{x(1-x)\}^{1/3}}\,dx.$$

それらの自乗和として，デビアンス検定 κ_n，カイ自乗検定 $\mathcal{X}_n^2$，アンスコム検定 A_n^2 が得られる：

$$\kappa_n = \sum_{i=1}^{12} d_i^2 = 19.78, \quad \mathcal{X}_n^2 = \sum_{i=1}^{12} z_i^2 = 42.04, \quad A_n^2 = \sum_{i=1}^{12} a_i^2 = 10.55.$$

自由度は推定した母数の個数の差： $12-2=10$ であるから，有意水準 0.05 の漸近的な棄却限界は $\chi^2_{10,0.05} = 18.307$ である．ゆえに，デビアンスとカイ自乗検定ではロジスティック回帰モデルは適合しているとはいえないが，アンスコム検定では適合しているといえる．また，有意水準 0.01 の漸近的な棄却限界は $\chi^2_{10,0.01} = 23.209$ であるから，デビアンスとアンスコム検定では適合しているといえるが，カイ自乗検定では適合しているとはいえない．ピアソン残差は大きく反応するために，その補正としてアンスコム残差が考えられた． ◇

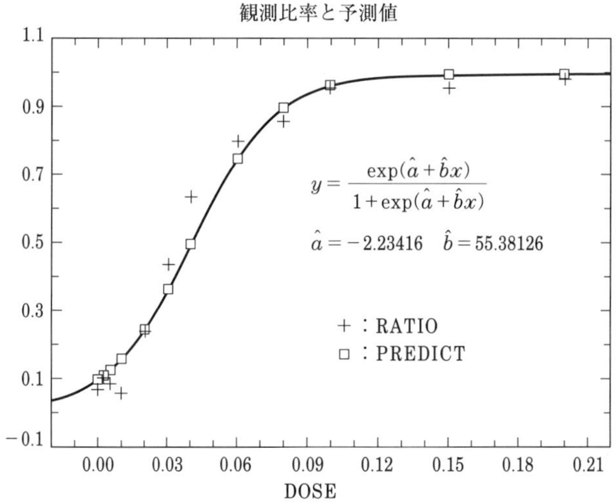

図 14.1

演習問題 14

14.1 T_n が θ の一致推定量であるとき，連続関数 $h(t)$ に対して，$h(T_n)$ は $h(\theta)$ の一致推定量であることを示せ.

14.2 推定量 T_n の平均と分散について，$n\to\infty$ のとき

$$E(T_n)\to\theta,\qquad V(T_n)\to 0$$

が成り立つならば，T_n は θ の一致推定量であることを示せ.

14.3 統計量 S_n, T_n は漸近的に同値であり，また，S_n はある分布関数 F に分布収束するとする： すなわち，$n\to\infty$ のとき，

$$S_n - T_n\to 0 \quad \text{in probability},\qquad S_n\to F \quad \text{in law}.$$

このとき，T_n も F に分布収束することを証明せよ.

14.4 $X_1, \cdots, X_n$ を指数分布 $Ex(\lambda)$ からの無作為標本とするとき，母数 λ の最尤推定量とその漸近分布を求めよ.

14.5 $X_1, \cdots, X_n$ を一様分布 $U(0,\theta)$ からの無作為標本とする．このとき，θ の最尤推定量は $\hat{\theta}_n=\max(X_1,\cdots,X_n)$ であることを示せ.

14.6 $X_1, \cdots, X_n$ をポアソン分布 $Po(\lambda)$ からの無作為標本とする.

（1） 標本平均は漸近正規推定量であることを示せ：

$$\sqrt{n}(\bar{X}_n-\lambda)\to N(0,\lambda) \quad \text{in law}.$$

（2） 分散定数化変換と，その漸近分布を求めよ.

14.7 $(X_1, Y_1), (X_2, Y_2), \cdots, (X_n, Y_n)$ は相関係数 ρ をもつ 2 次元正規分布からの無作為標本であるとする．このとき，標本相関係数 r_n は ρ の次のような漸近正規推定量であることが知られている：

$$\sqrt{n}(r_n-\rho)\to N(0,(1-\rho^2)^2) \quad \text{in law}.$$

そのとき，

$$h(t)=\frac{1}{2}\log\frac{1+t}{1-t}$$

なる関数は分散定数化変換であることを示し，さらに次が成り立つことを示せ：

$$\sqrt{n}(h(r_n)-h(\rho))\to N(0,1) \quad \text{in law}.$$

14.8 共通の未知分散 σ^2 をもつ正規分布 $N(30, \sigma^2)$, $N(32, \sigma^2)$ の密度関数をそれぞれ $f_1(x|\sigma^2)$, $f_2(x|\sigma^2)$ とし，次のような未知の混合比 p $(0 < p < 1)$ による混合密度関数をもつ分布を考える：

$$g(x|\boldsymbol{\theta}) = p f_1(x|\sigma^2) + (1-p) f_2(x|\sigma^2), \qquad \boldsymbol{\theta} = (\sigma^2, p).$$

次の表はこの混合分布からの100個の無作為標本である．モーメント法を使って，$\boldsymbol{\theta} = (\sigma^2, p)$ の推定値を求めよ．

値 x	25	26	27	28	29	30	31	32	33	34	35	36	37	38	39
度数	1	3	6	5	11	10	16	13	14	9	4	5	0	2	1

14.9 遺伝の構造から ある遺伝形質が起こる確率は，次のように未知母数 θ $(0 < \theta < 1)$ の 2 次式でかけることが知られている．

形質	AB	Ab	aB	ab
確率	$\dfrac{3-2\theta+\theta^2}{4}$	$\dfrac{2\theta-\theta^2}{4}$	$\dfrac{2\theta-\theta^2}{4}$	$\dfrac{1-2\theta+\theta^2}{4}$

197 人についてこの遺伝形質を調べたところ，次のようなデータを得た．

形質	AB	Ab	aB	ab	計
確率	125	18	20	34	197

そのとき，尤度方程式に対してニュートン法を使って，θ の最尤推定量を求めよ．ただし，第 3 項の確率を合わせ，$\dfrac{2\theta-\theta^2}{4} = \dfrac{20}{197} \fallingdotseq 0.1$ より得られる θ の値 $T_0 = 0.28$ を初期値として用いて，3 回続けて行え．さらに，最尤推定量の漸近分布を用いて 95 % 信頼区間を求めよ．

14.10 幾何平均に負符号をつけた $\phi(\boldsymbol{x}) = -(x_1 \cdots x_k)^{\frac{1}{k}}$ $(\boldsymbol{x} = (x_1, \cdots, x_k),\ x_1, \cdots, x_k \geq 0)$ は凸関数であることを示せ．

14.11 ポアソン分布 $Po(\lambda)$ は指数型分布族であることを示せ．そのときの母数関数と統計量はどのようなものか．

14.12 次ページのデータは 1949 年に小児麻痺が流行したときのイヌイットの ある小集団 $(n = 275$ 人$)$ における年齢層 (t) とその年齢構成 $(n(t))$ およびその小児麻痺患者の年齢構成 $(n(t)\hat{p}(t))$ である．いま，第 t 年齢層における母集団の小

児麻痺被病率を $p(t)$ として，そのロジット変換が線形であるとする：

$$\mathrm{logit}(p(t)) \equiv \log \frac{p(t)}{1-p(t)} = a + bt.$$

すなわち，

$$p(t) = \frac{\exp(a+bt)}{1+\exp(a+bt)}.$$

これを**ロジスティック回帰** (logistic regression) という．

（1） 観測被病率 $\hat{p}(t)$ をロジット変換した後で通常の最小自乗法を適用し，a, b の推定値 $\hat{a}, \hat{b}$ を求めよ．

（2） $\hat{p}(t)$ の平均と分散は

$$E\{\hat{p}(t)\} = p(t), \qquad V\{\hat{p}(t)\} = \frac{p(t)(1-p(t))}{n(t)}$$

であり，分散共通でない．そこで，重みを

$$w(t) = \frac{n(t)}{\hat{p}(t)(1-\hat{p}(t))}$$

として，重み付き最小自乗法により a, b の推定値 $\hat{a}_w, \hat{b}_w$ を求めよ．

（3） データ点と (1), (2) で求めた回帰曲線を同じグラフ上に図示せよ．それらの残差プロットを行い，回帰曲線について残差の面から論じよ．

年齢	0-4	5-9	10-14	15-19	20-29	30-49	50-
年齢層 t	1	2	3	4	5	6	7
$n(t)$	53	56	33	26	30	52	25
$n(t)\hat{p}(t)$	2	13	8	11	6	12	5

付　　録

確率分布の代表的モデル

[**D**]　**離散モデル**(discrete models)

[D1]　離散一様分布(discrete uniform distribution)：　$DU(n)$

$f(x) = 1/n, \quad x = 1, \cdots, n \quad (n = 1, 2, \cdots).$

$E(X) = (n+1)/2. \qquad \beta_1 = 0.$

$V(X) = (n^2 - 1)/12. \qquad \beta_2 = 3(3n^2 - 7)/\{5(n^2 - 1)\}.$

$P(t) = t(1 - t^n)/\{n(1 - t)\}.$

[D2]　超幾何分布(hypergeometric distribution)：　$HG(N\,;\, n, p)$

$$f(x|p) = \binom{Np}{x}\binom{N(1-p)}{n-x}\Big/\binom{N}{n},$$

$x = 0, 1, \cdots, n.$

$\Theta = \{p : p = 0, 1/N, \cdots, N/N\}.$

$E(X) = np. \qquad V(X) = \{(N-n)/(N-1)\}np(1-p).$

[D3]　二項分布(binomial distribution)：　$B_N(n, p)$

$$f(x|p) = \binom{n}{x}p^x(1-p)^{n-x},$$

$x = 0, 1, \cdots, n, \qquad \Theta = \{p : 0 < p < 1\} \qquad (n = 1, 2, \cdots).$

$E(X) = np. \qquad \beta_1 = (1-2p)/\{np(1-p)\}^{1/2}.$

$V(X) = np(1-p). \qquad \beta_2 = 3 + \{1 - 6p(1-p)\}/\{np(1-p)\}.$

$P(t) = (pt + 1 - p)^n.$

[D4]　ポアソン分布(Poisson distribution)：　$P_O(\lambda)$

$f(x|\lambda) = \exp(-\lambda)\lambda^x/x!,$

$x = 0, 1, 2, \cdots, \qquad \Theta = \{\lambda : 0 < \lambda < \infty\}.$

$E(X) = V(X) = \lambda. \qquad \beta_1 = 1/\lambda^{1/2}.$

$P(t) = \exp\{\lambda(t-1)\}. \qquad \beta_2 = 3 + 1/\lambda.$

[D5]　幾何分布(geometric distribution)：　$G(p)$

$$f(x|p) = p(1-p)^x,$$

$$x = 0, 1, 2, \cdots, \qquad \Theta = \{p : 0 < p < 1\}.$$

$$E(X) = (1-p)/p. \qquad \beta_1 = (2-p)/(1-p)^{1/2}.$$

$$V(X) = (1-p)/p^2. \qquad \beta_2 = 3 + (p^2 - 6p + 6)/(1-p).$$

$$P(t) = p/\{1-(1-p)t\}.$$

[D6]　負の二項分布(negative binomial distribution)：　$NB_N(n, p)$

$$f(x|p) = \binom{n+x-1}{n-1} p^n (1-p)^x,$$

$$x = 0, 1, 2, \cdots, \qquad \Theta = \{p : 0 < p < 1\} \qquad (n = 1, 2, \cdots).$$

$$E(X) = n(1-p)/p. \qquad \beta_1 = (2-p)/\{n(1-p)\}^{1/2}.$$

$$V(X) = n(1-p)/p^2. \qquad \beta_2 = 3 + (p^2 - 6p + 6)/\{n(1-p)\}.$$

$$P(t) = p^n/\{1-(1-p)t\}^n.$$

特別の場合：　$NB_N(1, p) = G(p)$.

[D7]　対数級数分布(logarithmic series distribution)：　$LS(\theta)$

$f(x|\theta) = \alpha\theta^x/x$，ただし，$\alpha = \{-\log(1-\theta)\}^{-1}$,

$$x = 1, 2, \cdots, \qquad \Theta = \{\theta : 0 < \theta < 1\}.$$

$$E(X) = \alpha\theta/(1-\theta). \qquad V(X) = \alpha\theta(1-\alpha\theta)/(1-\theta)^2.$$

$$P(t) = \log(1-\theta t)/\log(1-\theta).$$

[MD1]　多項分布(multinomial distribution)：　$M_N(n\,;\, p_1, \cdots, p_k)$

$$f(x_1, \cdots, x_k \,|\, p_1, \cdots, p_k) = \binom{n}{x_1 \cdots x_k} p_1^{x_1} \cdots p_k^{x_k},$$

x_i：非負整数，$x_1 + \cdots + x_k = n$.

$$\Theta = \{(p_1, \cdots, p_k) : p_i > 0,\ p_1 + \cdots + p_k = 1\} \quad (n = 1, 2, \cdots).$$

$$E(X_i) = np_i. \qquad V(X_i) = np_i(1-p_i).$$

$Cov(X_i, X_j) = -np_ip_j$　　($i \neq j$ のとき).

$P(\boldsymbol{t}) = (p_1t_1 + \cdots + p_kt_k)^n$，ここで $\boldsymbol{t} = (t_1, \cdots, t_k)$.

[C]　**連続モデル**(continuous models)

[C1]　一様分布(uniform distribution)：　$U(\alpha, \beta)$

$$f(x) = \begin{cases} 1/(\beta-\alpha) & (\alpha < x < \beta \text{ のとき}), \\ 0 & (\text{その他のとき}), \end{cases}$$

$$\Theta = \{\boldsymbol{\theta} = (\alpha, \beta) : -\infty < \alpha < \beta < \infty\}.$$

$E(X) = (\alpha+\beta)/2.$　　$\beta_1 = 0.$

$V(X) = (\alpha-\beta)^2/12.$　　$\beta_2 = 1.8.$

$M(t) = \{\exp(\beta t) - \exp(\alpha t)\}/\{(\beta-\alpha)t\}$

[C2]　正規分布(normal distribution)：　$N(\mu, \sigma^2)$

$f(x|\boldsymbol{\theta}) = (2\pi\sigma^2)^{-1/2}\exp\{-(x-\mu)^2/(2\sigma^2)\},$

$$-\infty < x < \infty, \qquad \Theta = \{\boldsymbol{\theta} = (\mu, \sigma^2) : -\infty < \mu < \infty,\ 0 < \sigma^2 < \infty\}.$$

$E(X) = \mu.$　　$V(X) = \sigma^2.$　　$\beta_1 = 0.$　　$\beta_2 = 3.$

$M(t) = \exp(\mu t + \sigma^2 t^2/2).$

[C3]　指数分布(exponential distribution)：　$E_X(\lambda)$

$f(x|\lambda) = \lambda\exp(-\lambda x),$

$$0 < x < \infty, \qquad \Theta = \{\lambda : 0 < \lambda < \infty\}.$$

$E(X) = 1/\lambda.$　　$V(X) = 1/\lambda^2.$　　$\beta_1 = 2.$　　$\beta_2 = 9.$

$M(t) = (1 - t/\lambda)^{-1}.$

[C4]　ガンマ分布(gamma distribution)：　$G_A(\alpha, \beta)$

$f(x|\boldsymbol{\theta}) = \{\Gamma(\alpha)\beta^\alpha\}^{-1}x^{\alpha-1}\exp(-x/\beta),$

$$0 < x < \infty, \qquad \Theta = \{\boldsymbol{\theta} = (\alpha, \beta) : 0 < \alpha, \beta < \infty\}.$$

$E(X) = \alpha\beta.$　　$V(X) = \alpha\beta^2.$　　$\beta_1 = 2/\alpha^{1/2}.$　　$\beta_2 = 3 + 6/\alpha.$

$M(t) = (1 - \beta t)^{-\alpha}.$

特別の場合：　$G_A(1, \lambda^{-1}) = E_X(\lambda)$，指数分布．

　　$G_A(n/2, 2) = \chi^2_n$，自由度 n のカイ自乗分布．

[C5]　ベータ分布(beta distribution)：　$B_E(\alpha, \beta)$

$f(x|\boldsymbol{\theta}) = B(\alpha, \beta)^{-1}x^{\alpha-1}(1-x)^{\beta-1},$

$$0 < x < 1, \qquad \Theta = \{\boldsymbol{\theta} = (\alpha, \beta) : 0 < \alpha, \beta < \infty\}.$$

$E(X) = \alpha/(\alpha+\beta).$　　$V(X) = \alpha\beta/\{(\alpha+\beta)^2(\alpha+\beta+1)\}.$

特別の場合：　$B_E(1, 1) = U(0, 1).$

［C6］ 対数正規分布(log-normal distribution)： $LN(\mu, \sigma^2)$

$$f(x|\boldsymbol{\theta}) = (2\pi\sigma^2)^{-1/2} x^{-1} \exp\{-(\log x - \mu)^2/(2\sigma^2)\},$$

$$0 < x < \infty, \qquad \Theta = \{\boldsymbol{\theta} = (\mu, \sigma^2) : -\infty < \mu < \infty,\ 0 < \sigma^2 < \infty\}.$$

$E(X) = \rho\omega.$ $\qquad \beta_1 = (\omega^2 - 1)^{1/2}(\omega^2 + 2).$

$V(X) = \rho^2\omega^2(\omega^2 - 1).$ $\qquad \beta_2 = 3 + (\omega^2 - 1)(\omega^6 + 3\omega^4 + 6\omega^2 + 6).$

ここで，$\rho = \exp(\mu)$，$\omega = \exp(\sigma^2/2)$.

特別の性質： $X \sim LN(\mu, \sigma^2)$ のとき，$Y = \log X \sim N(\mu, \sigma^2)$.

［C7］ ワイブル分布(Weibull distribution)： $W_B(\alpha, \beta)$

$$f(x|\boldsymbol{\theta}) = (\alpha/\beta)(x/\beta)^{\alpha-1} \exp\{-(x/\beta)^\alpha\},$$

$$0 < x < \infty, \qquad \Theta = \{\boldsymbol{\theta} = (\alpha, \beta) : 0 < \alpha, \beta < \infty\}.$$

$E(X) = \beta\Gamma(\alpha^{-1} + 1).$ $\qquad V(X) = \beta^2\{\Gamma(2\alpha^{-1} + 1) - \Gamma(\alpha^{-1} + 1)^2\}.$

［C8］ コーシィ分布(Cauchy distribution)： $C_Y(\mu, \sigma)$

$$f(x|\boldsymbol{\theta}) = (\pi\sigma)^{-1}[1 + \{(x - \mu)/\sigma\}^2]^{-1},$$

$$-\infty < x < \infty, \qquad \Theta = \{\boldsymbol{\theta} = (\mu, \sigma) : -\infty < \mu < \infty,\ 0 < \sigma < \infty\}.$$

$E(X), V(X), \beta_1, \beta_2$ は存在しない.

$\phi(t) = \exp(-|t - \mu|/\sigma)$，特性関数.

［MC1］ 多変量正規分布(multivariate normal distribution)： $N_n(\boldsymbol{\mu}, \boldsymbol{\Sigma})$

$$f(\boldsymbol{x}|\boldsymbol{\theta}) = (2\pi)^{-n/2}|\boldsymbol{\Sigma}|^{-1/2} \exp\{-(\boldsymbol{x} - \boldsymbol{\mu})\cdot\boldsymbol{\Sigma}^{-1}(\boldsymbol{x} - \boldsymbol{\mu})/2\},$$

$$\boldsymbol{x} = {}^t(x_1, \cdots, x_n) \in \boldsymbol{R}^n,$$

$$\Theta = \left\{\boldsymbol{\theta} = (\boldsymbol{\mu}, \boldsymbol{\Sigma}) : \boldsymbol{\mu} = \begin{pmatrix} \mu_1 \\ \vdots \\ \mu_n \end{pmatrix},\ \boldsymbol{\Sigma} = \begin{pmatrix} \sigma_{11} & \cdots & \sigma_{1n} \\ \vdots & & \vdots \\ \sigma_{n1} & \cdots & \sigma_{nn} \end{pmatrix}\right\}.$$

$E(\boldsymbol{X}) = \boldsymbol{\mu}.$ $\qquad V(\boldsymbol{X}) = \boldsymbol{\Sigma}.$ $\qquad M(\boldsymbol{t}) = \exp(\boldsymbol{\mu}\cdot\boldsymbol{t} + \boldsymbol{t}\cdot\boldsymbol{\Sigma}\boldsymbol{t}/2).$

［MC2］ ディリクレ分布(Dirichlet distribution)： $Diri(\nu_1, \cdots, \nu_k ; \nu_{k+1})$

$$f(\boldsymbol{x}) = \frac{\Gamma(\nu_1 + \cdots + \nu_{k+1})}{\Gamma(\nu_1)\cdots\Gamma(\nu_{k+1})} x_1^{\nu_1 - 1} \cdots x_k^{\nu_k - 1}(1 - x_1 - \cdots - x_k)^{\nu_{k+1} - 1},$$

$$D = \left\{\boldsymbol{x} = (x_1, \cdots, x_k) : x_i \geq 0,\ \ i = 1, \cdots, k,\ \ \sum_{i=1}^{k} x_i \leq 1\right\}.$$

$$\Theta = \{\boldsymbol{\theta} = (\nu_1, \cdots, \nu_{k+1}) : \nu_i > 0,\ \ i = 1, \cdots, k + 1\}.$$

特別の場合： $Diri(\nu_1 ; \nu_2) = B_E(\nu_1, \nu_2)$，ベータ分布.

[S] 標本分布(sample distributions)

[S1] カイ自乗分布(chi-square distribution)：　χ_n^2

自由度 n のカイ自乗分布

$$f(x)=\{\Gamma(n/2)2^{n/2}\}^{-1}x^{n/2-1}\exp(-x/2),\qquad 0<x<\infty.$$

$E(X)=n.\qquad V(X)=2n.$

$M(t)=(1-2t)^{-n/2}.$

特別の性質：（1）$\chi_n^2=G_A(n/2,2)$.

（2）標準正規分布 $N(0,1)$ からの無作為標本 $Z_1,\cdots,Z_n$ に対して，それらの2乗和はカイ自乗分布 χ_n^2 に従う：$\sum_{i=1}^{n}Z_i^2\sim\chi_n^2$.

[S2] ティー分布(t-distribution)：　t_n

自由度 n のティー分布

$$f(x)=\Gamma((n+1)/2)/\{\sqrt{n\pi}\,\Gamma(n/2)\}(1+x^2/n)^{-(n+1)/2},$$
$$-\infty<x<\infty\quad(n=1,2,\cdots).$$

$E(X)=0$（$n\geq 2$ のとき）．　$V(X)=n/(n-2)$（$n\geq 3$ のとき）．

特別の性質：$X\sim N(0,1)$, $Y\sim\chi_n^2$ かつ独立 $\Rightarrow$ $Z=X/\sqrt{Y/n}\sim t_n$.

[S3] エフ分布(F-distribution)：　F_n^m

自由度 (m,n) のエフ分布

$$f(x)=B(m/2,n/2)^{-1}(m/n)^{m/2}x^{m/2-1}\{1+(m/n)x\}^{-(m+n)/2},$$
$$0<x<\infty\quad(m,n=1,2,\cdots).$$

$E(X)=n/(n-2)$（$n\geq 3$ のとき）．

$V(X)=\{2n^2(m+n-2)\}/\{m(n-2)^2(n-4)\}$（$n\geq 5$ のとき）．

特別の性質：$X\sim\chi_m^2$, $Y\sim\chi_n^2$ かつ独立 $\Rightarrow$ $F=(X/m)/(Y/n)\sim F_n^m$.

特別の場合：$(t_n)^2=F_n^1$，自由度 $(1,n)$ のエフ分布．

付表 1　標準正規分布表

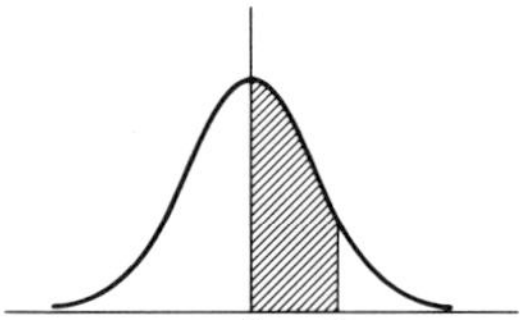

$I(z) = P(0 \leq Z \leq z)$

z	.00	.01	.02	.03	.04	.05	.06	.07	.08	.09
0.0	.0000	.0040	.0080	.0120	.0160	.0199	.0239	.0279	.0319	.0359
0.1	.0398	.0438	.0478	.0517	.0557	.0596	.0636	.0675	.0714	.0753
0.2	.0793	.0832	.0871	.0910	.0948	.0987	.1026	.1064	.1103	.1141
0.3	.1179	.1217	.1255	.1293	.1331	.1368	.1406	.1443	.1480	.1517
0.4	.1554	.1591	.1628	.1664	.1700	.1736	.1772	.1808	.1844	.1879
0.5	.1915	.1950	.1985	.2019	.2054	.2088	.2123	.2157	.2190	.2224
0.6	.2257	.2291	.2324	.2357	.2389	.2422	.2454	.2486	.2517	.2549
0.7	.2580	.2611	.2642	.2673	.2703	.2734	.2764	.2794	.2823	.2852
0.8	.2881	.2910	.2939	.2967	.2995	.3023	.3051	.3078	.3106	.3133
0.9	.3159	.3186	.3212	.3238	.3264	.3289	.3315	.3340	.3365	.3389
1.0	.3413	.3438	.3461	.3485	.3508	.3531	.3554	.3577	.3599	.3621
1.1	.3643	.3665	.3686	.3708	.3729	.3749	.3770	.3790	.3810	.3830
1.2	.3849	.3869	.3888	.3907	.3925	.3944	.3962	.3980	.3997	.4015
1.3	.4032	.4049	.4066	.4082	.4099	.4115	.4131	.4147	.4162	.4177
1.4	.4192	.4207	.4222	.4236	.4251	.4265	.4279	.4292	.4306	.4319
1.5	.4332	.4345	.4357	.4370	.4382	.4394	.4406	.4418	.4429	.4441
1.6	.4452	.4463	.4474	.4484	.4495	.4505	.4515	.4525	.4535	.4545
1.7	.4554	.4564	.4573	.4582	.4591	.4599	.4608	.4616	.4625	.4633
1.8	.4641	.4649	.4656	.4664	.4671	.4678	.4686	.4693	.4699	.4706
1.9	.4713	.4719	.4726	.4732	.4738	.4744	.4750	.4756	.4761	.4767
2.0	.4772	.4778	.4783	.4788	.4793	.4798	.4803	.4808	.4812	.4817
2.1	.4821	.4826	.4830	.4834	.4838	.4842	.4846	.4850	.4854	.4857
2.2	.4861	.4864	.4868	.4871	.4875	.4878	.4881	.4884	.4887	.4890
2.3	.4893	.4896	.4898	.4901	.4904	.4906	.4909	.4911	.4913	.4916
2.4	.4918	.4920	.4922	.4925	.4927	.4929	.4931	.4932	.4934	.4936
2.5	.4938	.4940	.4941	.4943	.4945	.4946	.4948	.4949	.4951	.4952
2.6	.4953	.4955	.4956	.4957	.4959	.4960	.4961	.4962	.4963	.4964
2.7	.4965	.4966	.4967	.4968	.4969	.4970	.4971	.4972	.4973	.4974
2.8	.4974	.4975	.4976	.4977	.4977	.4978	.4979	.4979	.4980	.4981
2.9	.4981	.4982	.4982	.4983	.4984	.4984	.4985	.4985	.4986	.4986
3.0	.4987	.4987	.4987	.4988	.4988	.4989	.4989	.4989	.4990	.4990

付表 2　ティー分布表

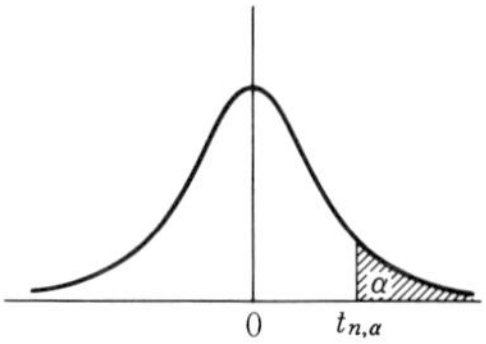

自由度 n のティー分布の上側 α 点

n \ α	.45	.40	.35	.3	.25	.2	.15	.1	.05	.025	.01	.005
1	.158	.325	.510	.727	1.000	1.376	1.963	3.078	6.314	12.706	31.821	63.657
2	.142	.289	.445	.617	.816	1.061	1.386	1.886	2.920	4.303	6.965	9.925
3	.137	.277	.424	.584	.765	.978	1.250	1.638	2.353	3.182	4.541	5.841
4	.134	.271	.414	.569	.741	.941	1.190	1.533	2.132	2.776	3.747	4.604
5	.132	.267	.408	.559	.727	.920	1.156	1.476	2.015	2.571	3.365	4.032
6	.131	.265	.404	.553	.718	.906	1.134	1.440	1.943	2.447	3.143	3.707
7	.130	.263	.402	.549	.711	.896	1.119	1.415	1.895	2.365	2.998	3.499
8	.130	.262	.399	.546	.706	.889	1.108	1.397	1.860	2.306	2.896	3.355
9	.129	.261	.398	.543	.703	.883	1.100	1.383	1.833	2.262	2.821	3.250
10	.129	.260	.397	.542	.700	.879	1.093	1.372	1.812	2.228	2.764	3.169
11	.129	.260	.396	.540	.697	.876	1.088	1.363	1.796	2.201	2.718	3.106
12	.128	.259	.395	.539	.695	.873	1.083	1.356	1.782	2.179	2.681	3.055
13	.128	.259	.394	.538	.694	.870	1.079	1.350	1.771	2.160	2.650	3.012
14	.128	.258	.393	.537	.692	.868	1.076	1.345	1.761	2.145	2.624	2.977
15	.128	.258	.393	.536	.691	.866	1.074	1.341	1.753	2.131	2.602	2.947
16	.128	.258	.392	.535	.690	.865	1.071	1.337	1.746	2.120	2.583	2.921
17	.128	.257	.392	.534	.689	.863	1.069	1.333	1.740	2.110	2.567	2.898
18	.127	.257	.392	.534	.688	.862	1.067	1.330	1.734	2.101	2.552	2.878
19	.127	.257	.391	.533	.688	.861	1.066	1.328	1.729	2.093	2.539	2.861
20	.127	.257	.391	.533	.687	.860	1.064	1.325	1.725	2.086	2.528	2.845
21	.127	.257	.391	.532	.686	.859	1.063	1.323	1.721	2.080	2.518	2.831
22	.127	.256	.390	.532	.686	.858	1.061	1.321	1.717	2.074	2.508	2.819
23	.127	.256	.390	.532	.685	.858	1.060	1.319	1.714	2.069	2.500	2.807
24	.127	.256	.390	.531	.685	.857	1.059	1.318	1.711	2.064	2.492	2.797
25	.127	.256	.390	.531	.684	.856	1.058	1.316	1.708	2.060	2.485	2.787
26	.127	.256	.390	.531	.684	.856	1.058	1.315	1.706	2.056	2.479	2.779
27	.127	.256	.389	.531	.684	.855	1.057	1.314	1.703	2.052	2.473	2.771
28	.127	.256	.389	.530	.683	.855	1.056	1.313	1.701	2.048	2.467	2.763
29	.127	.256	.389	.530	.683	.854	1.055	1.311	1.699	2.045	2.462	2.756
30	.127	.256	.389	.530	.683	.854	1.055	1.310	1.697	2.042	2.457	2.750
40	.126	.255	.388	.529	.681	.851	1.050	1.303	1.684	2.021	2.423	2.704
60	.126	.254	.387	.527	.679	.848	1.046	1.296	1.671	2.000	2.390	2.660
120	.126	.254	.386	.526	.677	.845	1.041	1.289	1.658	1.980	2.358	2.617
∞	.126	.253	.385	.524	.674	.842	1.036	1.282	1.645	1.960	2.326	2.576

付表 3 カイ自乗分布表

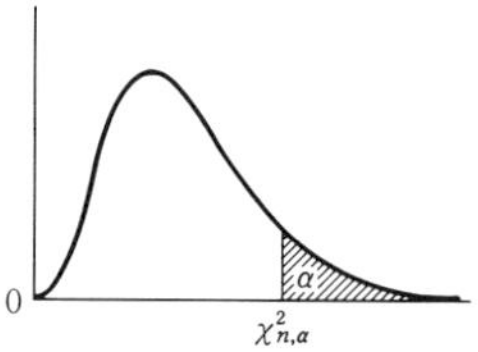

自由度 n のカイ自乗分布の上側 α 点

n \ α	.99	.975	.95	.90	.70	.50	.30	.10	.05	.025	.01
1	.000157	.00098	.00393	.0158	.148	.455	1.074	2.706	3.841	5.0238	6.635
2	.0201	.0506	.103	.211	.713	1.386	2.408	4.605	5.991	7.3780	9.210
3	.115	.216	.352	.584	1.424	2.366	3.665	6.251	7.815	9.348	11.345
4	.297	.484	.711	1.064	2.195	3.357	4.878	7.779	9.488	11.143	13.277
5	.554	.831	1.145	1.610	3.000	4.351	6.064	9.236	11.070	12.832	15.086
6	.872	1.237	1.635	2.204	3.828	5.348	7.231	10.645	12.592	14.449	16.812
7	1.239	1.690	2.167	2.833	4.671	6.346	8.383	12.017	14.067	16.013	18.475
8	1.646	2.180	2.733	3.490	5.527	7.344	9.524	13.362	15.507	17.535	20.090
9	2.088	2.700	3.325	4.168	6.393	8.343	10.656	14.684	16.919	19.023	21.666
10	2.558	3.247	3.940	4.865	7.267	9.342	11.781	15.987	18.307	20.483	23.209
11	3.053	3.816	4.575	5.578	8.148	10.341	12.899	17.275	19.675	21.920	24.725
12	3.571	4.404	5.226	6.304	9.034	11.340	14.011	18.549	21.026	23.337	26.217
13	4.107	5.009	5.892	7.042	9.926	12.340	15.119	19.812	22.362	24.736	27.688
14	4.660	5.629	6.571	7.790	10.821	13.339	16.222	21.064	23.685	26.119	29.141
15	5.229	6.262	7.261	8.547	11.721	14.339	17.322	22.307	24.996	27.488	30.578
16	5.812	6.908	7.962	9.312	12.624	15.338	18.418	23.542	26.296	28.845	32.000
17	6.408	7.564	8.672	10.085	13.531	16.338	19.511	24.769	27.587	30.191	33.409
18	7.015	8.231	9.390	10.865	14.440	17.338	20.601	25.989	28.869	31.526	34.805
19	7.633	8.907	10.117	11.651	15.352	18.338	21.689	27.204	30.144	32.852	36.191
20	8.260	9.591	10.851	12.443	16.266	19.337	22.775	28.412	31.410	34.170	37.566
21	8.897	10.283	11.591	13.240	17.182	20.337	23.858	29.615	32.671	35.479	38.932
22	9.542	10.982	12.338	14.041	18.101	21.337	24.939	30.813	33.924	36.781	40.289
23	10.196	11.689	13.091	14.848	19.021	22.337	26.018	32.007	35.172	38.076	41.638
24	10.856	12.401	13.848	15.659	19.943	23.337	27.096	33.196	36.415	39.364	42.980
25	11.524	13.120	14.611	16.473	20.867	24.337	28.172	34.382	37.652	40.646	44.314
26	12.198	13.844	15.379	17.292	21.792	25.336	29.246	35.563	38.885	41.923	45.642
27	12.879	14.573	16.151	18.114	22.719	26.336	30.319	36.741	40.113	43.194	46.963
28	13.565	15.308	16.928	18.939	23.647	27.336	31.391	37.916	41.337	44.461	48.278
29	14.256	16.047	17.708	19.768	24.577	28.336	32.461	39.087	42.557	45.722	49.588
30	14.953	16.791	18.493	20.599	25.508	29.336	33.530	40.256	43.773	46.979	50.892

付表 4　エフ分布表（1）

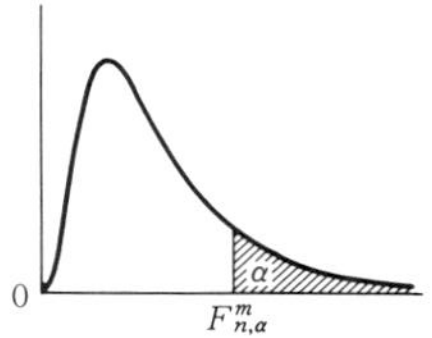

自由度 $(m,\ n)$ のエフ分布の上側 5% 点 $\alpha = 0.05$

n \ m	1	2	3	4	5	6	7	8	9	10	11	12	14	16	20	24	30	40	50	∞
1	161	200	216	225	230	234	237	239	241	242	243	244	245	246	248	249	250	251	252	254
2	18.51	19.00	19.16	19.25	19.30	19.33	19.36	19.37	19.38	19.39	19.40	19.41	19.42	19.43	19.44	19.45	19.46	19.47	19.47	19.50
3	10.13	9.55	9.28	9.12	9.01	8.94	8.88	8.84	8.81	8.78	8.76	8.74	8.71	8.69	8.66	8.64	8.62	8.60	8.58	8.53
4	7.71	6.94	6.59	6.39	6.26	6.16	6.09	6.04	6.00	5.96	5.93	5.91	5.87	5.84	5.80	5.77	5.74	5.71	5.70	5.63
5	6.61	5.79	5.41	5.19	5.05	4.95	4.88	4.82	4.78	4.74	4.70	4.68	4.64	4.60	4.56	4.53	4.50	4.46	4.44	4.36
6	5.99	5.14	4.76	4.53	4.39	4.28	4.21	4.15	4.10	4.06	4.03	4.00	3.96	3.92	3.87	3.84	3.81	3.77	3.75	3.67
7	5.59	4.74	4.35	4.12	3.97	3.87	3.79	3.73	3.68	3.63	3.60	3.57	3.52	3.49	3.44	3.41	3.38	3.34	3.32	3.23
8	5.32	4.46	4.07	3.84	3.69	3.58	3.50	3.44	3.39	3.34	3.31	3.28	3.23	3.20	3.15	3.12	3.08	3.05	3.03	2.93
9	5.12	4.26	3.86	3.63	3.48	3.37	3.29	3.23	3.18	3.13	3.10	3.07	3.02	2.98	2.93	2.90	2.86	2.82	2.80	2.71
10	4.96	4.10	3.71	3.48	3.33	3.22	3.14	3.07	3.02	2.97	2.94	2.91	2.86	2.82	2.77	2.74	2.70	2.67	2.64	2.54
11	4.84	3.98	3.59	3.36	3.20	3.09	3.01	2.95	2.90	2.86	2.82	2.79	2.74	2.70	2.65	2.61	2.57	2.53	2.50	2.40
12	4.75	3.88	3.49	3.26	3.11	3.00	2.92	2.85	2.80	2.76	2.72	2.69	2.64	2.60	2.54	2.50	2.46	2.42	2.40	2.30
13	4.67	3.80	3.41	3.18	3.02	2.92	2.84	2.77	2.72	2.67	2.63	2.60	2.55	2.51	2.46	2.42	2.38	2.34	2.32	2.21
14	4.60	3.74	3.34	3.11	2.96	2.85	2.77	2.70	2.65	2.60	2.56	2.53	2.48	2.44	2.39	2.35	2.31	2.27	2.24	2.13
15	4.54	3.68	3.29	3.06	2.90	2.79	2.70	2.64	2.59	2.55	2.51	2.48	2.43	2.39	2.33	2.29	2.25	2.21	2.18	2.07
16	4.49	3.63	3.24	3.01	2.85	2.74	2.66	2.59	2.54	2.49	2.45	2.42	2.37	2.33	2.28	2.24	2.20	2.16	2.13	2.01
17	4.45	3.59	3.20	2.96	2.81	2.70	2.62	2.55	2.50	2.45	2.41	2.38	2.33	2.29	2.23	2.19	2.15	2.11	2.08	1.96
18	4.41	3.55	3.16	2.93	2.77	2.66	2.58	2.51	2.46	2.41	2.37	2.34	2.29	2.25	2.19	2.15	2.11	2.07	2.04	1.92
19	4.38	3.52	3.13	2.90	2.74	2.63	2.55	2.48	2.43	2.38	2.34	2.31	2.26	2.21	2.15	2.11	2.07	2.02	2.00	1.88

付表 4　エフ分布表（2）

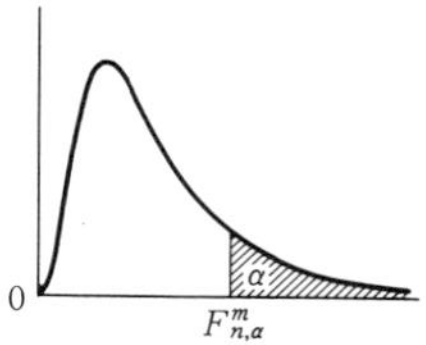

自由度$(m,\ n)$のエフ分布の上側 5% 点 $\alpha = 0.05$

$n \backslash m$	1	2	3	4	5	6	7	8	9	10	11	12	14	16	20	24	30	40	50	∞
20	4.35	3.49	3.10	2.87	2.71	2.60	2.52	2.45	2.40	2.35	2.31	2.28	2.23	2.18	2.12	2.08	2.04	1.99	1.96	1.84
21	4.32	3.47	3.07	2.84	2.68	2.57	2.49	2.42	2.37	2.32	2.28	2.25	2.20	2.15	2.09	2.05	2.00	1.96	1.93	1.81
22	4.30	3.44	3.05	2.82	2.66	2.55	2.47	2.40	2.35	2.30	2.26	2.23	2.18	2.13	2.07	2.03	1.98	1.93	1.91	1.78
23	4.28	3.42	3.03	2.80	2.64	2.53	2.45	2.38	2.32	2.28	2.24	2.20	2.14	2.10	2.04	2.00	1.96	1.91	1.88	1.76
24	4.26	3.40	3.01	2.78	2.62	2.51	2.43	2.36	2.30	2.26	2.22	2.18	2.13	2.09	2.02	1.98	1.94	1.89	1.86	1.73
25	4.24	3.38	2.99	2.76	2.60	2.49	2.41	2.34	2.28	2.24	2.20	2.16	2.11	2.06	2.00	1.96	1.92	1.87	1.84	1.71
26	4.22	3.37	2.89	2.74	2.59	2.47	2.39	2.32	2.27	2.22	2.18	2.15	2.10	2.05	1.99	1.95	1.90	1.85	1.82	1.69
27	4.21	3.35	2.96	2.73	2.57	2.46	2.37	2.30	2.25	2.20	2.16	2.13	2.08	2.03	1.97	1.93	1.88	1.84	1.80	1.67
28	4.20	3.34	2.95	2.71	2.56	2.44	2.36	2.29	2.24	2.19	2.15	2.12	2.06	2.02	1.96	1.91	1.87	1.81	1.78	1.65
29	4.18	3.33	2.93	2.70	2.54	2.43	2.35	2.28	2.22	2.18	2.14	2.10	2.05	2.00	1.94	1.90	1.85	1.80	1.77	1.64
30	4.17	3.32	2.92	2.69	2.53	2.42	2.34	2.27	2.21	2.16	2.12	2.09	2.04	1.99	1.93	1.89	1.84	1.79	1.76	1.62
32	4.15	3.30	2.90	2.67	2.51	2.40	2.32	2.25	2.19	2.14	2.10	2.07	2.02	1.97	1.91	1.86	1.82	1.76	1.74	1.59
34	4.13	3.28	2.88	2.65	2.49	2.38	2.30	2.23	2.17	2.12	2.08	2.05	2.00	1.95	1.89	1.84	1.80	1.74	1.71	1.57
36	4.11	3.26	2.86	2.63	2.48	2.36	2.28	2.21	2.15	2.10	2.06	2.03	1.99	1.93	1.87	1.82	1.78	1.72	1.69	1.55
38	4.10	3.25	2.85	2.62	2.46	2.35	2.26	2.19	2.14	2.09	2.05	2.02	1.96	1.92	1.85	1.80	1.76	1.71	1.67	1.53
40	4.08	3.23	2.84	2.61	2.45	2.34	2.25	2.18	2.12	2.07	2.04	2.00	1.95	1.90	1.84	1.79	1.74	1.69	1.66	1.51
50	4.03	3.18	2.79	2.56	2.40	2.29	2.20	2.13	2.07	2.02	1.98	1.95	1.90	1.85	1.78	1.74	1.69	1.63	1.60	1.44
∞	3.84	2.99	2.60	2.37	2.21	2.09	2.01	1.94	1.88	1.83	1.79	1.75	1.69	1.64	1.57	1.52	1.46	1.40	1.35	1.00

演習問題略解

1.3 （1），（2）ともに A, B は独立.　　**1.5** $\dfrac{13^2}{17 \times 49} \fallingdotseq 0.203.$

1.6 $\dfrac{3}{13} \fallingdotseq 0.23.$　　**1.7** n に関係なく $p_n = w/(w+b).$

1.8 （1） $P(R=0) = p + \varepsilon - 2p\varepsilon,\ P(R=1) = 1 - p - \varepsilon + 2p\varepsilon.$

（2） $P(S=1 \mid R=1) = \dfrac{1-p-\varepsilon+p\varepsilon}{1-p-\varepsilon+2p\varepsilon}.$

（3） $(R=0) = 0.41,\ P(R=1) = 0.59,\ P(S=1 \mid R=1) = 0.966.$

2.1 （1） $c = 280,\ E(X) = \dfrac{5}{9},\ V(X) = \dfrac{2}{81}.$ （2） $c = 1,\ E(X) = 3,\ V(X) = \dfrac{1}{2}.$

2.2 （1） $\sigma^2 + \mu^2 - \mu.$　（2） $\sigma^2 + \mu^2 + 5\mu.$

2.3 $M_1'(a) = 2F(a) - 1$ より明らか.　　**2.4** $M_2'(a) = 2(\mu - a)$ より明らか.

2.5 $\mu = \dfrac{1}{n}\sum_{i=1}^{n} \mu_i,\ \sigma^2 = \dfrac{1}{n}\sum_{i=1}^{n} \sigma_i^2 + \dfrac{1}{n}\sum_{i=1}^{n} (\mu_i - \mu)^2.$

2.6 $F(x) = \dfrac{e^{\lambda x + c}}{1 + e^{\lambda x + c}},\quad f(x) = \dfrac{\lambda e^{\lambda x + c}}{(1 + e^{\lambda x + c})^2}.$

2.7 （1） 前問で $c = 0.$

（2） $G(x) = 1 - e^{-\lambda x}$ より，指数分布 $Ex(\lambda)$. $E(X) = \dfrac{1}{\lambda},\ V(X) = \dfrac{1}{\lambda^2}.$

2.8 （1） $P(t) = \dfrac{A(t\theta)}{A(\theta)}.$

（2） $\mu = \dfrac{\theta A'(\theta)}{A(\theta)},\ \sigma^2 = \dfrac{\theta^2 A''(\theta)}{A(\theta)} + \dfrac{\theta A'(\theta)}{A(\theta)} - \left(\dfrac{\theta A'(\theta)}{A(\theta)}\right)^2.$

2.9 （1） $M(t) = \dfrac{A(t+\theta)}{A(\theta)}.$　（2） $\mu = \dfrac{A'(\theta)}{A(\theta)},\ \sigma^2 = \dfrac{A''(\theta)}{A(\theta)} - \left(\dfrac{A'(\theta)}{A(\theta)}\right)^2.$

2.11 部分積分 $\int_0^T x\,dF(x) = -T(1 - F(T)) + \int_0^T \{1 - F(x)\}\,dx$ を使う.

2.12 前問で $Z = X^2,\ z = x^2,\ x \geq 0$ とする.

2.13 前問で X の代わりに $X - \mu,\ Y - \mu$ をとる.

2.14 （2） 漸化式の両辺に t^{n+1} を掛けて和をとり，$Q(t)=-1+\dfrac{1}{2}\left\{\dfrac{1}{1-t}+\dfrac{1}{1-(1-2p)t}\right\}=\dfrac{1}{2}\sum_{n=1}^{\infty}\{1+(1-2p)^n\}t^n$． （3） $a_n=\dfrac{1}{2}\{1+(1-2p)^n\}$．

3.1 $P\{a-X<b-(n-X)\}=\sum_{x>(a-b+n)/2}\binom{a}{x}\binom{b}{n-x}\Big/\binom{N}{n}$，0.0664．

3.2 （1） 0.472． （2） 0.168．

3.3 ポアソン分布近似を行う．$\lambda=100\times0.02=2$，$P(X\geq3)=1-5e^{-2}=0.3233$．

3.4 （1） 0.067． （2） 4．

3.5 $E(X)=\dfrac{1}{A(\theta)}\dfrac{\theta}{1-\theta}$，$V(X)=\dfrac{\theta\{A(\theta)-\theta\}}{A(\theta)^2(1-\theta)^2}$，$P(t)=\dfrac{A(t\theta)}{A(\theta)}$．

3.6 （1） 0.75． （2） 0.6． （3） 1/3．

3.7 （1） 0.8413． （2） $\mu=\sigma=2$．

3.8 （1） 幾何分布 $G(p)$，$p=1-e^{-\lambda}$．

3.9 $P(Y=dk)=e^{-dk\lambda}(1-e^{-d\lambda})$，$E(Y_d)=\dfrac{d}{e^{d\lambda}-1}\to\dfrac{1}{\lambda}=E(X)$，$V(Y_d)=\dfrac{d^2e^{d\lambda}}{(e^{d\lambda}-1)^2}\to\dfrac{1}{\lambda^2}=V(X)$．

3.10, **3.11** は数学的帰納法によって示すことができる．

3.13 （2） $P(T>s+t\,|\,T>s)=\exp\left\{-\dfrac{b}{2}(t^2+2st)\right\}\leq\exp\left\{-\dfrac{b}{2}t^2\right\}=P(T>t)$．

4.1 $H(x)=pF(x)+(1-p)G(x)$，$h(x)=pf(x)+(1-p)g(x)$，
$E(Z)=p\mu+(1-p)\nu$，$V(Z)=p\sigma^2+(1-p)\tau^2+p(1-p)(\mu-\nu)^2$．

4.2 （1） ポアソン分布 $P_O(\lambda+\mu)$． （2） $p=\dfrac{\lambda}{\lambda+\mu}$ として，$P(X=r\,|\,X+Y=n)=\binom{n}{r}p^r(1-p)^{n-r}$． （3） 二項分布 $B_N(n,p)$，$E[X\,|\,X+Y=n]=np$，
$V[X\,|\,X+Y=n]=np(1-p)$．

4.3 $E(\mathcal{X}^2)=2$．$V(\mathcal{X}^2)=4\left(1-\dfrac{1}{n}\right)+\dfrac{1}{n}\left(\dfrac{1}{p}+\dfrac{1}{q}+\dfrac{1}{r}-9\right)$．

4.4 （1） 0.75． （2） 5/12． （3） 0.75．

4.5 （1） $c=\dfrac{1}{2}$. （2） $f_1(x)=\dfrac{1}{2}x^2e^{-x}$, $f_2(y)=\dfrac{3}{(1+y)^4}$.

（3） $E(X)=V(X)=3$, $E(Y)=\dfrac{1}{2}$, $V(Y)=\dfrac{3}{4}$. $Corr(X,Y)=-\dfrac{1}{3}$.

4.6 （1） $f_1(x)=\dfrac{1}{\alpha}\exp\left(-\dfrac{x}{\alpha}\right)$, $f_2(y)=\dfrac{1}{\beta-\alpha}\left\{\exp\left(-\dfrac{y}{\beta}\right)-\exp\left(-\dfrac{y}{\alpha}\right)\right\}$.

（2） $f_2(y|x)=\dfrac{1}{\beta}\exp\left(-\dfrac{y-x}{\beta}\right)$, $0<x\le y<\infty$. （3） $E(X)=\alpha$, $V(X)=\alpha^2$, $E(Y)=\alpha+\beta$, $V(Y)=\alpha^2+\beta^2$, $Corr(X,Y)=\dfrac{\alpha}{\sqrt{\alpha^2+\beta^2}}$.

4.7 $P(Z\ge z)=\{(1-p)(1-q)\}^z$ より，幾何分布 $G(1-(1-p)(1-q))$ に従う.

4.8 $Y|X\sim U(0,X)$ より，$f(x,y)=\dfrac{1}{1-x}$, $0<x<y<1$. $E(X)=\dfrac{1}{2}$, $V(X)=\dfrac{1}{12}$, $E(Y)=\dfrac{3}{4}$, $V(Y)=\dfrac{7}{144}$, $Corr(X,Y)=\sqrt{\dfrac{3}{7}}$.

4.9 $E(L)=\dfrac{1}{2}$, $V(L)=\dfrac{1}{18}$. **4.10** （1） $\dfrac{1-p}{2-p}$. （2） $\dfrac{1}{2}$.

4.11 $V(wX+(1-w)Y)=w^2\sigma_1^2+2w(1-w)\sigma_1\sigma_2\rho+(1-w)^2\sigma_2^2$. これは w の 2 次式であり，その最小問題となる.

4.12 （1） $E(T)=E(U)=0$, $V(T)=(a^2+b^2)\sigma^2$, $V(U)=(c^2+d^2)\sigma^2$, $Cov(T,U)=bd\sigma^2$, （2） (1) で求めた平均，分散，共分散をもつ 2 次元正規分布.

4.14 $N(1.9, 0.0098)$.

4.15 $T\sim N\left(\mu,\dfrac{\sigma^2}{2}\right)$, $U\sim N\left(0,\dfrac{\sigma^2}{2}\right)$. また，$Cov(T,U)=0$ より独立.

4.16 （1） $f_1(x)=\dbinom{n}{x}\dfrac{B(x+\alpha,n-x+\beta)}{B(\alpha,\beta)}$

$$=\binom{x+\alpha-1}{x}\binom{n-x+\beta-1}{n-x}\Big/\binom{n+\alpha+\beta-1}{n}.$$

（2） $\pi(\theta|x)=\dfrac{1}{B(x+\alpha,n-x+\beta)}\theta^{x+\alpha}(1-\theta)^{n-x+\beta}$ であり，ベータ分布 $B_E(\alpha+x,\beta+n-x)$.

5.1 $\mu=\sum_{i=1}^n c_i\mu_i$, $\sigma^2=\sum_{i=1}^n c_i\sigma_i^2+\sum_{i=1}^n c_i(\mu_i-\mu)^2$.

5.2 （1） $f(x,y)=n(n-1)(y-x)^{n-2}$, $0<x<y<1$. （2） $E(X_{n:1})=$

$\frac{1}{n+1}$, $V(X_{n:1}) = \frac{n}{(n+1)^2(n+2)}$, $E(X_{n:n}) = \frac{n}{n+1}$, $V(X_{n:n}) = \frac{n}{(n+1)^2(n+2)}$,

$Corr(X_{n:1}, X_{n:n}) = \frac{1}{n}$.

5.3 $M(t) = \exp\left(\frac{\lambda t}{\mu - t}\right)$, $E(Y) = \frac{\lambda}{\mu}$, $V(Y) = \frac{2\lambda}{\mu^2}$.

5.4 二項分布の正規分布近似. （1） 0.865. （2） 248.

5.5 $E(B(t)) = 0$, $V(B(t)) = t(1-t)$, $Cov(B(s), B(t)) = \min(s, t) - st$.

5.6 $Cov(X(t), X(t+s)) = \sigma^2 \cos \lambda s$.

5.7 再生性により, $T_0 + \cdots + T_{n-1} \sim G_A\left(n, \frac{1}{\lambda}\right)$. また,

$$P(N = n) = P(T_0 + \cdots + T_{n-1} \le t < T_0 + \cdots + T_n)$$

$$= \int_0^t \frac{\lambda^n}{\Gamma(n)} x^{n-1} \exp(-\lambda x)\, dx - \int_0^t \frac{\lambda^{n+1}}{\Gamma(n+1)} x^n \exp(-\lambda x)\, dx = \frac{(\lambda t)^n}{n!} \exp(-\lambda t).$$

5.8 $E[X_n|X_{n-1}] = X_{n-1}\mu$, $V[X_n|X_{n-1}] = X_{n-1}\sigma^2$, $X_0 = 1$. $\therefore$ $E(X_n) = \mu^n$,

$V(X_n) = \sigma^2 \mu^{n-1} \frac{\mu^n - 1}{\mu - 1}$.

5.10 $E(\mathcal{X}^2) = k - 1$, $V(\mathcal{X}^2) = 2(k-1)\left(1 - \frac{1}{n}\right) + \frac{1}{n}\left(\sum_{i=1}^{k} \frac{1}{p_i} - k^2\right)$.

5.11 （1） $E\{F_n(x)\} = F(x)$, $V\{F_n(x)\} = \frac{1}{n} F(x)\{1 - F(x)\}$. （2） 二項分布 $B_N(n, F(x))$.

5.12 ベータ分布 $B_E(k, n-k+1)$.

5.13 $\log G_n(y) = n \log\{1 - (1 - F(ny))\} \to -y^{-a}$. $\therefore$ $G_n(y) \to \exp(-y^{-a})$.

6.1 $P(Y > y) = P(X < e^{-y/2}) = e^{-y/2}$.

6.2 $f(x) = \frac{1}{\Gamma\left(\frac{n}{2}\right) 2^{\frac{n}{2}-1}} x^{n-1} \exp\left(-\frac{x^2}{2}\right)$, $E(X) = \sqrt{2} \frac{\Gamma\left(\frac{n+1}{2}\right)}{\Gamma\left(\frac{n}{2}\right)}$,

$V(X) = n - 2 \frac{\Gamma\left(\frac{n+1}{2}\right)^2}{\Gamma\left(\frac{n}{2}\right)^2}$.

6.8 （1） $B_E(\alpha, \beta)$. **6.9** $B_E\left(\frac{m}{2}, \frac{n}{2}\right)$. **6.10** エフ分布 F_2^2.

6.13 $E(\bar{X}_n) = \mu$, $V(\bar{X}_n) = \frac{\sigma^2}{n}$. $\frac{nS_n^2}{\sigma^2} \sim \chi_{n-1}^2$ より, $E(S_n^2) = \frac{n-1}{n}\sigma^2$, $V(S_n^2) =$

$\dfrac{2(n-1)}{n^2}\sigma^4$, $Cov(X_n, S_n^2) = 0$.　　**6.14** （2） 0.205.

7.1 $p_1 = \dfrac{1}{3} - \dfrac{\sqrt{6}}{9}$, $p_2 = \dfrac{2\sqrt{6}}{9} - \dfrac{1}{3}$, $p_3 = 1 - \dfrac{\sqrt{6}}{9}$. $\dfrac{1}{3}\log_2(1+\sqrt{6}) + \log_2\dfrac{9}{9-\sqrt{6}}$.

7.2 指数分布 $E_X(\lambda)$. そのときのエントロピーは $1 - \log\lambda$.

7.4 （1） $-\dfrac{1}{p}\{p\log_2 p + (1-p)\log_2(1-p)\}$.　（2） $\log(\sqrt{2\pi}\sigma) + \dfrac{1}{2}$.

7.5 $x = \tan y$ として $H = \log\pi + I = \log\pi + 2\log 2$. ここで, $I =$

$-\dfrac{4}{\pi}\displaystyle\int_0^{\frac{\pi}{2}}\log\cos y\,dy = -\dfrac{4}{\pi}\int_0^{\frac{\pi}{2}}\log\sin y\,dy$ より $2I = -\dfrac{4}{\pi}\displaystyle\int_0^{\frac{\pi}{2}}\log\cos y\sin y\,dy$

$= -\dfrac{4}{\pi}\displaystyle\int_0^{\frac{\pi}{2}}\log\frac{\sin 2y}{2}\,dy = 2\log 2 - \frac{2}{\pi}\int_0^{\pi}\log\sin z\,dz = 2\log 2 + I$.

ゆえに $I = 2\log 2$.

7.6 演習問題3.5を用いて, $I(\theta\|\tau) = \log\dfrac{A(\tau)}{A(\theta)} + \dfrac{\theta}{(1-\theta)A(\theta)}\log\dfrac{\theta}{\tau}$,

$I(\theta) = \dfrac{1}{\theta(1-\theta)A(\theta)}$.

7.7 （1） $I(\lambda\|\lambda+h) = h - \lambda\log\left(1+\dfrac{h}{\lambda}\right)$, $I(\lambda) = \dfrac{1}{\lambda}$.

（2） $I(\beta\|\beta+h) = \alpha\log\left(1+\dfrac{h}{\beta}\right) - \left(\dfrac{\alpha}{\beta}\right)\dfrac{h}{1+\dfrac{h}{\beta}}$, $I(\beta) = \dfrac{\alpha}{\beta^2}$.

7.9 （1） $c = \dfrac{2\theta}{\pi}$.　（2） $E(X) = \dfrac{1}{\theta}$, $V(X) = \dfrac{\pi-2}{2\theta^2}$.

（3） $I(\theta) = \dfrac{2}{\theta^2}$.

8.1 （1） $c_1 + c_2 = 1$.　（2） $c_1 = \dfrac{3}{4}$, $c_2 = \dfrac{1}{4}$.

8.2 （1） $c_1 + \cdots + c_n = 1$.　（2） $c_i = \dfrac{\sigma_i^{-2}}{\sigma_1^{-2} + \cdots + \sigma_n^{-2}}$.

8.3 $c = \dfrac{n}{n-1}$. $V(T) = \dfrac{p(1-p)}{n}\left\{(2p-1)^2 + 2\dfrac{p(1-p)}{n-1}\right\}$.

8.4 $V(\hat{\sigma}^2) = \dfrac{2\sigma^4}{n-1}$, $I(\sigma^2) = \dfrac{n}{2\sigma^4}$.

8.5 （1） $\hat{\lambda} = \bar{X}_n$.　（2）,（3） 存在しない.　（4） $\hat{\beta} = \dfrac{\bar{X}_n}{\alpha}$.

8.6 $c=\dfrac{n+1}{n}$. $V(T)=\dfrac{\theta^2}{n(n+2)}$.

8.7 $nT_1 \sim G_A(n,\lambda)$, $X_{n:1} \sim E_X\left(\dfrac{n}{\lambda}\right)$ であるから，$E(T_1)=\lambda$, $V(T_1)=\dfrac{\lambda^2}{n}$ ；$E(T_2)=\lambda$, $V(T_2)=\lambda^2$.

8.8 演習問題 5.2 を参考にせよ．（2） $V(T_1)=\dfrac{1}{12n}$，$V(T_2)=\dfrac{1}{2(n+1)(n+2)}$. $V(T_3)=V(T_4)=\dfrac{n}{(n+1)^2(n+2)}$.

8.9 $Y_i=\dfrac{X_i-\theta+1}{2} \sim U(0,1)$ であるから前問と同様に，$V(T_1)=\dfrac{1}{3n}$，$V(T_2)=\dfrac{2}{(n+1)(n+2)}$，$V(T_3)=V(T_4)=\dfrac{4n}{(n+1)^2(n+2)}$.

8.10 （1） $W_1=\{1,2,3,4\}$, $W_2=\{1,2,6\}$, $W_3=\{1,4,5\}$, $W_4=\{2,3,5\}$, $W_5=\{2,7\}$, $W_6=\{3,6\}$, $W_7=\{8\}$. （2） $\beta_i=P(W_i^c)$ とおけば，$\beta_1=0.85$, $\beta_2=0.8$, $\beta_3=0.83$, $\beta_4=0.82$, $\beta_5=0.72$, $\beta_6=0.8$, $\beta_7=0.75$ であるから，棄却域 W_5 が第二種の誤りの大きさを最小にする．

8.11 対数尤度比は $\log \Lambda_n=n\log\dfrac{1+\theta_1}{1+\theta_0}+(\theta_1-\theta_0)\sum_{i=1}^{n}\log x_i$ であるから，最良棄却域は $W=\{\sum \log x_i \geq k\}$ である．ただし，棄却限界 k は有意水準 α によって決定される： $\alpha=P(W)$. $Y=-2(\theta+1)\log X \sim \chi_2^2$ であるから，$-2(\theta+1)\sum\log X_i \sim \chi_{2n}^2$ である．ゆえに $k=-\dfrac{1}{2(\theta+1)}\chi_{2n,1-\alpha}^2$.

8.12 最良棄却域は $W=\{\sum x_i \leq k\}$ である．帰無仮説の下で，$2\sum x_i$ は χ_{2n}^2 に従うので，$k=\dfrac{1}{2}\chi_{2n,1-\alpha}^2$.

8.13 $Y^*=Y_L^*=\dfrac{2}{3}X$, $E\left\{\left(Y-\dfrac{2}{3}X\right)^2\right\}=\dfrac{1}{27}$.

8.14 （1） 一般の負の二項分布 $NB_N(\alpha,p)$, $p=\dfrac{1}{\beta+1}$.

（2） $G_A(\alpha+x,(1-p))$, $\lambda^*=(\alpha+x)(1-p)$.

8.15 （1） $r(\lambda, T_c)=c^2+(c-1)^2\lambda$. $\lambda_M=X$. （2） $\lambda^*=\dfrac{1}{3}(X+1)$.

8.16 （1） $f_1(x)=e^{-x}$. （2） $\pi(\theta|x)=\exp\{-(\theta-x)\}$, $\theta>x$. $\theta^*=X+1$.

8.17 （1） $\dfrac{1}{4}$. （2） $\dfrac{7}{18}$.

8.19 $E\left(\dfrac{X_n}{n}\right)=x$, $V\left(\dfrac{X_n}{n}\right)=\dfrac{x(1-x)}{n}\leq\dfrac{1}{4n}$ であるから，チェビシェフの不等式よ

り $P\left(\left|\frac{X_n}{n}-x\right|>\delta\right)\leq\frac{1}{4n\delta^2}$. 関数 $f(x)$ が有界区間上で連続ということは $f(x)$ が有界かつ一様連続であることを導くので，$|f(x)|\leq M$ かつ $\left|\frac{X_n}{n}-x\right|<\delta \Longrightarrow \left|f\left(\frac{X_n}{n}\right)-f(x)\right|<\varepsilon$. ゆえに，$x$ によらず $|f_n(x)-f(x)|\leq E\left|f\left(\frac{X_n}{n}\right)-f(x)\right|\leq 2M\,P\left(\left|\frac{X_n}{n}-x\right|>\delta\right)+\varepsilon\leq\frac{2M}{4n\delta^2}+\varepsilon$.

9.1 (1) 10.86 ± 1.50. (2) 10.86 ± 1.90. (3) $[4.50, 25.84]$.

9.2 0.6 ± 0.055. **9.3** (1) μ_1, μ_2 の信頼区間は 1414 ± 139.30, 1121.375 ± 94.66. (2) σ_1^2, σ_2^2 の信頼区間は $[24120, 138549]$, $[5603, 53085]$. (3) $\mu_1-\mu_2$ の信頼区間 293 ± 177.75 は 0 を含んでいないので 2 つのタイプの電球の寿命には差があるといえる.

9.4 15.4 ± 5.3. **9.5** 15.4 ± 4.9. **9.6** $[2.82, 17.34]$.

9.7 -0.25 ± 0.14. **9.8** p の信頼区間は 0.727 ± 0.059. p_1-p_2 の信頼区間 -0.0727 ± 0.0809 は 0 を含むから，発芽率に差があるとはいえない.

10.1 $|T|=3.01>t^*_{14,0.05}=2.145$ であるから仮説は棄却され，喫煙の前後で脈拍数に有意差があるといえる.

10.2 $|T|=1.379<t^*_{28,0.05}=2.048$ であるから有意差があるとはいえない.

10.3 $F=1.092$ は棄却域 $W=[0, 0.403]\cup[2.48, \infty)$ に含まれないので，2 つの分散は有意に異なるとはいえない.

10.4 $\bar{x}=151.3$, $\bar{y}=126.1$, $\hat{\sigma}_x^2=153.3444$, $\hat{\sigma}_y^2=205.4333$ であり，平均差の t-値は $T=4.207>t^*_{18,0.05}=2.101$ であるから，有意差がある.

10.5 $F^9_{9,0.95}=0.314<F=1.3397<F^9_{9,0.05}=3.18$ より，分散が異なるとはいえない.

10.6 帰無仮説の下で正規近似 $Z_n=\dfrac{\bar{X}-\bar{Y}}{\sqrt{\bar{X}(1-\bar{X})/m+\bar{Y}(1-\bar{Y})/n}}\to N(0,1)$ により，$|z_n|=1.884\leq z^*_{0.05}=1.96$ であるから仮説は棄却できず，広告キャンペーンの前後で嗜好度に差があるとはいえない.

10.7 (1) $P(A|\theta)=(1-\theta)^5+5\theta(1-\theta)^4$. (2) $\theta^*=0.276$, $\mathrm{AOQ}(\theta^*)=0.118$.

10.8 (1) $P(A|\theta)=(1-\theta)\left(1-\frac{10}{9}\theta\right)$. (2) $\theta^*=0.315$, $\mathrm{AOQ}(\theta^*)=0.14$.

10.9 $P(A|\theta) = \Phi(\sqrt{10}(\theta - 10))$. **10.10** $n = 7$.

10.11 $\mathcal{X}^2 = 3.03 < \chi^2_{3,0.05} = 7.8$ であるから仮説は棄却されず，理論に適合していないとはいえない(適合している)．

10.12 確率分布は $\pi_x(p) = \binom{4}{x} p^x (1-p)^{4-x}$, $x = 0, 1, \cdots, 4$ であり，尤度方程式は，$\dfrac{\sum x_i}{p} - \dfrac{4n - \sum x_i}{1-p} = 0$. ゆえに最尤推定量は $\hat{p} = \dfrac{\sum x_i}{4n} = \dfrac{\bar{x}_n}{4} = 0.531$. したがって，期待度数は $n\boldsymbol{\pi}(\hat{p}) = (8.50,\ 38.52,\ 65.49,\ 49.48,\ 14.02)$. これより $\mathcal{X}^2 = 1.068 < \chi^2_{3,0.05} = 7.8$ であるから仮説は棄却されず，データは二項分布に適合している．

10.13 正規分布の平均と分散の最尤推定量は標本平均と標本分散であるから，$\hat{\mu} = 52.926$, $\hat{\sigma}^2 = 381.328$. クラスの端点を標準変換する： $b_j = \dfrac{a_j - \hat{\mu}}{\hat{\sigma}}$. クラス I_j の期待度数は $n\pi_j(\hat{\mu}, \hat{\sigma}) = n\int_{b_j}^{b_{j+1}} \varphi(z)\,dz$ より計算される：(2.43, 7.13, 16.30, 28.98, 40.09, 43.14, 36.12, 23.53, 11.92, 4.70). 観測度数が5に満たない左右の2クラスをそれぞれ合併してカイ自乗適合度検定を行う．$\mathcal{X}^2 = 4.704 < \chi^2_{5,0.05} = 11.07$ であるから仮説は棄却されず，データは正規分布に適合している．

10.14 確率分布は $\pi_j(\lambda) = \exp(-\lambda a_j) - \exp(-\lambda a_{j+1})$. λ の最尤推定量は $\lambda = \dfrac{1}{\bar{x}_n} = 0.022$. よって，期待度数は (42.27, 24.40, 14.09, 8.13, 11.10) となり，$\mathcal{X}^2 = 8.403 > \chi^2_{3,0.05} = 7.8$ であるから仮説は棄却され，データは指数分布に適合していない．

10.15 $\mathcal{X}^2 = 16.503 > \chi^2_{4,0.05} = 9.49$ であるから仮説は棄却され，年齢と事故の数の間には関係がある．

10.16 $\mathcal{X}^2 = 13.299 > \chi^2_{1,0.05} = 3.84$ であるから仮説は棄却され，この予防注射はインフルエンザに効果があったといえる．

11.1 回帰直線の推定は $y = -88.520 + 0.887x$. （1） 4.44 kg. （2） a の信頼区間は -88.52 ± 89.63, b の信頼区間は 0.887 ± 0.526. （3） 回帰直線の信頼限界は $y^{\pm} = -88.520 + 0.887x \pm 2.957\left[1 + \left(\dfrac{x - 170.4}{5.625}\right)^2\right]^{\frac{1}{2}}$.

11.2 残差は -0.58, -2.47, 4.53, 2.23, -0.25, -4.81, 2.96, 5.09, -6.45, -0.25.

11.3 （2） $\hat{\hat{a}} = \bar{Y}$. 制約条件の下で，$E(\hat{\hat{a}}) = a$, $V(\hat{\hat{a}}) = \dfrac{\sigma^2}{n} < V(\hat{a})$. （3） $\hat{\hat{b}} = \dfrac{1}{s_x^2 + \bar{x}^2} \dfrac{1}{n} \sum_{i=1}^{n} x_i Y_i$. 制約条件の下で，$E(\hat{\hat{b}}) = b$, $V(\hat{\hat{b}}) = \dfrac{\sigma^2}{n} \dfrac{1}{s_x^2 + \bar{x}^2} < V(\hat{b})$.

11.5 （1） $\hat{Y} = 0.559 + 0.689x$ であり，$\hat{y} = 1.748\exp(0.689x)$．

（2） $\varDelta^2(a, b) = \sum_{i=1}^{n}\{y_i - a\exp(bx_i)\}^2$ の正規方程式より，$a = \dfrac{\sum_{i=1}^{n} y_i \exp(bx_i)}{\sum_{i=1}^{n}\exp(bx_i)}$，

$\sum_{i=1}^{n} y_i x_i \exp(bx_i) \sum_{i=1}^{n}\exp(2bx_i) = \sum_{i=1}^{n} y_i \exp(bx_i) \sum_{i=1}^{n} x_i \exp(2bx_i)$．$b$ は後式をニュートン法によって求め $\hat{\hat{b}} = 0.701$ が得られ，よって，$\hat{\hat{a}} = 1.779$ を得る．ゆえに最小自乗曲線は $\hat{\hat{y}} = 1.779\exp(0.701x)$． （3） 残差は (1)：0.09, −0.01, −0.32, −0.37, 0.56, 0.60, −0.27, 0.334, (2)：0.09, −0.02, −0.34, −0.41, 0.49, 0.47, −0.46, 0.06．残差平方和 $\varDelta_0^2$ は (1)：1.10556, (2)：0.9684．

11.6 $w = \sum_{i=1}^{n} w_i$，$w_i^* = \dfrac{w_i}{w}$，$\bar{x}_w = \sum_{i=1}^{n} w_i^* x_i$，$\bar{y}_w = \sum_{i=1}^{n} w_i^* y_i$，$s_{xw}^2 = \sum_{i=1}^{n} w_i^*(x_i - \bar{x}_w)^2$，$s_{yw}^2 = \sum_{i=1}^{n} w_i^*(y_i - \bar{y}_w)^2$，$s_{xyw} = \sum_{i=1}^{n} w_i^*(x_i - \bar{x}_w)(y_i - \bar{y}_w)$ とおくとき，

$\hat{a} = \bar{y}_w - \bar{x}_w \dfrac{s_{xyw}}{s_{xw}^2}$，$\hat{b} = \dfrac{s_{xyw}}{s_{xw}^2}$．

11.7 $E(\hat{a}_w) = a$，$E(\hat{b}_w) = b$，$E(\hat{Y}_m) = a + bx$，$V(\hat{a}_w) = \dfrac{\sigma^2}{w}\left(1 + \dfrac{\bar{x}_w^2}{s_{xw}^2}\right)$，$V(\hat{b}_w) = \dfrac{\sigma^2}{w}\dfrac{1}{s_{xw}^2}$，$V(\hat{Y}_w) = \dfrac{\sigma^2}{w}\left(1 + \dfrac{(x - \bar{x}_w)^2}{s_{xw}^2}\right)$．

11.8 （1） 南斜面 $\bar{x} = 24.36$, $s_x = 12.82$, $\bar{y} = 106.42$, $s_y = 49.50$, $r = 0.8279$, $y = 28.58 + 3.20x$． （2） 北斜面 $\bar{x} = 30.66$, $s_x = 14.64$, $\bar{y} = 66.20$, $s_y = 38.00$, $r = 0.9039$, $y = -5.724 + 2.346x$． （3） 南斜面よりも北斜面の方が周径と年輪の相関が強く，また，残差平方和も南斜面より北斜面の方が小さい．

11.9 （1） $f_i = f\left(\dfrac{i}{n}\right)$，$g_i = g\left(\dfrac{i}{n}\right)$，$\bar{f}_n = \dfrac{1}{n}\sum_{i=1}^{n} f_i$，$\bar{g}_n = \dfrac{1}{n}\sum_{i=1}^{n} g_i$，$s_{fn}^2 = \dfrac{1}{n}\sum_{i=1}^{n}(f_i - \bar{f}_n)^2$，$s_{gn}^2 = \dfrac{1}{n}\sum_{i=1}^{n}(g_i - \bar{g}_n)^2$，$s_{fgn}^2 = \dfrac{1}{n}\sum_{i=1}^{n}(f_i - \bar{f}_n)(g_i - \bar{g}_n)$ とおく．$\hat{a}_n = \bar{g}_n - \bar{f}_n\dfrac{s_{fgn}}{s_{fn}^2}$，$\hat{\beta}_n = \dfrac{s_{fgn}}{s_{fn}^2}$，$\varDelta_{0n}^2 = s_{gn}^2 - \dfrac{s_{fgn}^2}{s_{fn}^2}$． （2） $\bar{f} = \int_0^1 f(x)\,dx$，$\bar{g} = \int_0^1 g(x)\,dx$，$\sigma_f^2 = \int_0^1 (f(x) - \bar{f})^2\,dx$，$\sigma_g^2 = \int_0^1 (g(x) - \bar{g})^2\,dx$，$\sigma_{fg} = \int_0^1 (f(x) - \bar{f})(g(x) - \bar{g})\,dx$ とおく．区分求積法により，$\bar{f}_n \to \bar{f}$，$\bar{g}_n \to \bar{g}$，$s_{fn}^2 \to \sigma_f^2$，$s_{gn}^2 \to \sigma_g^2$，$s_{fgn} \to \sigma_{fg}$．ゆえに，$\alpha = \bar{g} - \bar{f}\dfrac{\sigma_{fg}}{\sigma_f^2}$，$\beta = \dfrac{\sigma_{fg}}{\sigma_f^2}$，$\varDelta_0^2 = \sigma_g^2 - \dfrac{\sigma_{fg}^2}{\sigma_f^2}$． （3） $\bar{f} = \dfrac{1}{2}$，$\bar{g} = \dfrac{2}{3}$，$\sigma_f^2 = \dfrac{1}{12}$，$\sigma_g^2 = \dfrac{16}{45}$，$\sigma_{fg} = \dfrac{1}{6}$ であるから，$\alpha = -\dfrac{1}{3}$，$\beta = 2$，$\varDelta_0^2 = \dfrac{1}{45}$．

12.1 （1） $y = -65.356 + 0.722x_1$. （2） $y = -65.730 + 1.521x_2$.
（3） $y = -80.370 + 0.166x_1 + 1.364x_2$. （4） 残差は (1)：$-3.75$, 3.87, -1.85, 11.70, 1.48, -1.80, -8.35, -0.07, -5.97, 4.75, (2)：-0.69, 5.67, -2.37, -1.06, 2.71, -2.81, 0.67, 2.06, -3.29, -0.89, (3)：0.14, 5.42, -2.47, -0.08, 2.99, -2.21, -1.23, 0.78, -3.34, 0.00. 残差平方和 Δ_0^2 は (1)：302.7, (2)：70.9, (3)：62.6.

12.2 $r_{01\cdot(2)} = \dfrac{r_{01} - r_{02}r_{12}}{\sqrt{1 - r_{02}^2}\sqrt{1 - r_{12}^2}} = 0.34$.

12.3 $y = -0.6096 + 3.152x + 5.498\dfrac{1}{x}$.

12.4 （1） $y = 22.611 + 2.167x_1 + 0.417x_2$. （2） 肥料に対する回帰係数 2.167 は潅がいに対する回帰係数 0.417 の 5 倍近くであり，肥料は潅がいに比べて生産高により効果がある. （3） $\Delta_0^2 = 15.889$, $\hat{\sigma}^2 = 2.648$.

12.5 （2） $r_{01\cdot(2)} = \dfrac{r_{01} - r_{02}r_{12}}{\sqrt{1 - r_{02}^2}\sqrt{1 - r_{12}^2}}$ と (1) の不等式より示される.

12.6 定理 12.6 (2) において，定数ベクトル $\boldsymbol{w}$ を $w_i = 0\,(i \neq j)$, $w_j = 1$ とすればよい.

12.7 $y = -5.724 + 34.303\delta + 2.346x + 0.850\delta x$ より，南斜面の効果は定数部分に 34.303 として大きく現れ，また，周径としても 0.850 として現れている.

12.8 （1） $y = 2.7736 + 3.0280x_1 + 1.6256x_2 + 1.4213x_3 + 0.966x_4$, $\hat{\sigma}^2 = 39.119$.
（2） 市場 6 の費用の予測値は 21.8 \$ 10^3 に対して，観測値は 33.6 \$ 10^3 であり，標準誤差は 1.885 で若干費用のかかりすぎの傾向がある.

12.9 （1） 95 % 信頼幅は，± 7.341, ± 0.869, ± 1.855, ± 1.004, ± 0.423.
（2） $y = 2.7736 + 3.0280x_1 + 1.6256x_2 + 1.4213x_3 + 0.6966x_4$
(0.8105) (7.4720) (1.8779) (3.0365) (3.5323)

12.10 $C(1) = 33.162$, $C(2) = 26.034$, $C(3) = 22.023$, $C(4) = 11.813$, $C(5) = 6.000$ であるから，全ての変数を選択することになり，そのときの回帰関数は $y = 16.49 - 0.03x_1 + 0.07x_2 + 3.98x_3 - 1.07x_4 - 0.10x_5$.

13.1 $F = 50.303 > F^3_{18,0.05} = 3.16$ となり仮説は棄却されるので，同じ寿命をもつとはいえない.

13.2 $F = 27.432 > F^3_{28,0.05} = 2.95$ となり仮説は棄却される. 主効果は $\alpha_1 = -1.967$, $\alpha_2 = -3.593$, $\alpha_3 = 2.032$, $\alpha_4 = 3.531$ であり，信頼幅は ± 1.130 となる.

13.3 $F=48.244>F^4_{29,0.05}=2.70$ となり仮説は棄却される．

13.4 （1） $F_c=3.706<F^3_{9,0.05}=3.86$ であるから，タイヤの銘柄に差はない．

（2） $F_r=1.739<F^3_{9,0.05}=3.86$ であるから，自動車の間に差はない．

13.5 （1） $F_r=5.948>F^2_{6,0.05}=5.14$ であるから，仮説は棄却され小麦の品種による差がある． （2） $F_c=1.590<F^3_{6,0.05}=4.76$ であるから，肥料の種類による差はない．

13.6 （1） $F_c=14.394>F^2_{27,0.05}=3.35$ より仮説は棄却され，機械の間に有意差がある． （2） $F_r=0.394<F^2_{27,0.05}=3.35$ より仮説は棄却されず，作業員の間に有意差はない． （3） $F_{rc}=3.561>F^4_{27,0.05}=2.73$ より仮説は棄却され，交互作用効果は有意に存在する．

14.1 連続性から，任意の $\varepsilon>0$ に対し $\delta>0$ が存在して $|t-\theta|<\delta\Rightarrow|h(t)-h(\theta)|<\varepsilon$，すなわち，$P\{|h(T_n)-h(\theta)|\geq\varepsilon\}\leq P(|T_n-\theta|\geq\delta)$．ところが右辺は一致性から，$P(|T_n-\theta|\geq\delta)\to 0$ （$n\to\infty$ のとき）．

14.2 $E(T_n)=\mu_n\to\theta$ より十分大きい n に対して $|\mu_n-\theta|<\varepsilon$．チェビシェフの不等式から，$P(|T_n-\mu_n|\geq\varepsilon)\leq\dfrac{V(T_n)}{\varepsilon^2}$．ゆえに，十分大きい n に対して，$P(|T_n-\theta|\geq 2\varepsilon)\leq P(|T_n-\mu_n|\geq\varepsilon)\leq\dfrac{V(T_n)}{\varepsilon^2}\to 0$.

14.3 2つの不等式 $P(S_n\leq x-\varepsilon)\leq P(T_n\leq x)+P(|T_n-S_n|>\varepsilon)$，$P(T_n\leq x)\leq P(S_n\leq x+\varepsilon)+P(|T_n-S_n|>\varepsilon)$ によって，$F(\cdot)$ の連続点 x，$x\pm\varepsilon$ に対して $F(x-\varepsilon)\leq\underline{\lim}P(T_n\leq x)\leq\overline{\lim}P(T_n\leq x)\leq F(x+\varepsilon)$ が成り立つ．

14.4 同時密度は $f_n(\boldsymbol{x}|\lambda)=\lambda^n\exp(-n\lambda\bar{x}_n)$．最尤推定量は $\hat{\lambda}_n=\dfrac{1}{\bar{x}_n}$，フィッシャー情報量は $I(\lambda)=\dfrac{1}{\lambda^2}$．ゆえに，$\sqrt{n}(\hat{\lambda}_n-\lambda)\to N(0,\lambda^2)$.

14.5 同時密度は $f_n(\boldsymbol{x}|\theta)=\theta^{-n}$, $0\leq X_1,\cdots,X_n\leq\theta$．尤度 θ^{-n} を最大にする θ はこの範囲で最小のもの： $\max(X_1,\cdots,X_n)$ である．

14.6 （1） $E(X_i)=V(X_i)=\lambda$ であるから，中心極限定理より漸近正規性が示される． （2） 定理 14.7 より，$g(t)=c\int t^{-\frac{1}{2}}dt=2ct^{\frac{1}{2}}$．したがって，$c=\dfrac{1}{2}$ として，$\sqrt{n}(\sqrt{\bar{X}_n}-\sqrt{\lambda})\to N\left(0,\dfrac{1}{4}\right)$.

14.7 前問と同様に，$g(t)=\displaystyle\int\frac{dt}{1-t^2}=\frac{1}{2}\log\frac{1+t}{1-t}$ （$c=1$）．したがって，

$\sqrt{n}\left(\frac{1}{2}\log\frac{1+r_n}{1-r_n}-\frac{1}{2}\log\frac{1+\rho}{1-\rho}\right)\to N(0,1).$

14.8 2次までの母集団モーメントは $\mu_1=E(X)=30p+33(1-p)$, $\mu_2=E(X^2)=(\sigma^2+30^2)p+(\sigma^2+32^2)(1-p)$. ゆえに, $p=\frac{32-\mu_1}{2}$, $\sigma^2=\mu_2-1024+124p$. 2次までの標本モーメントは $m_1=31.39$, $m_2=993.25$. そこで, 母集団モーメントを標本モーメントで置き換えると, $\hat{p}=0.305$, $\hat{\sigma}^2=7.07$.

14.9 尤度方程式を θ で整理すれば, $g(\theta)=197\theta^4-788\theta^3+1167\theta^2-758\theta+114=0$. これをニュートン法で解けば, $\hat{\theta}=0.208$. フィッシャー情報量は $I(\theta)=2\left(\frac{1}{2\theta-\theta^2}-\frac{1}{3-2\theta+\theta^2}\right)$ であるから $I(\hat{\theta})=4.5980$. $\sqrt{n}(\hat{\theta}-\theta)\to N(0,I(\theta)^{-1})$ より θ の 95% 信頼区間は近似的に $\hat{\theta}\pm1.96/\sqrt{nI(\hat{\theta})}=0.208\pm0.0651$.

14.10 $\frac{\partial\psi(\boldsymbol{x})}{\partial x_i}=\psi(\boldsymbol{x})\frac{1}{kx_i}$, $q_{ii}(\boldsymbol{x})=\psi(\boldsymbol{x})\left\{\frac{1}{k^2}\frac{1}{x_i^2}-\frac{1}{k}\frac{1}{x_i^2}\right\}$, $q_{ij}(\boldsymbol{x})=\psi(\boldsymbol{x})\frac{1}{k^2}\frac{1}{x_ix_j}$, $i\neq j$. ゆえに, $\langle\boldsymbol{z},Q(\boldsymbol{x})\boldsymbol{z}\rangle=-\psi(\boldsymbol{x})\frac{1}{k}\sum_{i=1}^{k}(y_i-\bar{y})^2\geq0$. ここで, $y_i=\frac{z_i}{x_i}$.

14.11 $f(x|\lambda)=\frac{1}{x!}\exp\{x\log\lambda-\lambda\}$ より, $\alpha=\log\lambda$, $S(x)=x$, $\psi(\alpha)=e^{\alpha}$.

14.12 (1) $\hat{a}=-2.165$, $\hat{b}=0.189$. (2) $\hat{a}_w=-2.886$, $\hat{b}_w=0.389$.

あ と が き

本書を教科書として利用する場合のマニュアルを3つ挙げる．

1．〔学部1，2年生程度〕

〈前期〉1章　§1，2，3，4，6（定理6.3を説明だけする）．

2章　§9，10．

〈後期〉1章　付録の分布表を復習用に利用する．

2章　§8．

3章　§11，13．

《半期》1章　§1，2，3，4，6（定理6.3を説明だけする）．

2章　§9，10．

3章　§11．

2．〔学部3，4年生程度〕

〈前期〉1章　§1，2，3，4，5，6．

2章　§7，8．

〈後期〉1章　付録の分布表を復習用に利用する．

2章　§9，10．

3章　§11，12，13．

《半期》1章　付録の分布表を復習用に利用する．

2章　§8，9，10．

3章　§11，12，13．

3．〔学部上級程度〕

〈前期〉1章　§1，2，3，4，5，6．

2章　§7，8．

〈後期〉1章　付録の分布表を復習用に利用する．

2章　§9，10．

3章　§11，12，13，14．

《半期》1章　付録の分布表を復習用に利用する．

2章　§7，8．

3章　§11，12，14．

本書の改訂版の執筆で参考にした本の主なものを以下に挙げる．

Applebaum, D. : Probability and information, 1996, Cambridge University Press.

Brzezniak, Z. and Zastawniak, T. : Basic Stochastic Process, 1999, Springer.

Cyganowski, S., Kloeden, P. and Ombach, J. : From Elementary Probability to Stochastic Differential Equations with MAPLE, 2002, Springer.

Hoel, G. H., Port, S. C. & Stone, C. J. : Introduction to Probability Theory, 1971, Introduction to Statistical Theory, 1971, Introduction to Stochastic Processes, 1972, Houghton Mifflin.

Rao, C. R. : Linear Statistical Inference and its Applications, 1965, Wiley.

Rohatgi, V. K. : Statistical Inference, 1984, Wiley.

永田　靖・棟近雅彦：多変量解析法入門，2001，サイエンス社．

栗栖　忠・濱田年男・稲垣宣生：統計学の基礎，2001，裳華房．

稲垣宣生・山根芳知・吉田光雄：統計学入門，1992，裳華房．

索　引

ア　イ

悪条件　ill condition　227

アンスコム残差　Anscombe residual 292

イェンセンの不等式　Jensen's inequality 99

1元配置　one-way layout　240

一様分布　uniform distribution　35

一致推定量　consistent estimator　259

一致性　consistency　259

一般回帰　general regression　143

一般化逆行列　generalized inverse　227

イノベーション　innovation　192

ウ　エ　オ

ウィナー過程　Wiener process　81

上側 α 点　upper α point　40, 90-94

ウェルチの検定　Welch's test　175

エフ検定　F-test　176

エフ分布　F-distribution　92

エルゴード定理　ergodic theorem　101

エントロピー　entropy　111

凹　concave　98

応答変数　response variable　206

オッズ　odds　29

重み関数　weight function, mass function　14

重み付き最小自乗法　method of weighted least squares　204

カ

回帰　regression　127

——関数　—— function　142

カイ自乗適合度検定　chi-square test of goodness of fit　177

カイ自乗統計量　chi-square statistic 178

カイ自乗分布　chi-square distribution 89

概収束する　converge almost surely, a. s. 102

階乗モーメント　factorial moment　18

ガウス過程　Gaussian process　81

ガウス分布　Gaussian distribution　36

角変換　arcsine transformation　270

確率1で収束する　converge with probability 1　102

確率化検定　randomized test　136

確率過程　stochastic process　78

確率関数　probability function　14

確率空間　probability space　4

確率収束する　converge in probability 101

確率測度　probability measure　4

確率不等式　stochastic inequality　97

確率分布　probability distribution　11

確率分布表　contingency table　51

確率ベクトル　random vector　49, 66

確率変数　random variable　11

確率母関数　probability generating function, PGF　21

可測集合 measurable set 4
片側仮説 one-sided hypothesis 167
偏り bias 128
合併標本分散 pooled sample variance 162
カルバックの情報量 Kullback's information 115
観測 observation 12
——空間 —— space 12
——値 —— value 12
ガンマ関数 gamma function 43
ガンマ分布 gamma distribution 43
管理図 control chart 168

キ

幾何分布 geometric distribution 33
棄却域 rejection region, critical region 134
棄却限界 rejection limit, critical limit 139
棄却する reject 134
危険関数 risk function 127
規準化 normalization 19
期待値 expectation 16
期待母数空間 expectation parameter space 287
帰納的推論 induction 10
ギブスの不等式 Gibbs' inequality 115
ギブス分布 Gibbs' distribution 112
帰無仮説 null hypothesis 133
級間変動 sum of squares between, SSB 242
級内変動 sum of squares within, SSW 242
キュミュラント母関数 cumulant generating function 20
狭義の凹 strictly concave 98
狭義の凸 strictly convex 98
行効果 row effect 245
強度 intensity 32
——関数 —— function 79
共分散 covariance 53
——関数 —— function 79
——行列 —— matrix 67
——公式 —— formula 54, 191
行変動 sum of squares row, SSR 247
共変量または共変数 covariate 206
極形式 polar form 38
極値統計量 extreme value statistic 76
許容的 admissible 145
近接性 contiguity 266

ク

区間推定 interval estimation 155
区間的性質 interval property 81
クラメル=ラオの下限 Cramer-Rao's lower bound 131
クラメル=ラオの定理 Cramer-Rao's Theorem, CRT 130

ケ

経験分布関数 empirical distribution function 84
計数的性質 counting property 81
決定関数 decision function 127
決定空間 decision space 127
決定係数 determination coefficient 196, 211
検出力 power of test 136
検定 test 133
検定関数 critical function 136
検定の大きさ size of test 136

コ

交互作用効果　interaction effect　250
行動　action　126
——空間　—— space　126
効率　efficiency　131
誤差　error　192
——平方和　—— sum of squares　192
——変動　sum of squares ——, SSE　247
コーシィ分布　Cauchy distribution　105
故障率関数　failure rate function　42

サ

最強力検定　most powerful test　136
最小自乗推定量　least square estimator　208
最小自乗法　method of least square　193, 208
最小値統計量　minimum statistic　76
再生性　reproduction　62
最大値統計量　maximum statistic　76
採択域　acceptance region　134
採択する　accept　134
最尤推定量　maximum likelihood estimator　257
最良線形回帰　best linear regression　143
最良予測量　best predictor　142
三項分布　trinomial distribution　57
残差　residual　194
——平方和　—— sum of squares, RSS　196
算術分布　arithmetic distribution　14
散布図　scatter plots　192

シ

Cp 統計量　Cp statistic　233
仕切り　lot　26
軸密度　pivotal density　286
時系列　time series　78
試行　trial　2
自己共分散関数　auto-covariance function　79
自己共分散行列　auto-covariance matrix　67
事後確率　posterior probability　6
事後危険　posterior risk　147
事後分布　posterior distribution　147
事後平均　posterior mean　148
事象　event　2
指数型　exponential type　131, 285
指数分布　exponential distribution　41
事前確率　prior probability　6
事前分布　prior distribution　146
自然母数空間　natural parameter space　285
ジャイニズの例　Jaynes' example　112
射影行列　projection matrix　221
シャノンの情報量　Shannon's information　108
自由度　degree of freedom　89
重回帰　multiple linear regression　206
集合　set　2
重相関係数　multiple correlation coefficient　210
収束　convergence　101
従属　dependent　5, 50
——変数　—— variable　192
周辺分布　marginal distribution　50
——関数　—— function　50, 66
周辺密度関数　marginal density function

52, 67
主効果 main effect 240
出力 output 207
寿命分布 lifetime distribution 42
順序統計量 order statistics 76
条件付き確率 conditional probability 5
条件付き確率測度 conditional probability measure 5
条件付き平均 conditional mean 52
条件付き分散 conditional variance 52
条件付き分布 conditional distribution 51
条件付き密度関数 conditional density function 53
情報行列 information matrix 209
情報量不等式 information inequality 115
信頼区間 confidence interval 156
信頼限界 confidence limit 156
信頼水準または信頼度 confidence level 156

ス

水準 level 240
——α検定 —— α test 138
垂直密度表現 vertical density representation 89
推定 estimate 128
推定量 estimator 128
数学的平均 mathematical mean 69
スチューデント分布 student's distribution 90

セ

正規過程 normal process 81
正規分布 normal distribution 36
正規方程式 normal equation 193, 209
制限最小自乗法 method of restricted least square 220
制限最尤推定量 restricted maximum likelihood estimator 272
正準指数型分布族 canonical exponential-type family of distributions 286
正準連結関数 canonical link function 283
正則 regular 265
正則条件 regularity conditions 121, 261
生存関数 survival function 42
積率 moment 17
——母関数 —— generating function, MGF 20
接触性 contiguity 266
絶対誤差 absolute error 128
ゼット検定 z-test 167
ゼット変換 z-transform 19
説明変数 explanatory variable 192
線形回帰 linear regression 143, 206
——分析 —— analysis 190
線形(不偏)推定量 linear estimator 131, 197
全確率の法則 rule of total probability 6
漸近正規推定量 asymptotic normal estimator 261
漸近分散 asymptotic variance 261
漸近有効式 asymptotic efficienty equation 263
漸近有効推定量 asymptotically efficient estimator 261
全事象 total event 2
尖度 kurtosis 17

ソ

層 stratum, [*pl*] strata 6

増加情報量　gain of information　115
相関係数　correlation coefficient　53
相関図　correlation plots　192
双関数　bifunction　281
相互共分散関数　cross-covariance function　79
相互共分散行列　cross-covariance matrix　67
相互モーメント　cross moment　54
層別　stratification　6
総変動　sum of squares total, SST　211, 242
損失　loss　127
——関数　—— function　127

タ

第一種の誤り　Type I error　134
第二種の誤り　Type II error　134
対数級数分布　logarithmic series distribution　46
対数正規分布　log-normal distribution　47
大数の法則　law of large numbers　101
対数尤度関数　log-likelihood function　120
対数尤度比統計量　log-likelihood ratio statistic　273
対立仮説　alternative hypothesis　133
多項分布　multinomial distribution　71
多重共線性　multicollinearity　227
多重線形回帰　multiple linear regression　206
たたみこみ　convolution　61
多変量正規分布　multivariate normal distribution　71
多変量分布　multivariate distribution　70
ダミー変数　dummy variable　226
単回帰　simple regression　206
単純仮説　simple hypothesis　134
単相関係数　simple correlation coefficient　210

チ

チェビシェフの不等式　Chebyshev's inequality　97
秩序性　orderliness　79
チャップマン=コルモゴロフの式　Chapman-Kolmogorov equation　80
中央値　median　76
中心極限定理　central limit theorem　101
超幾何分布　hypergeometric distribution　26

ツ　テ

対をなすデータ　paired data　172
通常の最小自乗法　ordinary least square method　220
ティー検定　t-test　169
ティー分布　t-distribution　90
ティー変換　t-transform　96
ディリクレ分布　Dirichlet distribution　78
適合度検定　test of goodness of fit　177
デビアンス　deviance　288
——残差　—— residual　292
点過程　point process　79

ト

統計的回帰問題　statistical regression problem　127
統計的仮説検定問題　statistical test problem of hypotheses　127

統計的決定理論 statistical decision theory 126
統計的推測決定 statistical inference and decision 126
統計的推定問題 statistical estimation problem 127
統計的推測 statistical inference 10
統計量 statistic 69,289
等高度(線) contour 89,231
同時分布 joint distribution 49,66
——関数 —— function 50,66
同時密度関数 joint density function 52,66
特性関数 characteristic function 20
独立 independent 5,50
——増分性 —— increments 79
——変数 —— variable 192
凸 convex 97
——関数 —— function 97,281
——共役関数 —— conjugate function 281

ニ ネ

2元配置 two-way layout 244
二項係数 binomial coefficient 27
二項分布 binomial distribution 29
2シグマ限界 2σ limit 172
2次元正規分布 bivariate normal distribution 58
2乗誤差 square error 128
2値 bivariate 29
2標本問題 two-sample problem 161
入力 input 206
ネイマン=ピアソンの定理 Neyman-Pearson's Theorem 137

ハ

ハザード関数 hazard function 42
バスタブ bath tube 43
ハートレイの情報量 Hartley's information 108
範囲 range 76
半整数補正 continuity correction 104

ヒ

ピアソン残差 Pearson residual, PR 292
非確率化検定 nonrandomized test 135
非許容的 inadmissible 145
非心カイ自乗分布 noncentral chi-square distribution 90
左側仮説 left-sided hypothesis 167
ビット bit (binary unit) 108
非復元抽出 sampling without replacement 27
標準化 standardization 19
標準正規分布 standard normal distribution 36
標準変換 standard transform 19
標準偏差 standard deviation 17
標本 sample 10
——回帰直線 —— regression line 194
——共分散 —— covariance 191
——空間 —— space 12
——相関係数 —— correlation coefficient 191
——値 —— value 12
——抽出 sampling 10
——の大きさ —— size 10
——分散 —— variance 69
——分布 —— distribution 85
——平均 —— mean 69

フ

フィッシャー情報量 Fisher's informa-

tion　120
フィッシャー分布　Fisher's distribution　92
複合仮説　composit hypothesis　134
負の二項分布　negative binomial distribution　34
不偏推定量　unbiased estimator　128
不偏標本分散　unbiased sample variance　96
ブラウン運動　Brownian motion　81
分割表　contingency table　182
分散　variance　16
——関数　—— function　79
——公式　—— formula　18, 191
——分析　analysis of ——, ANOVA　240
——分析表　analysis-of- —— table　243
分布　distribution　13
——関数　—— function　13
——収束する　converge in ——　22
——族　family of ——s　128

へ

ベイズ危険　Bayes risk　146
ベイズ原理　Bayes' principle　146
ベイズの法則　Bayes' rule　6
平均値　mean　16
——関数　—— function　79
平均 2 乗誤差　mean square error, MSE　128
平均ベクトル　mean vector　67
ベータ関数　beta function　45
ベータ分布　beta distribution　44
ベーレンス=フィッシャー問題　Behrens-Fisher's problem　175
ヘルダーの不等式　Hölder's inequality　284
ベルヌーイ試行　Bernoulli trials　29
ベルヌーイ分布　Bernoulli distribution　29
ベルンシュタイン多項式　Bernstein's polynomial　154
偏差　deviation　17, 194
——値　—— score　41
変数変換　variable transformation　85
偏相関係数　partial correlation coefficient　213

ホ

ポアソン過程　Poisson process　79
ポアソン分布　Poisson distribution　31
法則収束する　converge in law　22
母回帰直線　population regression line　192
母集団　population　2
母数関数　parametric function　289
母数空間　parameter space　27
母平均　population mean　69
ボックス=ミュラー変換　Box-Muller's transform　88
ボルツマンのエントロピー　Boltzmann's entropy　111

マ　ミ

待ち時間　waiting time　33
マックスウェル分布　Maxwell distribution　104
マルコフの不等式　Markov's inequality　97
マローズの Cp 統計量　Mallows' Cp statistic　233
右側仮説　right-sided hypothesis　167
密度関数　density function　15
ミニマックス原理　mini-max principle　146

見本関数 sample function 78

ム モ

無記憶性 lack of memory 34
無作為標本 random sample 69
無作為標本抽出 random sampling 10
尤(もっとも)らしさ likelihood 257
モーメント moment 17
——推定法, ——法 method of —— in estimation 268
——方程式 —— equation 269

ユ ヨ

有意水準 significance level 136
有限次元分布 finite dimensional distribution 79
有効式 efficient equation 130
有効である efficient 131
尤度関数 likelihood function 120
尤度推定関数 likelihood estimating function 258
尤度比 likelihood ratio 137
尤度方程式 likelihood equation 258
予測誤差 prediction error 142
予測値 prediction value 194
予測問題 prediction problem 142
予測量 predictor 142

ラ リ

ラグランジュの乗数法 Lagrange's multiplier method 137, 222
離散一様分布 discrete uniform distribution 26
離散分布 discrete distribution 14
リッジ回帰, 稜線回帰 ridge regression 227
リッジ推定量 ridge estimator 228
リッジ正規方程式 ridge equation 228
両側 α 点 two-sided α point 40
両側仮説 two-sided hypothesis 167

ル レ

ルジャンドル変換 Legendre transform 283
レイリー分布 Rayleigh distribution 104
列効果 column effect 245
列変動 sum of squares column, SSC 247
連結関数 link function 291
連続分布 continuous distribution 15

ワ

歪度 skewness 17
ワイブル分布 Weibull distribution 48

著者略歴

1942年 愛媛県出身．大阪大学理学部数学科卒業，同大学院基礎工学研究科修士課程修了．文部省統計数理研究所研究員，大阪大学講師，同助教授を経て，大阪大学大学院基礎工学研究科教授．工学博士．大阪大学名誉教授．

数学シリーズ　**数理統計学**（改訂版）

1990年11月25日　第1版発行
2003年2月25日　改訂第9版発行
2018年2月20日　第16版1刷発行
2021年5月20日　第16版2刷発行

検印
省略

定価はカバーに表示してあります．

著作者　稲垣宣生（いながき のぶお）

発行者　吉野和浩

発行所　東京都千代田区四番町8－1
電話東京　3262—9166
株式会社　裳華房

増刷表示について
2009年4月より「増刷」表示を『版』から『刷』に変更いたしました．詳しい表示基準は弊社ホームページ
http://www.shokabo.co.jp/
をご覧ください．

印刷所　横山印刷株式会社

製本所　株式会社　松岳社

一般社団法人
自然科学書協会会員

ISBN 978-4-7853-1411-8